U0311010

复杂矿资源高效利用过程的互补效应与和谐选矿

Complementary Effect and Harmonious Beneficiation in
High Efficient Utilization of Complex Ore Resources

童 雄 著

科学出版社

北 京

内 容 简 介

本书针对传统、经典的碎磨、重选、磁电选、浮选和化学选矿等技术手段相对狭隘的特点,以复杂矿资源的高效与综合利用为研究核心,有机地结合矿物的硬度、密度、可磨性、润湿性、可浮性、磁电性、化学反应性等物性特点,首次阐述了"粒度互补"、"工艺互补"、"药剂互补"、"设备协同与互补"、"产品结构互补"的复杂矿资源多层次利用的宏观与微观互补效应以及正负互补效应。首次将工程哲学的观点引入复杂矿资源高效分选领域,从宏观的角度,辩证地思考了单项技术与整体工程的关系,克服了常规的单一环节局部优化的弊端;从哲学的视野,谋划整个矿冶工程,并有机地衔接了资源的开采-分选-冶炼-环境-效益等各个环节;可以认为这一化零为整的学术思想将矿物加工工程的理论研究和实践从科学和技术的二元论,扩展到科学-技术-产业-经济-社会的有机联系的多维网络中,极大地丰富了经典的矿物加工理论与实践,填补了复杂矿资源高效与综合利用的研究空白,具有极其重要的理论意义与重大的实际价值。

本书可作为高等院校选矿、冶金、环保、化学、资源综合利用等专业师生的参考书,也可供相关研究院所和厂矿的科研及工程技术人员阅读参考。

图书在版编目(CIP)数据

复杂矿资源高效利用过程的互补效应与和谐选矿=Complementary Effect and Harmonious Beneficiation in High Efficient Utilization of Complex Ore Resources/童雄著 . —北京:科学出版社,2016.4

ISBN 978-7-03-047232-8

Ⅰ. ①复… Ⅱ. ①童… Ⅲ. ①矿产资源-资源利用-研究 Ⅳ. ①TD98②TD989

中国版本图书馆 CIP 数据核字(2016)第 021784 号

责任编辑:李 雪 / 责任校对:郭瑞芝
责任印制:张 倩 / 封面设计:无极书装

科 学 出 版 社 出版

北京东黄城根北街 16 号
邮政编码:100717
http://www.sciencep.com

北京通州皇家印刷厂 印刷
科学出版社发行 各地新华书店经销

*

2016 年 4 月第 一 版 开本:787×1092 1/16
2016 年 4 月第一次印刷 印张:18 1/2
字数:436 000

定价:128.00 元
(如有印装质量问题,我社负责调换)

作 者 简 介

童雄，男，1965 年 6 月生，博士后、二级教授、博士生导师、昆明理工大学国土资源工程学院副院长、国家百千万人才和有突出贡献中青年专家、云岭产业技术领军人才、云南省复杂难处理金属矿产资源高效分选创新团队带头人、云南省政府特殊津贴人才、昆明理工大学难选金属矿产资源综合利用创新团队带头人、云南省金属矿尾矿资源二次利用工程研究中心主任、云南省复杂矿资源综合利用示范型国际科技合作基地主任、国家自然科学基金同行评审专家、中国博士后科学基金评审专家、云南省冶金集团特聘专家、云南驰宏锌锗股份有限公司顾问、玉溪大红山矿业有限公司国家级企业技术中心副主任等。

作者主要从事复杂难处理多金属矿的浮选理论与工艺及药剂、尾矿资源二次利用、稀贵金属的选冶与综合利用等研究，主持了国家发展和改革委员会重大产业技术开发专项——资源开发综合利用项目"难选锌锡铜铟多金属硫化矿综合回收共伴生金属的选矿关键技术"，国家自然科学基金——云南省联合基金重点项目"从锡矿山尾矿中综合回收有价金属的理论与应用研究"，国家自然科学基金项目"综合回收文山都龙锌锡矿中稀贵金属的理论与应用研究"、"复杂多金属矿中稀贵金属铟、锗、银载体矿物选择性浮选的理论与应用"及"难处理硫化银矿无氨硫代硫酸盐法浸出机理研究"，国家科技部"十二五"科技支撑项目子课题"高硅质石煤钒矿常压活化浸出关键技术与示范工程"和"极低品位钼铋银多金属矿综合回收关键技术"，教育部高校博士点基金项目"从高钙含钒钢渣中清洁提钒的试验与机理研究"，教育部出国留学人员归国基金项目"硫代硫酸盐法提金的工程化研究"，广东省教育部产学研结合项目"广东省钨矿及共伴生资源综合回收技术与产业化"，云南省发展和改革委员会高新技术产业发展项目"云南省尾矿资源高效利用的关键技术与产业化"，云南省应用基础研究计划重点项目"复杂矿中矿物交互影响及精细化分选的理论与应用研究"以及"含易浮脉石难选锌锡铜铟多金属矿综合回收技术研究"、"细菌氧化浸出硫化矿的研究"、"供氧体提高镇沅金矿氰化浸出率的研究"、"镇沅金矿浮选降砷及提金新工艺研究"、"银氰络合物在锰铁氧化矿表面的吸附研究"、"硫代硫酸盐柱浸低品位含铜氧化矿中金银的研究"与"从含锰铁难处理氧化矿中回收银的研究"等国家和省部级项目以及国际合作项目 20 余项、企业委托项目 100 余项；授权和申请国家发明专利和实用新型专利 80 余项，发表论文 200 余篇，出版了《微生物浸矿的理论与实践》、《尾矿资源二次利用的研究与实践》、《矿物浮选》、《二次资源利用》、《强化含金矿石提金的研究与应用》和 *Flotation Engineering* 专著和教材共 6 部。

作者主持的"大红山铁矿资源高效分选技术"项目获 2013 年云南十大科技进展，"大红山式铁矿资源高效分选关键技术及产业化"项目获 2013 年云南省科技进步一等奖，"大红山式难处理铁矿的提质、降尾与增量的关键技术研究及应用"项目获 2013 年中国有色金属工业科学技术一等奖；负责的"复杂难选高铁锌锡铜多金属矿选矿技术集成及产业化"项目获 2011 年中国有色金属工业科学技术二等奖和云南省科技进步二等奖，"工业锅炉智能控制系统研究开发与推广应用"项目获 2012 年中国有色金属工业科学技术二等奖和云南省科技进步三等奖；主持的"提高内蒙撰山子金矿金浸出率的研究"项目获 2000 年云南省科技进步三等奖；发表的论文与出版的书籍中，获得了中国有色金属学会科技论文奖一等奖两项和出版物奖一等奖一项。

前　言

　　"矿物加工"(mineral processing)是从传统意义上的"选矿技术"发展到"选矿工程学科",又逐步扩展到包含更加宽广范畴和学科领域的"矿物加工工程学科",其研究对象由原来的天然矿石资源扩展到二次资源,从处理简单的矿石到诸如铜铅锌等有色多金属复杂矿、微细粒、高磷硫、高铁硅酸盐的多金属共伴生的黑色金属复杂矿,稀贵金属复杂矿以及选矿尾矿和冶炼废渣等复杂矿石资源和二次资源;此外,与诸多相邻学科领域的不断交叉与融合,涌现了许多矿物资源加工利用的新技术,凝练并形成了很多新的研究领域和方向。

　　从现有的学科基础来说,矿物加工是一门研究矿物分选、矿物材料加工以及环境保护的基础理论与应用技术的综合性学科。复杂资源的矿物加工是一个相对概念,由于矿石性质复杂,使分离与富集有用组分的技术难度和加工成本增加;同时,对环境要求的提高,需要开发清洁化的生产技术。目前,世界范围内的矿产资源特性是,国外矿山以富矿为主,矿物加工性能好;而我国矿石资源不仅禀赋差,而且随着资源的大规模开发,矿山的开采品位逐年降低,开采深度逐渐加深,矿体形态与产状日益复杂,矿物嵌布粒度微细,大多呈共伴生状态,矿石分选的难度日益增大。国土资源部公布的数据显示,与 2006 年相比,2014 年我国主要矿种的原矿品位平均降幅达 12.3 百分点。我国复杂矿产资源的特性及由此引起的技术难题,既是选矿界面临的技术挑战,也是促进选矿技术发展、提高资源综合利用率的机遇。提高矿产资源的保有储量,不仅需要通过技术进步释放并盘活低品位矿石资源,更需要提高低品位、共伴生、复杂而难处理的矿产资源的综合利用率并将废弃物资源化。

　　针对目前处理对象的复杂化、产品质量的高要求以及突出的环境污染及其治理问题等新的严峻形势,传统的碎矿与磨矿、浮选、重选、磁电选等矿物物理分选和化学分选(或者处理)的方法、理论以及教材等已不能完全适应复杂矿现代矿物加工的需要,为了突破矿物加工为试验科学的学科基础,克服碎磨、重选、磁电选、浮选和化学选矿等技术手段确立的经典的、粗糙的、相对狭隘的划分选矿学科的缺陷,有必要对传统的经典的选矿研究方法、教材和课程体系等重新进行思考、定位、划分与研究。

　　《复杂矿资源高效利用过程的互补效应与和谐选矿》一书力图捏合和串联传统的碎磨、重选、磁选、浮选和化学选矿等技术手段,有机地结合矿物的硬度、密度、可磨性、润湿性、可浮性、磁电性、化学反应性等物性特点,在此基础上,突破经典的矿物加工工程的理论模式,创新性地提出了"粒度互补"、"工艺(流程)互补"、"药剂互补"、"设备协同与互补"和"产品(结构)互补"的复杂矿资源高效利用的"多层次互补效应"(Multi-level Complementary Effect,MCE),初步建立了容易掌握与理解的现代矿物加工工程的系统理论及其分选模式,为构建孙传尧院士倡导的和谐选矿奠定基础。

　　多层次互补效应的研究以复杂难处理资源的高效与综合利用为核心,从宏观的角度,辩证地思考零散技术与系统工程的哲学关系,力图打破常规的单一选矿环节局部优化的弊端,从工程哲学的视野,构建和谐选矿并谋划系统的矿冶工程。由于矿物加工的分选方法、工艺流程、浮选药剂、选矿设备和产品品质等具有多样性、差异性的特点,没有一种方法、流程、药剂、设备和产品等是完美无缺的,这就决定了不同的研究方法、工艺流程、选矿药剂、分选设备和产品品级及其相互之间具有互补性、协同性与和谐性,它们是和谐的矿物加工领域的重要组成部分,保持分选方法、工艺流程、浮选药剂、选矿设备和产品结构等的多样性及互补性是资源高效分选与综合利用的重要前提。通过构建"粒度互补"、"工艺(流程)互补"、"药剂互补"、"设备协同"和"产品(结构)互补"等和谐选矿所需的技术模式,可以有机地衔接资源的开采—分选—冶炼—环保—经济等多个环节,建立系统的资源加工学的研究方法与理论基础,因此,可以说互补效应是和谐选矿的前提条件,和谐选矿是互补效应的必然结果。

本书将"化零为整"的基本思想和系统观点贯穿于编写的全过程,将矿物加工学科的研究从科学和技术的二元论,扩展到科学—技术—产业—经济—环境—社会等有机联系的多维网络中,力图建立可以拓宽入选粒度、降低入选品位的高效分选与尾矿零排放的精细化生产的现代生态分选模式,构建满足冶炼与绿色要求的多结构产品的互补体系。虽然该互补效应及模式的研究对于复杂难处理矿资源的高效与综合利用具有很好的适应性与创新性,但是仍然会存在不少的问题和需要继续研究的工作,我们将尽最大的努力进行详细的研究、不断地进行创新与完善,敬请同行及专家批评斧正。

本书作者结合多年的教学、科研与生产实践的经验与体会,在国家自然科学基金委员会、云南省发展和改革委员会、云南省科技厅、云南省金属矿尾矿资源二次利用工程研究中心、云南省复杂矿资源综合利用示范型国际合作基地、云南华联锌铟股份有限公司、玉溪大红山矿业有限公司、云南缘矿科技开发有限公司等单位的大力支持下,在墨西哥科学院院士兼武汉理工大学资源与环境工程学院院长宋少先教授、中国矿业大学曹亦俊教授、昆明理工大学蓝卓越和方建军副教授等的帮助下,出版了《复杂矿资源高效利用过程的互补效应与和谐选矿》一书,供相关专业技术人员参考与深入研究,以期对整体提高矿冶过程资源的综合利用效率、优化资源高效选冶过程的能量配置、构建现代矿石加工的系统理论、形成和谐的矿冶体系等有所裨益。

本书由昆明理工大学童雄教授和王晓博士撰写,谢贤博士和何庆浪教授级高工参与了部分章节的编写;邓政斌、吕昊子、杨波、陆娅琳等博士生,吕向文、韩彬、侯凯等硕士生整理了部分资料。

作者得到了许多专家的热情鼓励和大力支持,在此表示由衷的感谢和深深的敬意,并对本书引用的文献资料的作者致以诚挚的谢意。

本书稿虽经多次修改和补充,由于时间、水平和条件所限,不妥之处在所难免,恳请读者批评指正。

童　雄

2015 年 10 月于昆明

目　　录

前言

第1章　现代矿物加工过程的互补效应及其理论研究背景 ················ 1

1.1　传统的矿物加工的演变与发展 ····························· 1

1.2　复杂资源高效利用的互补效应及其理论的提出 ················ 2

参考文献 ·· 4

第2章　粒度互补效应的研究 ··· 5

2.1　粒度互补效应的内涵及研究意义 ·························· 5

2.1.1　粒度互补效应的内涵 ······························ 5

2.1.2　粒度互补效应研究的重要意义 ······················ 6

2.2　矿物的结构和构造特性 ································· 7

2.2.1　矿物加工学中矿物粒度的概念 ······················ 7

2.2.2　矿物的嵌布特性与嵌布类型 ························· 8

2.3　矿物解离与分选的关系 ································· 9

2.3.1　矿物的解离粒度与分选的关系 ······················ 9

2.3.2　矿物的连生体与分选的关系 ······················· 10

2.4　碎磨过程中粒度互补效应的理论基础与表现形式 ············ 12

2.4.1　碎磨过程中粒度互补效应的理论基础 ················ 12

2.4.2　碎磨过程的粒度互补效应的表现形式 ················ 18

2.5　分选过程中粒度互补效应的研究与应用 ··················· 31

2.5.1　粒度互补效应对浮选过程的影响 ··················· 31

2.5.2　粒度互补效应对磁选过程的影响 ··················· 40

2.5.3　粒度互补效应对重选过程的影响 ··················· 42

2.5.4　粒度互补效应对冶炼过程的影响 ··················· 43

参考文献 ·· 44

第3章　工艺互补效应的研究 ··· 47

3.1　工艺互补效应的内涵及研究意义 ························· 47

3.1.1　工艺互补效应的内涵 ····························· 47

3.1.2　工艺互补效应研究的重要意义 ····················· 48

3.2　不同工艺流程之间的互补效应 ·························· 49

3.2.1　浮选工艺的互补效应 ····························· 49

3.2.2　重选工艺流程的互补效应 ························· 58

3.2.3　磁选工艺流程的互补效应 ························· 64

3.2.4　化学分选工艺流程的互补效应 ····················· 67

3.3　工艺互补效应的研究与应用 ··························· 71

　　3.3.1　浮选工艺为主的工艺互补效应的研究与应用 ⋯⋯⋯⋯⋯⋯ 72
　　3.3.2　磁选工艺为主的工艺互补效应的研究与应用 ⋯⋯⋯⋯⋯⋯ 88
　　3.3.3　重选工艺为主的工艺互补效应的研究与应用 ⋯⋯⋯⋯⋯⋯ 106
　参考文献 ⋯⋯⋯⋯⋯⋯⋯⋯⋯⋯⋯⋯⋯⋯⋯⋯⋯⋯⋯⋯⋯⋯⋯⋯⋯⋯ 113
第4章　药剂互补效应的研究 ⋯⋯⋯⋯⋯⋯⋯⋯⋯⋯⋯⋯⋯⋯⋯⋯⋯⋯⋯ 117
　4.1　浮选药剂的划分 ⋯⋯⋯⋯⋯⋯⋯⋯⋯⋯⋯⋯⋯⋯⋯⋯⋯⋯⋯⋯ 118
　4.2　浮选药剂的正负互补效应 ⋯⋯⋯⋯⋯⋯⋯⋯⋯⋯⋯⋯⋯⋯⋯⋯ 118
　　4.2.1　调整剂的互补效应 ⋯⋯⋯⋯⋯⋯⋯⋯⋯⋯⋯⋯⋯⋯⋯⋯⋯ 118
　　4.2.2　捕收剂的互补效应 ⋯⋯⋯⋯⋯⋯⋯⋯⋯⋯⋯⋯⋯⋯⋯⋯⋯ 129
　　4.2.3　起泡剂的互补效应 ⋯⋯⋯⋯⋯⋯⋯⋯⋯⋯⋯⋯⋯⋯⋯⋯⋯ 139
　　4.2.4　起泡剂与捕收剂的互补效应 ⋯⋯⋯⋯⋯⋯⋯⋯⋯⋯⋯⋯⋯ 143
　　4.2.5　起泡剂与抑制剂的互补效应 ⋯⋯⋯⋯⋯⋯⋯⋯⋯⋯⋯⋯⋯ 145
　4.3　分选环境对浮选药剂的影响 ⋯⋯⋯⋯⋯⋯⋯⋯⋯⋯⋯⋯⋯⋯⋯ 145
　　4.3.1　磨矿对浮选药剂的互补效应 ⋯⋯⋯⋯⋯⋯⋯⋯⋯⋯⋯⋯⋯ 145
　　4.3.2　加药方式对浮选过程的互补效应 ⋯⋯⋯⋯⋯⋯⋯⋯⋯⋯⋯ 146
　　4.3.3　温度对矿物表面药剂作用的辅助影响 ⋯⋯⋯⋯⋯⋯⋯⋯⋯ 148
　4.4　浸出过程中的互补效应 ⋯⋯⋯⋯⋯⋯⋯⋯⋯⋯⋯⋯⋯⋯⋯⋯⋯ 149
　　4.4.1　浸出剂的划分 ⋯⋯⋯⋯⋯⋯⋯⋯⋯⋯⋯⋯⋯⋯⋯⋯⋯⋯⋯ 149
　　4.4.2　不同浸出药剂间的互补效应 ⋯⋯⋯⋯⋯⋯⋯⋯⋯⋯⋯⋯⋯ 150
　　4.4.3　助浸剂与浸出剂之间的互补效应 ⋯⋯⋯⋯⋯⋯⋯⋯⋯⋯⋯ 156
　参考文献 ⋯⋯⋯⋯⋯⋯⋯⋯⋯⋯⋯⋯⋯⋯⋯⋯⋯⋯⋯⋯⋯⋯⋯⋯⋯⋯ 157
第5章　设备的协同与互补效应的研究 ⋯⋯⋯⋯⋯⋯⋯⋯⋯⋯⋯⋯⋯⋯ 162
　5.1　设备的协同与互补效应的内涵及研究意义 ⋯⋯⋯⋯⋯⋯⋯⋯⋯ 162
　　5.1.1　设备的协同与互补效应的内涵 ⋯⋯⋯⋯⋯⋯⋯⋯⋯⋯⋯⋯ 162
　　5.1.2　设备的协同与互补效应研究的重要意义 ⋯⋯⋯⋯⋯⋯⋯⋯ 163
　5.2　碎磨设备与筛分设备的协同与互补效应 ⋯⋯⋯⋯⋯⋯⋯⋯⋯⋯ 164
　　5.2.1　破碎设备和筛分设备的协同与互补 ⋯⋯⋯⋯⋯⋯⋯⋯⋯⋯ 164
　　5.2.2　磨矿设备和分级设备的协同与互补 ⋯⋯⋯⋯⋯⋯⋯⋯⋯⋯ 174
　　5.2.3　碎矿设备与磨矿设备的协同与互补 ⋯⋯⋯⋯⋯⋯⋯⋯⋯⋯ 190
　5.3　分选设备的协同与互补效应 ⋯⋯⋯⋯⋯⋯⋯⋯⋯⋯⋯⋯⋯⋯⋯ 195
　　5.3.1　重选设备的协同与互补 ⋯⋯⋯⋯⋯⋯⋯⋯⋯⋯⋯⋯⋯⋯⋯ 196
　　5.3.2　磁选设备的协同与互补 ⋯⋯⋯⋯⋯⋯⋯⋯⋯⋯⋯⋯⋯⋯⋯ 219
　　5.3.3　浮选设备的协同与互补 ⋯⋯⋯⋯⋯⋯⋯⋯⋯⋯⋯⋯⋯⋯⋯ 228
　参考文献 ⋯⋯⋯⋯⋯⋯⋯⋯⋯⋯⋯⋯⋯⋯⋯⋯⋯⋯⋯⋯⋯⋯⋯⋯⋯⋯ 237
第6章　产品结构的互补效应与应用研究 ⋯⋯⋯⋯⋯⋯⋯⋯⋯⋯⋯⋯⋯ 241
　6.1　产品结构互补效应的内涵 ⋯⋯⋯⋯⋯⋯⋯⋯⋯⋯⋯⋯⋯⋯⋯⋯ 241
　6.2　矿产资源综合利用技术经济评价对优化产品结构的重要意义 ⋯ 241
　6.3　复杂多金属矿和二次资源综合利用过程中的产品结构互补 ⋯⋯ 243

　　　6.3.1　多金属共伴生矿综合利用过程中的产品结构互补 ·············· 244
　　　6.3.2　二次资源综合利用过程中的产品结构互补 ················· 252
　6.4　不同品级的同种类型的产品结构互补 ····················· 257
　　　6.4.1　不同品级的铁精矿产品的结构互补 ··················· 258
　　　6.4.2　不同品级的铝土矿产品的结构互补 ··················· 261
　　　6.4.3　不同品级的钨矿产品的结构互补 ···················· 265
　参考文献 ······································· 268
第7章　互补效应对复杂难处理矿石资源综合利用的示范作用 ············ 270
　7.1　互补效应对大红山式复杂铁矿资源综合利用的示范作用 ·········· 270
　　　7.1.1　大红山铁矿资源概况 ························· 270
　　　7.1.2　大红山铁矿资源的复杂性及需要解决的关键技术 ··········· 271
　　　7.1.3　大红山铁矿资源高效综合利用的互补效应 ·············· 271
　7.2　互补效应对铜锌锡铟复杂多金属矿资源综合利用的示范作用 ······· 274
　　　7.2.1　都龙铜锌锡铟复杂多金属矿的资源概况 ··············· 275
　　　7.2.2　都龙铜锌锡铟复杂矿资源的复杂性及需要解决的关键技术 ······ 275
　　　7.2.3　都龙铜锌锡铟复杂矿资源高效综合利用的互补效应 ·········· 276
　7.3　互补效应对复杂锡多金属矿资源综合利用的示范作用 ············ 280
　　　7.3.1　云锡复杂锡多金属矿的资源概况 ··················· 280
　　　7.3.2　云锡难处理锡多金属矿资源的复杂性及需要解决的关键技术 ····· 281
　　　7.3.3　云锡复杂锡多金属矿资源高效综合利用的互补效应 ·········· 282
　参考文献 ······································· 284

第1章 现代矿物加工过程的互补效应及其理论研究背景

1.1 传统的矿物加工的演变与发展

"矿物加工"最早在我国被称为"选矿",从其学科基础来说,是一门研究矿物分选、矿物材料加工以及环境保护的基础理论与应用技术的综合性学科。早期的选矿建立在分选工艺的基础之上,经过一个多世纪的发展,无论从科学和技术的发展,还是从处理对象的变化来看,矿物加工已经远远超出了传统意义上的选矿。

传统的矿物加工工艺与技术在不断地发生变化,而且逐步突破机械加工的范畴,向化学提取、生物工程以及与机械加工等相关的交叉学科方向发展。到 20 世纪 90 年代,以碎磨、重选、磁选、浮选、化学选矿等为主的各种选矿工艺与技术已经基本成型,并逐步趋于成熟;矿物加工的对象已从较为容易处理的矿产资源扩展到复杂矿资源和二次资源的回收利用,不仅处理对象的复杂程度与分选难度在不断增加,而且随着现代科技的发展及人类社会的进步对矿物产品及矿物材料提出了更高的要求,因此,矿物加工工程学科面临严峻的现实挑战,已经发生并将继续发生巨大的调整与变化。

面对处理对象的复杂化、产品质量的高要求以及环境污染与治理问题等新的发展形势,传统的选矿理论与技术已不能完全适应并解决这些问题,更为重要的是,对不可再生或者缓慢再生的难处理资源为研究对象的学科,资源的高效综合利用才是首要解决的问题。

学科之间的界限趋于交叉融通,而市场经济的变化与快速发展则要求相关学科和科技界具有更强的适应性和应变能力;因此,矿物加工学科与技术发展到今天,除了应加强本学科的基础理论研究与新技术的研发外,开拓矿物加工研究方向与技术的新思路、拓展学科之间的渗透与融合是非常重要的[1]。

因此,突破以实验科学为基础的常规矿物加工,克服以处理原料的重选、磁选、浮选和化学选矿等技术手段狭隘地划分矿物加工学科的缺陷,形成以复杂资源的矿物特性研究为核心主线,将传统、经典的碎磨、重选、磁选、浮选及化学选矿等方法作为技术手段,通过与之相适应的分选工艺和设备的紧密结合与互补,构建顺应矿石物性的分选技术、分选设备到最优产品结构之间的互补与协同体系,是实现矿物加工学科的理论与应用研究向产业化有效转化的重要基础;同时,突破狭义的选矿厂经济评价体系,将逻辑数学分析方法、模糊数学分析方法等引入矿物加工领域,建立更为广义的"资源利用经济评价体系",开拓逻辑性矿物加工科学的新领域,构建更加完整的分选学科体系,以面对复杂矿产资源开发与利用过程中越来越高的要求和挑战,开辟矿物加工工程学科崭新的一页,将是承前启后、任重道远的艰巨任务。

1.2　复杂资源高效利用的互补效应及其理论的提出

在矿物加工工程中,矿石碎磨的机械加工技术与矿石分选技术的综合几乎覆盖了矿物加工的全过程。因此,从现代学科体系看,可以认为矿物加工工程学科是由机械加工、分选富集、过程模拟控制三大板块构成的。如何将这些组成部分构建成合理的有机整体,并优化其中的影响参数,是实现复杂资源综合利用与经济效益最大化的关键[2]。

传统的矿物加工(或者选矿)以矿石和矿物的硬度、密度、润湿性、磁性、电性、化学反应性等"物性"特点为基础,进行矿石和矿物的分离与富集的分选过程。美国 Taggart 1927 年出版的 *Handbook of Ore Dressing*、Gaudin 1932 年出版的 *Flotation* 以及澳大利亚 Sutherland 和 Wark 于 1955 年出版的 *Principles of Flotation* 等矿物加工重要论著中,将矿物加工划分成明确的学科方向,一是以流体力学为基础的重选法,根据不同矿物的密度差异,在一定的介质中进行不同矿石和矿物的分选;二是以电磁学为基础的电磁选法,根据不同矿石和矿物的磁性和电性的差异,分选不同的矿石和矿物;三是以润湿性等表面性质为基础的浮选法,根据不同矿物表面的物理化学性质的差异,实现不同矿物的浮游分选[3,4]等。由此,逐步形成了传统的碎矿与磨矿、重选、磁电选、浮选等矿物的物理分选和化学分选(或者处理)的方法、手段、教材和课程体系等,确立了经典并且比较粗糙的矿物加工工程学科体系。

随着资源状况和市场需求的不断变化以及矿物加工工程学科自身的不断发展,矿物加工学科所处理的对象日趋复杂,依赖的学科基础面临更宽、更深及更高的综合性要求,需要与矿物加工相邻和相关的学科进行相互交叉、渗透和融合,拓展高效益、低能耗、无污染的矿物加工的新领域;另一方面,无论从学科基础、学科领域及研究对象的复杂程度等方面来看,传统的矿物加工工程(选矿)面临着空前的巨大挑战。因此,传统的经典的选矿学科的局限与缺陷都是显而易见的,主要体现在以下四个方面。

(1)选择性碎磨研究方法的局限性。针对各种矿石不同的碎磨要求,人们通常是以可回收的主要矿物的硬度差异等作为选择磨碎介质、磨矿条件等的主要因素,一般忽略了次要的矿物特别是脉石矿物的硬度差异,而且即使考虑了,后者往往也处于被动或者从属的地位,导致碎磨产品容易产生过粉碎和泥化现象,严重地影响资源的高效回收。

(2)分选方法的僵化。即使是从事矿物加工多年的专业人员,面对不同类型的有色金属硫化矿的分选,通常是从磨矿细度、矿物可浮性、浮选药剂及其制度等角度进行思考与研究;面对易选和复杂的铁矿石等黑色金属矿,通常思考的是如何确定矿物的解离、磨矿细度、磁选的磁场强度等参数的最优化;排他性的研究方法导致较少研究不同的分选方法和工艺流程、分离与富集设备等的优劣与互补,因而难以获得最优的分选方法和最佳的分选结果。

(3)整体性研究的缺失。传统的矿物加工方法通常割裂了碎磨、重选、磁电选、浮选等矿物物理分选与化学分选(或者处理)等彼此之间的关联,缺少不同分选技术之间的互补作用、浮选药剂的交互影响和系统的矿物加工理论的研究等,让初学者很难全面地了解和掌握矿物加工学科的全过程。

（4）传统的矿物加工的内涵和外延有待延伸。一方面，现代矿物加工工程学科逐步与传统的采矿学科、冶金学科、材料学科等进行"并、靠、转"，形成了新的交叉领域；另一方面，又与环境工程、能源工程、无机非金属材料工程、信息工程等新的学科进行交叉和融合，并形成了新的研究方向，赋予了当代矿物加工工程学科新的内涵和外延，因此，传统的选矿方法已经不能涵盖选矿学科发展的新领域。

综上所述，传统的矿物加工的研究方法和手段并没有形成一个有机的、相互联系的矿物加工学科整体，缺少选矿、冶金、环境、经济等一体化的研究思路与方法，导致精矿品质低与互含严重、产品结构不合理、尾矿损失严重、资源浪费大等问题，因此，从整体的角度研究矿石的物性、碎磨、分选、产品结构与环境等之间的关系，进行系统的、具有逻辑性的分析与研究，以及精确化、精细化的分离与富集工艺过程，是消除过粉碎和泥化等粒度不均衡、工艺流程不够合理、分选设备不够匹配、矿浆系统不平衡、产品结构不理想等现象的基础，以便在更高层面上实现资源的高效与综合利用。

由此看来，对传统的、经典的矿物加工工程的研究方法、教材和课程体系等重新进行思考、定位与研究是非常必要的。为此，在综合考虑矿物自身的硬度、密度、可磨性、润湿性、磁电性、化学反应性等"物性"特点的基础上，紧密结合工艺流程、选矿药剂、分选设备和产品结构等要素，尤其是针对难处理矿产资源的高效与综合利用问题，探讨性地提出了现代矿物加工理念，从全新的视野，初步构建了复杂矿资源高效利用的"多层次互补效应"（Multi-level Complementary Effect，MCE），即"粒度互补"、"工艺（流程）互补"、"药剂互补"、"设备协同与互补"和"产品（结构）互补"效应（图 1-1 和图 1-2），克服当前各种分选工艺面临的不足，迎接矿物加工过程中面临的上述挑战，以破解当前矿物加工工程学科仍然没有完整的分选理论的窘境。

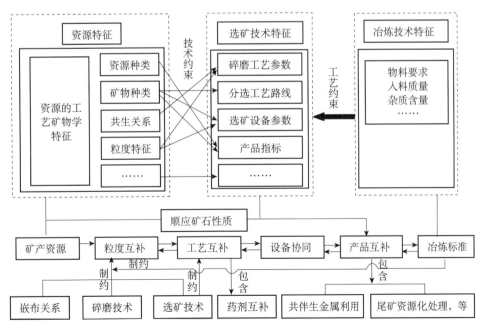

图 1-1　复杂矿资源综合利用的互补效应与协同体系

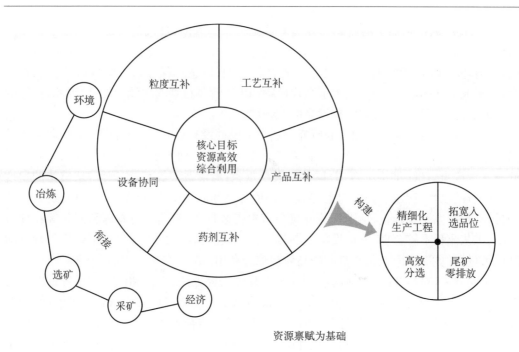

图 1-2　五项互补效应的关系图

　　五项互补效应及其理论观点体现了复杂资源高效分选技术的系统性联系、互补性与协同性的特征,可以弥补传统的矿物加工工程学科缺乏系统理论的缺憾,虽然该理论观点还有待完善,且不够全面,还存在广泛的普适性等问题。例如,针对采矿过程的爆破、选矿过程的碎矿与磨矿中的能量分配可能存在不够合理的问题,本书没有涉及非常重要的"能量互补",以便实现爆破、破碎与磨矿的不同阶段的能耗最小化的平衡问题。一般来说[5],采掘爆破过程的电耗大约占整个选矿厂电耗的 5%,而破碎和磨矿过程的电耗分别约占 5%~10% 和 55%~80%,因此,实现爆破、破碎与磨矿的能耗平衡,对于降低企业的成本、实现经济效益的最大化是非常重要的。对于存在的这些问题,我们将不断完善,尽最大的努力进行详细的研究和论述。

　　因此,互补理论观点的构建、研究与完善将极大地丰富复杂矿资源分离与富集的碎磨、浮选、重选、磁电选、药剂制度、矿物化学处理等的现代基础理论与实践,对整体提高矿冶过程资源的综合利用效率,优化能量配置,形成互补、协同、和谐的矿冶体系,具有极其重要的理论研究意义和实际价值。

参 考 文 献

[1] 孙传尧,敖宁,刘耀青. 复杂难处理矿石选矿技术:全国选矿学术会议论文集[C]. 北京:冶金工业出版社,2009.

[2] 刘炯天,樊民强. 试验研究方法[M]. 北京:中国矿业大学出版社,2006.

[3] 胡岳华,王淀佐. 矿物加工学科的发展历史、现状与未来[J]. 矿业工程,1999,(1):3~6.

[4] Wang L K,Shammas N K,Selke W A. Flotation Technology[M]. New York:Humana Press,2010.

[5] 段希祥. 碎矿与磨矿[M]. 北京:冶金工业出版社,2012.

第2章 粒度互补效应的研究

2.1 粒度互补效应的内涵及研究意义

2.1.1 粒度互补效应的内涵

粒度互补是以目的矿物或载体矿物的构造和结构等"物性"为基础,以目的矿物的嵌布特征(特殊物性)、利用程度及精矿运输、尾矿充填和冶炼过程对产品细度的要求为核心,针对原矿中矿物嵌布粒度、磨矿粒度组成、尾矿和精矿的粒度组成等嵌布特性与细度特征,我们构建了矿物加工过程的粒度互补效应,其主要内涵如下:

(1)分步实现矿石中矿物的单体与连生体的解离平衡。基于矿石的工艺矿物学特性,研究如何实现解离过程中目的矿物的粒度大小与解离度之间的平衡关系、单体与连生体之间的平衡关系;矿石只有通过合理的解离形式,才能保证不同品级的产品的品位与回收率的平衡,才能保证资源的高效回收与经济效益的最大化。

(2)构建碎磨过程的粒度互补与能耗平衡的模式。通过建立具有科学性的数学模型等形式,研究最佳破碎粒度与磨矿粒度之间的关系,构建"多碎与少磨"之间的粒度互补与能耗平衡,保证碎磨过程的粒度组成最优和能耗最低,防止过粉碎与泥化现象的产生以及有用成分的损失。

(3)建立多层次梯级入选的分选模式。基于分选过程中不同矿物的嵌布特征等,研究解离粒度和连生体入选对分选效率的影响,探索不同粒级的归一分选工艺的规律,构建粗粒入选与细粒入选之间的互补效应、单体解离入选与连生体入选之间的互补效应等,以满足不同的工艺流程、分选设备等对分选原料的粒级要求,优化分离与富集的工艺流程,提高分选设备的生产效率。

(4)构建产品指标与产品粒度、尾矿粒度及其构成之间的平衡模式。在碎磨过程中,考察产品质量与产品粒度、尾矿粒度及其构成之间的关系,在提高产品质量的同时,优化产品粒度构成,为冶炼工艺提供最优的精矿产品等;并且严格控制尾矿粒度构成,降低尾矿在回填、堆存过程中的环境污染等技术难度。

粒度互补的四层内涵表明,采用合理的碎磨技术,达到目的矿物的单体与连生体比例之间的平衡,在经济效益最大化的前提下,实现最佳的破碎粒度;对于不能实现单体解离的矿物,或者单体解离将不可避免地造成泥化的矿物、加大目的矿物的损失,则应采用合适的连生体入选方式,研究不同粒度对浮选、重选、磁电选和化学选矿等分选工艺的影响,达到既可以满足不同分选工艺对入选物料粒度的特殊要求,又可以满足资源利用程度的最大化要求,形成粗粒级与细粒级互补、宽粒级与窄粒级互补以及单体矿粒与连生体矿粒互补的分层次分选,优化以产品粒级结构和尾矿粒度构成为主的粒度互补体系。根据不同的原料、不同粒级中矿物的嵌布关系与分布情况，采用分层次的分选方案、合适的工艺流程和分选设备等，提高原矿、尾矿及其他二次资源中不同粒级中有用成分的回收率。

举例来说，针对我国著名的玉溪大红山铁矿所处理的嵌布粒度微细的磁铁矿和赤铁矿（磁铁矿-19μm 占 15%以上，赤褐铁矿-19μm 占 33%）、部分呈似鲕状结构、矿石硬度差异大，以及破碎过程容易导致部分铁矿物解离度不够、部分过粉碎的工艺矿物学特点，采用针对性强的碎磨与分选的工艺流程，实现了合理的粒度互补，其主要表现形式如下。

（1）针对原矿中磁铁矿、赤褐铁矿的嵌布粒度微细的物性特点，采用"SABC"碎磨流程，即矿石经过粗破碎后，一段磨矿采用 Φ8.53m×4.27m 半自磨机，二段和三段磨机分别采用 Φ3.2m×5.4m、Φ2.7m×3.6m 型号的溢流型球磨机，形成了二、三段连磨并分别与 Φ350mm 旋流器和陆凯筛形成闭路磨矿的工艺流程，构建了半自磨破碎与顽石破碎之间的三段碎磨互补技术。

（2）阶段磨矿与阶段选别的工艺流程可使硬度低、嵌布粒度粗的磁铁矿首先解离与分选，然后，通过再磨流程使硬度高、嵌布粒度细的赤褐铁矿解离，并且增加顽石破碎工艺，使嵌布粒度极细、难以解离的铁矿物达到高效分选的解离要求，最终的磨矿细度可以达到-45μm 占 80%，该细度与原矿中磁铁矿、赤褐铁矿的微细粒嵌布粒度相吻合，使两种目的矿物在不同的分选阶段分步解离与分选，实现了磁铁矿与赤褐铁矿的不同粒度之间的互补，降低了矿石的过粉碎和泥化现象，有效地降低了-10μm 的含量及对分选过程的影响。

（3）通过优化再磨流程，形成了合理的粒度互补结构，使已经解离的矿物优先分选出来、连生体矿物合理返回，降低了贫连生体对选别过程的干扰，同时，减少了弱磁性矿物的损失。

（4）根据碎磨产品的粒度特征和互补特点，先后构建了分选过程的"工艺互补"、"设备协同互补"及"产品（结构）互补"（在随后的章节中将对三项互补效应进行详细的叙述），形成了大红山铁矿的碎磨技术互补—选矿工艺互补—分选设备协同—多品级产品结构互补的各个环节紧密衔接的有机整体，使复杂难处理含铁高硅酸盐型铁矿资源得到了高效综合利用。

以上典型案例是粒度互补理论的最佳运用。

2.1.2　粒度互补效应研究的重要意义

众所周知，矿石越贫、有用矿物的嵌布粒度越细，生产每吨精矿的选矿成本及基建投资越高，经济效益则越低。随着矿产资源开发利用的深度和广度达到新的水平，应该不断调整矿物高效分选的理念与模式，打破传统选矿技术的禁锢，尽可能地改进传统的分离与富集的技术模式，有效地集成经典的分选方式，优化已有的技术路线，开拓集成效果明显、工艺流程简单、分选指标先进的方法，促进"工艺矿物学"向"应用矿物学"的转化，将目的矿物赋存的形式与结构、有害元素赋存的形式等影响选矿工艺的矿物学因素进行充分的分析与研究，从处理对象的源头，寻找解决复杂矿资源高效回收的技术方法。

矿床在形成的过程中就已经决定了矿石的结构和构造、矿物的基本特征等[1]，这对于矿石中目的矿物的综合利用具有重要的意义，其中最重要的包括矿物颗粒的形状、大小和矿物之间的嵌布关系等,因为它们直接决定着破碎、磨矿时有用矿物的单体解离的难易程度,决定着连生体的特征、单体和连生体的比例等,而这些特点既影响工艺流程方案的选择,又是确定碎磨方法和碎磨细度的关键因素,甚至决定了最终可能获得的选别指标。

仅从选矿技术的角度而言,矿石岩石力学的特点是碎磨的基础,目的矿物的嵌布粒度特征是影响碎磨程度的决定性因素,同时分选技术与手段对入选粒度范围的要求以及冶炼对入料粒度组成的要求,也是碎磨过程中必须考虑的因素。首先选矿过程不仅要求矿物尽可能单体解离,而且要求适宜的入选粒度。因为对于复杂矿,如果磨矿粒度粗,目的矿物难以达到充分的单体解离;如果过碎磨而产生矿泥,则不能有效地回收细泥部分的目的矿物。其次,冶炼工艺对于入料的粒度组成、适宜的水分及稳定的化学组成等因素均有严格的要求,不同的冶炼工艺及其处理不同的物料时,对物料粒度的组成要求也不同。例如,为了稳定地进行造球并得到足够强度的生球,国外铁精矿造球时,一般要求磁铁精矿中－200 目含量不应低于 90%～95%,而粒度上限则与原料的还原性有关[2];在各种窑型烧制活性石灰的过程中,对原料的粒度组成也有不同的要求,因此,从入炉原料对粒度组成的要求来看,缩小原料粒度的上下限差异并优化粒度组成是非常必要的[3]。再次,不仅冶炼工艺对精矿粒度组成有一定的要求,而且管道具有远距离输送、费用低、连续性强、便于自动控制和节省人力资源等优点,因此,越来越多的铁矿山采用对精矿粒度组成具有一定限制的管道运输的方式。最后,在尾矿充填和尾矿库堆存的过程中,对尾矿的粒度组成也有一定的要求;如果尾矿粒度组成过细,在尾矿库中沉降和矿山充填的过程中,则存在矿浆沉降速度慢、沉降困难,增加尾矿库堆存过程中扬尘治理的难度等问题。然而,这些问题在矿物加工过程中通常被忽视,而粒度互补理论将这些延展的和更深层次的问题纳入其中,力图从碎磨过程的源头来解决这些难题。

2.2　矿物的结构和构造特性

2.2.1　矿物加工学中矿物粒度的概念

关于矿物粒度的概念,矿物学和矿物加工学的解释是有区别的。例如,一个重结晶的方铅矿集合体,矿物学认为它是很小的,是由许多方铅矿结晶颗粒形成的粒状集合体;而从选矿学的角度,则认为它是很大的方铅矿颗粒,只要在粗粒级范围内破碎,就能达到方铅矿单体解离的要求。再如,几厘米大的辉铋矿骸晶,矿物学认为是一个很大的颗粒;而从选矿学的角度,则认为需要经过细磨,才能将单体解离出来。因此,从选矿学的角度来理解,矿物的粒度是指同一矿物集合体的大小,在量度时需要考虑矿物解离成矿物单晶或者是结合体的大小,根据矿物分选的要求,形成合理的粒度范围[4]。

有用矿物的粒度大小,对选别工艺尤其是对磨矿细度的影响是非常明显的。矿物粒度越小,要求磨碎的越细才能与脉石分离,然后选别出来。不仅如此,在选矿回路中,掌握不同产品的矿物组成、解离特征、连生状态与分布规律等矿物特征,对确定最佳的磨矿细度、改进工艺流程、实施精选方案等,具有很大的实用价值。由于各种选矿方法都有它所要求的最适宜的粒度范围和最小的粒度极限,因此,粒度大小对选矿方法的选择也是很有影响的。

2.2.2　矿物的嵌布特性与嵌布类型

在经典的选矿教材中,矿物的嵌布特性是指某矿物在矿石中的粒度大小及空间分布特性[4],如分散、集结、均匀程度等。而在矿石的工艺矿物学中,矿石构造是从矿床成因的角度来讨论矿物集合体之间的关系,这与嵌布特性是从选矿工艺的角度来讨论矿物在矿石中的粒度及空间分布情况等有着本质的不同。例如,浸染状构造可以是均匀嵌布,也可以是不均匀嵌布,还可以是粗粒、细粒嵌布等,而这些不同的嵌布类型都会影响磨矿细度、选矿方法、工艺流程等的最终选择与确定。

根据嵌布特性的概念,在粒度划分的基础上,考虑到矿物在矿石中分布的均匀程度,可以将矿物的嵌布特性划分成许多不同的嵌布类型[4,5]。

1. 矿物粒度的类型

矿物粒度的类型与划分见表 2-1。

表 2-1　矿物粒度的类型与划分

粒序	粒度类型	粒度/mm	观测条件
1	极粗粒	>50	可用肉眼观察、鉴别
2	粗粒	50~10	可用肉眼观察、鉴别
3	中粒	10~2	可用肉眼观察、鉴别
4	细粒	2~0.2	可借助实体显微镜观察
5	微粒	0.2~0.02	
6	次微粒	0.02~0.002	借助透、反光显微镜观察
7	极微粒	0.002~0.0004	
8	超微粒	<0.0004	普通光学显微镜无法分辨

2. 矿物分布的均匀程度

矿物分布的均匀程度的含义还没有统一的定量内容,大致可根据矿物在矿石中的分散、集结及稠密程度来描述。稠密度目前多采用如下公式[6],即

$$K = L/D$$

式中,K 为矿物包体的稠密度;L 为相邻两个包体中心间的平均距离,mm;D 为包体的平均直径,mm。

矿物包体的稠密度可分为以下 6 类。

单一的包体:　　　　　　　　　　$K>30$

极稀疏的包体:　　　　　　　　　$K=30~10$

稀疏的包体:　　　　　　　　　　$K=10~4$

密的包体:　　　　　　　　　　　$K=4~2$

稠密的包体:　　　　　　　　　　$K=2~1.5$

极稠密(或者致密)的包体:　　　$K=1.5~1$

这样,就可以根据矿物的分散程度与稠密度来考虑矿物分布的均匀程度。

（1）有用矿物在矿石中呈高度分散,稠密度极高,矿石中各部分的稠密度相同,属于极均匀的分布类型。

（2）有用矿物在矿石中相当分散,稠密度也较高,矿石中各部分的稠密度接近相等,属于均匀的分布类型。

（3）有用矿物在矿石中呈分散状产出,稠密度很低即很稀疏,矿石中各部分的稠密度不相等,属于不均匀的分布类型。

（4）有用矿物呈集结状产出,集结体之间为不含有用矿物的脉石,且间距较大,矿石中各部分的稠密度变化较大,属于极不均匀的分布类型。

根据矿物粒度大小及其分布的均匀性,将矿物在矿石中的嵌布类型划分为 32 种基本类型[7],如粗粒级有粗粒极均匀、均匀、不均匀及极不均匀四个嵌布类型（表 2-2）;有些不等粒的类型还可用两个粒度表示,如粗—中粒均匀嵌布等,其中矿物的均匀类型通过其均匀度来划分,划分类型见表 2-3。

表 2-2　矿石中有用矿物的嵌布类型

粒度大小		均匀	不均匀			
			带状	脉状	结集状	不规则状
等粒状	粗粒	粗粒均匀嵌布	粗粒带状嵌布	粗粒脉状嵌布	粗粒集结状嵌布	粗粒不规则状嵌布
	细粒	细粒均匀嵌布	细粒带状嵌布	细粒脉状嵌布	细粒集结状嵌布	细粒不规则状嵌布
	微细粒	微细粒均匀嵌布	微细粒带状嵌布	微细粒脉状嵌布	微细粒集结状嵌布	微细粒不规则状嵌布
不等粒状		不等粒均匀嵌布	不等粒带状嵌布	不等粒脉状嵌布	不等粒集结状嵌布	不等粒不规则状嵌布（不均匀嵌布）

表 2-3　矿物嵌布的均匀类型与均匀度之间的关系　　　　　　单位:%

嵌布均匀类型	矿物的嵌布均匀度
极均匀嵌布	>95
均匀嵌布	95～25
不均匀嵌布	25～5
极不均匀嵌布	<5

2.3　矿物解离与分选的关系

2.3.1　矿物的解离粒度与分选的关系

目的矿物的原生粒度与嵌布特征可以反映出矿石破碎后目的矿物的解离状态,会直接影响后续分选的难易程度[8,9]。对于目的矿物结晶颗粒较粗、晶型较完整、有用矿物含量高、嵌布关系较为简单的矿石,在机械粉碎后,聚合在一起的矿物比较容易分离,属于易解离、易分选的矿物;如果组成矿石的矿物性质相近,则会在一定程度上造成目的矿物易解离而难分选的状况;对于固溶体分离结构、细粒浸染结构和反应边结构等,有用矿物以极其微细的小颗粒镶嵌于载体矿物中,用机械粉碎的办法很难实现目的矿物的解离,分选难度会很大。因此,需要根据矿石的基本特性,制定合理的碎磨方法与分选工艺。

不同的嵌布类型对碎磨过程的影响很大,如湖南某铁矿属微粒—次微粒均匀嵌布的铁矿[10],需要磨矿粒度很细,要求-200目占94%才能使铁矿物得到充分解离。又如,粗粒—中粒不均匀嵌布的黑钨矿的矿石[11],有用矿物颗粒粗,分布不均匀,局部集结,因此,根据矿物本身的特性,以目的矿物的嵌布特征为基础,采用针对性强的碎磨技术,首先通过碎矿后,采用手选、重选的方法丢弃大量的脉石,其次再进行分段磨矿,最后通过选矿技术得到不同粒度组成的精矿产品;因此,为了实现细粒嵌布矿物的允分解离,避免粗粒级有用矿物的过粉碎或者为了获得粒度更细的精矿产品,需要根据不同矿物的嵌布特征,合理设计、调整碎磨的工艺流程,形成粗粒级与细粒级的多层次梯级入选的粒度互补、不同入选粒度与产品粒度等之间的互补,这样不仅可节省碎磨的能耗、降低工作量,还可避免有用矿物的过粉碎,提升精矿产品的品质。

以高岭石型硫铁矿烧渣的粒度与解离度及其磁选为例,研究结果见表2-4～表2-6[12],结果表明:①随着烧渣的破碎粒度的减小,磁铁矿的解离程度逐渐增加,当破碎到140～160目,高岭石几乎完全解离,解离度达99%;②破碎粒度越细,尾矿中铁的含量及产率逐渐减少,而铁精矿的产率及其铁品位均逐渐增大;当破碎粒度为140～160目时,尾矿中铁含量为1.44%,铁精矿的品位和回收率分别达到59.32%和89.00%。

表2-4　不同粒级的解离度及其铁含量

破碎粒级/目	-40+60	-60+80	-80+100	-100+120	-120+140	-140+160
解离度/%	71	87	91	95	96	99
铁含量(TFe)/%	9.22	13.69	20.11	23.04	23.46	24.02

表2-5　粒度对磁选的尾矿、中矿、铁精矿的产率的影响

破碎粒级/目		-40+60	-60+80	-80+100	-100+120	-120+140	-140+160
	尾矿	57.18	52.25	41.71	39.93	40.17	40.45
产率/%	中矿	31.82	28.29	27.54	25.48	24.22	23.55
	铁精矿	11.00	19.46	30.75	34.59	35.61	36.00
	总量	100.00	100.00	100.00	100.00	100.00	100.00

表2-6　粒度对磁选的铁回收率的影响

测定项目	粒级范围/目	-40+60	-60+80	-80+100	-100+120	-120+140	-140+160
	尾矿	2.40	2.25	1.88	1.67	1.67	1.44
铁品位/%	中矿	12.50	11.42	11.30	10.50	10.22	8.82
	铁精矿	35.20	49.07	55.99	56.95	57.03	59.32
铁回收率/%	铁精矿	42.00	68.00	82.00	85.00	87.00	89.00

2.3.2　矿物的连生体与分选的关系

连生体是矿石经过破碎和磨矿后仍然未达到单体解离的矿物集合体,是含两种或两种以上矿物的复合矿粒。连生体的特性会影响选矿过程中矿粒的行为,如连生体的矿物组成(两相、三相或多相)及不同矿物的含量比、连生体的形态类型、各类连生体的粒度范围及在不同粒级中的含量分布、连生体中组成矿物的相对粒度大小等因素,都会给连生体矿粒的分选行为造成不同的影响[13,14]。

因此，在描述磨矿产品中的连生体时，除应指明各类连生体所占的比例外，还应标明连生体的粒度大小、连生类型及连生边界性质等。为了便于更加详细地研究不同类型的连生体对矿物分选行为的影响，除按形态类型划分连生体外，还可根据目的矿物在连生体中的比例，划分为富连生体、贫连生体等；由于连生体的结构特征对后续分选的影响也非常大，在 Gaudin 划分连生体结构的基础上，Amstutz 基于分选行为和组成矿物解离的难易程度[15,16]，将这种镶嵌关系大体上分为如下三类：

(1) 包裹连生：一种矿物颗粒被包裹在另一种矿物颗粒的内部，具有乳蚀状、残余结构的原矿容易产生这类连生体。

(2) 穿插连生：一种矿物颗粒由连生体的边缘穿插到另一种矿物颗粒的内部；具有交代溶蚀结构、结状结构等的原矿容易产生这类连生体。

(3) 毗邻连生：不同矿物颗粒彼此邻接，具有粗粒自形、半自形结构、格状结构等的原矿可能产生这类连生体。

连生体的特性影响选矿过程中矿物的可选性行为[17,18]。在重选和磁选过程中，连生体的分选行为主要取决于有用矿物在连生体中所占的比例和性质；在浮选过程中，其分选行为还与有用矿物和脉石矿物（或者伴生有用矿物）的连生特征有关，若有用矿物被脉石包裹，就很难浮选并分离；若两者为毗连关系，则矿物的可浮性取决于两者的比例；若有用矿物以乳滴状的包裹体形式高度分散在脉石中（或者相反，杂质分散于有用矿物中），就很难分选，即使细磨也很难分离。

随着连生体磨矿细度的增加，复杂的类型可以转变成简单的类型，但是，对于复杂的连生体，在目前的粉碎技术条件下，破碎至一定的粒度时，很难进一步达到有选择性的、充分的单体解离的目的，而且随着磨矿细度不断降低，不仅会增加碎磨的能耗和成本，而且也会加大进一步分选的难度，因此，需要根据具体的情况进行连生体的分选，并以富连生体的回收为主。

针对连生体的分选问题，需要制定合理的碎磨工艺，形成最佳的磨矿粒级组成以及矿物单体与连生体之间的解离平衡，为多种分选工艺之间的合理互补提供依据，最终生产出合理的多品级的互补产品。

例如，在常见的氧化铝矿脱硅的问题上，我国大多数氧化铝矿的矿石工艺矿物学研究表明：一水硬铝石型铝土矿中主要矿物的嵌布粒度较细，若要求矿物单体解离，则需要细磨，理论上不可能获得较粗的精矿粒度。山西孝义克俄铝土矿和河南陕县铝土矿的试验研究与生产实践均表明，在一定的磨矿细度范围内，随着磨矿细度增加，分选指标提高[19]；但是，细磨使精矿粒度偏细，精矿过滤困难；另外精矿粒度偏细，致使采用拜耳法溶出后的赤泥压缩液固比(L/S)偏大，增加了赤泥洗涤的难度和赤泥的附损。因此，如果铝精矿粒度太细，则难以在氧化铝生产中得到应用，这就造成了选矿脱硅与拜耳法生产氧化铝的矛盾，制约了"选矿—拜耳法"生产氧化铝新工艺的应用。因此，放粗磨矿的细度和选矿精矿的粒度是衡量选矿脱硅效果的一个重要指标，是平衡选矿脱硅过程与拜耳法生产氧化铝工艺的关键技术之一，是选矿—拜耳法能够有效实施的关键环节之一，也是粒度互补方法在选矿与湿法冶金全过程中的最好应用。由于铝土矿的选矿具有自身的特殊性，当选矿精矿铝硅比(即 A/S)大于 9 时,采用拜耳法生产氧化铝在经济上是可行的,也就是允许选矿精矿存在一定数量的含硅矿物,因此,一水硬铝石不需要以完全单体解离的形式存在就可以满足拜耳法生产氧化铝对选矿精矿的 A/S 要求。此时,包含富连生体的粒度互补特性研究对于较粗磨矿细度下获得较粗粒度组成的铝土矿选矿精矿具有极其重要的实际意义。

2.4　碎磨过程中粒度互补效应的理论基础与表现形式

2.4.1　碎磨过程中粒度互补效应的理论基础

在选矿过程中为了得到满意的分选结果,必须掌握和控制一系列影响分选效果的因素,如物料的粒度和物化特性、矿浆性质、浮选药剂制度、分选设备性能、工艺流程及结构等。根据不同的矿石性质,制定不同的分选工艺条件,使分选过程稳定,并获得最佳指标,其必要条件之一是矿石中有用矿物的单体解离;研究原矿物性的目的是试图确定最佳而且是最粗的磨矿粒度,分析磨矿产品的粒度构成以考察各粒级中单体或连生体矿物的含量,不只是无限制地提高矿物的单体解离度,更重要的是获得合理的、粒度组成互补的矿物解离度。

如果我们可以通过矿物解离模型和碎磨粒度的数学模型来评价和预测有用矿物的解离状态,则可以计算出所处理矿石的最佳破碎粒度与磨矿粒度、目的矿物在理想状态下的最大回收率,还可以用来判断连生体颗粒对分选过程的影响程度,为确定有用矿物的最佳回收方案提供依据。

1. 矿物解离粒度模型研究

根据不同矿石的矿物特性,确定最佳的解离粒度模型,是矿物加工工作者长期以来不断探索和研究的问题,尽管到目前为止仍然没有形成统一的定论,但是许多专家创建了各种不同的粒度解离模型,并获得了一定的成果。高登(Gaudin)首次建立了矿物解离的模型[20],其推导的解离模型如下:

$$L_D = \frac{(\Phi_D/1)^3}{\Phi_D^3}(\Phi_D > 1)$$

式中,L_D 为有用矿物的单体解离度;Φ_D 为立方体矿物嵌布粒度与碎裂产物粒度之比,是该模型的基本参数。由于在模型的推导过程中,假定被碎磨的物料中,有用矿物呈完整的立方体并均匀地嵌布在脉石中,物料是以理想的形态被磨碎的,即碎裂过程产生的碎块都是大小相同的、完整的立方体;同时,还假设碎裂的平面与矿物颗粒的边缘平行,物料结构与碎磨过程处于理想化,因此,该模型的基本参数 Φ_D 的值在实际应用中没有明确的物理意义,也难于测定,但是,该模型的建立奠定了矿物解离模型的理论研究基础。

Steiner 曾提出相界面积守恒定律,认为多组分系统中各矿相之间界面的总面积是系统常量,与破碎的程度无关;认为连生体永远不会消失,磨矿过程只不过使连生体数量增多,而矿物之间的连生表面积守恒[21]。

Meloy 在 Steiner 的相界面积守恒研究的基础上,进一步推导出了一些有关连生体颗粒的结论,采用颗粒中某个特定矿相体积含量的频率分布曲线来定量描述连生体颗粒的组成及其分布,讨论了颗粒的粒度分布、矿粒形状及矿物嵌布结构等因素对解离的影响[22];尽管这些理论模型的研究尚有不足,但是,这些研究有助于人们更深入地了解矿物解离现象,预测在一定的磨矿细度条件下所能达到的解离度,为获得某种特定的解离程度所需要的磨矿细度提供了理论基础。

目前,最为普遍使用的是 King 的粒度解离模型,因为所有数据均可由矿物光片的图像分析或者镜检得到,因而简便而准确,其模型假设如下:矿石中各种矿物晶粒随机排布,两相邻颗粒之间具有明确的边界,并且颗粒的形状和取向也是随机的[23]。按成分划分,可分为有用矿物和脉石矿物的二元体系;在结构上,认为不存在细粒矿物“弥散”分布于其他粗粒矿物中的现象,矿物也不存在优先沿晶粒界面破碎的倾向;这些假设对于将一维(线性)图像分析结果转换为三维(立体)数据提供了基础。

图 2-1 为矿石光片的一部分,按一定距离平行布置的观测线横向贯穿光片,其中,有用矿物和脉石矿物在观测线上的截长分布,可以用数学方法换算成其粒度分布;矿石破碎时,由于破裂是在整个矿石内随机产生,表现在光片上将是一些随机贯穿观测线的碎裂线;如果某矿物较易破碎,则有较多的碎裂线贯穿此矿物,即在单位长度观测线上所含的碎裂线与观测线的交点也较多。

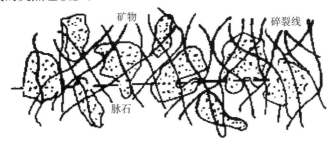

图 2-1　光片上的矿物截长测定及磨矿时的随机破裂

解离矿粒及连生矿粒的含量分布可以由条件分布函数 $p_m(g \mid D)$ 完全确定,其中,D 为平均粒径;g 为矿物含量。为了使用图象分析技术[24~26],定义以下函数。

$\Phi_m(g \mid l)$——在观测线横穿矿石颗粒时,具有截长 l 且其中横穿有用矿物的截线总长≤gl 的矿石颗粒的概率;

$n(l \mid D)$——粒度为 D 的矿粒,其截长为 l 的概率密度函数。

于是有

$$p_m(g \mid D) = \int_0^{D_m} \Phi_m(g \mid l) \cdot n(l \mid D) \cdot \mathrm{d}l$$

式中,D_m 为截长分布中的最大长度;$n(l \mid D)$ 为可由磨碎矿样的光片直接测得,或者根据一定的几何关系计算求得;$\Phi_m(g \mid l)$ 为必须由本模型的实验值,即观测线在两种矿物上的截长分布函数 $F_m(x)$ 和 $F_g(x)$(小于 x 的截长累计值)计算求出。

例如,粒度为 D 的有用矿物与脉石矿物的解离度分别为 $L_m(D)$ 和 $L_g(D)$,脉石矿物的相对体积含量为 V_g,则

$$L_g(D) = P_m(O \mid D)/V_g$$

由于 $\Phi_m(o \mid l) = \left[1 - \dfrac{1}{\mu_g}\displaystyle\int_0^1 \{1 - F_g(u)\}\mathrm{d}_u\right]V_g$，即

$$P_m(O \mid D) = \left(1 - \frac{1}{\mu_g}\int_0^{D_m}\int_0^l\right)\{[1 - F_g(u)]n(l \mid D)\mathrm{d}u\mathrm{d}l\}V_g$$

故

$$L_g(D) = 1 - \frac{1}{\mu_g}\int_0^{D_m}[1 - N(l \mid D)][1 - F_g(l)]\mathrm{d}l$$

相同的有

$$L_m(D) = 1 - \frac{1}{\mu_m}\int_0^{D_m}[1 - N(l \mid D)][1 - F_m(l)]\mathrm{d}l$$

式中，μ_g、μ_m 表示分别为脉石矿物和有用矿物的平均截长，即

$$\mu = \int_0^\infty x\mathrm{d}F(x)$$

$N(l|D)$ 表示粒径 D 的截长分布函数，即 $\mathrm{d}N(l|D)=n(l|D)\mathrm{d}l$。

在无试验数据时，可以按照以下两个假设进行计算，即

$$F_m(l) = 1 - \exp(-l/\mu_m)$$
$$N(l/D) = l^2/D^2$$

于是，可以很方便地计算出有用矿物的解离度，即

$$L_m(D) = 2\frac{\mu_m}{D^2}[1 - \exp(D/\mu/m)(D/\mu_m + 1)]$$

然而，King 的公式是基于块矿磨片的统计结果得出的，对于机械破磨产品制作的光片适用性较差。因此，许多研究工作者试图用 Monte Carlo 法来进行矿物单体解离度的研究，并完成了一维、二维图像向三维图像的转换。Miller 和 Lin[27]建立了采用转换矩阵来表示一维、二维和三维数据间的相互关系，Monte Carlo 模拟和几何分析表明，随机切割形状不同的几何体，会产生差异相当大的分布特性；同时，根据线测法获得的粒度分布率对于微小的试验误差也非常敏感；而且，体视法数学运算相当复杂，并且难以验证，因此这种方法的精确度依然难以保证。目前，解离模型的发展已经取得了一些重要的成果，尽管还没有得到一个功能强、形式简单、易为公众普遍接受的解离模型，但是，许多选矿工作者仍致力于研究磨矿时矿粒的碎裂过程，从而为建立更加可靠的解离模型以满足碎磨流程设计和控制等提供基础。

2. 破碎粒度与磨矿粒度的数学模型研究

在分析矿石特性的基础上，根据矿石的解离度模型和基础试验研究，可以预测目的矿物的解离状况，为确定最佳合理的磨矿细度范围提供依据，但是，矿石粒度减小的过程必先通过机械作业实现，矿物加工领域将减小矿物粒度的过程分为碎矿和磨矿两个阶段。碎磨是一种解离性的磨矿，矿石是具有一定的力学结构的物质[28]，不同矿物的聚合体结合面上的聚合力小于矿物内部质点间的聚合力，将使矿物粒度的减小与矿物的解离可以不同步进行；如果适当的破碎与磨矿，则可能使不同矿物的解离在先，随后才是矿物粒度的减小；同时，在设计与生产中，最终破碎产品的粒度组成可以直接影响到磨机的处理能

力、比能耗和碎磨的综合成本;而磨矿产品的最终粒度组成,会直接影响到目的矿物的分选指标,如果矿石磨碎得过粗,有用矿物解离得不完全,物料中仍有大量的连生体,将对精矿质量和有用矿物的回收产生不良影响;反之,磨碎粒度过细,使有用矿物和脉石泥化,也会影响分选的效果,因此,如何实现选择性碎磨与如何合理地调控碎矿与磨矿两个阶段的粒度则显得尤为重要。

矿石粒度减小的过程实际上是一个功能转变的力学过程[29],因此,碎磨过程可以从该过程的力学实质方面研究功—能的转变规律,即研究破碎功耗的规律。目前,矿业界常见的功耗学说包括体积学说、面积学说和裂缝学说。目前的研究表明,在碎矿过程中,破碎比不大、新生表面不多,则形变能占主要,此时,使用体积学说计算功耗较为可靠;在磨矿过程中,破碎比大、新生表面积多,表面能是主要的,使用面积学说计算功耗较可靠;裂缝学说是在一般的碎矿与磨矿设备的试验结果基础上总结出来的,在中等破碎比的情况下,使用裂缝学说计算功耗较为合理。由此可见,尽管这三个功耗学说各自侧重碎磨过程的某个阶段,具有片面性,但却互相补充、互不矛盾。这里仅对邦德及王文东[30]的裂缝学说进行简单的介绍。

1) 破碎最佳粒度的数学模型研究

邦德(Bond)及王文东提出的功耗与粒度关系的公式如下:

$$W_C = W_i \left(\frac{10}{\sqrt{P}} - \frac{10}{\sqrt{F}} \right)$$

式中,W_c 为将质量为 1shton(即 907.18kg)、粒度为 F 的给矿破碎到产品粒度为 P 所耗的能量,kw·h/shton;W_i 为邦德功指数,kw·h/shton;P 为棒磨机给料中有 80% 筛下物时的筛孔(按重量计),μm;F 为破碎机给料中有 80% 筛下物时的筛孔(按重量计),μm。

随着磨矿设备的发展及新型磨矿设备的研发,利用邦德公式计算功耗时,需要采用某些修正系数,因此,邦德公式修改为

$$W_C = K_1 K_2 K_3 W_i \left(\frac{10}{\sqrt{P}} - \frac{10}{\sqrt{F}} \right)$$

式中,K_1 表示考虑到磨机给料粒度的修正系数;K_2 表示考虑到磨机直径的修正系数;$K_3 = 0.914$。

如果计算给矿和产品的平均粒度,则推导的公式如下:

$$(D_o)_{平均} = \left[\frac{100}{\sum \frac{\gamma_i}{\sqrt{(P_o)_i}}} \right]^2$$

及

$$(D_p)_{平均} = \left[\frac{100}{\sum \frac{\gamma_i}{\sqrt{(D_p)_i}}} \right]^2$$

式中,D_o 为给矿的直径,μm;D_p 为产品的直径,μm;$(D_o)_i$ 为给矿中个别粒级的直径,μm;$(D_p)_i$ 为产品中个别粒级的直径,μm;γ_i 为个别粒级的质量百分比。

2) 球磨机的最佳给矿粒度研究

美国粉碎专家 RowlandCA 认为,球磨机的最佳给矿粒度与矿石性质有关[31],即

$$F = 4000\sqrt{13/W}$$

式中,F 为磨机最佳的给矿粒度;W 为矿石的磨矿功指数。

尽管现有的功耗学说存在各种缺点,但是这些学说大体上确定了矿石强度、给矿粒度、产品粒度和功耗之间的关系,在相当程度上反映了破碎过程的实质;原则上,磨矿过程中的入磨粒度与生产率的关系变化呈相反的趋势,入磨粒度越粗,碎矿过程的生产率越高,而磨矿过程的生产效率则越低;入磨粒度对磨机的磨矿效率影响较大,入磨粒度越粗,将矿石磨到规定细度需要的时间越长,功耗也越多;反之,入磨粒度越细,磨矿时间越短,功耗也越少。磨机内的钢球对矿石的破碎是一种随机性的破碎,破碎效率很低,有研究指出,球磨机的破碎效率仅为 6%～9%。可见,入磨粒度大对磨机的影响很大,要达到最终的磨矿细度,势必会增加磨机的工作量,其能耗和电耗也会增加。

由图 2-2 和图 2-3 可知,磨机按新生成的 -0.074mm 级别计算的相对生产率,一般随给矿粒度的减小而增加,但其增加的幅度随产品的变细而减小;粗磨时增加的幅度相对细磨时较大,非均质矿石较均质矿石更为明显。例如,给矿粒度从 $-40.0+0.0$mm 缩小至 $-5.0+0.0$mm,在产品细度为 40% -0.074mm 时,磨机的相对生产率分别提高 49.4%(非均质矿石)和 38.7%(均质矿石)。

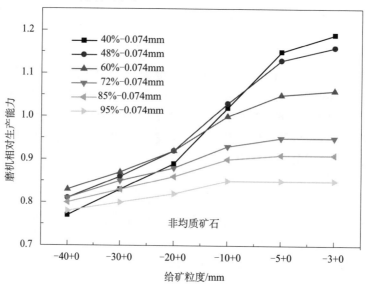

图 2-2　非均质矿的给矿粒度与磨机相对生产能力的关系

在相同的条件下,产品粒度为 95% -0.074mm 时,磨机的相对生产率只提高了 8.97%(非均质矿石)和 17.7%(均质矿石)。当矿石粒度缩小至 5mm 以下时,无论是均质矿石还是非均质矿石,生产率变化很小,甚至无变化。同时,Farrant[32]经过分析计算认为,在碎矿阶段,当破碎的粒度为 9～12mm 时,破碎的能耗最低;国内的生产经验认为,破碎的粒度应为 10～15mm,因此,在一定范围内,降低入磨粒度对提高磨机生产能力、降低碎磨总能耗具有重要的作用。

在实际生产中,碎、磨粒度的最优化问题,尽管经历了从"三段开路破碎、球磨为主"的碎磨流程设计,到"三段破碎—棒磨—球磨"等的碎磨流程设计,再到今天,根据实际

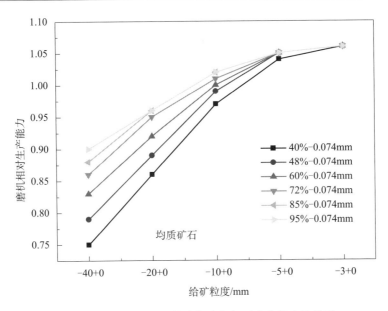

图 2-3　均质矿的给矿粒度与磨机相对生产能力的关系

情况,虽然我国发展了"布干维尔"模式,即多碎少磨的碎磨流程设计,以及通过理论研究,计算出了较为合理的碎矿产品细度与磨矿产品细度,但是对于碎矿产品细度与磨矿产品细度的最优化问题仍然争论不休,尤其在实际生产中,任何一种矿石与其分选的设备都存在差异化,在"多碎少磨"思想的指导下,如果一味地强调多碎问题,就必然会带来碎矿设备的超负荷运转、降低设备效率、损坏破碎设备、影响整个生产作业的处理量等一系列问题。

举例来说,采用布干维尔模式的俄罗斯某铜矿选矿厂为了扩大生产能力、提高碎磨效率,曾经尽一切可能缩小破碎粒度,$P_{80}=6\sim7$mm,以提高磨矿能力,结果导致破碎机大轴断裂、机体开裂等问题[33]。我国德兴铜矿在建厂初期也存在过同样的问题,当时设计破碎产品粒度 $P_{80}=7$mm,筛孔控制在 $10\sim11$mm,而且采用了当时最先进的诺德伯格生产的特超重型 2100 圆锥破碎机,虽然投产了 5 年,但一直未能达到设计的生产能力,且破碎机主轴出现频繁断裂的现象。这些实际生产问题均表明,碎磨粒度最优化的问题,不只是简单的最佳破碎产品粒度、磨矿产品细度以及多碎少磨的碎磨流程设计问题,同样涉及矿石特性、合理的破碎产品细度与磨矿产品细度占比、设备性能及选矿厂规模等一系列的问题,并非磨矿机的给料粒度越细越好,因此,必须将碎矿作业与磨矿作业作为一个整体的、互为平衡的系统来加以考虑。

在矿石物料碎磨过程中,矿石的力学性质是影响矿石破碎的重要因素,包括矿石的硬度、韧性、解离及结构缺陷等。不同矿石的力学性质从宏观上讲,可采用矿石的可碎性与可磨性系数来综合表示矿石性质对碎磨矿过程的影响,矿石硬度大,则难磨;硬度小,则易磨;韧性大的矿石难磨,冲击破碎的效果不好,剪切磨剥的效果较好;具有结构缺陷的矿石有利于碎磨,相对可磨性系数越大越容易磨细等。由于超细碎设备的出现,人们对于最适宜的最终破碎产品粒度有了更深入的认识,很多学者进行了相关研究,但是,如果给矿粒度超出最佳值,给矿粒度过粗或过细均会降低球磨机的工作效率;苏联 Maxa 也认为,破碎产品粒度在最适宜的范围时,破碎和磨矿的总成本才会最低;生产实践也表明,矿石的碎磨理论研究对实际生产具有重要的指导作用,碎矿与磨矿粒度的合理分配,对于降低碎磨阶段的能耗、提高处理量,具有十分显著的效果。

例如,凡口铅锌矿的工艺矿物学性质研究表明,该矿石类型主要为块状铅锌硫多金属矿石,主要矿物有方铅矿、闪锌矿、黄铁矿,脉石矿物有石英、方解石、白云石;主要金属矿物含量为 60%;方铅矿、闪锌矿和黄铁矿呈中、细粒不均匀嵌布,各种硫化矿物与脉石的关系特别密切,溶蚀交代现象比较严重;矿石硬度为 $F=8\sim10$,岩石的可碎性为 1.0,且泥化严重[34]。通过对碎磨流程的不断改造,调整设备和工艺参数,增加洗矿设备,虽然提高了中碎的处理能力和筛分效率等,但是,由于碎矿产品的粒度设计不合理,仍然存在碎磨效率低、循环负荷大、能耗高,不能充分发挥破碎机的能力问题。为此,从矿石的基础特性研究入手,通过碎磨能耗指数测定与综合能耗的理论计算,凡口铅锌矿的最佳入磨理论粒度为 7mm;经过工业试验研究,碎矿产品粒度由原来的 $P_{80}=10\sim12$mm 降至 $P_{80}=8\sim9$mm,磨矿能力相应地增加了 5.74 百分点,综合能耗降低 7.1 百分点左右,获得了碎磨综合能耗最低值,而且可以取消二段磨矿作业,降低了钢球和衬板的消耗。

在探讨大孤山选矿厂合理的碎磨技术的过程中,采用入磨粒度公式,实现了预测与设计入磨细度相结合的技术在实际生产中的应用[35]。根据大孤山的矿石性质,采用如下入磨粒度公式,即

$$D=32.86Q_{日}^{-0.113}$$

式中,D 为合适的入磨粒度;$Q_{日}$ 为选矿厂日处理的矿石量。

大孤山选矿厂的处理量为 18500t/d,根据上述公式,合适的入磨粒度是 10.8mm,即大孤山选矿厂球磨机的入磨细度为 -10.8mm 的占 95%;而实际生产中,球磨机的入磨细度为 -15.8mm 的占 95%,与合适的入磨平均粒度相差 5mm,因而进一步降低破碎的最终产品粒度,实现小粒度给矿,是降低生产成本的有效途径。在实际生产中,通过实施中碎前的预先筛分和检查筛分,大孤山选矿厂破碎粒度(检查筛分的筛下产品)为 -12mm 的含量由 89.24% 提高到 97.88%,由此降低了入磨产品的平均细度,提高了球磨机的台时能力,降低了电耗和钢球消耗等,创造了非常可观的经济效益。

2.4.2 碎磨过程的粒度互补效应的表现形式

目前,一般从采矿场送入选矿厂的原矿是上限粒度为 1000~1500mm(露天开采)至 400~600mm(井下采矿)的松散、混合的物料群,而选矿厂要求的入选粒度通常是 0.1~0.2mm 或者更细。这说明选别之前,需要将进入选矿过程的原矿粒度减小至原来的数千分之一甚至万分之一,才能为选别提供达到单体解离要求或者粒度合适的原料。粒度减小的过程就是碎矿和磨矿的过程,而选矿厂的碎矿和磨矿的投资占全厂总投资的 60% 左右,磁选厂甚至达 75% 以上,电耗占选矿过程中的 50%~70%,生产经营费用也占选矿厂的 40% 以上。据统计,全世界每年消耗于碎磨作业的能耗占全世界发电总量的 3%~4%[32]。不仅如此,粒度在选矿过程中至关重要,入选粒度的合格与否,直接影响选矿厂的技术指标与经济效益。

1. 粒度大小与解离度之间的互补效应

物料粉碎的颗粒大小一般用粒度 mm（或者 μm）表示，磨矿产品的粗细程度一般用细度表示，常以－200 目（－0.074mm）矿粒的质量分数（％）表示。根据矿石中矿物的粒度大小、嵌布特征等，不同的矿石具有不同的磨矿细度要求。合适的粒度及互补的粒度组成是矿物选别的基础，在矿物加工过程中扮演着十分重要的作用，影响着碎矿、磨矿、重选、浮选和磁选及化学选矿的选别过程，不仅影响选矿指标的好坏，而且在经济方面对选矿厂的建设和生产具有很大的意义。目前，矿物粒度大小的分类原则和划分类型并没有统一的标准，但是为了说明有用矿物粒度的大小与碎磨和分选方法的重要关系，通常采用粗粒嵌布、细粒嵌布、微粒嵌布、次显微嵌布和胶体分散等进行表征；根据矿石的嵌布粒度特征，大致可以分为四种嵌布粒度特性曲线[36]（图 2-4）。

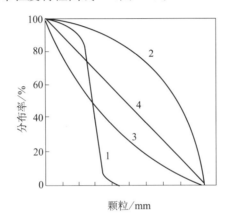

图 2-4　矿物嵌布粒度特性曲线
1. 等粒嵌布矿石；2. 粗粒为主的不等粒嵌布矿石；
3. 细粒为主的不等粒嵌布矿石；4. 极不等粒嵌布矿石

矿物单体解离是实现矿物加工工艺的基本要求和必要条件，对单体解离度影响最大的客观因素——矿物嵌布粒度特征很早引入了选矿过程；随后，在此基础上，有人提出了分选单位的概念，将分选目标由一种矿物扩大至多种矿物集合体，目的也是围绕着把矿物工艺粒度放粗，实现在较粗磨矿细度的条件下获得较高的单体解离度。

然而，尽管矿物粒度嵌布特征与单体解离度之间明显存在着正变关系，却始终难以建立明确的数学关系，主要原因是，矿物的有效解离除了涉及目的矿物工艺粒度、粒度互补分布外，还涉及该矿物和镶嵌矿物的力学性质、磨矿方式和磨矿粒度等诸多因素，使矿物工艺粒度与矿物解离之间的关系复杂化；由于矿物力学性质和参数涉及诸如晶体的形态、大小、解理、硬度、脆性、韧性以及界面形态、晶粒内结合力和界面结合力等许多方面，至今没有能够直接计量的方法，虽然部分矿物加工专家对单一类型的矿石进行了诸如矿物工艺粒度统计、磨矿试验、解离度测定等，并选择适当的参数，建立了矿物单体解离度和工艺粒度的数学关系等相关工作，却难以建立有效的矿石解离难易程度的数据库。

虽然一般情况下以矿物工艺粒度大小作为矿物单体解离难易程度的标准，但是，工艺粒度相近而且界面同样平直的矿石，在相同的磨矿条件下，解离度有时存在明显的差异，因此,工艺矿物学工作者虽然可以详尽地统计出矿物工艺粒度,但是选矿工作者依然需要在较大的范围内进行磨矿细度试验,并分别测定不同磨矿粒度条件下的矿物解离度。

众所周知,单体解离与粒度组成是制约分选技术发展、影响技术指标与经济效益的关键因素,因此,在矿物解离模型建立之初,主要考虑的是矿物颗粒的大小对矿物解离度的影响,最早建立的相关矿物解离模型是 Gaudin 模型;由于碎矿和磨矿机械对矿物的解离程度也具有一定的影响,且其中的影响因素众多,因此,矿物的单体解离与粒度组成之间关系的模型必须运用最新的研究方法和技术,使数学模型从二维模式向多元模式发展。虽然在建立合理的数学模型的道路上还存在有待解决的许多问题,但是只要抓住解离度与粒度组成、碎磨设备这条主线,并不局限于单体解离与各影响因素之间的联系,综合研究单体解离与连生体之间的关系,只有这样,才能够为构建粒度组成、能耗平衡与合理的单体解离和连生体之间的互补提供重要的依据。

例如,南京栖霞山铅锌银矿石主要含方铅矿和闪锌矿,其次为黄铁矿、菱锰矿;矿石硬度为 $F=8\sim12$;通过研究碎矿粒度、入磨粒度和矿物分选的工艺粒度等之间的互补关系,确定最终碎矿产品的最大粒度为 -14mm,平均粒度从 11.74mm 降至 6.41mm,大幅度地降低了破碎粒度,使球磨机台时处理量从 16.7t 提高到 18.2t,同时,磨矿细度从 -200 目 68% 提高到 -200 目 77%[37]。

金堆城钼矿床属中温热液细脉浸染型,矿石类型主要为蚀变的黑云母化、角质岩化的安山玢岩和花岗斑岩;矿石普氏系数为 $10\sim16$,矿石节理发育,具有硬、脆、碎的性质;通过研究破碎产品粒度、入磨粒度和磨矿产品之间的互补关系,将入磨粒度由 $P_{80}=$ 18.2mm 下调到 $P_{80}=15$mm,使磨机的处理能力提高 9.8 百分点,磨矿单产电耗降低 1.016kW·h/t,单产钢球消耗降低 75g/t,实现了多碎少磨的有机互补。

2. 矿物嵌布特征对矿物单体解离与连生体之间的互补效应的影响

矿物嵌布特征与磨矿细度和单体解离度之间存在着紧密的联系,无论从理论上还是磨矿实践上,矿物单体解离度都与矿物工艺粒度呈正变关系[38],即同一类型矿石中的同一矿物,在磨矿细度不变的条件下,单体解离度随着工艺粒度的增大而增大;矿物单体解离度与磨矿细度之间也呈正变关系,即对于矿石中的同一矿物,随着磨矿细度的提高,单体解离度增加;部分类型的矿石(如集合嵌布类型的矿石)可以在粗磨条件下丢出贫尾矿,而部分类型的矿石(如次显微嵌布的矿石)则需要磨至无限小,才能获得百分之百的单体解离度。

可见,原矿"物性"中的嵌布粒度特性在很大程度上决定了碎磨工艺、碎磨设备及分选的工艺流程。随着矿产资源越来越"贫细杂难",矿物的嵌布粒度越来越细、越来越不均匀,甚至呈现极不均匀嵌布和鲕状结构;矿石的硬度差异越大,会导致部分目的矿物解离度不够,而部分矿物出现过粉碎等现象。对于这种类型的矿石,采用集中磨矿、集中选别是不可行的,通常采用阶段磨矿、阶段选别或者是分级分选的工艺流程,充分利用已解离的粗颗粒矿物与再磨或分级后的细颗粒矿物的单体与连生体之间的互补,形成过磨现象轻、解离比较充分、解离度合适的粒度互补优势。

例如,大红山铁矿石属于磁铁矿-赤铁矿型酸性混合矿石,其中磁铁矿的嵌布粒度较粗,较易磨选;而赤铁矿的嵌布粒度较细、硬度高,部分赤铁矿与脉石关系密切,结构复杂,加之含铁硅酸盐矿物的比磁化系数与赤铁矿的相当,因而该酸性混合矿石属于难磨、难选的铁矿石;原矿中不同矿物在不同粒级中的分布如表 2-7 所示。

表 2-7 大红山铁矿原矿中不同矿物在不同粒级中的分布

粒级/mm	磁铁矿/%	赤铁矿/%	石英/%
+0.20	18.93	8.53	44.75
−0.20+0.15	10.89	3.44	9.29
−0.15+0.10	16.71	5.64	10.78
−0.10+0.09	2.82	2.00	5.07
−0.09+0.08	1.82	2.36	2.93
−0.08+0.07	3.87	3.28	3.42
−0.07+0.06	4.80	6.21	3.63
−0.06+0.05	3.51	4.79	3.18
−0.05+0.04	7.67	10.19	4.47
−0.04+0.03	5.16	8.11	3.05
−0.03+0.02	7.98	12.00	6.00
−0.02+0.01	8.59	17.18	2.22
−0.01	7.25	16.27	1.21
合计	100.00	100.00	100.00

由表 2-7 中不同矿物在不同粒级中的分布可以看出:赤铁矿颗粒比磁铁矿颗粒细,在 −0.05mm 粒级,磁铁矿占 36.65%、赤铁矿占 63.75%;而在 +0.10mm 粒级,磁铁矿占 46.53%,而赤铁矿仅占 17.61%;也就是说,将近一半的磁铁矿富集在粗粒级,而大部分的赤铁矿富集于细粒级;主要脉石矿物石英的粒度总体比铁矿物的粒度粗,在 −0.05mm 粒级仅占 16.95%,而在 +0.1mm 粒级占 64.82%。

针对大红山铁矿中磁铁矿与赤铁矿的嵌布粒度特性以及两种目的矿物的硬度差异,采用一段半自磨、二三段球磨的分阶段磨矿,以及弱磁选—高梯度强磁选的阶段选别流程,实现了一段半自磨、二段球磨的连续磨矿细度为 −0.074mm 占 60%、三段磨矿细度为 −0.044mm 占 80% 的两种不同磨矿细度的互补;同时,磁铁矿的弱磁选、赤铁矿的高梯度强磁选的高效互补工艺流程,实现了分步回收磁铁矿与赤铁矿的目的,铁精矿的回收率到达 70% 以上,与连续磨矿—集中选别的工艺流程相比,铁精矿的回收率提高了 8 个百分点以上,同时采用阶段磨矿—阶段选别的工艺流程,减少了再磨设备的处理量,大幅度地节省了能耗。

再以大孤山铁矿选矿厂为例,其原料为高硅、低硫磷的贫铁矿石,主要来自汾东和汾西,选矿厂实际生产能力达到 1000 万 t/a 以上,其中磁选车间 700 万 t/a、三选车间 200 万 t/a、选矿分厂 100 万 t/a,年产铁精矿 395 万 t/a,是鞍钢原料的主要供应基地;矿石中铁矿物的嵌布粒度比较细,脉石矿物的原生粒度大于铁矿物的原生粒度,一般为 1.2~1.5 倍;矿体上部铁矿物的原生粒度粗,下部逐渐变细,汾东上部 −42m~−102m 的铁矿物颗粒平均粒度由 0.044mm 下降至 0.04mm;目前大孤山铁矿开采至 −274m,铁矿物颗粒的平均粒度小于 0.035mm,其铁矿物与脉石矿物的嵌布粒度见表 2-8[39]。

表 2-8　大孤山铁矿中铁矿物和脉石矿物在不同粒级中的分布情况

样品粒度/mm	玢东		玢西	
	铁矿物/%	脉石矿物/%	铁矿物/%	脉石矿物/%
−2.000+1.168	0.18	1.51	0.01	1.19
−1.168+0.833	0.34	2.40	0.68	1.14
−0.833+0.589	0.55	5.07	0.54	2.67
−0.589+0.417	0.56	5.88	1.94	5.17
−0.417+0.295	1.16	7.41	4.07	7.65
−0.295+0.208	3.75	8.97	6.05	9.97
−0.208+0.147	6.46	8.42	10.09	12.11
−0.147+0.104	10.85	8.82	12.02	12.84
−0.107+0.074	12.87	8.40	14.74	13.83
−0.074+0.043	18.41	12.79	19.21	15.23
−0.043+0.035	10.20	6.36	7.14	5.31
−0.035+0.015	26.64	18.66	16.41	10.25
−0.015+0.010	7.68	5.06	3.72	1.60
−0.010	0.35	0.25	3.38	1.04
合计	100.00	100.00	100.00	100.00

从表 2-8 可知,玢东矿石中铁矿物的原生粒度小于玢西的原生粒度,−0.035mm 占 34.42%,嵌布粒度较细,且铁矿物与脉石矿物具有同步变化的特点。

针对大孤山铁矿中矿物的嵌布粒度特征,采用阶段磨矿—阶段磁选的工艺流程(图 2-5),实现了一段分级旋流器溢流−0.074mm 占 61.50%、二段旋流器溢流−0.074mm 占 90.08% 以及分步回收不同工艺粒度目的矿物的互补模式,充分体现了矿物的工艺粒度在选择性分选工艺中的重要作用。根据大孤山铁矿石中矿物的平均嵌布粒度细和粒级分布宽的特点,从粗到细逐步解离不同粒度的目的矿物,既避免了粗粒的过粉碎,又使细粒矿物充分解离,然后根据目的矿物在不同磨矿阶段的解离情况采用合适的分选工艺加以回收,最终获得了高质量的铁精矿。

鲁中冶金矿业集团选矿厂的原矿处理量为 245 万 t/a,可生产铁精矿 97 万 t/a、赤铁矿块矿 8 万 t/a,铜精矿 4800t/a,其中铁精矿品位为 64% 左右,属于低硫、低磷、全自熔的优质炼铁原料[40,41]。原矿中主要矿物的嵌布情况如下:磁铁矿主要呈不规则的粒状嵌布,绝大部分为中细粒,最大粒度为 0.250mm,一般粒度为−0.120+0.030mm;赤铁矿主要呈粒状、片状和脉状嵌布在磁铁矿和脉石中,一般粒度为−0.070+0.040mm,最小粒度为−0.020+0.005mm;褐铁矿呈片状、胶状嵌布在脉石或者磁铁矿和赤铁矿中,少量粒度为 +0.20mm。选矿厂原采用的碎磨流程为:矿石碎矿后,采用场强高、极距大的 CT-1416 型永磁磁滑轮,主要针对−350mm 的大块磁性铁矿物,预先抛除大量的废石和红板岩,减少矿石的泥化;磨矿工艺为 AB 流程,即自磨—自返圆筒筛(筛孔 10mm)—球磨流程,球磨机为格子型,分级溢流细度为−0.074mm 占 64% 左右;BKJ 型弱磁选机精选后的中矿采用水力旋流器分级—再磨,球磨机为溢流型;由于原碎磨流程的处理能力较小,且磨矿产品稳定性较差,为了提高磨机对矿石的适应能力,同步控制二段球磨与再磨产品的细度,将二段格子型球磨机改为溢流型球磨机;同时,为了扩大产能,将自磨机改为半自磨机,磨矿工艺改进为 SAB 流程,但是改造后的半自磨机的顽石处理问题与其对应的台时处理能力提升问题相互制约,为了解决这一矛盾,在半自磨与球磨之间增设了顽石破碎作业,半自磨机自返式圆筒筛改为双层圆筒筛,改造后的碎磨工艺为 SABC 流程(图 2-6)。一段圆筒筛筛上破碎产品经过顽石破碎后达到 8mm 以下,与中间粒级合并给入球磨机;二段圆筒筛筛下－3mm 部分进入分级系统;在该矿石碎磨的过程中,根据矿石的工艺粒度大小和硬度差异,采用预先多级筛分系统,使目的矿物在不同的阶段逐步解离,构成了粒度互补的碎磨方式,不仅避免了矿石的过粉碎、减少了二段磨矿机的处理量,同时,严格控制球磨机的给矿粒度组成,提高了二段球磨机的磨矿效率,降低了单位矿石的处理能耗等。

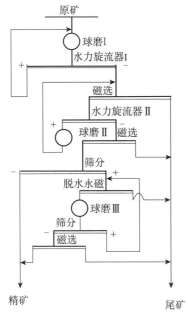

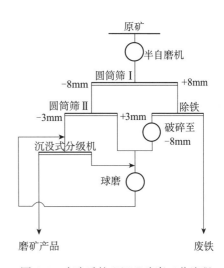

图 2-5　大孤山铁矿的碎磨与分选的工艺流程　　　图 2-6　改造后的 SABC 碎磨工艺流程

　　磨矿过程中,在解离脉石和有用矿物的颗粒连生体时,磨矿细度和最终粒度不仅取决于颗粒的大小,还取决于连生体中不同矿物相界面之间的作用力;由于连生体颗粒不仅沿金属矿物相和非金属矿物相的解理面破坏,而且还沿矿物(如磁铁矿等)颗粒最薄弱的结合面破坏,因此,即使在最合理的磨矿细度条件下,最终磨矿产品中仍然会存在大量的脉石与目的矿物的连生体颗粒,导致连生体颗粒在分选过程中有可能进入精矿中,因而难以获得高品质的精矿产品。

　　因此,除上述常规的优化碎磨工艺、产品粒度分布以及选择的最佳碎磨矿设备和流程以外,在矿石碎磨的过程中,有时也需要通过其他的手段和方法,尽可能地实现矿物的单体解离,优化解离的单体与连生体的比例,构成解离的单体与连生体入选的互补结构。例如,对于铁矿石,解决这个问题的可能方案之一是,利用电磁场能处理矿石或者矿浆,电磁场的选择性作用可以弱化连生体沿矿物的共生表面上的作用力,并降低其机械强度,有利于选择性的碎磨,形成合理比例的、解离的单体与连生体,为构建基于粒度互补的分选方法提供合适的原料[42]。

　　电磁场超高频能作用于磁铁矿—石英连生体,会导致热应力集中于矿物的解理面;在水中冷却后,连生体中不同组分的共生表面的机械强度会降低 1/3～1/2,造成这一结果的原因,首先是由于超高频能热作用的速度快,其次是由于电磁场频率的增大,明显地增加了用于破坏连生体的吸收能。采用该技术处理铁矿石,研究发现:铁精矿中金属矿物颗粒的解离度得到了明显的提高,金属矿物的解离度增加了 5.48~34.2 百分点;而且,大多数的金属矿物颗粒较粗,并具有较规则的八面体形;精矿中的贫连生体产率也得到了提高,表明富连生体被解离为贫连生体和单体矿物颗粒;因此,电磁场超高频能的作用不仅有利于金属矿物颗粒单体解离度的提高,而且有利于精矿质量的提高。

采用超高频能处理中矿产品,发现富连生体数量增多、贫连生体数量减少的现象,这对富连生体的富集是有好处的,可以提高金属矿物的品位和回收率。

尾矿中主要是非金属矿物颗粒和贫连生体,与精矿产品的矿相相似,非金属矿物相的解离同样具有定向性;采用超高频能处理尾矿后,尾矿中的非金属矿物得到了定向解离,但是非金属矿物颗粒解离度的增长率一般小于精矿中金属矿物颗粒解离度的增长率。

不同产品解离的矿相分析研究表明,采用超高频能处理,矿物的选择性解离具有如下特点:金属矿物颗粒的解离度比非金属矿物颗粒的解离度有很大的提高,除了可以增加合格粒级的产率外,还可以提高矿物颗粒的选择性解离,减少了连生体的数量,增加了连生体中金属矿物的含量;因此,采用该预处理方式,可以为建立更加合理的粒度互补效应创造条件,将有利于提高精矿的质量和回收率。

3.“多碎”与“少磨”之间的粒度互补效应与能耗互补效应

破碎是大块物料在机械外力的作用下,克服固体物料各质点间的内聚力,破坏物料块以减小颗粒粒度的过程。物料的破碎过程一般是干式的,通常分粗碎、中碎和细碎三个阶段,每个阶段的破碎比一般为3~15。

磨矿是使矿粒粒度进一步减小的过程,磨矿产品经过分级后即送入分选过程;如果磨矿产物的粒度不够细,有用矿物与脉石矿物解离不充分,会导致分选效果不好,精矿指标差;如果磨矿产品粒度太细,会产生过多的微粒和泥化现象,虽然能使有用矿物完全解离,但分选的指标也不会好;主要原因是,任何选别工艺对物料的细度都有一定的要求,当物料的细度低于某一下限值时,过细的矿物颗粒很难通过矿物加工工艺进行有效的分选与回收。

矿石的粉碎过程包括既相互联系又相互制约的爆破、破碎与磨矿等作业,承载了矿石粒度由大到小的整个过程;传统的矿石粉碎过程的能耗分布一般极不均匀,大致是爆破占 3%~5%、碎矿占 5%~7%、磨矿占 80%~90%,因此,孙文锦提出将矿石粉碎的全过程作为一个整体进行系统的研究,适当提高爆破和破碎过程的能耗,降低磨矿能耗,从整体上降低矿石粉碎过程的能耗,实现能耗的合理配置[43],这与我们提出的能耗互补观点以及段希祥[32]教授提出的能耗前移的观点是一致的。通过增加爆破阶段的能耗和成本来降低矿石粒度的效果较小,而且带来的安全隐患等影响较大,因此,通过降低爆破产品的粒度而减少整个系统的能耗的研究较少,目前仍然集中在碎矿与磨矿两个方面,特别是将能耗合理地前移至破碎阶段,达到降低整个碎磨过程能耗的目的。

研究碎磨阶段的碎矿与磨矿作业之间的重要关系之一,实际上就是研究“多碎”与“少磨”之间的互补、碎矿能耗与磨矿能耗之间的平衡;碎矿产品粒度过小,将大幅度地增加破碎段的能耗，而过小的入磨粒度不仅难磨，而且磨矿效率增幅不大；碎矿产品粒度过大、入磨粒度过粗会增加磨矿负荷，同样不能增加磨矿效率。北京矿冶研究总院对矿石的入磨粒度与磨矿机处理能力的关系进行了多年的研究[44]，认为给矿粒度对磨矿机的处理能力影响很大，对碎磨能耗的影响也就很大，当入磨粒度在 10～25mm 变化时，磨矿机处理能力几乎呈直线关系变化。例如，百花岭选矿厂的入磨粒度从－18.32mm 降低到－12.5mm 时，磨矿机处理能力提高近 10%，电耗下降 10%，说明"多碎少磨"对于节能具有重要意义。因此，研究不同类型矿石的"多碎"与"少磨"之间的最佳粒度范围，对于获得最高的碎矿与磨矿的整体效率，实现碎矿能耗与磨矿能耗之间的互补、"多碎"与"少磨"之间的能耗互补，达到碎矿与磨矿之间的有机结合，并产生"1+1＞2"的集成效应等，都具有非常重要的作用。

碎矿的效率明显地高于磨矿的效率，并且碎矿的能耗较低、约为磨矿能耗的 12%～25%，因此"多碎少磨"，合理地降低碎矿的最终产品粒度不仅可以充分发挥破碎机的作用，而且对提高磨机的处理能力和磨矿效率具有重要的意义。要减小入磨粒度，必须是在合理的范围内，尽可能地降低碎矿的最终产品粒度。国外许多大型选矿厂的入磨粒度都在 15mm 以下，碎矿及磨矿的总能耗也相对较低。例如，澳大利亚 CRA 公司的布干维尔铜矿选矿厂规模为 13.5 万 t/d，矿石入磨粒度为 9mm，碎矿和磨矿的单耗之和是全球最低的选矿厂之一[45]。

实现多碎少磨的关键，在于如何实现细碎甚至超细碎。目前研究最多的新型破碎方法主要包括电照射法、热力破碎法、微波照射法、超声波粉碎法等，但是，这些技术仅仅处于探索阶段，目前无法实现选矿厂的实际应用。

因此，除了通过研究新型的碎磨、分级技术与设备外，优化碎磨阶段的工艺流程，筛选合适的、互补的碎磨设备，优化碎磨细度，根据矿物的工艺粒度特性，构建合理的粒度互补模式等，是目前实现"多碎少磨"最行之有效的方法，在研究合理的粒度组成的基础上，对碎磨、分选等先进技术与设备进行合理的衔接与匹配，可充分发挥不同单体技术的使用效率。

1）金渠金矿

金渠金矿的原破碎工艺流程为两段破碎，一段破碎和二段破碎分别采用颚式破碎机和圆锥破碎机，与检查筛分的振动筛构成闭路破碎流程（图 2-7）；在不改变原工艺流程的基础上，根据实际生产的工艺流程和要求，通过改善破碎设备的性能，调整各设备的排矿口和筛分粒度，优化碎磨之间的破碎比，形成"多碎少磨"的破碎流程，其改造后的破碎流程如图 2-8[46]，不仅增加了单段破碎比，而且碎矿产品的粒度由－20mm 降至－10mm，增

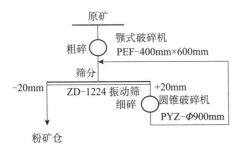

图 2-7　原破碎工艺流程

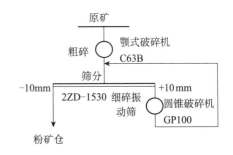

图 2-8　改造后的破碎工艺流程

加了−0.074mm 粒级的含量,由原来的 3.55% 提高到 5.80%(表 2-9),为提高磨矿效率创造了有利条件,使选矿厂处理能力由 400 万 t/a 提高到 630 万 t/a,破碎的电耗由 10kW·h/吨矿降至 6kW·h/吨矿,破碎成本由 14 元/吨降到 9 元/吨,破碎工段每年节省 107 万元,实现了增产与节能的目的。

表 2-9 破碎流程改造前后的产品粒级产率

粒级/mm	改造前各粒级产率/%		改造后各粒级产率/%	
	个别	累计	个别	累计
−20.0+10.0	28.35	—	—	—
−10.0+5.0	26.60	54.95	9.50	—
−5.0+2.5	8.31	63.26	16.31	25.81
−2.5+1.0	10.52	73.78	16.52	42.33
−1.0+0.5	4.65	78.43	13.60	55.93
−0.5+0.3	6.45	84.88	11.98	67.91
−0.3+0.15	2.86	87.74	7.50	75.41
−0.15+0.105	2.58	90.32	6.55	81.96
−0.105+0.09	3.60	93.92	6.58	88.54
−0.09+0.074	2.53	96.45	5.66	94.20
−0.074	3.55	100.00	5.80	100.00
合计	100.00	—	100.00	—

2)攀枝花密地选矿厂

攀枝花密地选矿厂的钒钛磁铁矿属于后期岩浆分异矿床,处理的矿石采自 4 个矿区 17 个矿带,由于各矿区矿带的主要矿物含量不同,各地矿石的铁品位和可磨度存在一定的差异。随着生产的不断进行,品位偏低的朱矿矿石的比例增加到 40%,其中难磨难选的矿石占 3.85%,入选矿石硬度为 12~14f,且有用矿物钛磁铁矿和钛铁矿多以聚合体或者粗状与脉石矿物共生,易碎难磨,不仅硬度大,而且韧性也大,给碎磨流程的设计和优化带来了很大的困难[47]。

根据苏联赫瓦特金的计算和推导,以及不同规模的选矿厂球磨机适宜的入磨粒度公式,计算出密地选矿厂适宜的球磨给矿粒度为 9.0mm,计算公式如下:

$$d_{0pt} = 32.86 Q_d^{-0.133}$$

式中,d_{0pt} 为适宜的球磨给矿粒度,mm;Q_d 为选矿厂的矿石处理量,t/h。

通过试验研究,计算了密地选矿厂的入磨粒度与球磨生产率的关系、入磨粒度与球磨生产率、电耗和效益的关系,分别见表 2-10 和表 2-11。

表 2-10 密地选矿厂的入磨粒度与球磨生产率的关系

入磨粒度/mm	给矿中−0.074mm 含量 $\beta_{给}$/%	Q/(t/h)	磨机生产率提高/%	
			绝对值	均值
−25+0	4	84.88	0.00	0.00
−20+0	5	91.41	7.69	1.54
−15+0	6	100.49	9.93	1.99
−10+0	8	113.33	12.78	2.56
−5+0	10	135.25	21.92	4.38

表 2-11　密地选矿厂的入磨粒度与球磨机生产率、电耗和效益的关系

入磨粒度/ mm	台时/ (t/h)	单耗/ (kW·h/t)	节电/ (万 kW·h/t)	产量/万吨			效率/万元		
				原矿量	原矿增加量	精矿增加量	节电/kW	增产/万吨	合计
−25+0	84.88	15.33	0.00	1051	0	0	0.00	0.00	0.00
−20+0	91.41	14.23	1239.07	1131	80	37	532.80	3838.34	4371.14
−15+0	100.49	12.95	2962.00	1244	193	88	1273.66	9175.56	10449.22
−10+0	113.33	11.48	5398.39	1403	352	161	2321.30	16722.90	19044.20
−5+0	135.25	9.62	9557.72	1674	623	185	4109.82	29607.46	33717.28

根据前人关于入磨细度对球磨生产效率的影响研究,入磨粒度每减小 1mm,球磨机的生产率提高 2~3 百分点。由表 2-10 可以看出:最大入磨粒度从 25mm 减小到 20mm、15mm、10mm、5mm,入磨粒度每减小 1mm,磨机生产率提高 2~3.87 百分点。由此说明,根据计算的最佳入磨粒度范围,降低入磨粒度,能够大幅度地提高密地选矿厂的球磨生产率。由表 2-11 可知,随着入磨粒度的减小,不仅磨机台时处理能力迅速增加,而且能够降低能耗,可产生巨大的经济效益。

根据理论与工业试验研究的成果,密地选矿厂对碎磨作业进行了技术改造,在三段开路破碎、一段闭路磨矿和二次磁选流程的基础上,通过对球磨机进行控制分级,提高螺旋分级机的溢流浓度,以便提高分级粒度的上限,减少单体解离矿物的返砂量,同时采用合适的筛分设备对放粗的分级溢流进行控制分级,从而将未单体解离的矿物及时返回再磨;充分利用不同分级设备的优劣,形成了不同碎磨设备之间的有机互补作用。通过技术改造,入磨矿石粒度降至−20mm 占 90%,同时降低了磨矿产品中+0.18mm 粒级的产率,减少了连生体颗粒的数量,提高了磨机的生产能力,实现了碎磨流程的合理优化,不仅降低了碎磨阶段的能耗,而且提高了入选物料的均匀度,改善了精矿产品的质量。

3)玉溪大红山铜矿

玉溪大红山铜矿一选矿厂三系列设计规模为 3000t/d,采用 2 台平行的 Φ3.6m×4.5m 的一段溢流型磨机磨矿,并与 Φ600mm 旋流器构成闭路;磨机新给矿为三段一闭路的最大粒度为 16mm 的碎矿产品,设计要求的最终磨矿细度为−0.074mm 占 70%。2003 年 5 月投产以来,生产指标很差,磨机台时能力仅为 52t/h,与设计指标相差 10t/h 左右,而且产品细度仅为−0.074mm 占 64%,与设计的磨矿细度相差 6 百分点;由于入选细度达不到要求,铜精矿的回收率和品位较差。根据多碎少磨的理论与应用实践可知,碎矿是制约性的破碎,破碎效率高,而磨矿是随机性的破碎,破碎的概率比较低,且在一定的范围内,磨机的给矿粒度越小,其处理能力越大,破碎概率和磨矿效果也越好。因此,为了改善磨矿效果,提高分选指标,进行了“碎”与“磨”的粒度互补效应研究,首先,将破碎设备由原来的国产圆锥碎矿机改进为美卓的高效圆锥破碎机,缩小排矿的筛孔尺寸,逐渐降低磨机给矿物料中+12mm 粒级的含量,使破碎产品的最终粒度由−16mm 降低至−12mm;其次,针对磨机存在的问题,进行了精确化的装补球技术改进,其碎矿效果对磨矿效果的影响结果见表 2-12[48]。

表 2-12 大红山铜矿一选矿厂三系列降低碎矿粒度后的增产与降耗效果

项目	试验Ⅱ	试验Ⅲ	试验Ⅳ	试验Ⅴ
入磨粒度/%（−12mm 含量）	60	67	80	95
台时生产率/(t/h)	65.50	75.56	85.42	100.10
单位磨矿电耗/(kW·h/t)	21.52	18.50	16.6	13.70
球耗/(kg/t)	0.63	0.60	0.58	0.55

从表 2-12 可看出，降低碎矿产品的粒度，虽然增加了破碎过程的能耗，但磨机给矿粒度的减小可大幅度地提高磨机的处理能力，给矿粒度从−12mm 占 60% 提高到 80%，磨机台时处理能力从 65.50t/h 提高到 85.42t/h；给矿粒度为−12mm 占 95% 时，处理能力提高到 100.10t/h，与−12mm 占 60% 的相比，提高了 52.82 百分点，单位电耗从 21.52kW·h 下降到 13.70kW·h，降低幅度达到 36.34 百分点。

4）返砂与新给矿之间的粒度互补

相对于磨机的新给矿，返砂的粒度范围较窄、粒度较均匀；改变返砂量，优化返砂与磨机新给矿的配比，可以改变磨机内物料的粒度组成，形成返砂与新给矿之间的粒度优势互补，为磨矿过程产生"1+1＞2"的集成效应、提高磨矿效率提供基础。

分级返砂的作用不仅可以返回不合格的粗粒，而且还有一个不可忽视的作用，即改变入磨物料的粒度组成[49]，使新给矿与返砂的粒度之间形成互补的粒度构成，使粗粒与细粒的粒度差异变大，让磨矿介质在磨机筒体内整个轴向长度上能够高效率的磨碎，从而提高磨机的生产率。返砂比与相对生产率的关系见图 2-9。

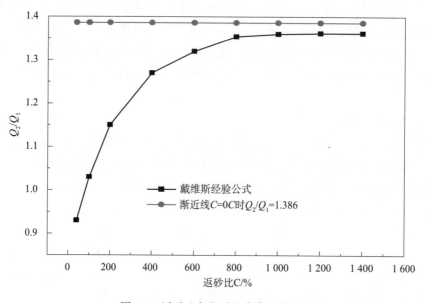

图 2-9 返砂比与相对生产率的关系

其计算原理为：在闭路磨矿循环中，Q 和 S 分别代表新给矿量和返砂量，假定新给矿和返砂均为不合格的粗粒，入磨后其排矿 $Q+S$ 中含有 $\gamma\%$ 不合格的粗粒。在磨矿的初始瞬间，假设新给矿量的微分增量为 dQ，返砂量的微分增量为 dS。由于分级机的返砂是磨机排矿中的粗粒级经分级形成的，假设分级机按返砂计的分级效率为 E，则可列出如下平

衡式,即
$$(dQ + dS)\gamma E = dS$$

在理想条件下,可假设 $E = 100\%$,即所有的粗粒级都进入返砂,据此对上式由零至稳定态定积分如下:

$$\int_0^Q \gamma dQ = \int_0^S (1 - \gamma) dS$$

$$C = \frac{s}{Q} = \frac{\gamma}{1 - \gamma} \tag{2.1}$$

式中,C 为返砂比,%。

同时,由磨矿动力学方程可得

$$e^{kt} = \frac{R}{R_0} = \frac{(Q+S)\gamma}{Q+S} = \gamma$$

代入式(2.1)可得

$$C = \frac{e^{Kt}}{1 - e^{Kt}}$$

或

$$t = \frac{1}{K} \ln \frac{1+C}{C} \tag{2.2}$$

因为磨矿机的总生产率与总矿料通过磨机被磨细的时间 t 成反比,所以当用同一磨机参数 k 不变时,两种不同的返砂比(C_1 和 C_2)引起的磨矿时间变化及磨机处理量变化(Q_1 和 Q_2)的关系如下:

$$t_1 = \beta \times \frac{1}{(1+C_1)Q_1}$$

$$t_2 = \beta \times \frac{1}{(1+C_2)Q_2} \tag{2.3}$$

式中,β 为比例系数,对于指定的磨机和除给矿量以外的其他磨矿条件不变时,可以认为是一个常数。

将式(2.2)代入(2.3),得到磨矿生产率与返砂比之间的关系为

$$\frac{Q_2}{Q_1} = (1+C_1) \ln \frac{1+C_1}{C_1} \div \left[(1+C_2) \ln \frac{1+C_2}{C_2} \right]$$

最初时,磨机相对生产率随返砂比增加而迅速增加;但返砂比增大到一定数值时,磨机生产率增加的幅度很小,太大时甚至会超过磨机的通过能力,使磨机堵塞。根据磨矿动力学原理,较粗的返砂大量地返回磨机后,增加了待磨物料中粗粒的含量,使磨机整个长度上粗级别的含量增加,提高了磨机的整体磨矿效率;当返砂量大到可使磨机全长上粗级别含量足够高及粒度组成均匀时,再继续增加返砂比已无法增加磨机的效率,过大反而会使磨机堵塞,因为一定入磨粒度组成和一定浓度等特性下的给矿,磨机的通过能力受到限制;当磨机的全给矿量接近磨机的最大处理量时,容易引起涨肚,因此,返砂比不宜过大,一般一段返砂比不宜超过 500%,二段不宜超过 800%。

例如,廖家坪锑钨矿选矿厂采用 Φ1200mm×1200mm 球磨机与 Φ750mm 单螺旋高堰式分级机配套,构成闭路磨矿系统[50];由于设备设计、制造、安装等方面的原因,分级机的

工作效率很低,实测返砂比仅为 85% 左右,致使磨机生产率偏低;返砂比低的原因主要包括以下两点。

(1) 球磨机采用鼓式给矿器,选用的分级机实际安装尺寸与设计规定的安装倾角大小存在差异,在这种情况下,只能在槽体上侧开口挤压排出返砂,使返砂尽可能地自流给入磨机的鼓式给矿器,但是侧挤压难以通畅地排出返砂,造成分级机内部粗砂的恶性循环。

(2) 螺旋分级机的螺旋提升机构位于机体中下部,螺旋叶片被提升横梁分成上下两部分,中间有 250mm 的间距,返砂在该处无法连续刮取,并形成一道砂坎、阻碍返砂通过。

针对返砂量较小的问题,在不增加新设备、不改变现有设备配件类型、节省场地和资金的原则下,对分级系统进行了技术改造。首先,将上侧部排矿改为上底部排矿,为保证返砂能在上底部排矿时自流入鼓形给矿器,将分级机上部抬高 450mm,实际安装倾角由原来的 15.5° 提高到 20.5°,突破了原规定 18° 的最高限度;其次,在提升横梁处上下各加装了两块螺旋叶片,上下叶片间距减至 100mm,以不碰到横梁为限,以便能够连续地刮出返砂(表 2-13)。

表 2-13　廖家坪锑钨矿磨矿分级系统改造前后的指标对比

项目	溢流细度 $-0.074mm/\%$	返砂比 $C/\%$	磨机生产率/(t/h)	Q_2/Q_1 实际值	Q_2/Q_1 理论值
改造前	68	85	0.75		
改造后	68	240	0.90	1.20	1.215

从表 2-13 可以看出,对磨矿分级系统进行技术改造的工业试验结果表明,返砂比由 85% 提高至 240%,磨机生产率相应提高了 20%,取得了较好的磨矿效果。

歪头山铁矿是本溪钢铁公司的原料基地之一,目前品位在 68% 以上的铁精粉年产量为 180 万吨[51];该铁矿选矿厂处理的矿石为:沉积变质鞍山式磁铁矿床,分选流程为单一弱磁的全磁选工艺。近几年,为了提高生产能力、降低生产成本,磨矿设备由原来的自磨机与球磨机的一对一配置形式,改为两台自磨机对一台球磨机,球磨机和分级机构成闭路磨矿,使分级机超负荷运行,分级机大轴易折段,分级溢流跑粗,分级机质效率低(一般在 32%~36%),同时细筛筛上量也加大,产生恶性循环,影响了选矿生产的有序进行;其中,分级机给矿包括一段磁选精矿、球磨排矿和部分返矿。因此,要充分发挥分级机的作用,必须对其进行改进,结果见表 2-14。

表 2-14　新给矿量相同的条件下四台分级机的取样分析结果　　　　单位:%

序号	名称	返砂比	浓度	-200 目含量	质效率
1	一段磁选精矿		45.83	34.5	
	球磨排矿	1.04	71.43	30.0	33.29
	返砂		78.12	18.0	
	溢流		16.67	47.0	
2	一段磁选精矿		34.48	30.0	
	球磨排矿	1.21	61.11	32.5	39.12
	返砂		72.97	16.0	
	溢流		18.00	50.0	
3	一段磁选精矿		33.33	38.0	
	球磨排矿	2.79	72.73	25.0	41.46
	返砂		77.83	13.5	
	溢流		18.69	47.5	

续表

序号	名称	返砂比	浓度	−200 目含量	质效率
4	一段磁选精矿	3.27	41.67	30.0	45.75
	球磨排矿		72.22	15.0	
	返砂		74.00	9.5	
	溢流		24.49	48.0	

由表 2-14 可知,在相同的新给矿量条件下,分别调节四台分级机给矿(返砂)的位置,改变分级机的返砂量,随着返砂比的增大,质效率有增大的趋势。说明改变磨机内的粒度组成,可以使新给矿粒度与返砂粒度形成一个优势互补的正效应,可以明显地提高磨机的生产效率。

因此,建立单体解离度、工艺粒度及碎矿和磨矿产品的粒度的相关关系,需要综合考虑磨矿和分级条件、入选粒度、产品粒级及经济效益等因素;由于目的矿物的单体解离度并非越高越好,不同类型矿石的解离度的最佳值不同,在选矿过程中,就可形成粗颗粒入选与细颗粒入选之间的互补,解离的单体入选与连生体入选之间的互补,以及与此密切联系的工艺流程的互补、分选设备的协同、产品结构的互补等,只有这样,才能获得最好的分选指标和最佳效益。

2.5　分选过程中粒度互补效应的研究与应用

2.5.1　粒度互补效应对浮选过程的影响

浮选是根据矿物颗粒表面的接触角、润湿性、动电位等物理化学性质的差异而进行分选的,在浮选过程中,不仅要求矿物充分的单体解离,而且要求适宜的入选粒度。首先,矿物的表面性质在很大程度上与颗粒粒度相关,粒度的改变会引起矿物表面的理化性质发生变化。其次,矿粒向气泡的附着是浮选过程的基本行为,其附着的牢固程度,不仅与矿粒的亲疏水性程度有关,而且与矿物颗粒的大小也有很大的关系。矿粒太粗,即使矿物已单体解离,由于超过气泡的浮载能力,矿物颗粒往往也不能上浮;矿粒过细(如<0.01mm),也不利于浮选过程的有效进行。因此,在相同的浮选工艺条件下,同一矿物的粒度组成不同时,也会得到不同的浮选效果。

生产实践也证明,粒度大小不同的矿粒的浮选行为是有差别的,粒度过粗(>0.1mm)和过细(<0.006mm)都不利于浮选,回收率降低,所以浮选的粒度与选别指标的关系很大[52];可浮性相同的矿粒,粒度越小(0.006~0.01mm),附着得越快、越牢固;粒度越大,附着得越慢、越不牢固。所以,一般泡沫浮选工艺对被浮矿物的粒度组成有一定的要求,即被浮矿粒必须小于矿物浮游粒度的上限(表 2-15)。

表 2-15　浮选过程的矿物粒度上限　　　　　　　　　　单位:%

矿石类别	入选粒度上限
硫化矿物	0.20~0.25
非硫化矿物	0.25~0.30
非金属矿物(或煤)	0.01

因此,在一定的浮选工艺条件下,研究各粒级对浮选过程的影响、确定最佳的、合理互补的粒度组成,将是改善浮选效果、提高浮选效率的重要途径之一。

1. 解离粒度对浮选过程的影响

关于解离度对于浮选的影响,一些专家试图通过试验的方法研究解离度对浮选影响的模型,但是这些方法一般都是以某个选别过程为基础,并不具有完全的代表性,其中比较有效的两种方法是释放分析(release analyais)和解离分析(liberation analysis)[53,54]。释放分析是由德尔(Dell)最早提出来的,该假说的理论依据是,在正常情况下,高品位的颗粒要比低品位的颗粒先浮;具体方法是采用浮选试验的方法将矿样分选成不同品位的一系列精矿,并且保证精矿 1 中任何一个颗粒的品位都大于精矿 2 中任何一个颗粒的品位,以此类推,最终尾矿则由纯脉石和贫连生体组成;通过对不同精矿的重量、品位及回收率等试验结果的分析,可对矿物的解离度进行一定的估计。解离分析是由霍兰德·巴特最早提出来的,这种方法的理论依据与释放分析基本相同,方法也基本相似,但试验过程比释放分析简单,并且定义了技术分离效率=总回收率/总理论回收率的概念。随后,法国的国家地质勘探局(法语:BVREAV DE RECHERCHES GÉOLOGIQUES ET MINIÈRES,BRGM)为了准确地研究矿物解离对浮选的影响,设计了各种方法和设备,采用 USIMPAC2 型模拟器进行单元浮选静态操作模拟,预测模型不仅包括粒度分布、粒度解离和浮选动力学参数,而且包括浮选环境对浮选指标的影响;虽然采用矿物结构特征分析法很难准确地描述矿物的解离对浮选效果影响的程度,但是矿物解离度模拟的理论品位—回收率曲线可以反应矿物解离度对浮选指标的影响很大,而且理论研究结果与实际生产指标存在较大的差距,从另一个方面说明对实际生产过程的改进,还可以进一步提高分选指标。

例如,在煤泥浮选中,不同粒度的煤粒的选择性会有所不同,一般随粒度的减小而降低,灰分的粗颗粒杂质附着在气泡上或者以其他形式进入泡沫精煤中的可能性最小,而细粒泥质物对浮选精煤的污染最大。从浮选精煤产品中也经常发现,随着粒度的减小,灰分逐渐增加;我国四个选煤厂浮选产品的粒度组成与灰分的含量见表 2-16[55]。

表 2-16　我国四个选煤厂浮选产品的粒度组成与灰分的含量

粒度/目	大屯选煤厂		介休选煤厂		抚顺选煤厂		唐家庄选煤厂	
	产率/%	灰分/%	产率/%	灰分/%	产率/%	灰分/%	产率/%	灰分/%
+60	3.57	7.75	24.1	16.70	40.5	9.02	32.4	21.07
−60+100	7.89	7.81	3.5	12.89	4.5	10.77	4.8	22.80
−100+140	11.19	10.00	5.1	13.07	5.9	16.96	4.9	23.42
−140+180	4.29	12.35	9.0	12.89	9.7	13.82	9.5	26.17
−180+220	4.17	14.26	20.8	16.18	10.1	18.64	10.0	28.96
−220+260	12.30	20.74	1.2	16.58	4.2	21.65	4.7	28.92
−260+300	21.45	23.63	17.0	21.64	8.0	26.79	4.5	28.56
−300	35.14	31.13	19.3	24.27	17.1	30.60	29.2	30.97
合计	100.0	21.70	100.0	18.26	100.0	16.29	100.0	25.84

从表 2-16 中可知,四个不同的选煤厂的浮选产品中−180 目粒级中灰分含量很高,几乎都大于 16%,表明细度不同会直接影响到无机矿物(煤炭中灰分的来源)连生体的解

离,主要是由于煤炭中无机矿物多以黏土为主,且常以微细粒状均匀地嵌布于煤粒中,要达到这种无机矿物与低灰煤的充分解离需要超细磨;但是,粒度过细(尤其是细泥)会导致分选的选择性变差,容易附着在浮选泡沫中进入精矿并污染精煤;粗粒的选择性相对较好;因此,为求得最佳的给矿粒度,可以在规定的精煤灰分的要求条件下,采用如下的一级浮选动力学公式进行计算,即

$$\varepsilon = \varepsilon_{\infty}\left[1 - e^{-kt}\right]$$

式中,ε 表示目的矿物的回收率;k 表示浮选速率常数;t 表示浮选时间。

当一级浮选动力学公式计算浮精产率的拟合曲线的拟合优度值达到 0.9 左右,煤泥浮选动力学常数 k 值及相应浮选效率的 ε 值达到最大时,所对应的煤泥粒度组成即为最佳浮选入料粒度条件,以此构建合理解离的粗、细颗粒互补模式。

黑龙江省鸡西矿务局杏花选煤厂对煤泥的浮选粒度组成进行了研究,浮选入料的粒度组成见表 2-17[56];试验用的煤样分成粗粒+0.15mm、中粒-0.15mm+0.05mm、细粒-0.05mm 三个粒级,试验点的布置采用配方均匀设计中的单纯形格子点设计、单纯形重心设计及轴设计,对三个粒级进行了 30 种不同粒级的配比试验,结果见图 2-10 和图 2-11。

表 2-17　杏花选煤厂煤泥的粒度组成

粒级/mm	产率/%	灰分/%
+0.15	37.82	14.22
-0.15+0.05	30.20	17.17
-0.05	31.98	26.25
合计	100.00	18.96

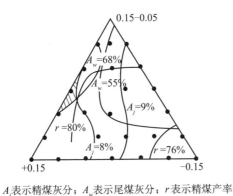

A_j 表示精煤灰分；A_w 表示尾煤灰分；r 表示精煤产率

图 2-10　浮选结果的特性曲线图

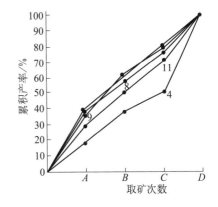

图 2-11　部分试验点的浮选速率曲线

由此可知,单独对粗、中、细三个粒级进行特殊点试验,中粒的浮选速度最快,细粒的浮选速度最慢;当细粒级的含量小于 5%,精煤的回收率会大于 80%;当细粒级的含量超过 70% 时,精煤回收率就会小于 70%,说明细粒级的浮选回收效果较差;当粗粒级的平均含量大于 50%、细粒级含量小于 17% 时,精煤的灰分将小于 8%;而当细粒级的平均含量大于 36% 时,精煤的灰分就会大于 9%,说明细粒级比粗粒级中的高灰分物料含量高。通常最理想的浮选效果是精煤回收率较高、精煤中灰分较低、尾煤中灰分较高,能同时满足

这三个条件的粒度组成,即为此工艺条件下的最佳粒度组成,也就是说,如果物料的粒度配比或者粒度结构能够优化和互补,则能够大幅度地提高浮选的效率。

2. 连生颗粒对浮选过程的影响

浮选分离与富集通常要求矿物单体解离,因此,磨矿产品的粒度不仅与工艺相关,而且与破碎粒度的极限有关,取决于矿物的自然嵌布粒度。破碎过程的研究表明:无论是从矿石本身的特性、矿物的力学特征,还是从目前破碎的技术条件来分析,任何结构的矿石都很难得到充分的单体解离,因此,连生体入选是一个不容忽视的非常重要的问题,研究连生体矿物对分选指标的影响,不仅可以为选矿工艺与分选设备的选择提供依据,同时也可以为不同品级的产品结构互补寻找到重要的依据。

很早之前,很多选矿专家对矿物的连生程度及其可浮性的影响进行了研究,利用试验的方法,结合浮选动力学分析,将收集的数据采用回归分析法,可以导出如下关系式[57],即

$$a_v/a_f = v \cdot (a_f/a_{最大})^{1-v}$$

式中,a_v 为连生体颗粒的可浮性;a_f 为相等体积的有用矿物单体颗粒的可浮性;$a_{最大}$ 为当捕收剂浓度高时,有用矿物单体颗粒的最大可浮性;v 为连生体颗粒中有用矿物所占体积的分数。

此关系式表明:在连生体矿物的浮选过程中,对于可浮性和粒度基本相同的连生体,其中脉石矿物对有用矿物的影响不仅依赖于该有用矿物在连生颗粒中的容积含量,而且也依赖于具有相等体积的目的矿物的单体颗粒的可浮性;同时,在其他条件相同的情况下,该矿物单体颗粒的天然可浮性与其在高捕收剂浓度下可达到的最大可浮性的比值也存在一定的关系,其关联程度与有用矿物的含量有关。

另外,不恰当的浮选操作条件会对单体颗粒的可浮性造成较小的影响,但是会对贫连生体的可浮性造成很大的影响。

此外,我们不难发现:不是有用矿物的容积含量,而是有用矿物在连生体颗粒表面的分布情况,对连生体的浮选过程具有重要的影响,虽然容积含量与表面成分之间的统计学关系难以具体表示。对于连生体颗粒的可浮性参数,可考虑将有用矿物单体颗粒的可浮性对粒度的依赖关系作为连生体颗粒可浮性的参考基础。从中等到高的捕收剂浓度下,最大可浮性的颗粒粒度位于 $30 \sim 100 \mu m$,由于中等粒度范围的颗粒可浮性最大,在捕收剂添加量低时仍能获得较高的回收率,因而偏离捕收剂平均用量水平时,对粗粒级的回收率影响极为强烈,对细粒级的影响也较明显,而中等粒级颗粒则几乎不受影响;而且在捕收剂浓度及气泡—矿粒碰撞速率均高的情况下,细粒的可浮性会随粒度的减小而成比例地下降,甚至会以更高的速率下降。

1) 连生体中矿物的种类及其含量对矿粒可浮性的影响研究

因为浮选是一种发生在矿物表面的分选过程,表面组成会影响矿物的可浮性,即使在简单的浮选体系中,矿粒的表面组成对矿粒的浮选行为的影响也是非常大的,所以首先需要对以表面组成为基础进行矿粒分选的情况进行深入研究。

矿粒可分为解离的和不同种类的二元或者多元的集合体,对于连生体可以根据其中的有价矿物组分和矿粒表面矿物的含量,来研究矿粒的浮选行为。含量相差很大的连生

体颗粒以及连生体中的其他矿物组分都会影响矿粒的可浮性,它们在分选过程中的行为会直接影响选别效果,因而,有研究者从不同的角度对连生体颗粒的浮选行为进行了试验研究,发现在有些情况下,连生体颗粒的性质和分选行为甚至决定选矿的流程结构并起到关键性的作用。因此,一些专家以复杂硫化铅锌矿、氧化铝矿、硫化铜矿等为研究对象,研究了连生体程度不同的矿粒的可浮性差异,以及对浮选过程的影响;根据平衡分析,采用QEM * SEM[①](矿物自动分析仪)对样品进行测定,发现矿粒粒度、捕收剂的添加和连生程度对矿粒浮选行为均有很大的影响,在添加适量捕收剂的条件下,首先矿粒的浮选效果随矿粒中可浮性矿物含量的增加而逐渐提高;其次对同一粒级的矿粒,在足够的浮选时间内,连生体最终的浮选效果会随着连生程度的增加而稳定上升。因此,一般情况下,连生体颗粒的可浮性与浮选速度均处于矿物单体和脉石矿粒之间,而且随着连生程度的不同呈现一定的梯度差,对于特定的矿山,通过物料浮选行为的试验研究,可以确定工业浮选回路中解离—连生体颗粒的平衡分选结果。

　　Sutherland 以黄铜矿为例,研究了矿物连生体对浮选行为的影响,试验结果见图 2-11和图 2-12[58]。图 2-11 为 $-38\mu m$ 粒级的连生体中黄铜矿的含量对分批浮选 0.5min 和 8min 对回收率的影响,结果表明,黄铜矿具有天然可浮性,所以实验室试验研究中,发现连生体矿粒中含有极少量的黄铜矿就能够诱发明显的可浮性,且可浮性随黄铜矿含量的增加而增加;甚至含 0~10% 的黄铜矿的连生体矿粒,其浮选回收率也比不含黄铜矿的矿粒显著增加,显示了微量的黄铜矿足以诱发很好的可浮性,并且黄铜矿含量的进一步增加会使回收率稳定增加。图 2-13 为矿粒粒度对不同连生程度的连生体可浮性的影响,结果表明,对于 0~100μm 粒度范围内的矿粒,只要连生体中黄铜矿含量大于 30%,连生体的浮选回收率均很高,尽管该研究没有体现出矿粒细度与浮选效率的临界值之间的关系,但是从另一个侧面表明了浮选临界值的存在。因此,解离的主要作用是降低连生体中脉石矿物的比例,增加矿粒的可浮性,提高精矿的质量。

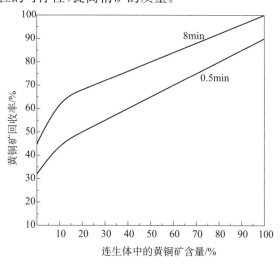

图 2-12　不同黄铜矿含量的连生体对浮选回收率的影响

---

① QEM * SEM:Quantitative Evaluation of Mineral by Scanning Electron Microscopy。

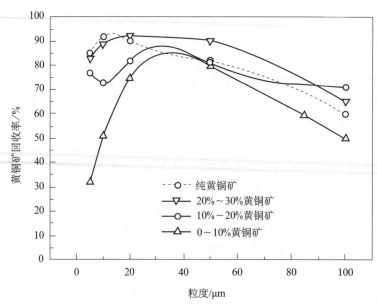

图 2-13　不同黄铜矿含量的连生体粒度对浮选回收率的影响

矿粒的粒度和矿粒的矿物组成是相互影响的,这两个因素对矿物颗粒的浮选行为都会产生重要的影响。首先,大于 $100\mu m$ 的矿粒,即使全部单体解离,其回收率也很难达到最大,因此,粗粒矿物浮选时,矿粒的粒度作用通常是控制浮选行为的重要因素;而比较适合浮选的中等粒度的矿粒,解离度的影响相对来说就不那么重要。其次,粒度很细的矿粒,虽然尚未完善其浮选数据,但是可以推断解离度对其浮选行为的影响不太重要,因为大多数矿物已解离;此外,在微细粒的浮选过程中,脉石矿物即使没有以连生体的形式进入精矿,也会因夹杂作用被带入精矿。

2) 分级调浆对不同粒度的矿物颗粒可浮性的影响

磨矿产品的粒度组成不仅关系矿物的解离度、连生体的含量等,而且对矿浆浓度也有较大的影响;在浮选过程中,增加矿浆浓度,可以适当地提高细粒的可浮性;如果目的矿物以细粒为主,则增加矿浆浓度,有利于提高回收率及精矿品位;反之,如果细粒部分的脉石矿物含量很高,则应降低矿浆浓度,以免细粒脉石混入泡沫层中,降低精矿的质量;矿浆浓度过高,则浮选机的工作条件变坏,浮选指标下降;因此,一般密度大、粒度粗的矿物浮选时,通常会采用较高的矿浆浓度;对于密度小的矿物的浮选,可采用较低的矿浆浓度。

分级调浆就是根据矿石粒度组成的不同以及不同粒级的矿物所需要的浮选环境的不同,而采用不同的调浆方式,一般需要考虑粒度粗细、单体颗粒、连生体颗粒等因素[59],为此,浮选矿浆可以分为粗细两支或者三支并分别进行调浆。分级的粒度界限可以通过试验的方法确定。例如,分成比较窄的若干级别,对每个级别进行浮选,在规定相同回收率(如 90%)的条件下,求出各个级别的药剂用量比或者测定吸附密度,再模拟出药剂用量比(q)与粒级(d)的关系。按照 $f(d) = q_{x-90}$ 作图,根据试验曲线的变化趋势,可以求出最佳的粒度界限,然后根据综合考察的实际情况确定最终的分支数。

分两支的调浆方案如图 2-14(a)所示,药剂只加到粗砂部分,粗砂调浆以后,矿泥部分再并入粗砂并与其一起浮选。这一方案适用于细粒级矿物的可浮性比其粗粒级的可浮性好,而粗粒级需要提高药剂用量或者补加其他强力捕收剂,促使粗粒和细粒的可浮性由较大的差异而趋于均一化,这是浮选过程中根据矿粒粒度不同和可浮性差异的比较典型的粒度互补效应而制定合理的案例之一;此外,粗粒要求较高的药剂浓度也因分级调浆而得到满足。例如,铅锌矿分级调浆的经验表明:粗粒部分的黄药浓度通常比常规调浆的黄药浓度的平均值高 7～10 倍,其优点是既保证了粗粒部分的有用矿物的有效浮选,又改善了浮选的选择性,因此,分级调浆的互补效应得到了充分的体现。

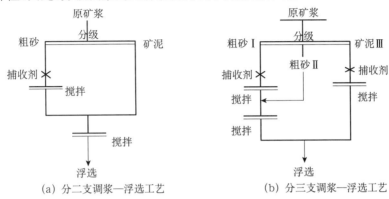

(a) 分二支调浆—浮选工艺　　　　　(b) 分三支调浆—浮选工艺

图 2-14　分级调浆—浮选的原则流程

此外,由于中粒的可浮性一般较好,而粗粒和矿泥通常需要特殊的调浆,此时可以采用三支调浆的方案,将矿浆分为三支即粗砂Ⅰ(粗粒)、粗砂Ⅱ(中粒)和矿泥Ⅲ,如图 2-14(b)所示;该方案所需的设备和管道较多,因此,在一般情况下,采用两支互补的分级调浆方案较为简便。

3) 浮选泡沫对不同粒度的矿物颗粒可浮性的影响

浮选过程中,气泡在疏水矿物表面的析出对矿物的浮选起着决定性的作用。对于可浮性矿物所占的比率小于脉石矿物所占比率的贫连生体颗粒,附着到气泡上之后仅可以附着较短的时间,当颗粒滑动到气泡下部时,它们之间轻微的附着力不足以吸附整个颗粒,贫连生体颗粒会在气泡的底部脱落,这就是一般的浮选状态下为什么单体颗粒和富连生体颗粒可以进入泡沫产品,而贫连生体颗粒往往进入尾矿的主要原因[60]。而在常规浮选中,为了提高捕收剂的选择性,捕收剂的添加通常不是一次性足量添加,而是分段添加,因而容易造成单体颗粒、富连生体颗粒和贫连生体颗粒表面捕收剂浓度的不均匀以及附着力的差异,导致贫连生体颗粒通常损失于尾矿中。因此,合理地选择捕收剂浓度对于调整不同矿物颗粒的粒度效应具有重要的作用。

矿物连生体颗粒与泡沫之间的关系较为复杂,这两者之间的关系可以通过泡沫兼并时颗粒脱附现象的研究或者通过解离颗粒及连生体颗粒的动力学参数的比较来描述。根据浮选动力学分析,可以将浮选给矿区分成若干浮选性质相同的类型,并将这些类型分成各不相同的浮选活度或活度范围(在标准的充气条件下,消除泡沫层的影响后,浮选活度等于著名的动力学一级方程式中的速度常数),不同的矿物具有不同的浮选活度范围,因此需要结合实际矿物的试验研究结果确定该矿石的浮选活度范围。Meloy 等对不同解离度的矿物颗粒的浮选活度与颗粒大小之间的关系进行了相关研究,发现了矿物单体颗粒、脉石矿物颗粒、连生体颗粒以及具有等度连生颗粒(具有同等连生度的矿物颗粒)的粒度与浮选活度之间的关系(图 2-15),揭示了粒度、连生程度、捕收剂浓度及可浮性之间的紧密联系,该曲线是根据布莱贝格—克罗伊斯铅锌选矿厂中锌矿物浮选阶段的给矿粒度、药剂浓度与矿物的浮选活度做出的[61,62]。

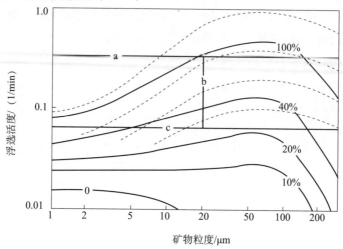

图 2-15　具有等度连生曲线的粒度—可浮性关系的区域图
实线为捕收剂中等用量的曲线;虚线为捕收剂特高用量的曲线;
主要可浮矿物的容积含量分别为 10%、20%、40% 和 100%;
区域边线 a、b 及 c 表示理想的刮取界限

该研究主要利用分配曲线作为可浮性函数来确定浮选槽及浮选作业的分选特性。通常,浮选中的分配指数(partition index)是指可浮性相等的两种产品的浮选粒级所占的重量比率;分配曲线反映了各浮选粒级的回收率,并提供了理想的刮取界限位置(等于分配指标为 50% 时的可浮性);理论的刮取界限随浮选条件和结果的不同而改变,但是始终平行于可浮性分配曲线的坐标轴;当与某一浮选活度明显改变之处的曲线垂直相交时,则分配曲线更接近理想情况,即为理想的刮泡界限。

粒度—可浮性曲线表明:不同解离度的颗粒的浮选活度相差很大,主要可浮矿物的容积含量越低,浮选药剂的用量对矿物颗粒的浮选活度影响越大;对于相同解离度的矿物颗粒,粗粒级部分受悬浮液搅动的影响很强烈,受捕收剂用量变化的影响也远较细粒级的灵敏;由于中等粒度颗粒的可浮性最大,在捕收剂添加量低时,仍然能够得到较高的回收率;而对于细粒矿粒,粒度大小对矿粒可浮性的影响远小于连生体中目的矿物与脉石矿物的比例关系造成的影响。因此,偏离捕收剂的平均用量水平时,对粗粒级的回收率影响极为强烈,对细粒级的影响亦较明显,而中等粒级则几乎不受影响。

4) 连生体对铝土矿选矿过程的影响

采用拜耳法生产氧化铝时,对赤泥浆液的特性有一定的要求,尤其是赤泥的沉降与压缩性能,通常要求赤泥压缩的液固比 L/S 小于 4.0,沉降速率越大越好,而赤泥颗粒的大小会直接影响赤泥的沉降性能,根据如下的斯托克斯定律,即

$$W_0 = \left[g d^2 (\delta - \Delta) \right] / 18\mu$$

式中,W_0 为沉降速度,m/s;g 为重力加速度,m/s^2;d 为赤泥颗粒直径,m;δ 为赤泥颗粒密度,kg/m^3;Δ 为铝酸钠溶液密度,kg/m^3;μ 为铝酸钠溶液黏度,Pa·s。

可知,赤泥的沉降速率与赤泥颗粒直径的平方成正比,因此,在实际生产中,要求精矿细度为 +0.098mm 占 15%～20%、-0.074mm 占 70%～75%,但是磨矿细度为 -0.074mm占 95%左右时,精矿粒度太细,难以在生产中实施,造成选矿脱硅与拜耳法生产氧化铝之间的矛盾,制约了选矿—拜耳法生产氧化铝新工艺的应用。在我国铝土矿中,主要矿物的自然嵌布粒度微细,放粗精矿粒度就意味着连生体入选,因此,富连生体的浮选特性研究对获得较粗粒度的铝土矿精矿具有重要的意义。

在放粗铝土矿选矿粒度的可行性研究基础上,黄国智、方启学等研究了一水硬铝石和高岭石的纯矿物及其富连生体的可浮性差异[63],试验结果见图 2-16 和图 2-17,根据研究可得以下几点结论。

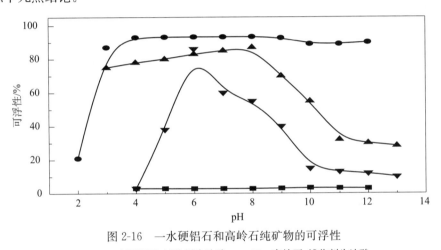

图 2-16　一水硬铝石和高岭石纯矿物的可浮性

　—●— 一水硬铝石,捕收剂为油酸　　　—■— 高岭石,捕收剂为油酸

　—▼— 一水硬铝石,捕收剂为十二胺　　—▲— 高岭石,捕收剂为十二胺

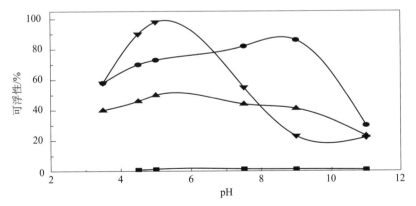

图 2-17　一水硬铝石富连生体和高岭石富连生体的可浮性

　—●— 一水硬铝石富连生体,捕收剂油酸　　　—■— 高岭石富连生体,捕收剂油酸

　—▼— 一水硬铝石富连生体,捕收剂十二胺　　—▲— 高岭石富连生体,捕收剂十二胺

（1）一水硬铝石和高岭石的富连生体与纯矿物的对比试验研究表明：富连生体的可浮性变化趋势与纯矿物的基本相似，但可浮性差异较纯矿物小，浮选分离的指标可能不如纯矿物分选得好。

（2）一水硬铝石富连生体及高岭石富连生体的可浮性的试验研究表明：油酸钠作捕收剂正浮选时，即使增加药剂的用量，一水硬铝石富连生体与高岭石富连生体的正浮选分选指标仍不够理想；添加一定量的分散剂后，可显著地改善分选效果，精矿铝硅比大于12，可以较好地满足拜耳法对 A/S 的要求。

（3）十二胺作捕收剂反浮选分离一水硬铝石富连生体和高岭石富连生体时，无论是在酸性还是在中性介质条件下，分选效果均不理想；虽然进行了很多的研究工作，但是分选效果并没有明显的改善，有待于深入的研究。

2.5.2　粒度互补效应对磁选过程的影响

磁铁矿的磨矿细度与铁精矿品位具有直接的关系，单体解离度的大小与精矿品位的高低成正比，而决定磨矿细度的主要依据是有用成分的嵌布粒度。磁铁矿是强磁性矿物，如果解离度不够，铁矿物颗粒与杂质连生，精矿品位就会低；如果一味地强调提高解离度而磨得过细，不仅增加能耗，而且容易造成磨矿产物的泥化与流失，导致磁选时容易出现磁团聚现象，也难以提高精矿品位；一般强磁选机的有效回收粒度下限为 0.03mm，−0.03mm 的矿粒则难以回收。

影响强磁性矿物回收的因素很多，主要有磁化场的强度、颗粒的形状、连生体中强磁性矿物的含量和矿物的氧化程度等，其中矿粒的粒度大小与比磁化率、矫顽力的关系如图 2-18 所示[64]，由此可知，粒度对强磁性矿物的磁性有明显的影响，随着磁铁矿的粒度减小，其比磁化率随之减小，而矫顽力增加；当粒度小于 0.02mm 时，比磁化率下降得十分明显。

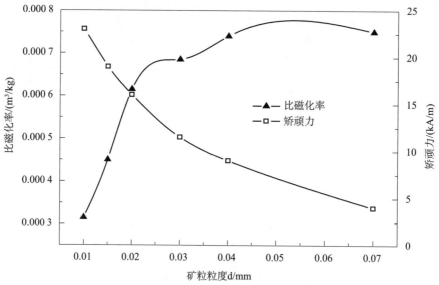

图 2-18　磁铁矿的粒度与其比磁化率和矫顽力的关系

磁铁矿的磁性是由其内部的磁畴运动产生的。研究认为,粒度大的矿粒的磁性是由磁畴壁的移动和磁畴转动产生的,其中以磁畴壁移动为主;随着粒度的减小,每个矿粒中包含的磁畴数随之减小,磁化时,磁畴壁的移动相对减少,此时矿粒的磁性主要以磁畴转动为主;当粒度减小到单磁畴状态时,就不会产生磁畴壁的移动,此时矿粒的磁性完全由磁畴转动决定,所需要的能量比磁畴壁移动要大很多。所以随着粒度的减小,磁铁矿的比磁化率减小,矫顽力却增加。矿粒的粒度越细,其磁性越弱,磁选时越容易损失,因此,磨矿时不能过磨;粒度细,矫顽力大,使细粒颗粒较牢固的结成磁团或者磁链,而磁链要比单个矿粒大得多,其整体磁性也变大,在分选过程中,细粒颗粒的损失就会相应的减小。在磁选时,磁铁矿很少以单个矿粒出现,绝大多数呈磁团或者磁链状态存在,"磁团聚"状态的存在,可以减少金属的损失,但是会使一部分的脉石包裹在磁团或者磁链中,从而造成对磁性矿物精矿的污染,降低精矿品位。

除矿物颗粒粒度对磁选过程产生影响外,连生体入选对磁选过程也会产生一定的影响。研究表明,连生体的比磁化率随其中磁铁矿含量的增加而增大,但并非呈线性增加,而是开始时增加较慢;当连生体中磁铁矿的含量大于 50%,其比磁化率增大较快。一些研究者提出了一些计算磁铁矿连生体比磁化率的公式,在磁化强度为 80~120kA/m 时,存在的关系式为

$$\lambda = K_{连}/K_0 = 10^{-4} \alpha_{磁}^2$$

式中,λ 为连生体的相对体积磁化率;$K_{连}$ 为连生体的体积磁化率;K_0 为纯磁铁矿的体积磁化率;$\alpha_{磁}$ 为连生体中磁铁矿的含量,%。

由上式可推导出连生体的体积磁化率为

$$K_{连} = 10^{-4} \alpha_{磁}^2 K_0$$

连生体的密度与其中磁铁矿的含量存在的关系为

$$\delta_{连} = 10^{-2} \alpha_{磁}(\delta_1 - \delta_2) + \delta_2$$

式中,δ_1 为磁铁矿的密度,kg/m^3;δ_2 为脉石矿物的密度,kg/m^3;$\delta_{连}$ 为连生体的密度,kg/m^3。

一些研究表明,当磁铁矿体积含量一定时,由于非磁性夹杂物的形状及其在连生体中的排列情况具有多样性,因此,它们对连生体的体积磁化率的影响很大。所以,必须根据实际情况,对具体的矿石进行实测,以确定所研究的具有不同体积含量的磁铁矿连生体的相对磁化率。

张治元曾用解离分析的方法确定磨矿细度、预测选别指标,通过线测法测定筛析时各单体及连生体的矿物组成、产率及分布率,然后根据组成矿物中的含铁量及密度,对磁铁矿和脉石矿物的单体及各类型连生体的密度、含铁品位进行计算。其中,对峨口铁矿的研究结果见表 2-18[65,66],表明磁铁矿及其连生体的理想回收顺序如下:磁铁矿单体>3/4 连生体>3/4~1/2 连生体>1/2 连生体>1/2~1/4 连生体>1/4 连生体。

表 2-18　磁铁矿单体及连生体的计算密度和计算品位

单体及连生体	密度/(g/cm³)	品位/%	
		TFe	MFe
磁铁矿单体	5.00	72.40	72.40

续表

单体及连生体	密度/(g/cm³)	品位/%	
		TFe	MFe
脉石单体	2.89	11.79	0.00
3/4 连生体	4.47	62.61	60.70
1/2 连生体	3.95	50.20	45.88
1/4 连生体	3.42	33.96	26.48
>3/4 连生体	4.74	67.51	66.55
3/4~1/2 连生体	4.21	56.14	53.29
1/2~1/4 连生体	3.68	42.08	36.18
<1/4 连生体	3.15	22.88	20.67

注：TFe 表示全铁；MFe 表示磁铁矿中铁即磁性铁

另外，在实际分选介质中，分离磁性矿物与非磁性矿物的混合物时，混合物的磁化率不仅决定于磁性矿物的比例，还取决于分选介质的种类；对于连生体颗粒，磁化强度和连生体的粒度决定了磁铁矿连生体的相对比磁化率（$x_\text{连}/x_0$）。研究表明，随着磁场强度的升高及粒度的减小，磁铁矿连生体的相对比磁化率与磁铁矿含量的关系曲线的弯曲程度变小。

因此，如何确定磁选工艺的入选物料粒度，不仅与矿物工艺粒度特征、物化性质有关，而且与磁选设备的性能参数、精矿运输以及冶炼工艺等有关。

例如，包钢集团巴润矿业公司选矿厂采用磁选流程[67,68]，由于影响磁选效果的最重要因素之一就是磁选的给矿粒度，说明合适的磨矿细度对于精矿指标的提升具有至关重要的作用。仅从分选工艺的角度考察，生产实践表明，在原矿品位低于 30% 的情况下，磨矿产品细度达到 −200 目占 96% 以上，铁矿物达到了充分的解离；但是，如果综合考虑产出的精矿需要管道输送方式，要求 −200 目达到 98%（−325 目达到 70% 以上），就必须提高磨矿细度，同时对该细度下的磁选工艺与设备进行优化，因此，除考虑矿石性质与分选设备外，根据运输、冶炼等实际生产的要求，确定合适的磨矿粒度对整个生产起着至关重要的作用，不仅需要达到选别所需的单体解离度，而且也需要满足矿浆管道输送所要求的矿浆粒度组成，同时，还需要解决由于颗粒粒度过细造成的回收率低及难以过滤等技术难题。由此不难看出，粒度效应在磁选过程中具有非常重要的综合作用，必须引起高度重视。

2.5.3 粒度互补效应对重选过程的影响

与其他选矿方法相比，重选要求所处理物料的入选粒度相对较粗，适宜处理的矿石粒度范围相对较宽；重选分离的效果一般取决于重选设备的分选性能，因此，重选的操作相对比较简单，只要入选原料的比重和粒度组成基本相同，各种设备的分选条件也会基本相同。如果处理物料的粒度组成不同，一般选用不同的分选设备，即使可以采用同一类型的设备处理，通常也需要采用分级选别，因为物料的过粉碎和泥化现象会对重选产生不利的影响。不同密度矿物分离的难易程度，按照如下的等降比 e 可以分为六个等级，不同等级的矿物其分选粒度的下限也不同（表 2-19）[69]。

$$e = (\delta_2 - \Delta)/(\delta_1 - \Delta)$$

式中,δ_1 为轻矿物的比重;δ_2 为重矿物的比重;Δ 为分选介质的比重。

在重介质选矿过程中,若取 $\Delta \approx \delta_1$,则 e 将趋于无穷大,理论上表明重介质选矿法可以用来分选密度差极小的矿物,选别粒度应该可以很小,但是由于技术和经济方面的原因,目前用来处理的物料粒度下限一般为 0.4mm。

表 2-19　不同等降比 e 与分选的粒度下限之间的关系

等降比 e 的范围	分选的粒度下限	备注
$+5$	$5 \sim 10\mu m$	
$5 \sim 2.5$	$19\mu m$	$38 \sim 19\mu m$ 粒级的分选效率较低
$2.5 \sim 1.75$	$38\mu m$	$75 \sim 38\mu m$ 粒级分选困难
$1.75 \sim 1.5$	$500\mu m$	
$1.5 \sim 1.25$	$>1000\mu m$	分选效率低
-1.25		不宜采用重选法

重选难易度的判断不仅取决于有用矿物与脉石矿物的密度差,而且取决于矿物的密度组分分布;根据实际矿石的特点,不同 e 值的有效分选下限会有所不同,但是在重选方法的应用中,主要是受到物料粒度的限制,即使是密度差很大的矿物,细级别的选别效率也不及粗级别的分选效率。除了有用矿物和脉石矿物的密度差以外,有用矿物在矿石中的嵌布特性是决定矿石能否采用重选的另一主要因素,只有在较粗的破碎粒度下能使有用矿物大部分解离,采用重选法分选,才能得到满意的分离效果。因此,粒度效应在重选过程也是非常重要的。

2.5.4　粒度互补效应对冶炼过程的影响

合适的原料粒度组成、适宜的水分及稳定的化学组成是生产优质球团矿的三个基本因素。原料合适的粒度组成意味着粗粒级和细粒级之间存在一个合理的平衡,构建了粗粒与细粒之间的互补效应。目前,国外造球的原料粒度较细,一般为 $-0.074mm$ 含量在 85% 以上;国内造球的原料粒度通常较粗,一般为 $-0.074mm$ 含量在 80% 以下,因此成球的性能较差。

2008 年,建设部颁布了《高炉炼铁工艺设计规范》,对入炉块矿提出了具体的要求(表 2-20)。

表 2-20　高炉炼铁工艺的设计规范

烧结矿		块矿		球团矿	
粒度范围:5.0~50.0mm		粒度范围:3.0~50.0mm		粒度范围:6~18mm	
$+50mm$	$\leqslant 8\%$	$+30mm$	$\leqslant 10\%$	$9 \sim 18mm$	$\leqslant 85\%$
$-5mm$	$\leqslant 5\%$	$-5mm$	$\leqslant 5\%$	$-6mm$	$\leqslant 5\%$

球团内的颗粒排列一般采用最紧密堆积的理论来解释,即大颗粒之间嵌入中等颗粒,中等颗粒之间嵌入小颗粒,在这种情况下,不同大小颗粒之间的互补排列才是最紧密的。用于造球的精矿粉应该由不同的粒度组成,用粒径较宽的颗粒造球,其孔隙率小于粒径范围窄的颗粒,适量的粗粒在造球中起"球核"和"骨架"作用,能够促进母球的生成和生球强度的提高;而 $-10\mu m$ 的微粒,由于表面能大,属于黏结性颗粒,能够显著地提高生球的强度,因此,造球的原料必须"粗粒、中粒、细粒"相结合与互补,才能实现最紧密的堆积效应。

原料的粒度只有在一定的粒度范围内,才能满足造球的要求。粒度过粗,则生球的落下强度及熟球的转鼓指数差;粒度太细,则磨矿费用大,如果是湿磨,则过滤困难,而且随着精矿的变细,球团干燥脱水慢、破裂温度低。

造球物料的理想粒度范围,通常用比表面积(cm^2/g)来表示[70],粒度组成中大于28~35目(0.59~0.42mm)的比例不能太大。当精矿的布莱恩氏比表面积为1500~1900cm^2/g时,造球性能良好,一般不需再磨。天然粉矿虽然有较大的比表面积,但28~35目的比例最好小于5%~10%;对于精矿,特别是磁铁矿精矿,粗粒级比例应该更低,小于3%~8%。因此,入炉原料的粒度如果不符合要求,必须进行磨矿。

此外,适当地优化入炉原料中合适的粗粒与细粒的配比,即构建不同粒度之间合理的互补效应,可以使冶炼过程的料层具有良好的透气性,电极易深插,炉料均匀下沉,炉口冒火均匀,可以促进物料的化学反应和热交换,减少渣量,降低渣铁比,可以明显地改善各项主要的技术经济指标。例如,日本加古川厂全部是进口铁矿和铁精矿,采取预先分级、干式闭路磨矿,可以达到—325目占60%~80%、比表面积范围为1500~1900cm^2/g的冶炼要求[71]。

参考文献

[1] 许时. 矿石的可选性研究[M]. 北京:冶金工业出版社,1992.

[2] 傅菊英,姜涛,朱德庆. 烧结球团学[M]. 长沙:中南工业大学出版社,1996.

[3] 包尽忠. 优质石灰石产品粒度的控制研究[J]. 金属矿山,2004,(3):70~72.

[4] 王大伟."矿石工艺性质"的讨论[J]. 地质与勘探,1978,(1):41~51.

[5] 洪秉信,傅文章. 工艺矿物学在选矿中的应用[A]. 第六届全国工艺矿物学学术会议论文集[C]. 北京:中国选矿科技情报网工艺矿物网等,1995.

[6] 周乐光. 工艺矿物学[M]. 北京:冶金工业出版社,2002.

[7] 尚浚,卢静文,彭晓蕾,张渊,等. 矿相学[M]. 北京:地质出版社,2007.

[8] 许时. 矿石的可选性研究[M]. 北京:冶金工业出版社,1992.

[9] 洪秉信,傅文章. 矿物解离度与工艺粒度关系和解离难易度探讨[J]. 矿产综合利用,2012,(1):56~59.

[10] 朱德庆. 低品位微细粒赤铁矿高效利用技术研究[D]. 中南大学学士学位论文,2008.

[11] 宋振国,孙传尧,王中明,等. 中国钨矿选矿工艺现状及展望[J]. 矿冶,2011,(1):1~7.

[12] 黄利,白怡,冯启明,等. 高岭石型硫铁矿烧渣破碎粒度与解离度及磁选效果研究[J]. 非金属矿,2012,(3):9~11.

[13] 刘建远,陈荩. 矿物解离问题:进展与现状[J]. 国外金属矿选矿,1992,(4):1~8.

[14] 刘兴华. 工艺矿物学的进展[J]. 有色金属(选矿部分),1981,(3):8~12.

[15] 塔加尔特 A F. 选矿手册[M]. 冶金部选矿研究院译. 北京:冶金工业出版社,1959.

[16] Gaudin A M. Principles of Dressing[M]. New York:New York Press,1939.

[17] 王常任. 磁电选矿[M]. 北京:冶金工业出版社,1986.

[18] Steiner H J. Kinetic aspects of the flotation behavior of locked particle[C]. In Proceeding of 10th International Mineral Processing Congress,London,1973.

[19] 于传敏,葛长礼. 关于铝土矿选精矿粒度的研究[J]. 轻金属,2001,(7):7~11.

[20] Gaudin A. N. Principles of mineral dressing[J]. New York:McGrew-Hill,1939.

[21] Steiner H J. Liberation kinetics in grinding operations[J]. In:Proc.11th The International Mineral Processing Congress. Cagliari,1975,33~58.

[22] Meloy T P,Preti U,Ferrara G. Liberation—volume and mass lockedness profiles derived—Theoretical and practi-

cal conlusions[J]. International Journal of Mineral Process,1987,(20):17～34.

[23] King R P, Schneider C L. Mineral liberation and the batch communition equation [J]. Mineral Engineering. ,1998,11(12):1143～1160.

[24] King R P. A modle for the quantitative estimation of mineral liberation by grinding[J]. International Journal of Mineral Proessing,1979,(6):207～220.

[25] King R P. The prediction of mineral liberation from mineralogical texture[J]. 14th International Mineral Processing Congress,Toronto,1982,(8):11～18.

[26] King R P. Comminution research-A success story that has not yet ended[A]. Proceedings ⅩⅧ,International Mineral Processing Congress. Australasian,1993.

[27] Lin C L,Miller J D,Herbst J A,et al. Prediction of volumetric abundance from two－dimensional mineral images [J]. Process Mineralogy,1985,(5):157～170.

[28] 杨琳琳,文书明,程坤. 磨矿过程中矿物的解离行为分析及提高单体解离度的方法[J]. 矿冶,2006,15(2):14～16.

[29] 段希祥. 选择性磨矿及其应用[M]. 北京:冶金工业出版社,1991.

[30] 李启衡. 粉碎理论概要[M]. 北京:冶金工业出版社,1993.

[31] 曾明,付建科. 现代破碎原理及国外先进破碎机[J]. 水利电力施工机械,1996,(18):13～14.

[32] 段希祥. 碎矿与磨矿[M]. 北京:冶金工业出版社,2006.

[33] 周龙廷. 选厂设计[M]. 长沙:中南工业大学出版社,1999.

[34] 杨钊雄. 凡口铅锌矿碎矿粒度最佳化与破碎流程优化研究[D]. 中南大学硕士学位论文,2004.

[35] 石伟,刘政东,陈占金. 大孤山铁矿石工艺矿物学及选矿工艺研究[J]. 金属矿山,2005,(1):29～33.

[36] 许时. 矿石的可选性研究[M]. 北京:冶金工业出版社,1992.

[37] 李宏,马保平,袁静,等. 实行多碎少磨提高经济效益[J]. 有色金属矿山,1999,(4):13～18.

[38] 洪秉信,傅文章. 矿物解离度与工艺粒度关系和解离难易度探讨[J]. 矿产综合利用,2012,(1):56～60.

[39] 吴文红. 大孤山选矿厂提铁降硅新工艺的研究[D]. 辽宁科技大学士学位论文,2006.

[40] 仵怀昌. 鲁中冶金矿业公司选矿工艺优化探讨[J]. 矿业快报,2008,(12):105～106.

[41] 李奎星. 鲁中冶金矿业公司选矿厂降尾研究与实践[J]. 金属矿山,2008,(1):135～137.

[42] 莫斯卡廖夫 A H. 用超高频能处理磁铁矿石对磨矿时矿物选择性解离的影响[J]. 国外金属矿山,1985,(5):59～62.

[43] 孙文锦. 铁矿石粉碎能耗合理分布模型的研究[J]. 矿业快报,2008,(3):36～39.

[44] 高琳. 多碎少磨设备与工艺研究[J]. 矿冶,1997,6(1):42～46.

[45] 东乃良. 布干维尔铜矿选矿厂[J]. 国外金属矿山选矿,1977,(1):25～29.

[46] 董兵. 多碎少磨在金渠金矿选矿厂的实践[J]. 金属矿山,2008,(11):156～158.

[47] 冯靖. 攀枝花密地选矿厂多碎少磨工艺的探讨[J]. 有色金属设计,2000,(4):69～72.

[48] 肖庆飞,罗春梅,石贵明,等. 多碎少磨的理论依据及应用实践[J]. 矿山机械,2009,(21):51～53.

[49] 彭操,刘江林. 降低磨矿能耗技术在选矿厂中的应用剖析[J]. 云南化工,2008,(2):65～69.

[50] 邓海波. 磨矿生产率与返砂比的相关分析[J]. 矿业研究与开发,1998,(4):38～40.

[51] 张滨,王淑芬,许秀莉. 歪头山铁矿分级机给矿位置改变试验[J]. 本钢技术,2012,(3):1～5.

[52] 胡为柏. 浮选[M]. 北京:冶金工业出版社,1982.

[53] Batt A B. Efficiency in batch Separations. Transactions of the Institution of Mining and Metallurgy,1971,(80):12～23.

[54] 莫里佐特 G,柯尼尔 P,杜拉姆 M V,等. 矿物解离及其在浮选流程制定过程中所起的作用[J]. 国外选矿快报,1998,(18),6～9.

[55] 赵永贵. 改变浮选入料性质提高浮选精煤质量[J]. 煤炭加工与综合利用,2003,(6):27～29.

[56] 康文泽,郭德,姜国积,等. 粒度组成对煤泥浮选效果的影响[J]. 中国矿业,1999,(1):65～68.

[57] SteinerH J. Preprints of X Int. mineral processing congress[A]. London,1973.

[58] Sutherland D N. 矿物连生体对浮选行为的影响[J]. 李旭东译. 矿产综合利用,1989,(3):16～21.

[59] 胡熙庚,黄和慰,毛钜凡,等. 浮选理论与工艺[M]. 长沙,中南工业大学出版社,1991.

[60] Wada M. Microscopic investigation of locked particles in flotation. Bull. Res. [J]. Iust. miner. Dress. Metall. , Tohoku. Univ. ,1965,(21),61~68.

[61] Kinhestedt P G,Broman P G. Liberation and activation grinding of middling in selective flotation[J]. Rittinger Symposium,1972,(2):68~72.

[62] Meloy T P. Liberation theory-eight modern usable theorems[J]. International Journal Mineral Processing. 1985, (13):313~324.

[63] 黄国智,方启学,石伟,等. 放粗铝土矿选矿精矿粒度的可行性研究[J]. 轻金属,2000,7:7~10.

[64] 王常任. 磁电选矿[M]. 北京:冶金工业出版社,1986.

[65] 张治元,李运成. 用解离分析方法确定磨矿细度及预测选别指标[J]. 西部探矿工程,1995,(2):37~39.

[66] 田晓珍,姚燕燕,张治元,等. 矿物解离分析与理想选别指标预测曲线[J]. 金属矿山,2004,(3):30~32.

[67] 裴斌,邓海英. 浅析不同原矿品位条件下粒度对巴润矿业公司选矿厂铁精矿品位的影响[J]. 环球市场信息导报,2011,(6):11.

[68] 裴斌,郝长胜. 包钢巴润矿业选矿厂磨选工艺流程优化[J]. 现代矿业,2014,(6):12~14.

[69] 王淀佐,邱冠周,胡岳华. 资源加工学[M]. 北京:科学出版社,2005.

[70] 孙玉波. 重力选矿[M]. 冶金工业出版社,1991.

[71] 肖琪. 原料的粒度及粒度组成对造球的影响[J]. 中南矿冶学院学报,1978,(8):51~65.

第3章 工艺互补效应的研究

3.1 工艺互补效应的内涵及研究意义

3.1.1 工艺互补效应的内涵

针对浮选、重选、磁电选、矿物化学处理等单一分选技术手段存在的局限性等问题,为了突破研究方法的禁锢和模式化的工艺流程,我们提出了"工艺流程互补效应"(以下简称"工艺互补")的理念与模式,根据不同入选物料的矿物物理特性、化学特性以及磨矿产品的粒级分布特性等,深入研究各种分选工艺的优势,在传统矿物加工工艺的基础上,研究新的选矿工艺,调整和设计顺应矿石性质、更加合理的精细化流程结构,构建不同分选工艺之间的优势互补效应,形成物理选矿工艺之间的互补、物理选矿工艺与化学选矿工艺之间的互补、选矿工艺与冶金工艺之间的互补、预处理工艺与常规工艺之间的互补效应等,其主要表现形式如下。

(1) 构建与矿石物性高度契合的分选模式:在粒度互补效应研究的基础上,建立复杂矿石与多样性的选矿工艺之间的紧密关系,形成适应性强的互补工艺流程与集成工艺技术,为构建和谐选矿奠定基础。

(2) 建立多工艺、多流程的集成工艺及互补体系:研究碎矿与磨矿,重选、磁选、电选、浮选等物理选矿与化学选矿等不同工艺之间的互补关系,构建合理的分选工艺,形成多工艺、多流程、集成的互补效应。

(3) 合理地构建灵活性与多样性的、高效的分选工艺形式:在复杂矿石的浮选过程中,合理地构建混合浮选与优先浮选、部分混合浮选与等可浮、正浮选与反浮选、正反浮选与反正浮选、开路流程与闭路流程、"小(大)闭路与大(小)开路"等互补流程,提高分选的效率和资源的利用率。

此外,工艺流程互补还强调优化流程结构的重要性,如粗选、精选、扫选等各个作业环节的合理性和整体性的平衡和精细化,等可浮与优先浮选、重选与磁选及浮选的合理组合,提高原技术流程与技改以后的工艺流程的融合度,避免融合度不充分造成的"短板"现象等。针对不同的选别对象和回收的特定矿物群,设计合理的精细化分离作业、分选工艺与设备,精确地控制每个环节的操作和具体作用,严格控制产品的产量和质量,便于实际生产的有效管理,及时发现问题并解决问题。

总之,工艺互补就是要形成多样性的、高效的集成互补工艺效应,以满足复杂矿的不同的分选流程、药剂制度和选冶设备等灵活性与可控性强的最佳组合模式,提高矿产资源的利用效率。

以工艺互补效应突出的复杂矿典型案例——云南都龙铜锌锡铟复杂多金属矿的选矿

为例,针对矿石中部分铁闪锌矿的可浮性好、难以抑制、可浮性接近黄铜矿,部分铁闪锌矿的可浮性差并接近(磁)黄铁矿等"物性"特点,分别采用黄铜矿＋闪锌矿的"等可浮"工艺流程以及闪锌矿＋(磁)黄铁矿的部分混合浮选流程,首先,将黄铜矿与可浮性好的闪锌矿一起"等可浮",然后进行混合精矿的铜—锌分离,得到铜精矿和锌精矿Ⅰ;其次,"等可浮"的尾矿中可浮性较差的闪锌矿与(磁)黄铁矿等硫化铁矿物进入活化—混合浮选—锌硫分离的工艺流程,得到锌精矿Ⅱ和硫精矿;再次,通过"等可浮"流程与锌—硫混合浮选流程的互补,充分地利用不同矿物之间以及同种矿物自身的可浮性差异,实现多种硫化矿物分步高效的浮选回收;最后,选硫尾矿通过磁选除铁、摇床富集、精矿除杂,获得合格的锡精矿。该分选工艺,不仅形成了浮选、重选和磁选不同工艺之间的互补,而且工艺流程结构内部的等可浮流程与部分混合浮选流程之间构成了同种工艺不同分选方式之间的互补效应,形成了典型的铜锌锡硫复杂矿高效分选的互补工艺流程。

对于单金属矿石资源,同样存在工艺流程的互补,如玉溪大红山铁矿属于难处理的铁矿石,目的矿物性质复杂,为实现资源的高效综合利用,制订了充分顺应矿石性质的分选技术方案,形成了磁选与重选之间的工艺互补、开路与闭路之间的流程互补等。

3.1.2　工艺互补效应研究的重要意义

选矿技术的发展在很大程度上是与选矿工艺的发展息息相关的,尤其是复杂难处理矿石更需要通过先进、合理的选矿工艺来获得理想的分选指标。为了充分利用我国"贫、细、杂、难"的矿产资源,进一步扩大我国可利用的资源储量,实现矿业的可持续发展,必须深入开展选矿工艺的研究[1],充分发挥和利用浮选、重选、磁电选、预处理和矿物化学处理等各种选矿工艺的优势,形成物理选矿法与化学选矿法之间的互补、选矿工艺与冶金工艺之间的互补、预处理工艺与常规工艺之间的互补等,因此,构建不同分选工艺之间的优势互补效应是非常必要的。

不同类型的矿石资源,一般均有适应其分选的原则工艺流程;不同的选矿工艺由于其工作原理不同,处理对象也具有一定的适用范围。随着矿产资源难处理程度的增加、综合利用的高要求,采用单一工艺或者简单的联合分选工艺,难以达到资源高效利用的目的,需要在已有选矿工艺流程中加入新的分选工艺,调整、整合和设计更加合理的、顺应矿石性质的流程结构。

磁选、电选、重选等物理选矿法是基于矿物物理性质的差异,在不改变矿物组成和表面性质的前提下进行分选的;浮选法是基于矿物表面的化学性质的差异,但不会改变矿物的基本组成;而矿物的化学处理是基于矿物组分的化学性质的差异,在化学选矿过程中,改变矿物表面的性质甚至矿物组成,其适用范围更加广泛[2]。物理选矿工艺与化学选矿工艺(也称冶金工艺)的互补工艺处理复杂矿,将会充分发挥选矿方法和冶金方法的各自优势,起到更加协调的相辅相成的作用,能够获得更好的分离与富集的效果和效益。

因此,研究工艺互补效应对于矿产资源的高效与综合利用具有非常重要的理论意义和实际价值。

3.2 不同工艺流程之间的互补效应

3.2.1 浮选工艺的互补效应

在自然界中,所有矿物或多或少都具有一定的可浮性,只是不同矿物的天然润湿性和可浮性的权重不同;同时,由于矿物的可浮性取决于矿物表面的亲疏水性等物理化学性质以及矿物表面与浮选药剂之间的作用能力,因此,通过对矿物表面进行适当的处理,理论上所有矿物都可以采用浮选的方法进行回收。正是由于上述原因,在实际生产中,最复杂的不是矿物可浮性大小的问题,而是目的矿物与其他有用矿物或者脉石矿物之间是否具有明显的表面可浮性差异的问题,因此,如何实现目的矿物从其他矿物中优先分选出来,是一个非常重要的课题。

浮选是最重要、用途最广泛的选矿技术,通过不断的研究与发展,浮选方法的适应能力在不断提高,覆盖的应用领域在不断扩大。据统计,90%以上的有色金属矿物都采用浮选工艺处理[3];除此之外,浮选还用于黑色金属、贵金属、稀有金属及非金属等一次资源和二次资源的分选,也应用于对水质的净化、废纸的脱墨等领域。浮选工艺与其他选矿工艺比较,其优点主要表现在以下六个方面。

(1)分选效率较高,更适用于处理细粒及微细粒的物料。

(2)获得的精矿质量较好,回收率和富集比也较高。

(3)其他分选方法难以回收的 $-10\mu m$ 的微细粒矿物,也能用浮选法处理;一些专门处理极细粒的浮选技术,可回收的粒度下限很低,超细浮选和离子浮选技术能回收从胶体颗粒到呈分子、离子状态的各类物质。

(4)非常适用于复杂多金属矿的处理,如从铜、铅、锌等多金属矿中分离出铜、铅、锌和硫铁矿等多种精矿,而且能得到很好的选别指标。

(5)在处理低品位矿石方面具有较大的优势,有利于矿产资源的综合回收。

(6)可分离与富集火法冶金的中间产品、挥发物及炉渣中的有用成分,处理湿法冶金的浸出渣和置换的沉淀产物,回收纸浆和表面活性物质等化工产品以及废水中的无机物和有机物。

浮选方法的缺点主要有以下五个方面。

(1)由于浮选之前矿石需要细磨,浮选过程中需要使用不同的药剂,致使选矿过程的成本较大。

(2)有些浮选药剂会对环境造成一定的直接污染。

(3)浮选药剂多以离子的形式存在,尾矿以及废水中的残存药剂可能会对环境造成二次污染。

(4)影响浮选过程的因素较多,对操作技术和控制技术等要求高,而且浮选产品(泡沫精矿)的脱水效率较低,处理过程往往较复杂。

(5)对某些难选矿石而言,浮选法的选别效果也不太理想。例如,粗粒浸染且矿物与脉石比重相差较大的钨锡矿石,一般采用重选方法,而用浮选方法处理细泥部分,以综合回收伴生的其他有用矿物。

在现有成熟方法和技术的基础上,通过分析各种浮选方法的利弊,以便根据不同的矿石类型,形成不同的浮选工艺的优势互补效应;同时,对某些特定的矿物而言,浮选除了作为一种独立的选矿方法单独使用外,还常常与其他选矿方法联合,形成不同分选工艺的优势互补,以便更好地实现顺应矿石性质的、高效的、精细化的分选,获得最佳的技术指标、经济效益和环境效益。

1. 正浮选与反浮选的互补

所谓正浮选,是指将有用矿物随泡沫刮出的过程[4]。目前,有色金属矿物的浮选流程一般采用正浮选工艺,其药剂制度比较简单,在处理脉石矿物较简单的矿石时具有很大的优势。

所谓反浮选,是指将有用矿物留在浮选槽中、脉石矿物随泡沫刮出的过程,一般适用于有用矿物含量高、目的矿物的可浮性较差的矿石;有时,为了进一步提高精矿产品的质量,也采用反浮选工艺进行提质或者除杂[4]。

正浮选工艺与反浮选工艺各有优劣。例如,与正浮选脱硅相比,铝土矿的反浮选脱硅采用脂肪胺类捕收剂,其上浮产品的产率小、药剂用量低,精矿表面附着的药剂少、水分含量低、易于过滤;对于一水硬铝石型铝土矿,由于一水硬铝石与铝硅酸盐矿物的可磨性差别大,易于实现粗磨条件下的浮选,有利于降低磨矿能耗和精矿的含水量[5]。

铁矿石的选矿方法以磁选法最为普遍,但是,对磁性矿物的分选和铁精矿的除杂提质过程中,浮选方法在实际生产中也具有明显的优势和重要的意义,而且铁矿石的浮选工艺包括正浮选与反浮选[6],一般针对铁精矿的除杂提质,均采用反浮选工艺。但是,在矿物嵌布粒度较细的弱磁性铁矿石的选矿过程中,既可以采用正浮选工艺,也可以采用反浮选工艺;正浮选工艺具有不需脱泥即可在较粗粒度条件下抛尾的特点,但因脉石矿物夹杂严重,难以获得高质量的铁精矿;而反浮选工艺具有分选效率高,且具有易于获得高品质铁精矿的特点,但矿泥对以胺类阳离子捕收剂的反浮选影响较大,使反浮选过程难以进行。因此,如果合理地利用正浮选与反浮选各自的优点、正—反浮选工艺流程的互补效应,就能够在正浮选的过程中取得很好的除杂与脱泥效果,这样不仅可保证金属的回收率,而且可减少脱泥工序,而反浮选又可以保证精矿的质量。因此,将两者有机地结合起来,可以大幅度地提高赤铁矿的浮选指标。刘亚辉等对人工混合矿的正—反浮选流程进行了研究,结果表明,正—反浮选联合流程可以在不预先脱泥的情况下处理矿石粒度嵌布较细的贫赤铁矿,有效地提高了细粒贫赤铁矿的回收率,且流程结构简单,对矿石的性质变化和工艺过程的波动具有较强的适应性[7]。

我国磷矿石资源中磷矿物通常与脉石矿物致密共生,一般浮选工艺能较好地将磷矿物分选出来,因此,浮选在磷矿的选别工艺中应用最广泛[8,9]。正浮选工艺一般适用于分选硅质磷灰石矿,具有流程短、除杂效果好的优点。湖北王集磷矿和大峪口磷矿是正浮选工艺的典型代表之一。反浮选工艺适用于分选钙质磷灰石矿,具有工艺简单、碳酸盐分离效率高以及低温、常温下浮选效果好的优点,其典型代表是贵州瓮福磷矿的"单一碳酸盐浮选工艺"。对于较难选的中、低品位的硅钙质胶磷矿,多采用"双反"浮选工艺流程,美国佛罗里达磷块岩选矿中采用了"双反"浮选技术,其原则工艺流程见图 3-1[10]。

　　正—反或者反—正浮选工艺是将碳酸盐浮选工艺与硅酸盐浮选工艺进行有机的结合与互补,分两步或者两步以上分别除去磷矿石中的碳酸盐和硅酸盐杂质,该工艺对磷矿石性质适应性强,而且可实现常温浮选,在处理较难分选的细粒硅钙质胶磷矿时效果较好。目前,反—正浮选和正—反浮选分别在云南海口高镁型原生矿和贵州瓮福穿岩洞磷矿中使用,均取得了很好的、互补的分选效果,其原则工艺流程见图 3-2[11,12]。

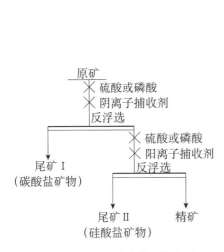

图 3-1　"双反"浮选的工艺流程

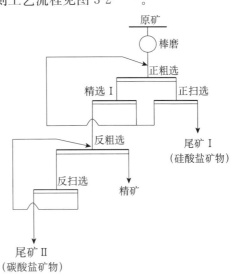

图 3-2　正反浮选的闭路工艺流程

2. 一段流程与多段流程的互补

　　分选工艺流程的"段数"是以磨矿段数与选矿作业的联系来划分的,与之相一致的浮选流程的段数主要与矿石中有用矿物的浸染特性、磨矿过程的泥化情况、精矿的质量要求等有关。

　　通常可以将矿石一次性磨到所需的选别粒度,然后浮选得到最终精矿,这样的浮选流程称为一段浮选流程,一般适用于处理有用矿物呈均匀浸染的矿石。

　　多段浮选流程又称为阶段浮选流程,是根据先粗磨、后细磨的顺序,经多段磨矿,逐段解离出不同嵌布粒度的有用矿物,并逐段浮选出已经解离出来的有用矿物。有用矿物浸染较复杂的矿石的分选,一般采用分为三种情况的阶段浮选流程,即粗精矿再磨再选流程、中矿再磨再选流程及尾矿再磨再选流程。采用阶段浮选流程的主要目的是避免矿石中有用矿物和脉石矿物的过粉碎及泥化,使脉石矿物尽量在较粗的粒度下从尾矿中排出,有时是为了先选出部分已单体解离的粗粒矿物或者精矿[13]。

　　在处理浸染粒度细、易泥化、含泥多的矿石时,为了扩大细粒矿物回收的粒度下限、降低矿泥的干扰、合理用药等,分粒级浮选或者中间浮选的新工艺得到了应用和发展,其实质是将一段浮选流程与多段浮选流程进行有机的结合,在粗磨矿的条件下,增加中间浮选作业是降低单体解离状态矿物被泥化的有效措施之一。生产实践表明,粗磨有时会产生相当数量的、处于粗粒级中已单体解离的有用矿物,因其粒度粗而不能随旋流器的溢流进入浮选回路,但在浮选前又无须再磨而增加选矿成本,为此,设计中间浮选作业及时回收已解离的粗粒矿物,其尾矿再送分级作业或者返回磨矿[14](图 3-3),因此,明显地减轻了过磨现象,降低了有用矿物在微细粒中的损失量;同时,最终精矿的平均粒度增大,有助于精矿的过滤并降低滤饼中水的含量。近年来,芬兰奥托昆普公司研制的粗粒浮选槽和闪速浮选法,使中间浮选工艺更为完善和实用;美国的特温比尤特、澳大利亚摩根山的铜矿选矿厂,苏联的哲兹卡兹干铜铅矿选矿厂、日本松峰铜铅锌多金属硫化矿选矿厂等,都采用这种浮选流程,大幅度地提高了生产指标[15]。

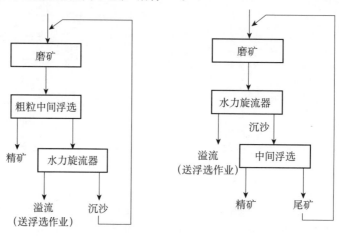

图 3-3　中间浮选的工艺流程

3. 优先浮选流程与混合浮选流程的互补

对于单一的金属矿,其浮选工艺流程相对较为简单,主要是直接浮选法。如果矿石中含有两种或者两种以上的有用矿物,根据目的矿物的分选顺序,其浮选方法也不相同。

优先浮选——将有用矿物依次选为单一精矿的浮选流程,其特点是可以适应矿石品位的变化、具有较强的灵活性,对原矿品位较高的原生硫化矿比较适合。

混合浮选——将有用矿物共同选入混合精矿,然后再从混合精矿中依次分选出各种有用矿物的流程,适用于原矿中硫化矿物总含量不高、硫化矿物之间共生密切、结构复杂和嵌布粒度细的矿石,它能够简化工艺、减少矿物的过粉碎,从而有利于分选[4]。

以含铅、锌的多金属硫化矿石的浮选工艺为例,其不同的浮选原则工艺流程见图 3‐4 和图 3-5。

优先浮选流程和混合浮选流程的主要区别主要有以下四点。

(1) 混合浮选的浮选机数量一般少于优先浮选的数量,浮选药剂也较节省。

(2) 混合浮选的磨矿细度相对较粗,可节省磨矿费用。

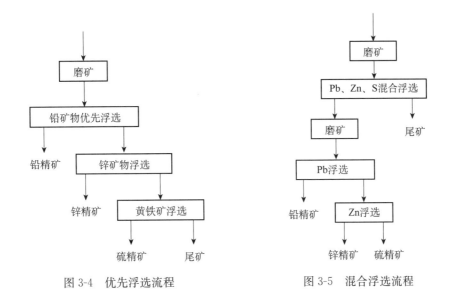

图 3-4　优先浮选流程　　　　　　　　图 3-5　混合浮选流程

（3）优先浮选的生产操作相对简单，而且容易获得合格品位的精矿，而混合浮选工艺中分离作业的生产操作相对复杂。

（4）两种浮选流程的药剂制度区别比较大，尤其是抑制剂和活化剂的种类、用量及加药点的区别较大。

在优先浮选工艺中，由于多种目的矿物的可浮性相差不大，为依次分选出不同的目的矿物，一般在分选第一种目的矿物时，将首先抑制后续浮选的矿物，然后再进行活化分选，在这种分选流程中，被抑制的矿物不仅需要添加活化剂活化，而且活化的难度增加、药剂用量增大；在抑制其他目的矿物的过程中，也会对首先要分离的目的矿物产生一定的抑制作用，造成目的矿物的损失率增加；而在混合浮选流程中，需要将所有目的矿物首先同时分选出，一般会在粗选过程添加活化剂，活化可浮性较差的矿物，从而增加了被活化的矿物后续抑制的难度，也给后续目的矿物的分离增加了难度，导致不同的精矿产品中有价金属的互含比较严重，不能得到较高品质的产品。

例如，苏联阿尔玛克铅锌矿选矿厂采用优先浮选的工艺流程，在高 pH 条件下抑制硫化铁矿物的同时，会对锌矿物造成抑制，在后续的锌矿物浮选过程中又需要添加大量硫酸铜进行活化，大量的硫酸铜的使用导致被抑制的硫化铁矿物重新被活化，在这种"强压强拉"的浮选环境中，获得的铅精矿和锌精矿不仅品位低，而且综合利用率也比较低[16]；通过技术改进，采用兼具混合浮选与优先浮选优点的铅硫混浮—铅硫分离—浮锌的互补工艺流程，与优先浮选流程相比，不仅降低了矿浆的 pH，减少了药剂用量，而且获得了更高的浮选指标，铅精矿和锌精矿的品位分别提高 10 和 4.5 百分点，铅＋锌的综合利用率从 75.4% 提高到 83.7%，劳动生产率提高了一倍。

由于这两种流程既有各自的缺点，又有优势互补的优点，在处理不同多金属矿的过程中，如果充分顺应矿石中的矿物特性，利用这两种流程各自的优势，形成优势互补的工艺流程，将会进一步促进复杂多金属矿资源的综合利用率。

目前，为促进中低品位的多金属矿山的开发利用，扩大矿产资源的储量，在优先浮选与混合浮选的基础上,形成了一种混合—优先互补的浮选工艺流程,同时,还充分利用一段浮选与多段浮选的互补优势,构建了一种综合性的优势互补的浮选工艺流程,也称之为"L-S(Bulk-Selective)流程"[17],其原则流程见图3-6,它具有如下优点。

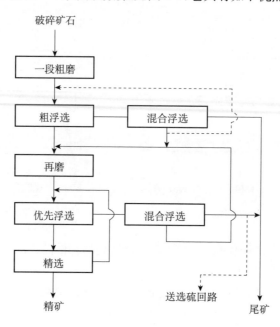

图3-6　互补效应明显的混合—优先浮选的工艺流程

(1) 充分发挥了多段浮选的优势,实现了粗粒抛尾,充分提高了目的矿物的解离度,降低了二段磨矿的能耗等;同时,第一阶段的磨矿和浮选的生产率高,投资和经营费用最低,获得的工艺指标高。

(2) 分选阶段既充分利用了混合浮选能够丢掉大量的脉石、简化工艺流程的特点,又充分发挥了优先浮选流程可获得高品位精矿的优势,避免了优先浮选中"强拉强压"的浮选弊端,合理地优化了药剂制度,降低了药剂用量和混合浮选精矿的金属互含量,提高了精矿产品的质量。

(3) 在选矿各阶段中,磨矿和浮选的控制及工艺条件(矿粒粒度、矿浆浓度、药剂制度、处理时间等)的调节比较容易,而且具有灵活的独立性,工艺流程、分选设备及设计布局均不复杂;此外,由于采用了闭路调节,可保证自动控制的可靠、生产的稳定。

(4) 生产过程中排出的大量废弃尾矿的粒度较粗,便于堆置,而且可在建筑等行业中利用,也可作为地下开采矿山的充填料使用。

4. 等可浮与部分混合浮选流程的互补

在多金属矿石的浮选流程中,还包括常见的等可浮与部分混合浮选的工艺流程,它们可综合优先浮选与混合浮选的流程特点,但是又不同于优先浮选流程,可一次性地依次获得单一的精矿产品,也不同于混合浮选流程,可一次性地抛尾,丢掉大量的脉石矿物;这两种流程相对较复杂,药剂制度多变,操作水平要求高,但是,充分顺应了矿石的物性,药剂成本低,精矿指标较好。

等可浮流程是根据矿石中目的矿物可浮性的不同,按照先易后难的顺序分别浮选,依次浮选出可浮性好、中等以及较差的矿物群,再从各混合精矿中依次分离出不同有用矿物的流程。它适用于处理同一种矿物的易浮与难浮两部分的复杂多金属矿石,可以降低药剂用量、消除过剩药剂对分离浮选的影响,有利于提高有价成分的回收率;其缺点是设备数量多,操作难度大,如文山都龙铜锌锡铟复杂矿、黄沙坪铅锌矿等选矿厂的流程就属此类[18](图 3-7)。

部分混合浮选流程是生产上应用最广泛的流程之一,是指先将多种矿物中可浮性相近的部分有用矿物一起浮出得到混合精矿,再将混合精矿分离出单一精矿的浮选流程;原矿具有三种或者以上的有用矿物且品位较低时,采用这类流程通常比较经济,如含铜铅锌的多金属硫化矿,其浮选流程一般为首先部分混合浮选铜铅,铜铅混合精矿进行铜铅分离,铜铅浮选后的尾矿进行锌硫混合浮选然后分离锌硫或者依次优先浮选锌和硫,并获得锌精矿和硫精矿,我国的桃林铅锌矿、桓仁铜锌、天宝山铅锌矿、河三铜铅锌、张公岭铅锌银矿、八家子铅锌矿等选矿厂均采用此类流程[19](图 3-8)。

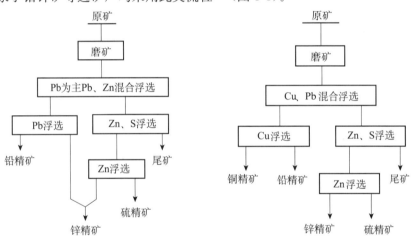

图 3-7　等可浮的浮选流程　　　　　图 3-8　部分混合浮选流程

在多金属矿物的浮选过程中,除不同矿物之间存在可浮性差异外,同种矿物在成矿过程中由于晶格结构不同、矿物表面不均匀等原因,它们的可浮性也存在较大的差异,因此,可浮性相近的矿物种类也较多,而且某种或者某几种矿物的含量较低,如果采用部分混合浮选流程会存在两个问题:①如果后分选该矿物,则由于部分该矿物可浮性好,存在难以抑制的问题;②如果优先分选该矿物,由于部分该矿物可浮性较差,则存在需要充分活化的问题,有可能导致脉石矿物上浮的难题;如果采用等可浮的分选流程,由于该矿石中可浮性好的矿物种类多、矿物含量较低,在混合精矿后续的分离过程中,需要延长分选流程,造成分选工艺复杂、设备增加;综合考虑,如果将这两种浮选工艺流程的优点进行互补与集成,通过减少抑制剂用量、改变药剂制度的形式弱化部分混合浮选的同时,完善分选流程的特点,简化工艺流程,则可形成互补效应明显的浮选工艺,其原则流程见图 3-9。

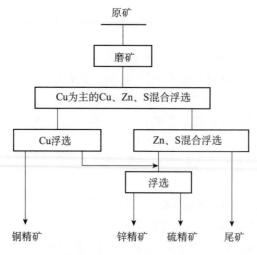

图 3-9　部分混合—等可浮互补的浮选流程

5. 开路浮选流程与闭路浮选流程的互补

开路流程与闭路流程是从流程的整体结构与内部结构来设计的,包含各阶段的磨矿分级次数,每个循环的粗选、精选和扫选的次数,中矿处理方式等[20]。

全闭路浮选流程,是指在整个浮选过程中,从产出最终尾矿浆的浮选槽开始,每级浮选槽产出的精矿浆要逐级闭路返流前置的浮选槽进行富集浮选,直至产出最终的精矿浆;从产出最终精矿浆的浮选槽开始,每级浮选槽产出的尾矿浆,要逐级闭路返流后置的浮选槽进行扫选,直至产出最终的尾矿浆。

全开路浮选流程是指任一浮选槽产出的精矿浆,都不再流入产出精矿浆的浮选槽所在的浮选系统,都是以不可逆的流动方式即完全单向往前流动的方式,进入后置的浮选系统,并且在至少一个后置的浮选系统中完成精选过程。

开路流程与闭路流程的主要区别是对中矿的处理方式,是否构成回路;在闭路流程中,由于中矿的循环会引起药剂浓度、水中不同离子含量、矿泥含量、矿浆浓度和 pH 等浮选环境的变化,会对浮选指标产生不同程度的影响;在开路流程中,由于中矿不存在返回分选流程,在一定程度上减少了矿泥、贫连生体等矿粒对分选过程的影响,有利于提高精矿的品位,但是同时会造成有用矿物的损失、金属回收率低等问题;因此,根据处理矿石中矿物的物性,优化中矿的处理方式,合理返回、单独处理或者形成局部开路的流程,构建闭路流程与开路流程的互补效应,对解决精矿"品位"与"回收率"之间的矛盾具有重要的意义。

在浮选实践中,绝大部分的浮选工艺采用闭路流程,只有部分氧化矿或者矿泥含量较高的矿石采用开路浮选流程。在闭路浮选流程中,存在的最明显的问题是,最终精矿的品位与回收率之间存在矛盾,要获得最高品位的最终精矿,就难以获得最高的回收率,反之亦然;而在开路浮选流程中,由于没有中矿的返回,会造成有用成分的损失率增加,或者产生部分不合格的中矿,造成资源的浪费。

为了提高矿产资源的综合利用率,同时提高精矿的质量,在实践过程中,需要将开路流程与闭路流程有机结合起来,充分发挥各自流程的优势与特点,构成互补效应明显的

"小闭路大开路"或者"大闭路小开路"工艺流程。

在氧化矿的浮选工艺中,由于矿石中原生矿泥多,且易碎,在磨矿过程中容易产生较多的次生矿泥,因此,全泥闭路浮选法的选矿指标较差,精矿品位和回收率均较低;如果采用脱泥开路浮选,品位较好,但回收率较低;针对这一矛盾,昆明理工大学刘全军申请的专利"氧化矿大闭路小开路全泥浮选的方法"提出了一种氧化矿合理开路与闭路的选矿方法,其"大闭路小开路"的全泥浮选原则流程见图3-10[21],粗选和第一次精选采用开路浮选流程,其他相关的浮选作业则采用常规的工艺流程;由于粗选和第一次精选均采用开路浮选流程,无中矿返回,可以大幅度地减少矿泥在流程中的逐步累积,有效地降低了矿泥对选别过程的干扰和影响,保证了精矿的回收率;在扫选回路和后续的精扫选回路中,则采用常规的闭路选矿流程,保证了精矿品位,明显地提高了浮选指标。

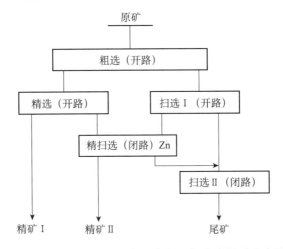

图 3-10 一种氧化矿的"大闭路小开路"的全泥浮选流程

"大闭路小开路"的主流程采用闭路流程,部分精选或扫选作业的中矿采用开路流程集中处理的工艺;这两种互补的工艺流程,其本质内容是相同的,均是根据实际矿石的矿物特性,充分发挥开路流程在提高精矿品位与闭路流程提高精矿回收率方面各自的互补优势。

分支浮选流程是由苏联 Эигелес 等最先提出的"泡沫产品的分配流程"演化的[22,23],后经胡为柏、王淀佐[24]等专家的研究和完善,发展为分支浮选工艺,包括分支分速浮选、分支串流浮选、分支载体浮选等,并且分支串流浮选、分支分速浮选在我国的一些锑、铜、钼、铅、锌硫化矿及金银矿选矿中已得到生产应用,取得了明显的经济效益。其中分支串流浮选工艺适用于处理原矿品位低或者嵌布粒度较细的矿石,是将原矿浆分为两支或者多支,前一支粗选的泡沫与下一支的原矿浆合并粗选,前一支没有精选作业,最后一支可以有精选,因此,从另一种角度考虑,我们也可以把它看做闭路流程与开路流程有机结合、流程互补的一种形式,第一支矿浆采用开路浮选流程,第二支矿浆则采用闭路流程,其原则流程见图 3-11,每一支原矿的分选采用开路流程,而其粗精矿又与其他支的原矿分选流程构成闭路流程,这种互补工艺流程在处理品位较低的矿石时,可以提高给矿的品位;矿浆中难选、细粒的颗粒可用前一支的浮选产品(泡沫)作为载体而被黏附浮选;还可以借助于前一支泡沫中的剩余药剂而达到降低药耗的目的,这些互补的优点都是有利于提高选矿指标的良好条件。我国银山铅锌矿、桃江板溪锑矿等选矿厂在工艺流程的技术改造中应用了该工艺,取得了良好的效果,其中银山铅锌矿改进为分支浮选工艺后,不仅铅精矿、锌精矿中杂质互含降低[25],铅回收率提高 1%～1.5%,铅精矿中银含量提高了近 300g/t,而且提高了浮选机的利用率,降低了能耗。这种工艺互补的分选流程,极大地促进了低品位难处理矿石资源的开发利用。

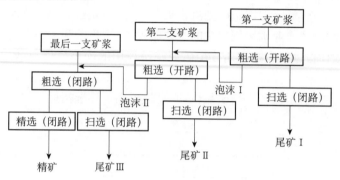

图 3-11　分支浮选的原则流程

3.2.2　重选工艺流程的互补效应

在各种选矿方法中,重选工艺的应用是最早的,它是以组成矿石的各种矿物的密度差异为基础进行分选的。根据重选工艺所用介质的不同,一般可以分为水力分选、风力分选及重介质分选。在实际生产过程中,只有在季节性缺水的干旱地区或者处理特殊原料等少数情况下,才会采用风力分选或者重介质选矿;绝大部分的重力分选是以水为分选介质,主要是利用不同的选矿设备来实现的,在这种情况下,人们习惯于根据重选过程所用的设备将重选工艺划分为分级分选、摇床分选、溜槽分选、离心机分选和跳汰分选等[26]。

在分选设备和介质的外因作用下,矿物得以分离的根本原因是其自身性质的差异,包括颗粒的密度、粒度及形状等,这些因素共同决定了颗粒在介质中的基本作用力,导致不同的颗粒具有不同的运动速度与轨迹,从而达到分离的目的。在实际生产中,重选工艺的发展是伴随着重选设备的研发而发展的,采用某种重选分离工艺与所选设备的分选性能是密不可分的;对于不同设备的处理粒度范围、处理能力及分选效率等问题,在第 2 章 2.5.3 节的"粒度互补效应对重选过程的影响"中进行了详细的介绍,在此不再赘述。

与其他选矿方法相比,重选方法主要应用于粗、中粒物料的预先抛尾与富集,具有操作简单、成本低、无环境污染等优点,但是,重选要求处理具有一定的密度差和粒度较粗的物料,而且其选矿效率和设备的处理能力都较低,尤其是处理细粒物料时分选效率很低。因此,研究并构建不同重选工艺之间、重选与浮选、磁选等工艺之间优势互补的联合工艺,对矿石进行归一分选或者综合回收,或者作为其他选矿工艺的补充作业等,都具有极其重要的意义。

1. 不同方式的重选流程的互补

不同重选工艺之间的互补主要体现在不同选矿设备之间的优势互补,目前在重选厂,摇床是应用最广泛、效率较高的选别细粒矿石的一种分选设备,已广泛应用于钨、锡、钽、铌和其他稀有金属和贵金属矿石的选别。摇床选矿不仅可以作为一个独立的选矿方法,而且往往与跳汰机、离心选矿、螺旋选矿机及皮带溜槽等重选设备联合应用,形成不同重选工艺之间的互补。例如,在钨矿的重选过程中,据统计,约有 30%～80% 的精矿是通过摇床选别的;在钨、锡矿的选别时,摇床的入选粒度一般为 2～0.37mm,但矿泥摇床的入选粒度下限可达 0.019mm。在生产实践中,摇床一般与其他设备协同使用,所以多用于回收 +37μm 的细粒矿物,-37μm 的微细粒矿物多采用离心机等进行分选[27]。

由于不同方式的重选工艺的互补主要是通过不同的重选设备来实现的,该部分的内容将在第 5 章 5.3 节的"分选设备的协同效应与应用"中进行详细的论述。

2. 水力重选与浮选、磁选工艺的互补

由于重力分选工艺对物料具有诸多限制,在处理低品位难处理矿石的过程中,其缺陷尤为突出,但是,在粗粒预先抛尾与补充回收伴生金属的过程中,却能充分显示其优越性,不仅可以预先提高低品位矿石的入选品位,减少细磨与分选的矿量,降低能耗,而且在深度精选、补充回收伴生的高密度稀有金属、贵金属等方面具有明显的优势。

重选工艺与浮选工艺的互补具有比较明显的特点。例如,国内针对不同性质的黑钨矿一般采用较为成熟的重选工艺流程[28],黑钨矿在磨矿过程中容易泥化,磨矿细度越细,黑钨矿的泥化现象越严重,回收钨资源也会越困难,现有的重选生产工艺对钨细泥的回收率一般在 50% 以下,是钨金属损失较大的部分,因此,针对该技术难题,采用浮选工艺可以有效地分选微细粒矿物,对重选与磁选工艺所不能处理的微细粒矿物进行补充回收,可形成优势互补的工艺流程。

周晓彤等对江西某钨矿选矿厂原分选工艺流程进行了研究,发现占原矿钨金属量7%～8% 的原生次生细泥的回收率仅为 20% 左右,是影响钨矿综合选别指标的十分重要的原因[29];如果采用全浮流程,会造成黑白钨混合浮选闭路循环的中矿量大,矿泥难以控制,影响精矿品位;如果采用重选工艺,则会造成微细粒钨矿的损失;通过对矿石中各种矿物的工艺学特性进行研究,发现脉石矿物与目的矿物的密度和可浮性均存在较大的差异,为了充分顺应矿石的性质,首先利用离心机重选抛尾,其次采用浮选脱硫、混合浮选黑白钨矿,最后黑白钨混合精矿采用浮选—重选等分离工艺流程,可形成重选工艺与浮选工艺的优势互补;同时在流程结构中,以粒度互补为基础,形成了离心重选与摇床重选设备之间的优势互补,以及以矿物的可浮性差异为基础,构成了优先浮选流程与混合浮选流程之间的优势互补,最终确定的原则流程如图 3-12 所示。

由此可见,在该工艺中形成了三个方面的互补。首先,离心选矿机是分选微细粒矿物的一种有效的重选设备,为了提高入选品位、减少可浮性较好的杂质矿物对浮选的影响,先用离心选矿机除去大部分可浮性较好、密度小的轻脉石矿物;用操作简单的摇床重选从白钨加温浮选尾矿中回收密度大的黑钨矿,选矿指标高;根据处理的矿石密度和粒度组成不同,采用不同的重选工艺,形成离心机与摇床的重选互补工艺,使每种设备均在其最佳工作条件下进行分选,其互补效应和各自的优势都得到了最大程度的利用。其次,对离心重选精矿来说,其中的硫化矿物的可浮性远大于钨矿物的可浮性,而黑钨矿与白钨矿的可

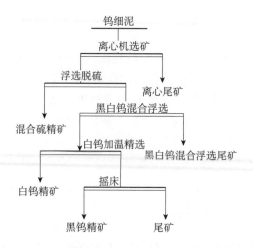

图 3-12　分选钨细泥的重—浮—重互补工艺的原则流程

浮性相当,因此,采用优先浮选工艺脱硫与混合浮选工艺分选出黑白钨的混合精矿,可形成优先浮选工艺与混合浮选工艺之间的优势互补。最后,原矿品位较低,且脉石矿物对硫、钨等矿物的浮选影响较大,因此,采用重选抛尾,钨细泥经离心机选矿抛除大约88%的矿石量为尾矿,仅12%的矿石量进入浮选作业,这样既提高了浮选给矿的钨品位,减少了下一步作业的给矿量和浮选的药剂用量,又有效地避免了可浮性较好的杂质矿物对浮选的有害影响,然后采用浮选法将黑白钨混合精矿进行分离,加温浮选精矿经酸浸得到白钨精矿,加温浮选槽内的矿浆经摇床选别得到黑钨精矿,因此,重选工艺与浮选工艺充分利用了矿物各自的物性,在不同的分选工艺之间构成了互补优势。通过形成三个方面互补效应的工艺流程,可从钨品位 0.33% 的钨细泥中,获得了品位为 55.38%WO$_3$、回收率为 29.82% 的白钨精矿,品位为 38.76%WO$_3$、回收率为 32.55% 的黑钨精矿,总钨的平均品位为 45.26%WO$_3$、回收率为 62.37%。

　　重选与其他工艺联合形成的互补工艺流程在选别有用矿物组成复杂、嵌布粒度又有差别的矿石时,比单一分选流程具有明显的优势,而且重选在流程中通常被安排在预先处理作业中,用以分选出粗粒精矿或者丢弃部分最终尾矿,然后细磨后用浮选法和磁选法处理。

　　重选与磁选的互补工艺流程一般应用在铁矿石的分选过程中,尤其是在低品位铁矿的分选过程中,通过重选预先抛尾,不仅可以减少细磨的矿量,而且可以提高入选品位。例如,南京某铁矿中有用矿物以磁铁矿为主,其次为假象赤铁矿、菱铁矿及黄铁矿;脉石矿物为石英、方解石、白云石和磷灰石;由于铁矿石颗粒细,又含有硫、磷等杂质元素,因此,选矿工艺较为复杂,其原则工艺流程见图3-13[30]。粗碎采用井下破碎,−50mm 的碎矿产品分成 −50+20mm、−20+2mm 和 −2mm 三个粒级,针对不同的粒级,分别采用干式磁选—跳汰重选的互补工艺、梯级干式磁选的互补工艺及梯级湿式磁选—螺旋溜槽重选的互补工艺,而 −0.5mm 粒级部分经过梯级湿式磁选可以直接获得部分合格铁精矿;然后,将选出的各粒级重产品和不合格磁性产品合并,经过细碎磨矿后用浮选法分离,得到铁精矿和硫铁精矿。

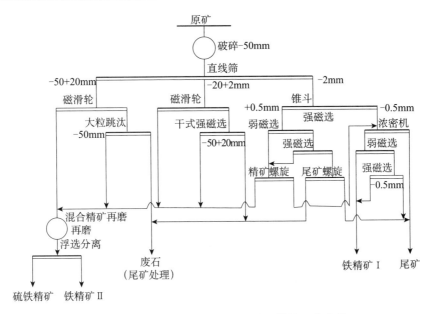

图 3-13　南京某铁矿的重选—磁选互补的工艺流程

3. 重介质分选与浮选、磁选流程的互补

重力分选是在一定的介质中进行的,如果分选介质的密度大于水的密度($1g/cm^3$),则为重介质,物料在这种介质中进行的选择性分选即为重介质分选(heavy medium separation,HMS);重介质分选过程也称为浓介质分选(derse medium separation,DMS)过程,原理同样是根据矿物密度的不同来分选有用矿物和脉石矿物,利用介于两种矿石密度之间的重介质来选别物料,物料颗粒在介质中受到重力和浮力的作用[31]。

用于分选的重介质有两类:①重液,如四氯化碳、氯化钙等水溶液,但因价格昂贵,不易回收,或者有毒,仅限于室验室使用;②重悬浮液,由水和加重剂混合而成,密度随选用的加重剂密度及其与水的配比而变化,一般为 $1.25\sim4.0$;根据重悬浮液所需密度的不同,选择合适的加重剂,如黏土、石英、高炉灰、重晶石、赤铁矿、黄铁矿、磁铁矿、硅铁和方铅矿等细粒固体。在理想条件下,重介质分选技术可以选择性分选密度差仅为 $0.2g/cm^3$ 的两种矿物,不仅可以分选呈完全单体解离的矿物,而且可以回收连生体比例大于 90% 的中矿。

重介质的密度通常是在 $1.3\sim3.8$ 的范围内,常用的加重质见表 3-1。

表 3-1　重介质选矿常用的加重质的性质

种类	密度/(g/cm^3)	摩氏硬度	配成悬浮液的最大物理密度/(g/cm^3)	磁性	回收方法
硅铁	6.9	6	3.8	强磁性	磁选
方铅矿	7.5	$2.5\sim2.7$	3.3	非磁性	浮选
磁铁矿	5	6	2.5	强磁性	磁选
黄铁矿	$4.9\sim5.1$	6	2.5	非磁性	浮选
毒砂	$5.9\sim6.2$	$5.5\sim6$	2.8	非磁性	浮选

当洗煤时,采用最低的密度,用磁铁矿作介质;而选铁或磁铁矿时,选用最高的密度;其他大多数矿石的分选在这两个密度之间进行[32],见表3-2。

表 3-2　常见矿石对重介质选矿的适应性　　　　　　　单位:g/cm³

矿物与矿石	煤	混凝土	锡矿	铀矿	菱镁矿	萤石	红柱石	铜矿石
分离密度	1.3~1.8	2.4	2.6~2.8	2.6~2.7	2.65~2.9	2.7	2.7~2.9	2.7~3.0
矿物与矿石	铅锌矿	锂矿石	重晶石	金刚石	铁矿石	蓝宝石	铬矿石	锰矿
分离密度	2.7~3.0	2.7~3.0	2.8~3.0	2.8~3.0	2.8~3.8	3.0	3.0~3.4	3.0~3.6

重介质分选与水力重选作业相比,具有以下主要优点[33]。

(1) 分选密度的调节范围和分选粒度的范围宽,分选的效率和精度均比较高,甚至可以分选密度差小于 $0.11~0.05g/cm^3$ 的物料。

(2) 适应性强,处理能力大,受入料量和入料性质的影响比较小。

(3) 可处理较低品位的矿石,进而拓宽矿石的工业品位,扩大矿石的储量,延长矿山服务年限,保护矿产资源。

(4) 基本投资和操作费用较低,可以大大地影响工程的总经济效益;而且重介质分选车间可建在坑道下,因而可将尾矿回填,提高经济效益。

(5) 具有保护环境的优势,如尾矿易于处理,水耗和能耗较低,因此,重介质分选是一个有利于环境保护的重选工艺。

其主要缺点如下。

(1) 分选系统中需要增加重介质的回收再生系统。

(2) 设备的磨损严重,需要的检修人员较多。

重介质选矿的入选物料的粒度范围较宽[34],入选粒度下限一般为 2~3mm,用重介质旋流器时,甚至可以降至 0.5mm;对原煤粒度的允许范围非常宽,上限可达 150~200mm,下限可达 0.15mm,甚至更小,因此,重介质选煤已成为重要的选煤方法之一,尤其是处理难选煤。但是,当入选物料的粒度属于微细粒而且极不均匀时,其沉降速率较小,分选过程会极为缓慢,甚至导致介质的黏度骤增,破坏分选过程,因此,需要在重选之前,采用筛分的工艺除去细泥;如果细泥中损失的金属率大,则需要通过其他的分选工艺对这部分细泥单独处理,形成重介质选矿与其他分选工艺之间的优势互补。

重介质选矿也可以用于选别黑色金属、有色金属及稀有金属矿,尤其是作为预先选别作业时,不仅可以提高选矿厂的入选品位和处理能力,而且可减少下一段磨矿作业的处理量,降低磨矿作业的能耗和成本。澳大利亚 Munro 等在研究银铅锌矿石的重介质选矿的分选效果时,发现可以丢掉占原矿产率 30%~35% 的废石,重产品中铅、锌和银的回收率达到 96%~97%[35];同时,由于预先丢掉了大量密度小且难磨的硅酸盐矿物,使入磨物料的磨矿功指数下降 25%,这样可以利用原有球磨机的容积,−0.074mm 磨矿细度提高至 87%。

在重介质预选的工艺流程中,一般需要将其与水力重选、磁选、浮选等形成工艺互补的形式。对于重介质预选与浮选的互补流程,以铅锌矿为例,浮选之前采用重介质预选,可以大幅度地抛废(最高抛废量达 35%~40%),提高矿石的入选品位,在矿石品位逐渐下降的情况下,可保证或者提高金属的回收率。铅锌矿的重介质预选—浮选的互补流程得到了广泛使用,如前苏联列宁诺戈尔斯克选矿厂在原矿重介质预选后,分别处理重产品和细粒级矿石,金属回收率提高了 2~2.5 百分点,同时降低了处理成本[36]。此外,苏联兹良诺夫斯克和蒂克斯克、美国巴布—巴恩斯、日本细仑、加拿大苏利万、联邦德国海根、意大利玛苏阿的阿米—萨尔达等硫化矿、氧化矿和混合的铅锌矿选矿厂,均成功地采用了重介质预选工艺。我国柴河铅锌矿选矿厂、云南的兰坪铅锌矿和木利锑矿也曾采用此互补的工艺流程。

　　云南木利锑矿储量大、矿石资源复杂,氧化矿、混合矿、硫化矿杂乱分布[37];锑矿物的嵌布粒度粗,但易过粉碎,原矿碎至 12~13mm 后,−0.15mm 粒级占 14% 左右,而金属分布率却占 31%~36%;采用单一的全重选流程,难以获得良好的分选效果,尤其是锑矿物的回收率较低,因此,在粗粒条件下,采用重选回收粗粒级的有用矿物,避免有用矿物的过粉碎;同时对矿泥部分用浮选法进行细粒级的有效回收,减少细粒级的金属损失;原全重选工艺获得的分选指标见表 3-3。

表 3-3　原全重选工艺流程的分选结果　　　　　　单位:%

名称	产率	品位	回收率
重选精矿	9.33	22.74	68.71
手选丢弃	22.72	0.61	4.49
重介质丢弃	35.28	0.54	6.17
摇床丢弃	32.67	1.95	20.63
原矿	100.00	3.09	100.00

　　由表 3-3 可以看出,全重选流程分选后,摇床尾矿的品位仍然较高,如果将其丢弃,会增大锑的损失率;同时,由于该部分矿物的粒度细,锑主要集中在 0.019~0.074mm,全重选流程无法有效地回收该部分锑矿物。因此,为了弥补重选流程的不足,根据矿石性质,采用了粗粒重选—细粒浮选工艺,构建了重选工艺与浮选工艺联合的互补流程(图 3-14),其分选指标见表 3-4。

表 3-4　重—浮互补的工艺流程的分选结果　　　　　单位:%

名称	产率	品位	回收率
总精矿	10.27	23.61	78.59
手选丢弃	22.72	0.61	4.49
重介质丢弃	35.28	0.54	6.17
浮选尾矿	31.73	1.05	10.75
原矿	100.00	3.09	100.00

　　由表 3-4 可以看出,采用重选—浮选互补的工艺流程分别回收粗粒和细粒的锑矿物,由于充分利用了重选流程与浮选流程分选不同粒级矿物的优势特点,锑精矿的回收率提高了近 10 百分点、品位提高了 1 百分点;而且,该互补的流程结构对入选的类型复杂、氧化率变化大的锑矿石具有更好的适应性,尤其是选别氧化率较高的矿石时,对选别指标的稳定具有很大的作用。

　　在工艺互补体系中,除了上述重选与浮选之间、重选与磁选之间的工艺互补外,还包括重选与化学选矿以及重选、磁选与浮选等多种分选工艺之间的不同形式的互补;针对矿物的物性和矿石的粒度特征、产品要求等的不同,可形成不同的、互补效应突出的工艺流程,同时,不仅可形成不同工艺之间的互补,而且在流程的内部结构中,同种工艺的不同方

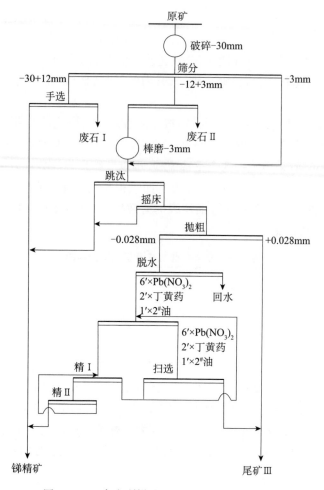

图 3-14　云南木利锑矿重—浮互补的工艺流程

式与设备之间也会形成互补效应,这种多结构的工艺互补,是充分顺应矿石特性也是和谐
分选的重要体现,为难处理复杂矿资源的高效综合利用提供了重要的理论基础,可极大地
促进矿产资源特别是复杂矿资源的高效开发利用。

3.2.3　磁选工艺流程的互补效应

　　磁选是在不均匀磁场中利用矿物之间的磁性差异进行分选的技术,从理论上讲,矿物
都具有磁性,只是磁化率的大小不同;铁磁性矿物可以用弱磁选方法分离和富集,顺磁性
矿物可以用强磁选方法分离和富集[38]。目前,磁选工艺主要应用于黑色金属矿石的选
别,尤其是铁矿石的分选;在非金属矿物原料的分选过程中,多采用磁选工艺除铁等。近
20 年来,磁选工艺的发展是伴随着新型磁选设备的进步而发展的,因此,磁选的进步归根
结底是磁选设备的进步。

　　在磁选工艺中,磁选机的选择主要取决于入选物料的磁性强弱和矿物颗粒的大小;从
磁性强弱的角度考虑,磁选可分为强磁选工艺与弱磁选工艺。根据不同矿物的磁选行为
特性,选择不同的磁场强度,形成异磁性矿物的梯级场强磁分离技术,是构成磁选工艺优

势互补的核心内容。以不同矿物的磁选行为特性为基础,参考不同磁选设备的分选参数与分选特征,选择合适的磁选设备,可形成不同磁选设备之间的优势互补效应,这方面的部分内容将在第 5 章 5.3 节中进行详细的论述。

1. 不同方式的磁选流程的互补

磁选是选矿工艺中最常用的方法之一,主要是针对有磁性的铁矿石的分选,具有简单、易操作、投资经济、回收率较高、无污染等优点[39]。根据磁选介质的不同,磁选可以分为干式磁选和湿式磁选;干式磁选可以选别湿度在 5% 以下的矿石,而湿式磁选是以水为介质进行磁选分离的过程。这两种工艺除了分选介质不同,所处理的物料粒度、应用范围与作用也有所不同;湿式磁选工艺主要处理细粒强磁性和细粒弱磁性的矿石,主要用于磁性矿石的深度分选;而干式磁选工艺主要处理大块、粗颗粒的强磁性和较细颗粒的弱磁性(如海滨砂)矿石,因此,工艺流程较为简单,主要应用于以下三个方面。

(1) 除铁:在物料输送的过程中除去夹杂的铁块或者铁屑。

(2) 预选:主要是对 10～120mm 的大块矿石进行预选,在碎矿与磨矿流程之间增加干式磁选的预选作业,实现废石的抛尾,提高入选品位,减少磨机的处理量,从而降低磨矿成本。

(3) 除杂:从粉状物料中剔除磁性杂质或者提纯磁性材料。

干式磁选和湿式磁选工艺处理的对象和应用范围不同,在分选流程中的作用也不尽相同,因此,可以利用两种工艺的优势,形成一种磁铁矿的干—湿互补的磁选工艺流程,尤其是在处理贫铁矿资源方面,更能凸显干式磁选预先处理的重要性。例如,北京矿冶研究总院和涞源鑫鑫矿业公司共同开发的超低品位磁铁矿石的"强化原矿预先筛分—增大粗碎破碎比—多段选择性干选预抛废—阶段磨矿强化分级磁选"的技术中,干式磁选抛尾工艺与湿式磁选深度分选工艺构成了不同磁选方式的互补效应,在粗、中、细碎后均增加了干式磁选抛尾工艺,预抛率达到了 68%,原矿铁品位从 13.0% 提高到 25.80%,磁性铁的回收率达到 94.9%,然后采用湿式磁选工艺进行深度分选,最终获得了铁品位为 66% 以上的铁精矿,其选矿工艺原则流程见图 3-15[40]。

2. 磁选与浮选、重选流程的互补

在复杂多金属矿和稀有金属矿的分选过程中,单独采用重选法和浮选法很难获得合格的精矿,或者不能综合利用多金属矿石资源,需要联合磁选或者其他方法,形成互补的工艺流程,才能获得合格的精矿;反之,由于单一磁选流程存在的局限性,尤其是针对脉石矿物与目的矿物的比磁化系数相近、细粒或微细粒的铁矿物的分选效果较差,需要结合重选、反浮选等其他方法进行精矿的提质与除杂。例如,选别以磁铁矿为主、伴生硫化矿物含量较低的复杂铁矿石时,多采用磁选工艺回收磁性铁矿物、浮选工艺回收硫化矿物,根据矿石性质的不同,利用不同的分选工艺的特点,形成优势互补的工艺流程,达到综合利用矿石资源的目的[41],其原则流程见图 3-16,这种互补流程较为简单、浮选处理量少,可获得多种精矿产品。我国金山店铁矿选矿厂、武钢程潮铁矿选矿厂等都采用这种磁—浮互补的工艺流程,其中程潮铁矿处理含铁 32%、平均含硫约 1.3% 的贫铁矿石,铁矿物主

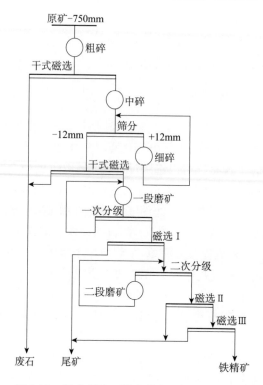

图 3-15　干式磁选—湿式磁选互补的工艺流程

要为磁铁矿,采用磁—浮互补的工艺流程,可获得含铁 68%、回收率 82% 左右的铁精矿,以及含硫 40% 的硫精矿[42]。

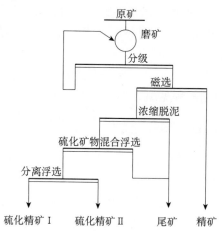

图 3-16　伴生多金属硫化矿物的铁矿石的磁—浮互补分选的原则流程

根据矿石中矿物组成的不同,先用磁选工艺分选出磁性矿物后,再用洗矿、重选、浮选、磁选和焙烧磁选法,或者用浮选和电选作为精选作业,形成不同形式的以磁选为主的互补流程与效应。当磁性矿物的性质不同时,可以先用弱磁场磁选回收磁铁矿,之后用重选或者浮选法从磁选尾矿中回收赤铁矿;当入选物料的粒度组成不同时,可以针对给料粒度的差异采用不同的分选工艺,有些选矿厂对粒状矿石采用跳汰选矿,对中细粒矿石用螺旋选矿机进行重选,或者用强磁选机进行回收,对微细粒嵌布的石英铁质岩用浮选法或者焙烧磁选法来处理。

不同工艺流程的优势互补的集成技术效应,不仅体现在不同工艺之间的优势互补,而且涉及分选流程的开路与闭路的设计问题。以玉溪大红山铁矿为例,为了平衡铁精矿的"回收率"与"品位"之间的矛盾关系,采用"小闭路大开路"的选矿流程,处理微细粒的含铁硅酸盐型氧化铁矿,主流程采用"小闭路"磁选工艺流程,"提质"与"降尾"均采用"大开路"的磁重互补的工艺流程,"提质"的中矿进入"降尾"流程,无中矿返回,可明显地降低贫连生体与弱磁性矿物对分选过程的干扰,提高了工艺流程的整体分选效率,降低了弱磁性矿物的损失,既可保证精矿品位,又可降低铁的损失率;该互补流程实现了高效分选、直接抛尾,将尾矿中铁的损失率一步降至理论值,避免了尾矿的二次分选,这种优势互补的工艺流程,不仅体现了磁选工艺和重选工艺的优势特点,而且合理地运用了开路流程与闭路流程的特点,在多个层面上形成了工艺互补效应。

磁选为主的多工艺互补流程,除了在黑色金属矿山的生产过程中体现出优势外,在钨、锡等有色金属矿的分选过程中也有体现。例如,钨矿重选所得的黑钨粗精矿,一般含有锡和其他一些有用成分,锡在钨的冶炼过程中是有害杂质,利用黑钨矿与锡石之间的磁性差异的特点,采用磁选法进行处理,可除去含锡杂质,获得合格的钨精矿。磁选工艺的互补和重选工艺的互补具有很多的相似之处,因此,可以参考本章 3.2.2 小节的部分内容。

3.2.4 化学分选工艺流程的互补效应

化学选矿的原理及其过程非常接近传统的冶金过程,但又不同于冶金过程常用的工艺和方法[43]。化学选矿适于处理有用组分含量低、杂质组分和有害组分含量高、组成复杂的难选矿物原料,是基于物料组分的化学性质的差异,利用化学方法改变物料的组成等物性,采用其他的方法使目的组分分离与富集的资源加工工艺,主要包括浸出和焙烧等;而冶金过程处理的原料为选矿产出的精矿产品,其有用组分含量高、杂质和有害组分含量较低、组成相对较简单。因此,化学选矿通常与冶金过程不同,前者处理的是价值较低的矿物原料,只产出化学精矿,而冶金过程则产出适合用户使用的金属产品。

化学选矿过程通常涉及矿物的化学热处理、水溶液化学处理和电化学处理等作业,其原则流程一般包括矿物原料的准备、焙烧、浸出、固液分离、浸出液处理五个主要作业[44]。化学选矿方法处理对象与物理选矿方法几乎相同,而分选原理及产品形态均与物理选矿不同;在处理贫、细、杂等难选矿物原料和使未利用的矿产资源资源化方面,化学选矿通常比常规的重磁浮分选工艺更有优势,其分选效率比物理选矿法更高;但是,化学选矿过程需要消耗大量的化学药剂,对设备材质和固液分离等的要求均比物理选矿要高,只有在使用物理选矿法无法处理或者得不到合理的技术经济指标时,才考虑采用化学选矿工艺或者选冶(冶选)联合的互补工艺。

在化学选矿的过程中,可直接浸出矿物原料,也可浸出焙烧后的焙砂、冶炼过程中的烟尘等物料,有时需要预先用物理的选矿方法预先富集有用矿物、除去某些有害杂质,或者用化学法对矿石进行预处理,然后磁选等,因此,应尽可能利用物理选矿工艺和化学选矿工艺各自的优势,形成互补的工艺流程;同时,采用化学选矿工艺时,应尽量采用闭路流程,使化学药剂充分再生和废水循环使用,以降低药剂消耗、减少环境污染,以便最经济地综合利用矿产资源。

1. 浸出与重、磁、浮等流程的互补

浸出是化学选矿中常用的作业之一,通常只浸出含量低的组分,根据原料的性质和工艺要求,使有用组分或者杂质组分选择性地溶于浸出溶剂中,使有用组分与杂质组分分离或者使有用组分相互分离,再用相应的方法从浸出液和浸出渣中回收有用组分,浸出所处理的物料一般为难以用物理选矿法处理的原矿、中矿、粗精矿、混合精矿、尾矿及冶金和化工的中间产品等[45]。

虽然化学浸出的工艺流程在处理复杂矿资源方面具有相当大的优势,但是存在浸出过程复杂、药剂消耗量大、成本高、对环境影响严重等缺点;同时,由于矿石资源的复杂特性,部分目的矿物可以通过物理选矿的方法回收,部分目的矿物难以通过物理选矿的方法回收,可以考虑采用化学选矿法回收,应尽可能地采用物理选矿和化学选矿的联合流程,根据矿石性质,采用多种选矿方法联合处理,以便采用最优的技术方案实现矿产资源综合利用的目的。

对于某些难选的矿石,有时单用物理选矿的方法往往得不到满意的效果,甚至不能分选,因此,可以采用化学浸出工艺与物理选矿工艺相结合的联合流程,形成优势互补的分选工艺,如氧化铜矿的浸出—置换—浮选工艺、铜镍混合精矿—熔炼—镍冰铜—优先浮选分离的工艺均属于化学选矿与物理选矿法优势互补的工艺流程。

四川某氧化率高达 41.17% 的铜矿含铜 3.56%、碳 1.67%,脉石多为细粒或微粒,含较多隐晶质集合体石英,以及尘点状、点状、斑点状的碳质物;脉石矿物与铜矿物相互共生、交代、充填,物质组成复杂,给铜矿物的解离和浮选带来了困难[46];另外部分铜矿物可以采用常规的浮选法回收,而碳质矿物是影响这部分铜矿物浮选指标的主要因素,因此,通过试验研究,最终确定了抑碳—氧硫混浮选铜的技术方案,可以有效地回收这部分易选的铜矿物;浮选中矿中 68.7% 的铜为自由氧化铜,主要为孔雀石,这部分铜矿物粒度极细,被褐铁矿、铝硅酸盐浸染,以吸附状态存在于脉石中,采用常规的浮选法难以得到理想的技术指标;脉石矿物以石英、矿泥、碳质为主,钙镁含量低,因此,适于酸浸。同时,浮选尾矿中铜的含量较低,且碳、钙镁等杂质含量高,如果采用常规的闭路流程,将中矿逐级返回,不仅会造成浮选流程中碳矿物、矿泥的积累,影响精矿指标,而且对尾矿进行集中化学处理,存在处理量大、酸用量高、经济性差的缺陷,因此,浮选工艺流程采用开路流程、直接抛尾、中矿集中化学处理,形成了浮选与浸出优势互补的工艺流程(图 3-17),不仅实现了分类处理、获得了优良的指标(表 3-5),而且降低了药剂用量和成本,减少了环境污染。

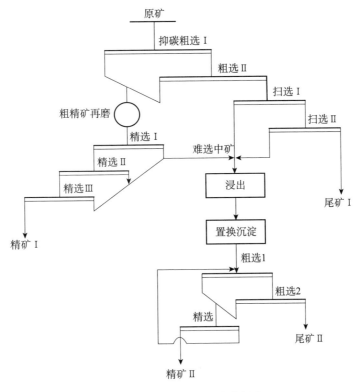

图 3-17　全流程试验原则流程

表 3-5　全流程试验结果　　　　　　　　　　　　　　　　单位:%

产品名称	产率	铜品位	回收率
铜精矿1	15.30	18.51	82.20
铜精矿2	0.92	18.67	4.99
铜精矿合计	16.22	18.55	87.19
尾矿1	57.19	0.40	6.64
尾矿2	26.59	0.80	6.17
尾矿合计	83.78	0.528	12.81
给矿	100.00	3.45	100.00

　　该氧化铜矿采用两粗两扫—粗精矿再磨—三段精选,分别产出铜精矿Ⅰ、难选中矿、尾矿Ⅰ;对难选中矿进行硫酸浸出、铁粉置换、两粗一精浮选的流程,获得铜精矿Ⅱ和尾矿Ⅱ。采用抑碳—浮铜—中矿酸浸—置换—浮选(LPE法)的互补工艺流程,准确地定位难选中矿,对其进行单独的化学处理,获得了产率为 16.22%、铜品位为 18.55%、回收率为 87.19% 的铜精矿。

　　2. 焙烧与重、磁、浮等流程的互补

　　焙烧法是选冶过程中的传统工艺之一,是在适宜的气氛和温度下,原料的结构构造发生改变,其中的目的组分发生物理和化学变化,使有用矿物转变为易浸或者易于物理分选的形态,使部分杂质分解挥发或者转变为难浸的形态,为焙渣进入后续分离与富集作业做好准备[47]。根据添加剂、温度、压力等的不同,焙烧可以分为很多种类,如氧化焙烧、热解焙烧、还原焙烧、硫酸化焙烧、氯化焙烧、钙化焙烧、高温焙烧等。

焙烧工艺虽然具有成熟、操作稳定、适应性强等特点,但是设备和基建投资大、生产成本高、环境污染严重等问题突出,因此,在选择焙烧工艺时,需要进行全面的评估。焙烧通常作为难处理矿石的预处理工艺,与其他的选—冶或者冶—选工艺一起形成优势互补。在处理有色金属精矿、高硫砷金矿、难处理氧化铜矿、复杂铁矿等难处理资源的过程中,一般采用焙烧工艺进行预处理,之后采用浸出、浮选、磁选等选矿工艺进行进一步的分选,这种火法化学处理与浮选等选矿方法相结合的冶—选互补工艺,其最大的优点是能解决那些不能用常规的选矿方法处理的矿石资源,可以综合回收矿石中的有用成分。例如,离析—浮选法在处理难选氧化铜矿,特别是当铜矿石中含有大量的硅孔雀石、赤铜矿及结合铜,或者含有大量的矿泥时,浮选法的指标通常很低,而离析法的指标比较好。离析法还能处理氧化铜矿石与硫化铜矿石的混合矿石,并能综合回收金、银、铁等金属。此外,金、银、镍、铝、钴、锑、钯、铬、锡等金属的化合物易于还原并且易于生成挥发性的氯化物,因此,也适于用离析法处理。

难选氧化铜矿石的离析—浮选法,就是将矿石破碎到一定的粒度以后混入少量的食盐(0.1%～1.0%)和煤粉(0.5%～2.0%),隔氧加热至900℃左右,然后进行氯化还原焙烧,矿石中的铜便以金属状态在碳粒表面析出,再将焙砂隔氧冷却后进行磨矿和浮选,即可得到铜精矿[48]。

离析法的缺点是成本较高,基建投资较大,约为同样处理能力的浮选厂的两倍,生产费用也要高2～3倍。所以采用离析法处理难选氧化铜矿石时,原矿中铜品位应大于2%,才能获得较好的经济指标。离析法仅适用于不能用其他方法处理的矿石,因此,采用此法之前,需要对处理的矿石进行全面的研究。

例如,新疆喀拉通克铜镍氧化矿平均含铜1.3%、镍0.35%,主要由氧化物、氢氧化物、硅酸盐、硫酸盐、自然元素及少量硫化物组成;矿石中的铜主要以氧化物(包括硅酸盐、硫酸盐、碳酸盐)状态存在,平均氧化率为82.6%;矿石中的镍主要呈硅酸盐状态存在,硅酸镍含量达80%左右,少量镍以硫化物、硫酸盐状态存在,氧化率高达92%;该矿石的结合率高、碱性脉石矿物含量高。采用常规的氨浸、硫化浮选等工艺进行分选,获得的精矿指标均不理想,直接浮选的铜精矿品位只有6%～8%,回收率不足20%;而采用酸浸、置换工艺,虽然可以获得较为理想的精矿指标,但是酸耗过高、设备腐蚀严重、环境污染问题突出,因而未能进行工业化应用。

针对该矿石的难处理特性,在大量研究工作的基础上,陈连秀[49]进行了离析—浮选的初步试验研究,构建了焙烧工艺与浮选工艺的优势互补流程,充分利用焙烧工艺改变氧化矿物的表面特性,为浮选工艺创造了条件,简化了分选流程,初步论证了难处理铜镍矿资源高效利用的可行性方案。

镍矿物主要以硅酸镍为主,回收利用价值不大,因此,对含铜矿物的回收进行了详细的研究,对镍矿物的指标不做详细的考核,初步的研究结果表述如下。焙烧离析条件:焙烧温度为930～950℃,焙烧时间为60分钟,煤比、盐比各为2%;磨矿细度为80%～86%;

药剂用量为:丁黄和丁胺黑药的混合捕收剂为 $500\sim650\mathrm{g/t}$,$\mathrm{Na_2SiO_3}$ 为 $200\sim300\mathrm{g/t}$,松醇油为 $100\mathrm{g/t}$;离析—浮选的原则互补工艺流程见图 3-18,试验结果见表 3-6。

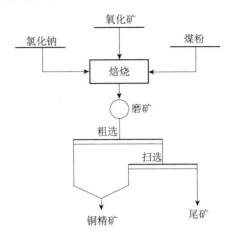

图 3-18　焙烧离析—浮选联合的互补工艺流程

表 3-6　离析—浮选的互补工艺流程的多组试验结果　　　　　　单位:%

分组	原矿品位		精矿品位		尾矿品位		铜回收率
	Cu	Ni	Cu	Ni	Cu	Ni	
1	0.90	0.50	26.84	1.63	0.19	0.47	79.11
2	1.79	0.60	24.16	2.59	0.53	0.48	71.84
3	1.79	0.60	26.88	1.83	0.57	0.54	69.50
4	1.62	0.57	25.91	1.45	0.27	0.55	84.03
5	1.01	0.50	25.50	0.93	0.22	0.47	79.11
均值	1.42	0.55	25.74	1.77	0.36	0.50	75.98

由表 3-6 可知,虽然离析—浮选法的分选指标不稳定,但是只需经过一次粗选和一次扫选,铜精矿品位可达 25% 左右、回收率达到 75% 左右,表明离析法对破坏氧化矿中结合铜是很有效的,能够使矿石中的铜矿物达到单体解离的目的。

3.3　工艺互补效应的研究与应用

工艺流程互补主要针对选矿厂工艺流程的优化、改造与创新,是粒度互补、设备互补、产品结构互补的有益补充,并与之有着非常密切的联系。粒度互补是前提,流程互补是核心,设备互补是硬件,产品互补是目的。只有确定了合适的入选粒级,保证有用矿物的单体解离,才能开始相应地选择工艺流程和分选设备,预测选矿过程的产品成本和经济效益。选矿流程是分选作业的核心,选择不同的工艺流程,对入选物料的粒度要求是不同的,获得的产品品级也不相同;只有不断地进行试验研究和工业调试,选择最佳的选别流程,才能达到最佳的分选目标;而分选设备则是必不可少的硬件,不同的工艺流程需要与之匹配的设备,不同的设备对入选粒级则有具体的要求,生产出的产品也有较大的差异。随着选矿设备的研发与改进,基于设备的粒度、流程、产品也需要相应的优化和完善;产品是选矿厂的最终目标和利益所在,原矿碎磨到一定的粒级后,在分选设备和工艺流程的协同作用下,生产出合格的精矿产品,而不同品级的产品的合理搭配与互补,可以取得最佳的经济收益,也是决策者需要考虑的重大问题。

3.3.1　浮选工艺为主的工艺互补效应的研究与应用

对于复杂矿的传统浮选工艺而言,如果采用单一的浮选流程,如混合浮选或者优先浮选或者等可浮选,一般取得的效果不会太理想;但是,如果将两种或者两种以上的浮选工艺流程的优点进行互补与集成,将会大大地提高选矿指标。

1. 有色金属矿

有色金属矿分为有色金属的硫化矿、氧化矿和混合矿,其中绝大部分的硫化矿采用浮选法处理,但是如果有用矿物的比重较大,嵌布粒度较粗,可以考虑采用重—浮协同的工艺流程;而有色金属的氧化矿多采用浮选—重选协同或者选—冶(或者冶—选)协同的方法。为了适应复杂矿资源高效回收的要求,在常规浮选工艺的基础上,目前发展了选择性絮凝浮选、分支浮选、载体浮选、硫化矿电化学浮选及微泡浮选等工艺。对于单金属矿石资源,分选的技术手段一般较为单一,主要是形成工艺与设备之间的互补;但是,对于复杂的难处理单一矿石资源,也会存在工艺互补效应的问题,如对四川石棉碲矿的分选研究中,发现碲矿物不仅具有硫化矿物的可浮性行为,还由于晶格置换或者连生体的存在具有弱磁性的特点,为了充分地回收目的矿物,设计浮选工艺与磁选工艺互补的技术方案,取得了比较好的分选效果。对于复杂多金属矿资源,为了高效地生产单一的金属产品和多品级产品,构建多种工艺流程结构的互补效应是非常重要的。

1) 德兴铜矿的优先浮选—混合浮选的互补工艺

江西德兴铜矿是我国最大的铜矿,伴生硫、钼、金、银等多种有价元素,可综合回收利用[50];金属矿物主要以黄铁矿、黄铜矿等硫化矿物为主,其次为黝铜矿、辉铜矿、斑铜矿,还有少量的方铜矿、闪锌矿;脉石矿物以石英和绢云母为主;矿石可选性较好,并伴生多种有益成分,因此,需要综合考虑、高效回收。为了提高铜精矿的选矿指标,实现资源的综合利用,德兴铜矿经过了长期不断的选矿工艺流程的探索、改进和完善;选矿厂建设初期,采用优先浮选的原则工艺流程(图 3-19),直接得到铜品位为 10%～12%、回收率为70%～82%的铜精矿;虽然优先浮选流程简单、易于控制,但是对矿石的适应性较差、铜精矿指标不佳,而且仅回收了铜矿物,其他有用元素没有得到综合利用。

针对上述弊端,经过多年的生产实践和逐步完善,将优先浮选改为混合浮选,其原则流程见图 3-20[51],粗选作业采用全混合浮选回收铜、钼、硫,混合粗精矿进入第二段磨矿—分级系统后进入铜钼混合浮选、硫分离作业及铜钼精选作业,旨在确保提高铜精矿品位并及时回收伴生的钼、硫等矿物。混合浮选流程与优先浮选流程相比,实现了在粗磨和降低粗精矿品位的条件下,尽可能多地回收硫化矿物,减少有用矿物的损失,同时,降低再磨流程的处理量,节约能耗;最终铜精矿品位和回收率分别达到 24% 和 85%,综合回收了伴生钼和硫精矿,初步实现了资源的综合利用。

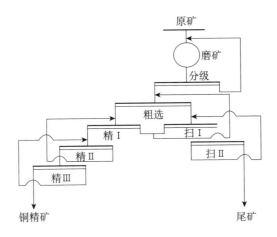

图 3-19　德兴铜矿设计初期的优先浮选工艺流程

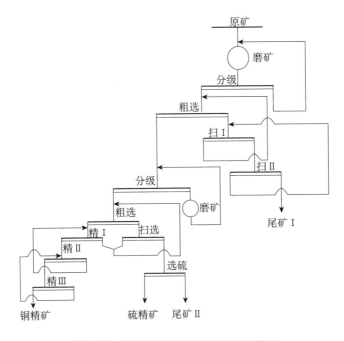

图 3-20　德兴铜矿混合浮选的工艺流程

　　为了进一步提高铜精矿的质量,实现铜—硫的更好分离,并综合回收钼、金、银及硫等元素,借鉴国外斑岩铜矿的实践和德兴铜矿多年的混合浮选的成功经验,以矿石性质为基础,顺应矿石性质,充分利用不同矿物之间可浮性的差异,分阶段浮选分离目的矿物,通过进一步的试验研究,确定了异步优先—混合浮选的新工艺[52],也可理解为优先浮选与混合浮选的互补流程,小型试验获得了铜品位为 27.99%、回收率为 89.03%、伴生金回收率为 71.60%、钼回收率为 80.63% 的铜精矿,其原则流程见图 3-21,工业生产指标对比见表 3-7。

表 3-7　德兴铜矿优先浮选与优先—混合浮选互补流程的指标对比

工艺流程	原矿品位				精矿品位				回收率/%			
	Cu/%	Au/(g/t)	Ag/(g/t)	Mo/%	Cu/%	Au/(g/t)	Ag/(g/t)	Mo/%	Cu	Au	Ag	Mo
原流程	0.432	0.219	0.93	0.009	24.54	9.73	40.57	0.32	85.26	67.12	65.71	49.28
新工艺	0.421	0.213	0.92	0.009	25.16	9.79	42.42	0.45	86.86	66.88	66.87	66.16

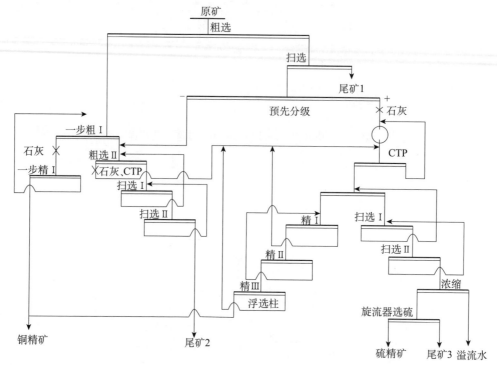

图 3-21　德兴铜矿异步优先—混合浮选的互补流程

优先—混合浮选的工艺流程在以下三个方面体现了工艺互补的优势。

(1) 优先浮选流程的石灰用量大、钼的回收不理想,而互补的优先—混合浮选流程的粗选段首先用少量的、选择性好的铜矿物捕收剂,在低碱条件下优先浮出单体铜矿物及富铜连生体,实现了大部分的铜、金、钼的回收,其次用强力捕收剂回收贫连生体、大部分硫及其他有用矿物;一步粗精矿直接进入精选,产出一步铜精矿,二步粗精矿再磨后进行铜硫分离,产出二步铜精矿。

(2) 优先—混合浮选的互补工艺流程,在弱碱性环境中进行粗选分离,石灰用量明显减少,比原工艺减少1~1.5kg/t,实现了浮选药剂的良性循环,降低了铜—硫分离的难度,有利于金、银、钼的综合回收。

(3) 采用优先—混合浮选互补的工艺流程,可以分阶段采用不同的捕收剂,不同的粗精矿分别处理,实现了"易收早收",精矿中铜、金、银、钼的品位与回收率均优于原流程的指标,铜和钼的回收率分别提高0.60和16.88百分点,铜品位提高了0.62百分点。

2) 都龙铜锌锡铟复杂多金属矿的等可浮—混合浮选的互补工艺

云南文山都龙矿区蕴藏着丰富的有色金属和稀贵金属,铟储量5699吨、居全球第一,锡储量 30 万吨、居全国第三,铁闪锌矿中锌的储量 324 万吨、居全国第一,此外,铜金属储量 9 万吨,有用成分的潜在经济价值约为 1300 亿元;矿石中的铜、锌、锡和硫等矿物的嵌布粒度细,共生关系密切,而且锌矿物为高铁甚至超高铁闪锌矿、铁含量达到 20% 左右,是我国铁闪锌矿储量最大的矿山;该复杂多金属矿曾被宣判为不能经济有效利用的"呆矿"[53~55]。

矿石中主要金属矿物为铁闪锌矿、黄铜矿、磁黄铁矿、黄铁矿、锡石、磁铁矿和少量的毒砂,脉石矿物主要为石英、云母、透闪石、黑柱石、绿泥石、滑石、白云石和萤石等;矿石中矿物含量为:铁闪锌矿 7.12%、黄铜矿 0.4%、磁黄铁矿 13.5%、锡石 0.58%、白(黑)云母 12.5%;主要有价元素含量为:铜 0.20%、锌 3.93%、锡 0.47%、铁 22.70%、硫 9.9%,共伴生的稀贵金属铟、银和镉的含量分别为 90.50g/t、4.9g/t 和 130g/t。

采用多种互补的工艺流程和分选设备,使原来不可用的"呆矿"实现了高效的综合利用。

(1) 部分等可浮流程与混合浮选流程的互补效应

都龙矿石中锌矿物属于高铁甚至超高铁的闪锌矿,即使锌矿物不含任何杂质,锌精矿品位也只能达到 52%。高铁甚至超高铁的闪锌矿容易氧化,其可浮性远不如闪锌矿而与磁黄铁矿的相近,因此,浮选前需要采用硫酸铜活化,而在活化锌矿物的同时,磁黄铁矿和黄铁矿也被活化,致使锌—硫分离十分困难。采用选铜、选锌的"强拉强压"的优先浮选流程,锌—硫(黄铁矿、磁黄铁矿)分离往往需要在强碱 (pH=11~13) 性环境中进行,以抑制磁黄铁矿和黄铁矿等硫化铁矿物,此时可浮性差的部分铁闪锌矿及其共伴生的稀贵金属铟银镉等也受到强烈的抑制而损失到尾矿中,而被活化的磁黄铁矿、黄铁矿往往很难抑制,导致锌精矿的品位和回收率都难以提高,铟的回收率仅为 40% 左右。

此外,锌—硫分离的高碱环境,也非常不利于后续脱硫作业的进行,特别是在强酸性环境下的脱硫;而脱硫效果的不佳,必将影响后续的锡—硫、铁—硫的高效分离,严重地影响锡和铁的回收、精矿产品的质量以及企业综合利用的水平。

因此,研究低碱(pH6.0~9.0)条件下的分离与富集是非常必要的。选铜作业采用部分等可浮流程,黄铜矿与可浮性好的部分铁闪锌矿一起混浮、混合精矿进行分离,得到铜精矿;由于这部分易浮锌矿物与黄铁矿的共生关系复杂,很难分离出合格的锌精矿,因此,这部分锌中矿随着精选中矿依次返回选锌流程;选锌作业采用混合浮选,可浮性差的部分铁闪锌矿和磁黄铁矿一起混浮,然后进行锌—硫分离,得到锌精矿和硫精矿。选铜作业的部分等可浮流程与选锌作业的混合浮选流程的优势互补,可以实现可浮性相近的铜矿物与锌矿物、锌矿物与硫化铁矿物及其共伴生的稀贵金属的高效回收(图 3-22),试验指标与原生产工艺指标对比结果见表 3-8 和表 3-9。

表 3-8　现场的工艺流程与药剂制度条件下的闭路试验结果　　　　单位:%

产品	产率	品位			回收率		
		Cu	Zn	S	Cu	Zn	S
铜精矿	0.61	14.38	9.47	34.76	43.86	1.47	2.15
锌精矿	7.36	0.69	45.56	34.50	25.39	85.54	25.80
硫精矿	19.83	0.09	1.13	24.30	8.92	5.72	48.97
尾　矿	72.20	0.06	0.39	3.14	21.83	7.27	23.07
给　矿	100.00	0.20	3.92	9.84	100.00	100.00	100.00

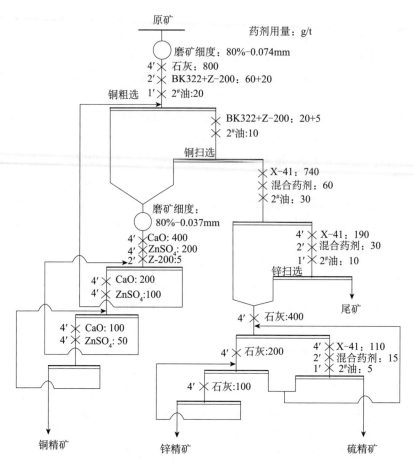

图 3-22　部分等可浮与混合浮选的互补工艺流程

表 3-9　优化的工艺流程与药剂制度条件下的闭路试验结果　　　单位:%

产品	产率	品位			回收率		
		Cu	Zn	S	Cu	Zn	S
铜精矿	0.50	22.31	6.24	31.27	55.78	0.80	1.58
锌精矿	7.15	0.63	49.29	34.10	22.52	90.13	24.58
硫精矿	18.32	0.07	0.87	24.50	6.41	4.08	45.25
尾矿	74.03	0.04	0.26	3.83	15.29	4.99	28.60
给矿	100.00	0.20	3.91	9.92	100.00	100.00	100.00

由表 3-8 可知:采用现场的优先浮选工艺流程和药剂制度,铜精矿的品位和回收率分别为 14.38% 和 43.86%,含锌 9.47%、银 203.7g/t、银回收率为 25.36%;锌精矿的品位和回收率分别为 45.56% 和 85.54%,其中铟、银和镉含量分别为 739.6g/t、18.20g/t 和 1530g/t,回收率分别为 60.15%、27.33% 和 86.62%;硫精矿的品位和回收率分别为 24.30% 和 48.97%。

采用铜矿物部分等可浮流程、锌矿物混合浮选的优化工艺与药剂制度,配合昆明理工大学研发的锌矿物的新型活化剂 X-41,铜精矿的品位和回收率分别提高了 7.93 和 11.92 百分点,锌损失率降低 0.67 百分点,银的品位和回收率分别提高 118g/t 和 7.47 百分点;

锌精矿的品位和回收率分别提高 3.73 和 4.59 百分点,铟的品位和回收率分别提高
74.9g/t 和 4.2 百分点,镉的品位和回收率分别提高 110g/t 和 3.58 百分点。由此可知:
与硫酸铜相比,X-41 对铁闪锌矿的活化效果更好,而且可能对硫化铁矿物具有一定程度
的抑制作用,使锌精矿中硫的含量和损失率分别降低了 0.40 和 1.22 百分点,锌的品位提
高了 3.73 百分点,表明 X-41 具有选择性的活化与抑制的双重作用的互补效应。

(2) 浮选机与浮选柱的协同与互补效应

文山都龙铜锌锡铟复杂矿不仅将浮选柱应用于铜粗精矿的精选,而且是国内首家将
加拿大的 CPT(canadian process technologies)浮选柱应用于锌粗精矿精选的企业。与浮
选机相比,浮选柱的浮选区高度很高,矿粒与气泡的碰撞和黏着的概率大,而且浮选区内
矿浆与气流产生的湍流强度较低,黏附在气泡上的疏水性矿粒不易脱落,泡沫层厚度可达
数十厘米,二次富集作用特别显著,且可向泡沫层喷洒淋洗水以加强二次富集作用,因此,
浮选柱更适于精选作业,取代浮选槽可缩短浮选流程、提高浮选效率和富集比,铜精矿的
品位提高了 3~4 百分点、回收率提高了 12~13 百分点,锌精矿在保证回收率的前提下品
位提高了 2~3 百分点、铟的回收率提高 5 百分点左右。

由此可见,采用浮选机用于粗、扫选作业与浮选柱用于精选作业,构成了浮选机与浮
选柱的机柱设备协同与互补模式,不仅提高了铜(锌)精矿中主金属和共伴生的稀贵金属
的指标,而且减少了设备占地面积、节约了能耗,可见机柱设备的协同与互补效应非常
明显。

(3) 浮选药剂的互补效应

铁闪锌矿、闪锌矿、(磁)黄铁矿等的常规活化剂(如硫酸铜)存在很多缺陷,如活化的
效率和选择性有待提高等。研究发现,pH 为 6 时,铁闪锌矿对铜离子的吸附量最多,活化
效果最好,但与铁闪锌矿共生的黄铁矿和磁黄铁矿的浮游活性也很高,造成锌—硫分离困
难;而在高 pH(11~13.5)条件下,铁闪锌矿对铜离子的吸附量也会出现较大值,所以需要
添加大量的 pH 调整剂(如石灰)进行抑制,文山都龙铜锌锡复杂矿的石灰用量曾经高达
13kg/t,澜沧铅锌矿的石灰用量更是曾经高达 25kg/t,导致后续选硫作业需要添加大量的
硫酸进行活化,致使管道的结垢、堵塞和后续选锡摇床的床面结垢与变形的现象十分严
重,明显增加了床面清洗的次数和工人的劳动强度,大幅度地降低了锡的回收率。另外,
石灰用量大也会抑制与(铁)闪锌矿共伴生的铟、锗、银、镉等的回收。

因此,解决铁闪锌矿和闪锌矿等浮选的常规活化剂存在的选择性不佳的缺陷,研究新
型活化剂弥补常规活化剂的不足,提高锌—硫、锡—硫、铜—硫、铁—硫、铜—锌、铅—锌等
分离的选择性和效率,具有重要的理论意义和实际价值。系统的试验研究结果表明,昆明
理工大学研制的 X-1 和 X-43 系列新型高效活化剂选择性好,可以在低碱度(pH=8.5 左
右)条件下,高效分离铜—锌、锌—硫、铁—硫等,提高主金属及其共伴生的稀贵金属的品
位和回收率,大幅度地降低石灰用量;此外,X-43 在具有高效活化(铁)闪锌矿优势的同
时,也能够具有选择性地抑制硫化铁矿物的特点,实现选择性活化与抑制的优势互补效
应,达到提高选矿指标、实现清洁生产的目的。

3) 永平铜矿快速优先分选的开路—闭路工艺的互补

永平铜矿位于江西省铅山县境内,以铜、硫矿物为主,伴生银、金、钨等,属于广义的矽

卡岩型;矿石中主要金属矿物为黄铜矿、黄铁矿、辉铜矿、自然铜、赤铁矿、白铁矿等,非金属矿物有石英、石榴子石、方解石等;原矿中铜矿物可浮性差异较大,原生硫化铜矿物可浮性较好、回收率在85%以上,次生铜矿物的可浮性较差、回收率为75%~85%,氧化铜矿物的可浮性很差、回收率只有10%~45%;黄铁矿与黄铜矿的关系密切,黄铁矿中常见黄铜矿、斑铜矿及磁黄铁矿的包裹体[56]。

该铜矿选矿厂自1985年正式投产以来,由于铜矿物可浮性差异大,部分原生铜矿物可浮性好,还有40%左右的次生铜矿物和氧化铜矿物的可浮性较差,为了提高选别指标、降低药剂消耗,先后对混合浮选、分步优先浮选、等可浮二种工艺流程进行了研究,发现混合浮选流程易于操作,适应性较强,但是,没有充分考虑铜矿物与其他硫化矿物存在的可浮性差异以及彼此之间存在的竞争性的上浮,大量上浮的硫化矿物使铜矿物的浮选滞后,导致尾矿含铜偏高;此外,混合浮选的粗精矿量大,较多的捕收剂会随之带入铜—硫的分离流程,加大铜—硫分离的难度,致使浮选指标较低。

针对混合浮选生产流程中存在的铜—硫分离难度大的难题,将其改为分步优先浮选流程,能够回收可浮性好、解离较充分的铜矿物,取得了较好的指标,但对可浮性较差的次生铜矿物的回收率较低,其主要原因如下:一是可浮性较差、嵌布粒度较细的次生铜矿物,在分步优先流程中增加了一次循环;二是由于次生矿、氧化矿较原生矿含较多的水溶性铜,Cu^{2+}活化了黄铁矿,因此,为抑硫浮铜,选铜作业的矿浆pH控制在9以上,在高pH矿浆中,难浮的铜矿物将受到抑制,因此,造成铜的指标不稳定、硫的指标低等问题。

在吸取分步优先浮选工艺优点的基础上,考虑到铜、硫矿物的可浮性差异,进行了等可浮工艺的改造,采用饥饿给药的药剂制度,降低了分离浮选给矿的产率,流程的稳定性和使用效果较好,生产中应用的时间较长,但仍然存在铜—硫分离较难、指标不理想的问题。

为了解决上述问题,李崇德[57]等经过研发、不断的技术改进,形成了顺应矿石性质的优先—混合浮选的互补工艺流程(图3-23),与原等可浮工艺流程的试验指标对比结果见表3-10,优先—混合浮选的工艺主要的互补效应如下。

表3-10　优先—混合浮选的互补工艺与等可浮工艺的试验指标对比　　　　单位:%

流程结构	产品名称	产率	品位		回收率	
			Cu	S	Cu	S
优先—混合浮选的互补工艺	铜精矿	1.67	27.500	27.30	90.55	4.31
	硫硫精	25.67	0.074	36.78	3.72	89.17
	尾矿	72.66	0.040	0.95	5.73	6.52
	原矿	100.00	0.510	10.98	100.00	100.00
等可浮工艺	铜精矿	1.96	22.200	27.55	86.26	5.30
	硫硫精	24.30	0.120	38.15	5.70	91.08
	尾矿	73.73	0.055	0.50	8.04	3.62
	原矿	100.00	0.520	10.18	100.00	100.00

(1)优先与混合浮选的工艺互补。首先充分利用铜矿物和硫矿物可浮性的梯级差异,顺应矿石中的矿物特点,快速优先分选出易浮铜矿物,其次采用部分混合浮选出可浮性相近的铜矿物与硫化矿物,最后进行铜—硫分离,形成优先浮选与混合浮选的优势互补效应,通过分批加药,减少药剂用量,降低铜—硫分离的难度,同时,减少对硫化矿物的抑

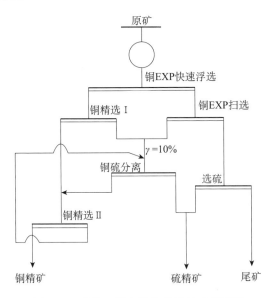

图 3-23　优先—混合浮选的互补工艺流程

制,避免难选的铜矿物与硫矿物的损失。

（2）开路与闭路浮选的工艺结构互补。在该流程中,铜矿物的浮选工艺采用开路流程结构,中矿直接进入铜硫分离工艺,避免了为提高铜精矿的品位,而使硫化铁矿物在中矿循环中受到强烈的抑制,从而提高硫的回收率;而且铜精选流程中减少了高硫中矿的循环,为提高铜精矿的品位创造了良好的条件;根据中矿性质的不同,铜—硫分离工艺与铜精选工艺形成了合理的闭路流程结构,进一步地提高了铜精矿与硫精矿的回收率。

4）文山低品位含铜紫硫镍矿的等可浮—优先浮选工艺的互补

针对云南文山低品位含铜紫硫镍矿,吕晋芳进行了铜镍的混合浮选与互补性和创新性明显的等可浮—优先浮选的互补工艺流程的对比研究[58]（图 3-24）,试验结果表明,采用单一的混合浮选流程,获得镍的品位和回收率分别为 4.14％和 73.90％、铜的品位和回收率分别为 3.81％和 85.00％、杂质 MgO 含量为 7.64％的Ⅷ等级的混合镍铜精矿（要求镍品位达到 4％、MgO 含量低于 15％）,分选指标见表 3-11;由于该精矿中铜的品位低于镍的品位,需要冶炼成高冰镍后才能进行铜镍分离,因此,导致冶炼成本较高。

表 3-11　混合浮选的闭路试验结果　　　　　　　　　　　　单位：％

产品	γ	β		ε		β
		Cu	Ni	Cu	Ni	MgO
精矿	10.42	3.81	4.14	85.00	73.90	7.64
尾矿	89.58	0.078	0.17	15.00	26.10	
给矿	100.00	0.46	0.58	100.00	100.00	

因此,为了降低冶炼成本、简化流程,且尽可能获得单一金属的精矿产品,根据矿石中不同矿物的物性,部分镍矿物的可浮性与铜矿物相近,较易浮选,另一部分镍矿物的可浮性相对较差,还有部分铜镍矿物共生关系紧密,在浮选的过程中容易进入铜精矿中,通过采用等可浮—优先浮选的互补工艺流程,先将可浮性相近和共生关系紧密的铜矿物与镍矿物进行等可浮分离,混合粗精矿经过再磨与脱药后,进行铜镍分离,可以获得单一金属

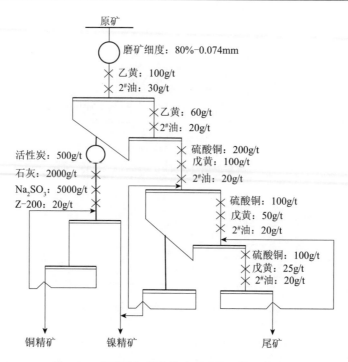

图 3-24　等可浮与部分优先浮选的互补工艺流程

的铜精矿与镍精矿;而铜镍等可浮后的尾矿,优先浮选分离另一部分镍矿物,两种镍精矿混合得到最终的镍精矿产品;通过等可浮—优先浮选的互补工艺,最终获得了铜精矿和镍精矿两种单一的金属产品,其中铜精矿的品位和回收率分别为 18.43% 和 69.97%,属于 Ⅷ 等级的镍精矿的品位和回收率分别为 3.83% 和 69.13%、铜的含量和回收率分别为 0.58% 和 15.68%、杂质 MgO 的含量为 10.00%(表 3-12)。该互补工艺流程充分地顺应了矿物的特殊物性,不仅提高了精矿质量,降低了精矿中的金属互含,实现铜镍分离,获得了单一金属产品,而且可简化后续的冶炼工艺流程、降低生产成本。

表 3-12　等可浮—部分优先浮选互补的闭路试验指标　　　　　　　　　　单位:%

产品名称	β		ε		β
	Cu	Ni	Cu	Ni	MgO
铜精矿	18.43	0.72	69.97	1.83	
镍精矿	0.58	3.83	15.68	69.13	10.00
尾矿	0.07	0.20	14.35	29.04	
给矿	0.41	0.60	100.00	100.00	

5) 西藏甲马铜铅多金属硫化矿的混合浮选—重选工艺的互补

西藏甲马铜铅多金属硫化矿为低铅硫化铜矿,主要矿物含量为:黄铜矿 9%、辉铜矿和斑铜矿 1%、方铅矿 2%、闪锌矿 1%、黄铁矿 4%,毒砂和赤铁矿均为微量;主要脉石矿物为柘榴石、透辉石、透闪石、方解石、硅灰石等[59]。

由于矿石中硫化矿物的含量不高,铜铅矿物共生密切且相互包裹,因此,首先采用工艺流程简单、对矿石变化适应性较强、药剂用量少、金属回收率高的全混合浮选流程,在较粗的磨矿细度下尽早抛尾;由于铜矿物与铅矿物的可浮性相近,铜铅混合精矿的后续分离难度较大。考虑到铜矿物和铅矿物的密度相差较大,具有重选分离的可能性,因此,如何实现铜铅混合精矿的有效分离,需要进行详细的研究与论证,其中混合全浮选与混合浮选—重选的互补工艺流程分别见图 3-25 和图 3-26,两种流程的指标对比见表 3-13。

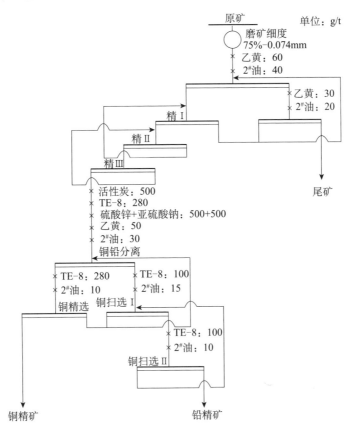

图 3-25 混合全浮选工艺流程

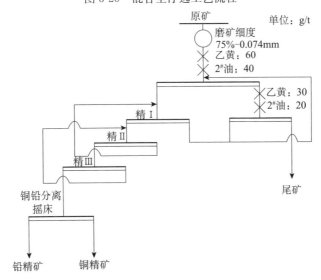

图 3-26 混合浮选—重选的互补流程

表 3-13　两种工艺流程的指标对比　　　　　　　　　单位:%

工艺	产品	产率	品位			回收率		
			Cu	Pb	Ag	Cu	Pb	Ag
混合 全浮选 工艺	铜精矿	9.55	27.17	6.43	310.98	90.09	58.48	60.61
	铅精矿	3.40	3.55	9.26	287.80	4.19	29.98	19.97
	尾矿	87.05	0.19	0.14	10.98	5.72	11.54	19.52
	原矿	100.00	2.88	1.05	49.00	100.00	100.00	100.00
混合浮选—重选 互补工艺	铜精矿	12.30	22.38	4.16	276.15	95.58	48.73	69.30
	铅精矿	0.40	2.96	70.97	1739.85	0.41	27.03	14.20
	尾矿	87.30	0.13	0.29	9.24	4.01	24.24	16.50
	原矿	100.00	2.88	1.05	49.00	100.00	100.00	100.00

2. 黑色金属矿

冶金工业通常把金属分为黑色金属和有色金属。黑色金属有铁、锰、铬三种,由于这些金属本身或者其合金的表面常有灰黑色的氧化物,所以称为黑色金属,其矿产资源被称为黑色金属矿资源,即铁矿、锰矿和铬矿。除铁矿资源外,锰矿和铬矿资源也是生产钢产品必不可少的原料。

我国黑色金属矿资源严重不足,其保有储量逐年递减[60],特别是复杂难处理铁矿资源的比例高,因此,如何提高其综合利用率,加强探、采、选、冶等各个环节的高效综合利用是急需解决的首要问题。

目前已发现的铁矿物和含铁矿物约 300 余种,其中常见的有 170 余种。在当前的技术经济条件下,具有工业利用价值的铁矿物主要是磁铁矿、赤铁矿、钒钛磁铁矿、钛铁矿、褐铁矿和菱铁矿等。铁矿物的分选主要是以磁选工艺为主,也涉及重选、浮选、焙烧及其互补的联合工艺等。选别弱磁性铁矿物的主要方法是强磁选和浮选,磁选对于一些嵌布粒度较细的弱磁性铁矿石的选别效果并不理想,而且金属损失严重,因此,浮选被认为是提高贫细赤铁矿选矿指标的最好方法之一[61]。由于矿石资源的复杂特性,为了实现难处理铁矿资源的综合利用,从矿物加工等角度,必须围绕矿石的粒度、工艺、药剂、设备及产品等方面存在的问题,综合分析矿产品对下游冶金和环保行业的影响,充分顺应各种矿物的特性,研究选、冶两个工程环节的有机衔接,采用联合工艺和互补模式,并由此形成以浮选为主的、互补的工艺流程,以期对实现复杂矿资源的最大化利用有所裨益。

我国锰矿绝大多数属于贫矿,必须进行选矿处理[62];大部分的锰矿石属于细粒或者微细粒嵌布,且共(伴)生丰富的磷、铁、银等有用成分,因此给选矿加工带来了很大的难度;此外,矿物的物理化学性质不同,需要选择不同的方法,因此,锰矿石的选矿方法主要有洗矿、重选、强磁选和浮选以及火法富集、化学选矿等,其中常用的方法是重选和磁选,有时也会涉及浮选,而化学分选工艺多停留在研究阶段。由于锰矿石资源复杂,绝大多数的分选工艺以重选和磁选为主,并与浮选工艺构成优势互补,将在 3.3.2 小节和 3.3.3 小节中详细介绍以重选或磁选为主的互补工艺流程。

在自然界中已发现含铬矿物约 50 余种,具有工业价值的铬矿物都属于铬尖晶石类矿物,以铬铁矿为主。我国铬矿资源比较贫乏,铬铁矿属于短缺矿种[63],储量少、产量低,每年 80% 以上的消费量依靠进口。铬铁矿的密度较大,且具有弱磁性。我国贫铬矿的选矿一般采用跳汰机、摇床、螺旋选矿机、离心选矿机和皮带溜槽等重选工艺,而磁选、浮选和化学选矿法一般处于实验室试验研究阶段,生产中主要采用重选法,个别矿山采用强磁选。因此,将在 3.3.3 小节中详细介绍以重选为主的互补工艺流程。

(1) 美国蒂尔登铁矿的正—反浮选工艺的互补。美国的蒂尔登(Tilden)铁矿选矿厂于 1975 年年初投产,年处理矿量约 2100 万吨[64]。蒂尔登铁矿属中前寒武纪的内高尼铁系,铁矿物以假象赤铁矿为主,其次为赤铁矿,另外还含少量的土状赤铁矿、针铁矿和磁铁矿组成的氧化铁集合体;脉石除石英外,还有少量的钙、镁、铝等矿物;矿石为典型的条带状结构,平均含铁 34.6% 左右、SiO₂ 44.3%;主要铁矿物为赤铁矿和针铁矿,其矿物含量分别为 32.3% 和 17.6%,而磁铁矿的矿物含量仅为 1.7%。

由于铁矿物的嵌布粒度小于 150μm、平均粒度为 30μm,而大部分的石英粒度小于 53μm,因此,原矿经一段破碎、一段自磨、两段砾磨、中间加破碎,最终的磨矿细度为 −500 目占 94.4%,此时铁矿物才达到合格的单体解离度;磨矿细度很细且主要的铁矿物为赤铁矿,因此,含泥量大,采用磁选工艺难以分离;经过研究,发现采用浮选的工艺流程可以有效地分离该矿石。

针对原生泥和次生泥含量高的弱磁性铁矿,正浮选工艺具有抛除低品位尾矿的特点,但是,由于捕收剂的选择性差,难以获得高品位的铁精矿;而反浮选工艺可以提高精矿品位,但是在选择性絮凝脱泥的过程中,泥中的铁品位较高、损失率大。因此,综合正浮选与反浮选工艺的互补特点,最终确定正—反浮选结合的互补流程,即正浮选代替选择性絮凝的脱泥过程,抛去大量低品位的矿泥,粗精矿再反浮选获得最终的精矿,形成了蒂尔登铁矿的正浮选与反浮选优势互补的工艺流程(图 3-27),该工艺流程的特点明显,主要表现在以下两个方面。

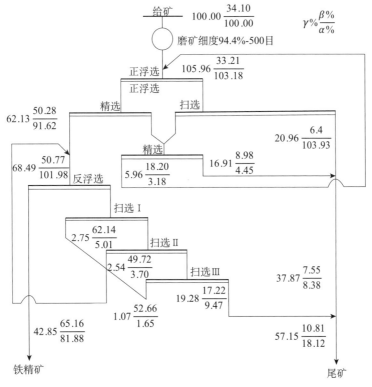

图 3-27　蒂尔登铁矿选矿厂的互补工艺流程

① 正—反浮选的工艺互补：充分利用了正浮选能抛弃大量的低品位矿泥的优点，来代替选择性絮凝的脱泥过程；正浮选的粗精矿用淀粉抑制铁矿物、氯化钙活化石英以后，再用阴离子捕收剂反浮选石英，利用反浮选工艺具有提高精矿品位的优势，获得了高品级的铁精矿，同时保证了较高的铁回收率。

② 药剂互补：在药剂的配合使用中，充分体现了不同浮选药剂的互补特性和效应；正浮选采用 Na_2CO_3 为调整剂，一方面调节合适的矿浆 pH，以利于铁矿物的最大浮游；另一方面，它能消除矿浆中 Ca^{2+}、Mg^{2+} 离子的影响，防止 Ca^{2+}、Mg^{2+} 离子对石英的活化及其对捕收剂的消耗；反浮选采用属于高分子化合物的淀粉抑制铁矿物，它可以屏蔽铁矿物表面的捕收剂作用，所以正浮选精矿中的铁矿物在反浮选时容易被淀粉抑制，而淀粉对石英等脉石矿物并不具有抑制作用，因此，正浮选精矿中夹带上来的并且恰恰是反浮选所需要浮起的脉石矿物，通过药剂制度之间的优势互补效应，使正—反浮选的互补工艺更加容易实现。

当蒂尔登铁矿的原矿品位为 35.1％时，通过正—反浮选互补的新工艺，最终获得了品位为 65.16％、回收率为 81.88％的铁精矿。正—反浮选的互补工艺效应，不仅充分利用了不同矿物的物性和不同工艺流程的特点，实现了难处理铁矿资源的高效利用，而且这种互补工艺对矿石性质的变化和工艺过程的波动具有较强的适应性。

(2) 碳酸锰矿的强磁—反浮选开路流程的互补。我国锰矿石多以沉积或者沉积变质成因的碳酸锰矿石为主，其品位低，杂质含量高，矿石的结构和组成复杂，嵌布粒度细，给有用矿物的回收利用带来很大的困难[65]。碳酸锰矿石的选矿方法通常采用强磁选、重介质选矿和浮选等，根据矿石的复杂程度，为了获得良好的分选指标，需要顺应矿石的性质，采用不同的分选方法，形成优势互补的选矿工艺将势在必行。

广西大新碳酸锰矿属于沉积变质型矿床，锰矿物主要以菱锰矿形式存在，其次是水锰矿和褐锰矿及少量的软锰矿；主要脉石矿物有石英、玉髓、绿泥石、绿帘石、黑云母、阳起石、透闪石、辉石、方解石等；该矿石的矿物组成、结构、构造较复杂，粒度较细，均在－3mm以下，且有用金属含量较低，原矿品位仅为 14.62％，属于低品位、细粒的碳酸锰矿石，给分选带来了一定的难度。

针对大新碳酸锰矿的物性特点，方建军[66]等进行了大量的重选、磁选、浮选的探索试验研究，结果表明：由于锰矿物与石英的比重差不大，采用重选法分离的难易程度为中等，分选效果并不理想；锰矿物为弱磁性矿物，采用强磁分选，虽然可以保证锰矿物的回收率，但是精矿的品位较低；如果采用单一的正浮选或者反浮选工艺，虽然可以提高精矿的品位，但是由于矿泥的影响，药剂消耗量大，精矿指标不理想；综合考虑该矿石及矿物的性质与不同分选工艺的优缺点，采用磁选与反浮选的互补工艺，可充分利用强磁选抛尾，降低矿泥含量，提高反浮选流程的入选品位，同时保证入选矿石的回收率；因此，通过磁—浮互补的工艺流程(图 3-28)，采用开路异步反浮选工艺及分段加药的药剂制度，最终获得了品位为 20.09％、回收率为 76.20％的合格锰精矿。

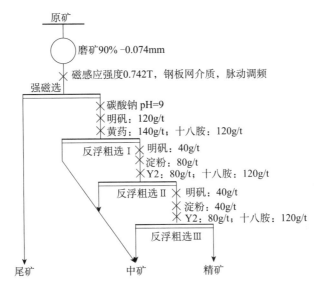

图 3-28　广西大新细粒碳酸锰矿的强磁—反浮选的互补流程

3. 非金属矿和能源矿

所谓非金属矿物资源是与金属矿物资源相对而言的,其最突出的特点是矿种多,我国已发现 95 种,加上亚类共计 176 种;依据工业用途,可将其划分为四种类型:①冶金辅助原料的非金属矿,如耐火黏土、菱镁矿、萤石等;②化工及化肥原料的非金属矿,如磷、硫、钾盐、硼、天然碱等;③特种非金属矿,如压电水晶、冰洲石、光学萤石等;④建筑材料及其他的非金属矿,如水泥原料、陶瓷原料、饰面石材、石棉、滑石、宝石、玉石等[67~69]。

非金属矿的另一个突出特点是不同矿物的性质差异很大,共性很少;除少数富矿外,一般矿石品位都较低,含有多种有用成分,并且含有一些有害杂质;这些矿石如果直接冶炼,比较困难,影响冶炼产品的质量,而且经济上不合算。因此,在冶炼之前,必须采用选矿方法对它们进行分离、富集,脱除其中的有害杂质,尽可能地回收伴生的有用矿物,为充分而经济合理的综合利用创造条件。

由于不同的非金属矿的矿物特性和价值存在天壤之别,其采矿、选矿、冶炼等方法千差万别;再加上大多数非金属矿是以有用矿物集合体或者岩石为利用对象,在选矿过程中,需要保护有用矿物晶体,保持矿物的使用价值不降低,并成为确定选矿工艺和设备选型的主要原则;此外,部分非金属矿还需要粉磨、分级出不同规格的系列产品。因此,从这个方面讲非金属矿的选矿比金属矿等的选矿要复杂一些。目前,非金属矿常用的提纯方法有浮选、重选、磁选、电选、化学选矿、光电拣选、摩擦洗矿以及近些年出现的超细颗粒的选矿等。

能源矿又称燃料矿产、矿物能源,由地质作用形成,赋存于地表或者埋藏于地下,可呈固态、气态和液态存在,具有提供现实意义或潜在意义能源价值的天然富集物。我国已发现的能源矿产资源有 12 种,固态的有煤、石煤、油页岩、铀、钍、油砂、天然沥青;液态的有石油;气态的有天然气、煤层气、页岩气;而地热资源有呈液态、气态的两种形式。

能源矿产是矿产资源的重要组成部分,根据《BP 世界能源统计年鉴(2015 版)》的数据,煤、石油、天然气三种能源的消费总和,在全球和我国的一次性能源消费构成中分别占86.3%和92.1%左右。其中,煤矿资源的开发利用过程与矿物加工工程关系紧密,因此,本节主要论述煤矿资源的矿物加工。

我国煤炭资源丰富,除上海外其他地区均有分布,但分布极不均衡。由于原煤在开采过程中混入了许多杂质,并且煤炭的品质也不相同,因此,煤的分选(也称之为洗煤)是煤炭深加工过程的一个不可缺少的工序。煤的岩相组成以及煤中矿物质的数量、种类、性质和分布状态,都是影响煤的可选性的重要因素。针对原煤可选性的难易程度,选煤厂一般采用跳汰、重介旋流器、重介浅槽、动筛跳汰、浮选等工艺,此外还有风选、螺旋分选等。

浮选技术不仅广泛地应用于有色金属矿的选别,在磷矿、萤石矿、长石矿及可溶性盐等非金属矿和能源矿中也应用较多。近年来,随着煤矿等能源矿产资源和磷矿等非金属矿产资源的日趋贫乏以及环境要求的日益提高,浮选技术的应用日益广泛,尤其是针对微细粒、中低品位的磷矿和煤泥等,浮选技术的优越性日渐显现。

(1) 磷矿的粒度互补与正—反浮选的工艺互补。浮选法对磷矿石的分选具有广泛的适应性,随着世界磷矿富矿资源的日益枯竭,不得不逐步开采利用中低品位的磷矿石,这些磷矿资源不仅品位低,而且 MgO 含量普遍较高,有时 CaO 和 SiO_2 含量也很高,矿物嵌布粒度细,与脉石矿物紧密共生,因此,需要不断改进磷矿的分选工艺,提高磷矿资源的综合利用率[70]。

磷矿的浮选工艺种类很多,包括正浮选、反浮选、正—反、反—正及双反浮选等。为了更好地提高磷矿的分选效率以及复杂磷矿资源的综合利用率,除了采用单独的浮选工艺外,必须开发以浮选为主的互补工艺流程,利用不同工艺的分选优势,充分发挥矿石和矿物的物性主导作用,克服磷矿分选中的诸多弊端,弥补单一分选工艺的不足,建立更加完善的工艺互补的分选模式与体系。

磷矿的组成一般比较复杂,其中,硅钙质的磷矿由于还含有硅酸盐和碳酸盐两种主要杂质而难以分选,目前针对这种复杂的磷矿资源的正—反浮选工艺较为成熟。正—反浮选的实质是,通过正浮选分选出可浮性相近的胶磷矿与白云石等碳酸盐,抛除大量的硅酸盐脉石矿物和部分碳酸盐脉石矿物,使磷精矿得到分离和富集[71];然后,对正浮选得到的粗精矿(主要是磷矿物和白云石)进行反浮选碳酸盐、二次富集磷精矿,脱除白云石并降低镁含量,获得镁磷比低的优质磷精矿。

杨勇等针对中低品位碳酸盐型磷块岩矿石进行了分选研究[72,73],主要矿物成分为含量 38%的胶磷矿,并有微量的磷灰石、氟磷灰石;脉石矿物主要为白云石、含量为 40%,其次为石英等;胶磷矿颗粒以均匀或不均匀状嵌布在基质(胶结物)白云石中,且微细颗粒相互交代胶结、包裹嵌布,有用矿物需细磨后才能分选;由于矿石中不同矿物的硬度差异较大,在细磨的过程中,容易产生细泥和磨矿产品粒度分布不均匀的问题,其结果往往造成正浮选中硬度较大的磷矿物因粒级粗而难以上浮,硬度小的碳酸盐类脉石矿物因粒级细而夹带上浮,综合考虑,在结合传统的正—反浮选流程特点的基础上,采用分级与正—反浮选互补的流程(图 3-29),取得了较好的分选效果[74]。该流程不仅很好地体现了正浮选与反浮选的优势互补,而且形成了粒度互补的有效分选模式。

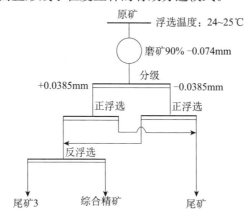

图 3-29　磷矿的分级与正—反浮选互补的原则流程

① 正—反浮选的工艺互补:正浮选的目的是脱除含硅矿物等有害物质,反浮选则重点脱除碳酸盐以降低 MgO 含量;由于硅酸盐矿物的可浮性较差,易于采用直接浮选法脱除磷矿中的硅酸盐脉石,而碳酸盐矿物的可浮性与磷矿物的可选性相近,且碳酸盐矿物的硬度较低,在碎磨的过程中易泥化,较难抑制,如果采用直接浮选工艺,同步脱除硅酸盐和碳酸盐矿物,会降低磷矿物的回收率;因此,为了充分顺应矿石中不同矿物组分的可浮性差异以及抑制和活化的难易程度,在分选过程中,构建了正浮选与反浮选的互补工艺,其中正浮选脱硅的同时,在不影响磷矿物浮选的条件下,适当地抑制碳酸盐矿物,尽可能提高正浮选精矿的品位指标;在反浮选脱镁的过程中,进一步提高精矿的质量,更重要的是降低其中 MgO 的含量,改善磷精矿的后续加工性能。

② 粒度的互补:矿石硬度的差异,会导致粒度分布不均匀,对浮选结果产生一定的影响;对未分级的物料而言,其一般的浮选规律如下:极粗粒级和极细粒级较难浮,中间粒级则易浮;尤其是在磷矿的正浮选过程中,存在细粒级的脱硅效率低、浮选药剂消耗量大等问题;李根[75]等的研究表明:粗粒级的浮选需要较高的捕收剂用量和较低的抑制剂用量,细粒级的浮选则正好相反,而且细粒浮选的矿浆浓度一般也比粗粒浮选的矿浆浓度要低,因此,根据磨矿产品的粒度组成,构建粗粒与细粒互补的分级浮选工艺,则有可能避免粗粒级与细粒级之间的交互影响;因而针对粗粒与细粒浮选行为的差异,采用不同的磨矿浓度与药剂制度,优化分选条件,可使粗粒级和细粒级的浮选分别得以强化,从而提高正浮选部分的总体浮选指标。

(2) 煤泥半开路重选—闭路浮选工艺的互补。煤炭的分选方法和技术与其粒度具有一定的相关关系[76],根据其粒度的大小,可以分为粗粒(＞0.5mm)重选和细粒(＜0.5mm)浮选两大类,分选的粒度界限为 0.5mm。随着粒度的减小,重选的分选效果逐步变差,而浮选的最佳分选粒度范围为 0.25～0.074mm。粗煤泥与煤泥是相伴而生的,粗煤泥的粒度介于重选和浮选的粒度之间,而其粒度特性兼有粗颗粒的特性和煤泥的特性,粗煤泥明显含有大量的煤泥,即使采用多种分级脱泥的串联设备,总会含有部分的高灰细泥,严重地污染精煤质量;同时,细粒煤泥由于可浮性较好,浮选工艺是处理细粒级煤泥的有效方法;因此,根据煤泥的粒度组成,采用重选与浮选工艺互补的流程进行分选,可以有效地提高煤泥的分选效率。

　　由于粗粒煤泥分选的特殊性,选择单一的开路或闭路分选工艺,都会影响分选效果。孙华峰[77,78]等在分析粗煤泥开路分选与闭路分选特点的基础上,提出了兼顾粗煤泥的半开路和半闭路回收工艺优点的分选工艺流程,形成了粗粒煤泥的半开路重选与细粒级煤泥的半闭路浮选的互补工艺,构建了半开路重选—半闭路浮选的互补分选模式(图3-30),不仅形成了重选与浮选工艺的互补效应,而且在半开路流程与半闭路流程之间形成了合理的分选模式。

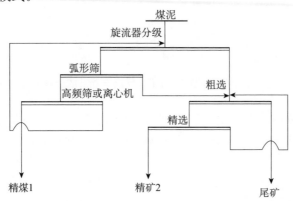

图 3-30　煤泥的半开路重选—半闭路浮选的互补工艺流程

　　粗粒煤泥的半开路重选工艺的构建,主要依赖于分级设备的分级效果。在全闭路工艺中,如果高灰细泥通过旋流器底流、弧形筛筛下或离心机的离心液返回到旋流器,不断地在分级流程中进行循环,会污染精煤,降低精煤的质量;虽然全开路的工艺流程可以将弧形筛的筛下水、高频筛筛下水或离心机的离心液直接给入浮选流程,可较大幅度地减少粗煤泥精煤中高灰细泥的污染问题,同时减少了旋流器、弧形筛和高频筛或者离心机的负荷,但这种工艺会存在比较严重的浮选跑粗现象,造成已经合格的精煤中部分灰分不能及时分选出来;这部分已合格的精煤进入浮选后,由于浮选泡沫携带粗颗粒的能力有限,会损失到尾煤中,造成精煤损失率的提高、尾煤灰分偏低。从全闭路与全开路流程存在的问题中分析,最主要的原因是分级设备的效果不同造成的,其中离心机的分级效果较差,滤液的跑粗严重,需要返回再进行分级,而弧形筛的筛下水可直接进入浮选工艺;因此,以半开路形式构建的重选流程与半闭路浮选流程的互补效应,较好地顺应了矿石的性质,充分地发挥了不同设备的优势,避免了各自的不足,合理地利用了不同的分选工艺处理不同粒级煤泥的优势,提高煤泥的分选指标。

3.3.2　磁选工艺为主的工艺互补效应的研究与应用

　　磁选是应用最为广泛、技术最为成熟的分选工艺之一,主要用于磁性矿物的选别,具有操作简单、工艺合理、投资经济、环境污染小及回收率高等优点[79]。在矿山生产中,磁选工艺处理的对象主要是黑色金属矿,铁矿石的分选几乎都会涉及不同形式的磁选工艺;有色金属矿中的钨矿精选,锆英石和非金属矿中的高岭土以及煤等矿石资源的精矿的提质除杂,重介质选矿中磁性重介质的磁选回收等,也会应用磁选工艺。

1. 黑色金属矿

我国铁矿资源的构成特殊、矿物成分复杂、共生矿物种类多、脉石与铁矿物的物理化学性质相似,导致分选困难,因此,分选流程的复杂程度高。

根据矿石的种类和性质,铁矿石的选矿有许多种不同的工艺流程,主要有磁铁矿石的选矿流程、弱磁性铁矿石的选矿流程、混合铁矿石(磁铁—赤褐铁矿石)的选矿流程、钒钛磁铁矿及共伴生铁矿的选矿流程等。随着铁矿资源的开采,资源复杂化程度的不断增加,选矿的难度越来越大;为了提高分选效率,提高资源的综合利用率,需要根据矿石中不同矿物的物性差异,采用多种分选工艺,形成不同形式的工艺互补模式来解决复杂矿资源的综合利用难题,尤其是在处理微细粒的高硫磷、赤褐菱、含铁硅酸盐、超低品位及多金属共伴生五大类型难处理铁矿资源的过程中,工艺互补效应的应用显得尤为重要。

1) 强磁性铁矿石的互补分选工艺

对于矿物组成较为单一的强磁性铁矿石,脉石矿物主要是石英和角闪石等硅酸盐矿物,采用弱磁选方法分选,就可以获得合格的铁精矿;但是,如果该类磁铁矿石中目的矿物的嵌布粒度较细、含硅酸铁矿物较多,为了获得高品位的铁精矿,分选出的磁铁矿精矿需要采用反浮选或者激振细筛等方法以及相关的互补流程加以处理,以实现提质降杂的目的。

(1) 弱磁—反浮选法的互补工艺:首先采用弱磁选获得铁精矿,其次采用正浮选和反浮选等浮选工艺进行提质降杂,如脱硅、除磷等。正浮选虽然具有浮选尾矿品位低的特点,但是由于捕收剂选择性的局限,铁精矿品位难以提高到 65% 以上,该法只适用于组成简单的易选铁矿石;而反浮选主要有阴离子反浮选和阳离子反浮选两种工艺,主要是利用连生体中石英与浮选药剂作用后,其疏水性的表面可以黏附在气泡上且具有易于浮游的特性,实现与单体磁铁矿物的分选,但是反浮选存在泡沫黏度大、选择性较差等实际生产问题,因此,采用浮选除杂工艺时,需要根据矿石的具体性质,选择合适的浮选药剂。例如,弓长岭、尖山、鲁南的选矿厂均对弱磁选的铁精矿进行处理,该铁精矿中的硅铁连生体采用单一的磁选很难分离出来,而采用反浮选技术,可以把硅铁连生体有效地分离出来,使含铁 63%~65%、SiO_2 8%~10% 的铁精矿进一步富集到含铁 67.5%~69%、SiO_2 4% 以下,为高炉炼铁提供了优质铁精矿[80]。

山西某铁矿石是典型的贫磁铁矿石,铁矿物的种类繁多,有用铁矿物主要为磁铁矿,其次为赤铁矿和褐铁矿,脉石矿物主要为石英;铁矿物的含量低,仅为 28%,且嵌布粒度极细,矿石中矿物的组成复杂、SiO_2 含量高等,在磁铁矿石中属相对难选的矿石。董颖博[81]等通过试验研究,发现增加精选段数,虽然可提高铁精矿的品位,但回收率会大大降低,而且难以有效地降低 SiO_2 的含量;如果直接浮选脱硅,精矿品位提高的较少,且回收率也不高;而采用磁—浮互补的分选工艺,可以达到良好的提铁降硅效果。原矿经过磨矿后,采用一段磁选—粗精矿再磨—两段弱磁精选——粗三精反浮选的工艺(图 3-31),可以获得表 3-14 的分选指标。

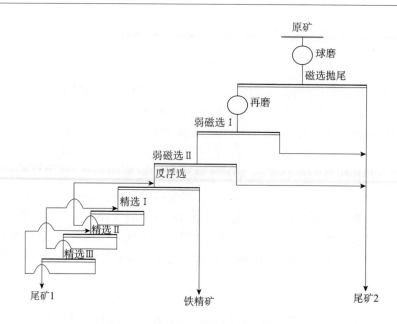

图 3-31　磁选—反浮选互补的工艺流程

表 3-14　不同工艺流程下粗精矿再选获得的铁精矿指标　　　　　　　单位：%

工艺流程	品位		回收率	
	TFe	SiO₂	TFe	SiO₂
三段磁选	61.68	10.61	73.45	17.79
一粗两扫反浮选	49.63	—	83.45	—
两段磁选与一粗三精反浮选	65.37	4.26	79.54	7.32

　　磁选与反浮选的互补工艺，可解决磁选精矿中由于磁性夹杂和机械夹杂造成的精矿品位提高困难的难题，实现磁铁矿选别过程中的磁选法和浮选法的优势互补，取得了理想的贫磁铁矿的选矿技术指标。通过该互补流程，最终可获得全铁品位为 65.37%、铁总回收率为 79.54%、SiO₂ 含量为 4.26% 的铁精矿，与单一的磁选或者浮选工艺相比，明显地提高了精矿的品位、降低了杂质含量。

　　（2）弱磁—重选的互补工艺：铁精矿品位低、硅含量高的主要原因是铁精矿中的连生体含量高，因此，需要再磨使连生体矿物进一步解离；由于脉石矿物与铁矿物的可磨性相差较大，因此，可以采用重选筛分的方式脱除硅酸盐矿物，细筛是一种既具有筛分作用又兼具选别作用的重选设备，因此，精矿产品经过细筛后，再磨就是提高精矿品位的有效方法之一。

　　鞍钢弓长岭铁矿属鞍山式铁矿床，处理鞍山式假象赤铁矿石，其矿物磁性率的变化大，有相当部分的强磁性假象赤铁矿和弱磁性赤铁矿，且矿物嵌布粒度微细；矿石的矿物组成、结构构造和嵌布粒度分别见表3-15和表 3-16。

表 3-15　矿石的矿物组成

矿石类型	矿物组成	
	金属矿物	非金属矿物
磁铁石英岩	磁铁矿、赤铁矿、褐铁矿	石英、角闪石类、绿泥石等
假象赤铁石英岩	镜铁矿、假象赤铁矿、磁铁矿、褐铁矿	石英为主，其次为角闪石类
磁铁矿富矿	磁铁矿，偶有赤铁矿	石英、石榴石、铁镁闪石、绿泥石、方解石等
赤铁矿富矿	镜铁矿，假象赤铁矿	石英，偶有白云母等

表 3-16　矿石的结构构造与矿物的嵌布粒度　　　　　　　　单位:%

矿石类型	结构构造	嵌布粒度
磁铁石英岩	条带状磁铁石英岩、块状磁铁石英岩	条带状:0.02~0.3 块状:0.02~0.3
假象赤铁石英岩	条纹状或块状	镜铁矿:0.2~1
磁铁矿富矿	致密块状、细粒或粗粒结构	磁铁矿:0.1~1 石英:0.1~0.2
赤铁矿富矿	致密块状	镜铁矿:0.2~2

弓长岭铁矿选矿厂原采用阶段磨矿、强磁—弱磁—重选联合的互补流程处理磁铁矿石,其原则流程见图 3-32[82,83],原矿粗磨至-0.074mm 占 50%~55%,经过强磁选机选别,可抛弃产率近 30%的最终尾矿;经过弱磁选进行精选,弱磁精矿经过细筛和水力旋流器分级,细粒级产物的产率约为 20%,成为最终铁精矿;粗粒级产物浓缩后给入球磨机再磨流程,再磨产品经浓缩后送弱磁选机和离心选矿机处理,进一步回收磁性矿物,获得最终的铁精矿。

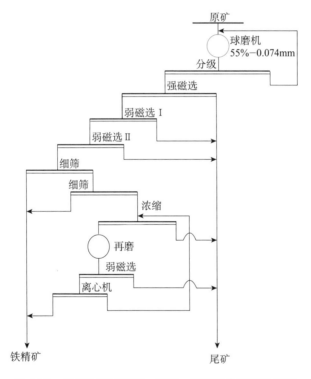

图 3-32　弓长岭铁矿强磁—弱磁—重选联合的互补流程

该互补的工艺流程适应了矿石中细粒矿物不均匀嵌布的特点,在粗磨的条件下,首先获得部分最终精矿和最终尾矿,仅有一半左右的矿石送二段细磨,在获得良好指标的同时,降低了能耗,生产中获得了品位为 64.8%、回收率为 78%的铁精矿。由于鞍钢集团公司倡导精料方针以及弓长岭矿山公司自身发展的需要,要求进一步提高铁精矿的产品质量,由于品位为 65%以上的磁铁精矿采用磁选的方式,提质的难度较大,所以,考虑采用反浮选工艺实现精矿进一步脱硅的目标。杨晓峰等研究发现,磁铁矿精矿的提铁降硅采用阳离子反浮选要优于阴离子反浮选,前者可以在中性介质中完成,药剂制度简单、过程易于控制、药剂费用和生产成本低等,通过磁选—重选—反浮选的互补工艺(反浮选流程见图 3-33),最终获得了品位 67% 以上、回收率 82% 左右的铁精矿[84]。

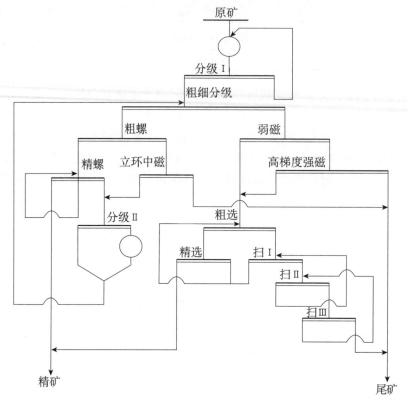

图 3-33　磁选—重选—反浮选互补的工艺流程

在改进后的磁选—重选—反浮选多工艺互补的流程中,首先,根据磨矿产品的粒度组成、目的矿物在不同粒级中的分布情况及可选性差异等,采用粗细分选工艺,充分发挥重选和浮选工艺各自的优势,螺旋溜槽作业对矿量和浓度的变化适应性强,指标稳定,运行成本低,能够取得合格的粗粒精矿,而浮选工艺适宜处理细粒级产品,粗细分级后,实现了合理的窄级别入选,满足了重选和浮选作业对给矿粒度要求的不同,有利于提高选矿技术指标。

其次,粗螺的尾矿以中粗粒级为主,采用立环中磁机可以实现大量粗粒抛尾,提高了中矿品位,减少了中矿循环量,节省了再磨机台数;而细粒部分通过弱磁—强磁的分选可以起到脱泥和抛尾双重作用,提高了浮选的入选品位,为反浮选作业创造了有利条件。

最后,针对赤铁矿细粒级部分的铁矿物组成复杂、脉石单一的特点,采用反浮选工艺可以有效地回收细粒级的目的铁矿物。因此,根据矿石的物性特点,利用不同工艺的分选特点与优势,构建磁选—重选—反浮选多工艺互补的流程,可以有效充分地回收矿石中的目的矿物,实现提高铁精矿质量的目的。

2) 弱磁性铁矿石的互补分选工艺

对于主要包括赤铁矿石、菱铁矿石、褐铁矿石和赤铁—菱铁矿石等的单一的弱磁性铁矿石,由于矿物种类多,嵌布粒度范围广,所用的选矿方法也较多,常用的方法为磁化焙烧—磁选或者与重选、浮选、强磁选等组成互补的联合流程,也可以单独使用重选、浮选、强磁选。

对于细粒或者微细粒的弱磁性铁矿石,浮选方法也是常用的方法之一,包括正浮选和反浮选两种流程;但当矿石中矿物成分较复杂,用其他方法难以得到良好的指标时,用磁化焙烧—磁选联合的互补工艺比较有效,20～75mm 的块矿可用竖炉还原焙烧,−20mm 的粉矿常用强磁选、重选、浮选等方法或者联合分选流程,2～20mm 粗粒和中粒的弱磁性铁矿石主要用重选和强磁选,−2mm 的中粒级或者细粒矿石则用螺旋溜槽、摇床、离心选矿机等流膜重选方法、强磁选或浮选法进行分选;由于细粒矿石的强磁选精矿品位不高,而重选的单位处理能力又较低,所以可以通过强磁—重选的互补工艺进行分选。

沉积型鲕状赤铁矿石和赤铁—菱铁矿石中的铁矿物主要是赤铁矿和菱铁矿,脉石有鲕绿泥石、石英和方解石等;铁矿物常为微粒嵌布,与脉石紧密共生,呈鲕状结构,不易单体解离,这种矿石比较难选。如果是富矿或自熔性矿石,用重介质选矿、跳汰选矿或者干式强磁选等方法剔除脉石,可得到块状成品矿;如果是较富的鲕状矿石,常用焙烧预处理与磁选法构成互补工艺,可以获得较好的分选指标;较贫的鲕状矿石,即使采用焙烧—磁选工艺,精矿品位也难达到 50％以上,可与其他高品位精矿配矿或者用直接还原及选冶联合的互补工艺进行分选。

鞍钢集团齐大山铁矿选矿分厂(也称调军台选矿厂)是国内最大的红铁矿选矿厂,于 1973 年投产,年处理矿石量 800 万吨,矿石中的铁矿物主要有赤铁矿、假象赤铁矿,铁品位在 32％左右,可选铁的分布率只有 81.65％;脉石矿物主要是石英,以及存在较多的含铁脉石矿物、含铁闪石类矿物和碳酸盐类矿物;铁矿物和脉石矿物均属不均匀分布[85]。鞍山矿业公司研究所等单位,进行了多次研究与反复论证,最终确定阶段磨矿、弱磁—强磁—阴离子反浮选的互补工艺为齐大山铁矿选矿分厂的分选方案,其原则工艺流程见图 3-34[86];原矿品位为 29.48％,获得了品位为 64.95％、回收率为 75.45％的铁精矿,尾矿品位为 11.04％。

该工艺流程充分顺应了矿石性质,根据不同矿物之间的物性差异和不同粒级铁矿物的分选差异性,利用不同分选工艺的优势,形成了比较完整的分选体系,不仅形成了分级—重选—磁选的互补工艺,而且形成了磁选—反浮选的互补工艺,具体表现在以下两个方面。

(1) 分级—重选—磁选的互补工艺:矿石中的铁矿物粒度组成不均,因此,采用阶段磨选的方式,逐步解离铁矿物;对于提前解离出的粗粒级铁矿物,与脉石矿物的密度差较大,且连生体较少,因此,通过重选的方式回收,不仅可以有效地剔除含铁脉石矿物,获得高品质的铁精矿,而且可以将分选出的连生体矿物进行再磨后再选,避免铁矿物的损失,提高铁的回收率;而对于细粒的铁矿物,随着粒度的减小,铁矿物与脉石矿物的密度差逐渐减小,因此,需要磁选工艺进行分选,这样根据不同粒级的铁矿物的特性,形成了重选与磁选的互补工艺;但是,含铁脉石与铁矿物的比磁化系数相近,采用磁选法难以将其脱除,

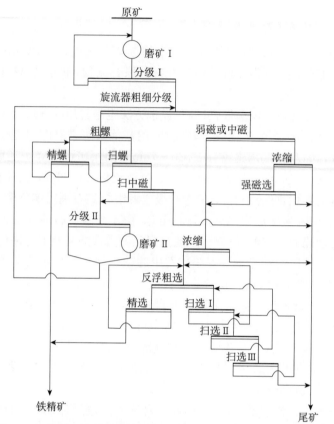

图 3-34 阶段磨矿、粗细分选、重选—磁选—反浮选互补的工艺流程

因此,需要对磁选精矿进行深度分选。

(2) 磁选—反浮选的互补工艺:通过弱磁—强磁的工艺流程,将磨矿产品中的原生矿泥和次生矿泥脱掉,抛掉大量的尾矿,既提高了进入阴离子反浮选作业入选物料的铁品位,有利于反浮选获得高质量的铁精矿,更为重要的是,弱磁—强磁作业抛掉原生矿泥和次生矿泥后,为阴离子反浮选作业创造了好的工艺条件,有利于反浮选作业发挥更好的作用。

梅山铁矿矿石类型为宁芜式玢岩铁矿,含铁矿物主要为磁铁矿、半假象赤铁矿、假象赤铁矿、菱铁矿等,脉石矿物主要为碳酸盐矿物、绿泥石、高岭土、石英、方柱石、透辉石、石榴子石等[87]。原矿经中碎至—75mm,水洗筛分成—75+12mm、—12+2mm、—2mm 三个粒级,前两个粒级分别采用干式弱磁选机选出强磁性矿物作为磁性产物,磁尾分别用重介质振动溜槽和跳汰机分选出弱磁性矿物作为重选产物;—2mm 粒级则用湿式弱磁选机和跳汰机分选出磁性产物和重选产物;磁性产物和重选产物合并经细碎、磨矿至—0.074mm 粒级占 64%,加入乙黄药和松醇油反浮选脱硫(图 3-35),槽内产物即为铁精矿。该流程存在的主要问题如下。

(1)—75+12mm 粒级,一段磁滑轮预选、二段重介质振动溜槽重选,由于影响重介质振动溜槽的因素较多,加上无检测手段,故分选指标波动较大,直接影响该粒级金属的回

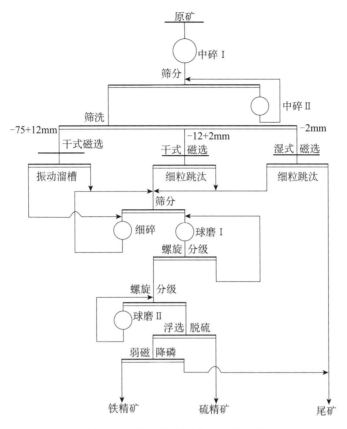

图 3-35　梅山铁矿原选矿工艺流程

收率和选别精度。

（2）−12＋2mm 粒级，一段磁滑轮预选、二段跳汰重选，金属流失量为 10.55%，选别的效果较差。

（3）−2mm 粒级，湿式弱磁选机粗选、跳汰机扫选，随着原矿品位的逐渐降低，细粒级明显增多，系统能力明显不足，同时，生产指标波动较大，辅助环节较多。

针对以上问题，通过调整分选粒级的范围，增加细粒级的分选系统，更新主要的破碎设备，采用磁选与重选互补的流程等互补措施（图 3-36），明显地改善了分选指标，如通过增加 −0.5mm 细粒级的选别系统，有效地解决了细粒级矿物的流失；通过调节中碎设备，使进入预选工艺的矿石粒度上限由原来的 75mm 降至 50mm，改善了粗粒的分选效果。

3）磁铁—赤铁混合矿石的互补分选工艺

在自然界，单一的磁铁矿或赤铁矿矿床较少，一般磁铁矿和赤铁矿在地质作用下是可以相互转化的；当氧逸度增大时，磁铁矿可氧化成赤铁矿；而当氧逸度减小时，赤铁矿又可还原成磁铁矿；因此，在铁矿床中，赤铁矿与磁铁矿多呈细粒嵌布并共同产出，其中以磁铁—赤铁矿为主的铁矿床主要为硅酸型的铁矿床[88]，脉石除主要为石英外，还含有较多的硅酸铁矿物，脉石矿物与目的矿物的比重、比磁化系数等物化性质较为接近；因此，这类矿石较难分选，而且工艺流程复杂，需要采用弱磁选与强磁选、重选、浮选的互补流程，或者磁化焙烧、磁选与其他方法的互补流程。

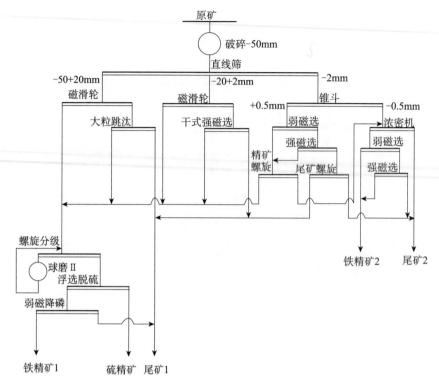

图 3-36　梅山铁矿改进后的工艺流程

美国、加拿大等国家的铁矿石磨矿粒度很细，几乎达到－0.044mm 占 90%～95%[89,90]，无论对赤铁矿或者磁铁矿，通常采用反浮选脱除铁精矿中硅的流程，捕收剂一般为阴离子和阳离子两种；只有美国伊里选矿厂采用细筛再磨再选的工艺流程，但精矿中 SiO$_2$ 含量达到 5%。苏联和我国的铁矿石基本上采用阶段磨矿、多段连续磁选（最高达 15 段磁选）的工艺流程，为减少磁性与非磁性矿物的夹杂，每段磁选后都要脱磁，逐段降低磁选机的磁场强度，防止强磁性矿物反复地被磁化，尽量提高铁精矿的品质，然而经过多段的磁选精选，SiO$_2$ 的含量仍然高达 8%～9%。

大红山式铁矿属于火山喷发熔浆及火山气液富化成矿的大型铁矿床之一，与细碧—角斑岩浆的喷发—侵入活动有关，铁矿体主要产于红山组变钠质熔岩及石榴角闪绿泥片岩中，其矿石性质与鞍山、本溪、白云鄂博、攀枝花等地铁矿石的差异较大。经过对大红山铁矿选矿厂原工艺流程的考察，对原矿、精矿、尾矿和不合格的次精矿等进行了详细的工艺矿物学研究，为合理地分选矿物提供了依据。研究结果表明：原矿中主要目的矿物为磁铁矿与赤褐铁矿，主要脉石矿物为绿泥石、白云母、石英和长石等，其中部分脉石矿物中存在类质同象的铁离子，导致硅酸盐脉石的比磁化系数增加、密度较高，与赤褐铁矿的比磁化系数非常相近；此外，磁铁矿与赤褐铁矿的嵌布粒度细，原矿中磁铁矿－19μm 占 15%以上，赤褐铁矿－19μm 占 33%，部分呈似鲕状结构；且硬度差异大，磁铁矿粒粗、难磨，赤褐铁矿粒细、易磨，导致部分铁矿物解离度不够、部分过粉碎，泥化严重干扰分选过程。

鉴于难选铁矿高效分选的基础理论研究难度大且相对滞后以及大红山式铁矿资源的

特殊物性,因此,迫切需要开展与之相适应的关键技术研究,为难处理铁矿的高效分选提供技术支撑。为此,我们探讨了难选铁矿高效分选的关键技术,提出了工艺流程互补方面的三项关键技术。

(1) 异磁性矿物的梯级场强的磁分离技术。大红山式铁矿的矿物组成复杂,硅酸盐脉石矿物带铁,造成各种矿物的比磁化系数较为相近;通过对不合格的次精矿与尾矿的矿物学分析,可以看出,部分目的矿物的单体解离度较高,因此,对于已经解离的矿物可以根据不同矿物的比磁化系数的差值,来确定分选的磁场强度,可以较好地实现不同矿物的高效分离。

(2) 微细粒级矿物的强磁—离心重选的联合回收技术。由矿物学分析可知,不合格的强磁铁精矿含硅高是由贫铁连生体或者含铁硅酸盐矿物进入精矿造成的;由于矿物的组成粒级较细、脉石带铁等原因,造成有用矿物与脉石矿物的比磁化系数极为相近,磁团聚现象严重,单一的磁选方法难以分选;尾矿中含有大量的、性质复杂的硅酸铁和赤褐铁矿,且铁矿物嵌布粒度细,易磨,泥化程度高,造成尾矿中铁品位难以降低。

高梯度磁选机运行稳定、处理量大,一次高梯度强磁选可抛弃大量的低品位尾矿,然而用于精选作业难以获得很高品级的铁精矿,用于粗选作业具有富集比大、铁回收率较高、选矿效率高的优点;离心选矿机的精选能力要优于强磁选机的精选能力,用于精选作业,可以较好地解决含少量磁铁矿和大部分石英的贫连生体难以剔除的制约因素,但是难以有效回收利用铁尾矿中损失的铁金属;因此,这两种工艺相结合,可充分发挥各自工艺流程的集成优势;成熟的强磁选—离心机重选的复合工艺与设备,可以实现整体的优势互补,是解决大红山式铁矿资源高效分选的重要技术之一。

(3) "闭路"与"开路"互补的集成技术。在选矿理论与工业生产中,精矿"品位"与"回收率"是相互矛盾的两个重要方面,因此,"提质"与"降尾"也处在相互矛盾的两端,通常将分选目标锁定在"提质"或者"降尾"中的一个方面,以牺牲另一方的指标或者产生不合格的中间产品为折中手段,难以真正地实现资源的充分利用以及经济效益的最大化。因此,如何平衡精矿"品位"与"回收率"指标,达到有效地降尾与资源的最大化利用,是矿物加工工作者的重要研究目标之一。为此,我们提出了"分类逐级降尾、同步提质降硅的平衡理论观点",首次提出将"提质"与"降尾"结合,采用"小闭路大开路"互补的选矿流程(图 3-37)。

分选的主流程采用闭路流程,"提质"与"降尾"均采用开路流程,"提质"的中矿进入"降尾"流程,无中矿返回、无中矿进入尾矿,可以极大地减少流程中贫连生体的逐步累积与弱磁性矿物的二次选别,有效地降低了贫连生体对分选过程的干扰以及弱磁性矿物的损失,既保证了精矿品位,又降低了尾矿中铁金属的损失率;这种工艺通过管道连接便可融入现有的工艺流程,同时又保持了一定的独立性。

目前,国际上特别是国内在研究铁矿"降尾"时,通常着眼于最终尾矿或者尾矿库中的尾矿,往往忽略了铁矿石的选矿一般采用开路流程,尾矿是由分选流程中各级作业产生的不同尾矿组成的。由于铁矿石的基本选别工艺为磁选流程,磁选设备的冲洗水量一般较大,矿浆浓度低,决定了铁矿石的选别一般是阶段选别的开路流程,正是这种特殊性造成了铁尾矿是由多个出口、多个部分组合而成。常规的降尾方法是从总尾矿开始解决的,由于粗选、精选

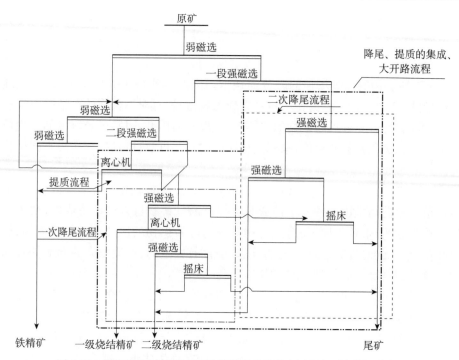

图 3-37 微细粒的、高硅酸盐型赤褐铁矿分选的小闭路大开路的原则流程

———— 高硅型强磁精矿的提质降硅流程

—— —— 微细粒难选"高硅酸盐"型赤褐铁矿尾矿的一次降尾流程

- - - - - - 微细粒难选"高硅酸盐"型赤褐铁矿尾矿的二次降尾流程

的筛分细度不同、磁场强度不同以及选别设备不同,往往存在着不同尾矿的物化性质、重选性质和磁选性质等"物性"的较大差异;如果是尾矿库中的尾矿,由于长时间的氧化、风化与沉积等原因,会造成尾矿的性质与原矿的性质差异更大,单纯地从总尾矿着手解决尾矿问题,难以采取针对性的解决方案,并且需要构建独立的降尾工艺流程,增加选别设备、厂房面积和投资成本等。图 3-37 中的降尾、提质的集成开路工艺流程,是通过分析与研究原工艺流程存在的问题,针对性地研究各级各类尾矿或者中间产品的"物性",抓住问题的根本所在,采用针对性强的方法逐级降低不同"物性"尾矿中有用成分的最终含量,实现总尾矿品位的降低,提高降尾的效率和资源的利用率;这种方法只需在各级尾矿后增加简单的降尾流程,充分利用各级排矿管道系统的独立性和现有附属设备的优势,减少设备的总投入与占地面积。

一般在"提质"的过程中,会产生较高品位的中间产物,如果返回原流程或者直接进入尾矿,势必会造成贫连生体在流程中的积累与铁矿物在尾矿中的损失率大的问题;在"降尾"的整体工程中,同样会产生不合格的中间产品。如果单独"提质"或"降尾",都会增加工艺流程的复杂程度、设备的数量和投资的重复性,但是如果利用"小闭路大开路"流程,"提质"与"降尾"同步进行,将"提质"产生的中间产品直接进入"降尾"工艺流程中,既可有效地降低贫连生体对选别的干扰和减少弱磁性矿物的损失,提高精矿的品位和降低尾矿的品位,又可避免工艺流程和设备的复杂性和重复性,简化分选的工艺流程,减少投资。

磁选与重选、闭路与开路的互补工艺流程,充分顺应了矿石的性质,找到了"提质"与

"降尾"的结合点和临界平衡状态,建立了更好的平衡模式,使"矛盾"的两端在更高的水平和层次上统一起来。

4) 多金属共伴生铁矿的互补分选工艺

含多金属的磁铁矿石主要包括含金属硫化矿物的磁铁矿石、钒钛磁铁矿和少数含磷灰石的磁铁矿石等,矿石中磁铁矿呈中粒到细粒嵌布,脉石有硅酸盐或者碳酸盐矿物,通常伴生黄铁矿、钴黄铁矿或者黄铜矿及磷灰石等;一般采用磁选与浮选的联合流程进行分选,即采用磁选回收铁、浮选回收硫化矿物和含钛矿物或磷灰石等,其原则流程可分为磁选—浮选和浮选—磁选两种。这两种工艺流程获得的产物的最大不同是磁铁矿与硫化矿物连生体的走向:在磁选—浮选的流程中,连生体主要进入铁精矿;在浮选—磁选的流程中,连生体主要进入硫化物精矿。因此,在同样的磨矿细度下,先浮选、后磁选流程可以得到硫化物含量较低的铁精矿和回收率较高的硫化物精矿。贫化矿石也可以先用干式磁选剔除脉石,再细磨分选;此类矿石常有自熔性成分的碱性脉石矿物,应该注意保持精矿的自熔性。

含多金属的弱磁性铁矿石主要是热液型和沉积型含磷或者硫化物的赤铁矿石或者菱铁矿石。热液型石英质赤铁矿石和赤褐铁矿石常为不均匀嵌布,多采用重选、强磁选、浮选等组成的联合分选流程。

含多金属的磁铁—赤铁矿石,有矽卡岩型含硫化矿物的铁矿石和热液型含磷、硫或者稀土的铁矿石,矿石中的磁铁矿、赤铁矿和菱铁矿呈中到细粒嵌布,脉石矿物有硅酸盐、碳酸盐或萤石等矿物,伴生成分有磷灰石、黄铁矿、黄铜矿和稀土矿物等;此类铁矿石的选矿方法是最复杂的,一般的分选方法处理微细粒嵌布的磁铁—赤铁矿石不易得到较好的效果,需要采用选择性絮凝脱泥、选择性絮凝—浮选等方法,或者弱磁选与其他方法的联合流程,如弱磁—强磁—浮选的互补工艺流程等,即用弱磁选回收磁铁矿,用浮选或强磁选回收弱磁性铁矿物,用浮选回收伴生成分。

鲁中矿业公司的三个矿床为大型隐伏矿床,均为高温热液接触交代矽卡岩型含铜钴磁铁矿床,其矿石性质基本相同[91,92];金属矿物以磁铁矿为主,赤铁矿、褐铁矿次之,自然铜、黄铜矿、黄铁矿少见,钴很少呈单独矿物存在、大多呈类质同象赋存于磁铁矿晶格中;脉石矿物主要为蛇纹石、透辉石、透闪石、绿泥石、方解石、蛭石等;矿石的自然类型以致密块状、块状、浸染状为主,蜂窝状、角砾状次之,条带状、松散状少见;矿石的构造与品位有一定关系,绝大多数致密块状矿石、蜂窝状矿石可用做炼钢的富矿石,其他皆为混合矿;矿石氧化程度较高,区内氧化程度大致相同,无明显的氧化带界限。由于矿石性质比较复杂,铁矿物与铜矿物紧密共生,除回收铁矿物外,铜矿物也是必须回收的有价成分;因此,首先通过弱磁-强磁工艺抛尾,弱磁精矿通过再磨-细筛工艺提高铁精矿的品位,强磁精矿通过浮选工艺回收无磁性的铜矿物;浮选尾矿通过重选工艺回收弱磁性矿物,而且使无磁性的铜矿物及金银得到回收。最终确定采用自磨—球磨—弱磁选—细筛—强磁选—铜浮选—重选的互补原则工艺流程(图3-38)。该互补流程顺应了矿石的性质,充分利用了不同分选工艺的优点,其特点主要如下。

(1) 弱磁—强磁工艺的互补优势是最大限度地回收了弱磁性铁矿物,提高了铁矿物的回收率,降低了尾矿品位。

(2) 增加中矿再磨—细筛作业,使连生体矿物得到进一步的单体解离,对提高弱磁性

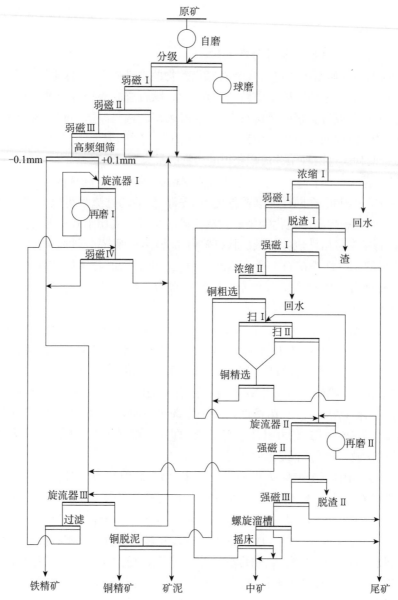

图 3-38 自磨—球磨—弱磁选—细筛—强磁选—铜浮选—重选互补的工艺流程

铁矿物的最终精矿品位具有决定性的作用。

（3）筛上产品再磨使连生体磁铁矿物进一步单体解离,有利于增加摇床精矿的掺入量和最终铁精矿的品位提高。

（4）旋流器脱泥—重选—浮选的互补工艺,浮选尾矿经旋流器浓缩,其沉砂给入溢流型球磨机进行再磨,再磨产品返回旋流器组给矿,溢流给入弱磁扫选,扫选磁精矿并入最终磁精矿;弱磁选别的尾矿给入强磁机选别,精矿给入摇床选别,摇床精矿加筛(加筛视摇床精矿粗铜分带的情况而定),筛上粗颗粒铜并入铜精矿,筛下产品并入最终铁精矿;摇床中矿并入最终铁精矿;不仅充分回收了弱磁性铁矿物,降低了尾矿中铁的损失,而且综合回收了铜矿物。

　　该流程除了利用工艺互补效应提高产品质量和综合回收多金属产品外,在铜矿物回收的浮选工艺中,铜精矿中−0.3mm矿泥的存在导致铜精矿过滤脱水困难,因此,采用铜精矿脱泥的逆向方案,不仅改善了铜精矿的过滤脱水,铜精矿含水率由原来的20%以上降至12%以下,而且使脱水作业铜的损失率降低8%～10%、铜精矿品位提高了1倍,二次富集作用明显,这种逆向脱泥的方案值得相关矿山借鉴。

　　对于含稀土的白云鄂博复杂氧化铁矿石,通过长期的技术攻关,对铁、稀土、铌的分选进行了多种互补的工艺流程的试验研究[93]。1990年,长沙矿冶研究院与包头钢铁(集团)公司合作,采用弱磁选—强磁选—浮选回收铁和稀土(图3-39),首先将原矿磨至−0.074mm占90%～92%,弱磁选分选出磁铁矿后的尾矿在场强为1.4T的强磁机中粗选,将赤铁矿和大部分的稀土矿物选入强磁粗精矿中,实现抛尾的目的;强磁粗精矿经一次强磁精选(0.6～0.7T),实现赤铁矿与稀土矿物的分离。其次,弱磁精矿采用反浮选工艺,脱除随磁选带入的萤石、稀土及脉石矿物,获得合格的铁精矿;强磁精矿采用反浮选—正浮选的联合工艺,实现强磁精矿脱杂提质的目的,获得了合格的铁精矿;含REO9%～12%、回收率25%～30%的强磁中矿作为浮选稀土的原料,采用H_2O_5(2-羟基- 3-萘甲羟肟酸)作捕收剂、水玻璃作抑制剂、J102作起泡剂,在弱碱性(pH=9)矿浆中浮选稀土矿物,经过一粗一扫二精,精Ⅰ尾矿返回粗选,经过精Ⅱ进一步分选后,获得稀土精矿和稀土次精矿(氟碳铈矿和独居石),扫选精矿为铌精矿。最后,稀土精矿的平均品位为55.62%、回收率为12.55%,稀土次精矿的品位为34.49%、回收率为6.01%,稀土总回收率为18.56%,对强磁中矿的作业回收率为72.75%。

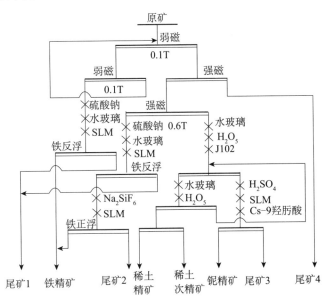

图 3-39　磁选—浮选互补的工艺流程

　　由此可见,根据白云鄂博矿石性质复杂、矿物物性差异等特点,构建了弱磁—强磁互补、磁选—浮选互补以及稀土浮选—铌浮选互补等特点鲜明的工艺流程,其特点主要体现在以下三个方面。

（1）弱磁—强磁的互补：采用弱磁、强磁预选，可以在不同的分选阶段排除有用矿物的贫连生体，实现矿物的合理分选，铁矿物进入磁选精矿。

（2）磁选—浮选的互补：铁矿物磁性较强，稀土矿物、铌矿物及钪的赋存矿物含铁硅酸盐均为弱磁性矿物，其他脉石矿物基本无磁性，因此，可采用弱磁选回收磁铁矿，强磁选回收赤铁矿，并最大限度地将稀土、铌、钪富集在强磁中矿，无磁性的脉石矿物及矿泥排入尾矿；由于机械夹杂及部分铁矿物—脉石矿物连生体的存在，磁选铁精矿含 F、P、Na_2O、K_2O 等杂质较高，必须采用浮选工艺，脱除含这些杂质的萤石、稀土矿物、磷灰石及含铁硅酸盐矿物。

（3）稀土浮选—铌浮选的互补：通过强磁选工艺，稀土元素氧化物（rare earth oxidie，REO）在强磁中矿中初步富集，杂质矿物主要为铁矿物、萤石、硅酸盐矿物，因此，可通过进一步浮选分离稀土矿物，稀土浮选尾矿中的铌矿物得到进一步的富集，然后利用铌矿物的浮游性与赤铁矿、褐铁矿的浮游性比较接近的特点，浮选得到富铌铁精矿，作为高炉—转炉—电炉火法流程提铌的原料。

2. 有色金属矿

由于矿物物性的不同，有色金属矿的选矿工艺可选择不同的分选方法，但是绝大多数的有色金属矿的分选工艺为浮选法和重选法，仅少部分带磁性的矿物采用磁选法回收，如黑钨矿粗精矿的精选，含钛铁矿、锆英石、金红石、独居石等矿物的混合粗精矿的精选等。

1）黑白钨矿的浮选—磁选—重选工艺的互补

湖南柿竹园钨、钼、铋、萤石多金属矿床属云英岩—矽卡岩型的大型综合矿床，是世界闻名的复杂多金属矿，有用矿物与脉石矿物紧密共生，白钨矿和黑钨矿的比例约为 7∶3、分别占总钨的 68.96% 和 28.75%，还有少量的钨华存在；脉石矿物有石榴子石、方解石、石英、长石、云母、辉石、绿泥石等[94]。通过不断的技术改进和创新，最终确定了浮选—磁选—重选的互补工艺，从硫化矿选矿的尾矿中分选黑钨矿与白钨矿，其原则流程见图 3-40。硫化矿选矿的尾矿通过浮选柱粗选钨矿后，泡沫产品进入强磁将黑白钨矿进行分离，磁性产品浓缩后再进行黑钨矿的浮选获得最终的黑钨精矿产品，黑钨矿尾矿返回钨粗选；非磁性产品进入浮选柱精选后浓缩、加温再浮选获得白钨精矿产品，浮选尾矿经过摇床重选获得钨锡混合精矿产品。

在黑钨矿与白钨矿的分选工艺中，浮选与磁选形成了优势互补的工艺流程，很好地顺应了矿石的性质；钨矿物中含 28.75% 的黑钨矿，如果采用全浮选流程分离黑钨矿与白钨矿，在加温作业需要加入大量的水玻璃及其他抑制黑钨矿的药剂，使黑钨矿受到严重的抑制，会导致后续的细泥黑钨浮选时的精矿品位和作业回收率都低，锡金属也损失在黑钨矿中等一系列的问题。

浮选与磁选互补的工艺流程，则充分利用了黑钨矿具有弱磁性、可以被高梯度强磁选机捕收的特性，因此，该互补工艺的优越性是非常明显的。一是在黑钨矿与白钨矿分离的过程中，黑钨矿不再随白钨矿一起去加温浮选，使黑钨矿的可浮性没有受到抑制、黑钨细泥的浮选操作更稳定，较为容易实现浮选分离；而且粗选段及早地将黑钨矿分离出来，提

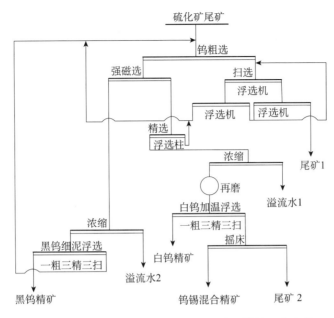

图 3-40　黑白钨矿的浮选—磁选—重选互补的工艺流程

高了粗选段钨的回收率,因此,大幅度地降低了黑钨矿浮选的尾矿品位;二是大量密度大的矿物进入磁性产品中,为非磁性产品综合回收钨锡混合精矿创造了有利的条件,实现了锡的有效回收。

2) 锆英石的浮—磁—电选工艺的互补

锆英石主要聚积于沉积变质岩所形成的海岸沙滩上,通常和独居石、钛铁矿、金红石等伴生。锆英石分选的工艺流程一般以常规的电选、磁选为主,虽然锆英石和独居石的比磁化系数有所差异,但在实际生产中,由于独居石的粒度不均匀,其密度、导电性、磁性与有些矿物的颇为相近,而且不同矿石中独居石的磁性也存在较大的差别,矿砂中伴生的有用矿物还很多,所以用电选、磁选很难把锆英石和独居石从复杂矿砂中分离出来。因此,以不同矿物的特殊物性为基础,开发新的分选工艺,利用不同工艺的优势互补效应,才能实现锆英石和独居石的有效分选。

陈元卿针对清澜的选钛尾矿中锆英石的有效回收进行了研究,根据矿石中不同矿物的可选性差异,确定了图 3-41 所示的最终分选工艺流程[95]。选钛尾矿通过摇床直接抛尾,摇床的精矿经过浮选粗选富集锆英石和独居石,粗精矿经过磁选工艺选出磁性产品与非磁性产品,磁选产品通过重选—磁选互补的工艺,获得了独居石精矿与锆英石中矿;而非磁性产品通过高压电选工艺,分选出特级、一级和二级三个级别的锆英石精矿。

由此可见,根据选钛尾矿中不同矿物性质的差异,构建优势互补的重选、浮选、磁选与电选的工艺流程,可高效地回收尾矿中的锆英石与独居石,而且整个分选工艺采用开路流程,没有中矿的累积循环,不仅生产效率高,而且形成了多品级的精矿产品;该工艺流程的优势互补主要体现在以下两个方面。

一是重选—浮选的互补。由于选钛尾矿中存在大量的电气石和石英,无论采用磁选

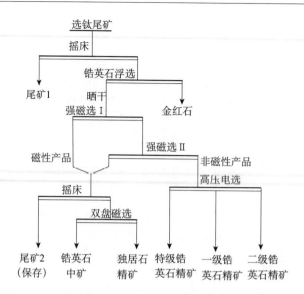

图 3-41　锆英石的重选—浮选—磁选—电选的互补工艺流程

或电选工艺都很难脱除电气石,而且容易夹杂在锆英石浮选的泡沫中,并进入浮选产品中,所以采用单一的工艺很难进行有效的分离;电气石与石英的密度差不多,可以通过重选的方法将两者脱除,因此,采用重选—浮选互补的工艺不仅可以提高锆英石的入选品位,为锆英石与独居石的初步富集创造了良好的浮选环境,而且可减少浮选设备的负荷。

二是浮选—磁选的互补。虽然浮选工艺可以将锆英石和独居石进行深度的富集,但是钛铁矿的粒度较细,且具有一定的可浮性,钛铁矿会通过机械夹杂的方式进入混合精矿产品中,因此,泡沫产品经过晒干后必须通过强磁选将大部钛铁矿脱除;而且通过磁选的方式,将混合精矿分为磁性产品与非磁性产品,为下一步获得单独的锆英石与独居石产品做好了准备。

3. 非金属矿和能源矿

非金属矿选矿的目的与金属矿不同,通常是为了获得具有某些物理化学特性的产品,也是终端产品,其质量和稳定性尤为重要;因此,非金属矿的除杂工艺和技术指标要求与金属矿也不相同,需要脱除影响产品白度和理化性能的少量有害杂质,如高岭土中 Fe_2O_3 的含量必须降至 $0.2\%\sim0.5\%$,才能获得优质的高岭土产品[96]。非金属矿的选矿技术与金属矿的选矿技术相比,除铁是非金属矿除杂提纯的关键工艺之一,除杂过程比较简单,以重选和磁选为主,虽然浮选也能除去高岭土矿中的黄铁矿或者长石矿中的含铁云母等矿物,但是除铁的效果差,加工成本高,而且难以工业化应用。

1) 高岭土的重选—絮凝—磁选除杂工艺的互补

作为最早被开发利用的非金属矿之一,高岭土的应用范围日益扩大,而且对其精矿中杂质含量的要求也越来越严格。由于非金属矿中的铁矿物具有磁性弱、粒度细、含量少的特点,采用传统的重选、磁选、浮选等选矿工艺不能使高岭土产品中的杂质铁降低到标准含量,为此,选矿工作者另辟蹊径,寻求非传统的高岭土除铁新方法,或者通过多种工艺的联合,形成优势互补的新技术,以实现高岭土的深加工和经济价值的明显提升。

湖南醴陵高岭土矿藏丰富,瓷泥矿系石英斑岩脉风化而成,原矿质量差,含染色的杂质高,其中 Fe_2O_3 为 $0.8\%\sim1.1\%$、Al_2O_3 为 $14\%\sim17\%$,而 SiO_2 高达 $75\%\sim80\%$;高岭石为细小分散集合体,石英为他形粒状,粒径为 $0.024\sim0.12mm$[97~99]。为了获得合格的高岭土产品,中南大学与湖南省陶瓷研究所等单位对醴陵干冲瓷泥进行了多年的脱硅去铁的分选试验研究,通过筛分分析发现,在不同的粒级中,Al_2O_3 与 Fe_2O_3 的含量的变化趋势相似,因此,无法通过筛分的方式降低铁含量;通过对矿物物性的详细研究,最终确定了重选、高梯度磁选和选择性絮凝等方法形成的优势互补的工艺流程,逐步脱除了产品的硅和铁等杂质。

采用水力旋流器进行重选分级脱硅,经一粗一精,可将原矿富集到产率为 70.10%、Al_2O_3 为 22.31%、SiO_2 为 65.02% 的粗精矿,而 Fe_2O_3 含量由原矿的 1.01% 提高至 1.18%,因此,必须进一步的分选脱铁。由于干冲瓷泥中的铁质是微细或超微细颗粒,而作为铁质载体之一的伊利石会进入磁性产品中,造成磁性产品中 Al_2O_3 含量往往高于非磁性产品中的 Al_2O_3 含量,因此,常规的高梯度磁选工艺难以达到脱除铁杂质的目的;通过合适的分散剂对矿浆进行有效的分散,然后添加絮凝剂使微细颗粒的铁矿物与高分子絮凝剂作用,形成互相串连的、松散的絮凝团,再用高梯度磁选脱铁,则有效地解决了这一难题,获得了 Al_2O_3 $19\%\sim22\%$、Fe_2O_3 $0.49\%\sim0.61\%$ 的优质高岭土产品。

2) 高硫煤的磁选—浮选脱硫降灰工艺的互补

我国能源消费中煤炭约占 70%,由于原煤中一般含有大量的矸石、硫化物等,直接燃烧不仅利用效率低,而且对环境造成严重的污染,所以煤炭的高效脱硫降灰工艺的研究具有非常重要的现实意义。浮选和磁选是煤炭脱硫降灰的常用方法,但是单一的浮选或磁选脱硫降灰的效果往往不能满足工业应用的要求,因而根据处理对象的矿物性质,构建磁选、浮选的各自优势互补的工艺流程,将会产生比较好的高硫煤脱硫降灰的效果。

山东王庄煤矿的原煤灰分为 21.07%、全硫含量为 4.23%,属于高硫煤,其中硫化铁硫含量较高,占全硫的 74.23%,而硫酸盐硫含量仅为 0.26%[100]。为了降低原煤的灰分和硫含量,王庆峰[101]等通过物性和试验研究,采用磁选—浮选互补的工艺流程,可以达到脱硫降灰的目的,其原则流程见图 3-42,最终获得了产率为 69.98%、硫含量为 2.02%、灰分为 9.98% 的精煤,基本满足了工业应用的要求。

磁选—浮选互补的降低原煤灰分和硫含量的工艺,主要是基于矿物性质的差异,采用不同的方法逐步脱除原煤中的杂质。原煤中的硫主要为黄铁矿硫,黄铁矿为顺磁性物质,而有机物属于抗磁性物质,因此,可以用磁选法进行脱硫降灰;但是经过磁选除杂获得的精煤中的灰分和硫含量仍较高,而且精煤中的硫铁矿均为细粒级矿物,磁选工艺不能有效地脱除这部分硫铁矿;同时考虑到,煤粒与黄铁矿颗粒的表面性质不同,可以采用浮选法分离;因此,通过一次粗选、多次精选的浮选方法,可以进一步有效地脱除磁选精煤中的硫和灰分。

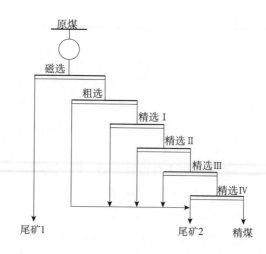

图 3-42　高硫煤的磁选—浮选的工艺互补流程

3.3.3　重选工艺为主的工艺互补效应的研究与应用

重选法是目前最常用的几种选矿方法之一,广泛应用于密度差较大的矿石的分选,是选别金、钨、锡等有色金属矿的传统方法,普遍地应用于含稀有金属钛、锆、铌等矿物的砂矿的处理,还用于分选铁和锰等黑色金属矿,石棉、金刚石、高岭土等非金属矿,而且是选煤工业中最主要的分选工艺[102];重选法工艺简单、投资少、环境污染极低,因此,一般情况下应优先采用重选方法。

1. 有色金属矿

有色金属矿的分选工艺主要以浮选法为主,也可以用重选法预先除去粗粒脉石或者围岩,达到初步富集的目的;对于密度较大的锡石、钨矿及铅锌氧化矿等,可以采用重选法回收。

目前我国钨矿石、锡矿石的重选技术达到了很高的水平,矿泥选别工艺居世界领先水平地位;而且重选与浮选、磁选等多种工艺的组合,构成了优势互补的分选工艺,可以综合回收铜、铅、锌、铁、钛、锆等有价元素,可实现资源的综合利用。

1)钨细泥的浮选—重选—浮选工艺的互补

我国钨矿的总储量占世界的一半以上,具有工业价值的钨矿物主要是黑钨矿和白钨矿,白钨矿的处理工艺以重选和浮选为主,黑钨矿则以磁选和重选为主。

我国开发利用钨矿资源已有一百多年的历史,选矿工艺和产品指标处于国际领先水平,虽然如此,绝大部分钨矿山的原生次生细泥回收的技术经济指标仍然不够理想,有待进一步提高[103]。因此,开发顺应矿石性质的优势互补的工艺流程,对回收细泥的原工艺流程进行技术改造,可为钨细泥的高效回收提供重要的示范作用,无疑可创造出更好的经济效益和社会效益。

大吉山钨矿属岩浆后期热液裂隙充填石英脉型黑钨矿床[104,105],主要金属矿物有黑钨矿、白钨矿、自然铋、辉铋矿、辉钼矿、绿柱石、磁黄铁矿和黄铁矿等,脉石矿物主要有石英、云母、长石、电气石、绿泥石和方解石等;围岩是变质砂岩和千枚岩;黑钨矿与白钨矿的比例为(3～4):1,而且呈粗、细不均匀的嵌布,白钨矿粒度较细并常与黑钨矿连生,有的黑钨矿晶体被细网状白钨矿所交替;黑钨矿和白钨矿与黄铁矿和铋、钼等硫化矿物共生紧密,与云母等关系不甚密切;选矿厂规模为 2200～2500t/日,年产钨精矿 2500t;原生次生细泥的钨品位为 0.1%～0.3%,钨细泥的浮选速度变慢、选择性变差、浮选指标明显下降的主要原因是:①颗粒粒度非常细,通常为 0.010～0.018mm;②常含有一些易浮的脉石,如绿泥石、绢云母等;③容易泥化,而且矿泥易浮并进入精矿,不但降低精矿品位,而且影响后续的冶炼过程;④矿泥具有质量小、比表面积大等特点,具有较强的吸附浮选药剂的能力,而且吸附的选择性差。

原处理细泥的流程为单一的重选方法,采用摇床选别,技术经济指标不理想;通过一系列的试验研究,将原流程改为重选、磁选与浮选互补的工艺流程(图 3-43),细泥作业回收率从 26% 提高到 50%,精矿中 WO_3 品位达 51% 以上、回收率达 70% 以上;该工艺流程较为复杂,主要分为以下三个部分。

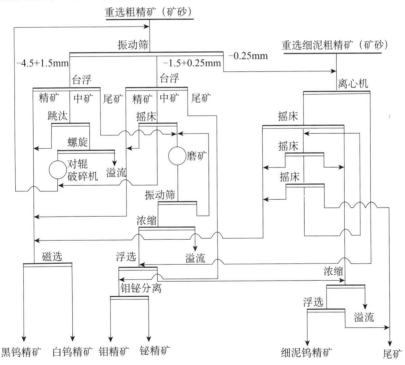

图 3-43　钨粗精矿分选的重—磁—浮互补的原则流程

(1) 粗选。采用重选工艺。入选矿石粒度小于 8mm,主要选别设备为跳汰与摇床;重选获得了重矿物和硫化矿物混合的钨粗精矿,供精选段分离和富集。

(2) 精选。采用浮选、重选的互补工艺。将粗精矿分为三个粒级,即 4.5～1.5mm、1.5～0.25mm 和 -0.25mm,前两个粒级分别用台浮、跳汰和摇床选别,即可获得钨粗精矿,细粒级则用离心机、摇床和浮选进行富集。

（3）精矿分离。采用重选、浮选和磁选的互补工艺。1.5～0.25mm部分,先台浮分选为精矿、中矿与尾矿三个产品,中矿经摇床分选出粗粒级的硫化矿,再磨后进行钼铋混合浮选,细粒级经浮选获得的硫化矿不再细磨,与钼铋混合粗精矿合并后进行钼铋分离浮选,获得钼精矿和铋精矿;4.5～1.5mm部分,通过台浮—跳汰—螺旋分选工艺,获得黑钨、白钨混合精矿,其中少量的白钨用磁选法分离;-0.25mm细泥部分,经离心机—摇床重选获得了品位较低、粒度细的粗精矿,再用浮选回收,可获得品位25%以上的钨细泥精矿,作为特种产品外销。

2）混合锑矿的浮选—重选—浮选工艺的互补

我国锑矿储量、产量和出口量均居世界首位,但是,锑矿一般呈微米级的块状,矿物嵌布粒度细,且不均匀,不利于加工回收。锑矿的提取方法,除了根据矿石类型、矿物组成、矿物构造和嵌布特性等物理化学性质作为基本条件进行选择外,还应考虑有价组分含量和适应锑冶金技术的要求以及最终经济效益等因素。我国锑矿选矿厂一般处理单一的辉锑矿型矿石和复杂的多金属矿石,通常采用重选工艺,只有少部分处理硫化锑矿的选矿厂采用单一的浮选工艺[106]。

大部分锑矿物的比重大、结晶粒度粗,无论是氧化锑矿物还是硫化锑矿物,其密度均远大于脉石的密度,因此,一般对于不同类型的锑矿石均可通过重选方法获得良好的分选指标,即使在某些特殊情况下,重选法无法直接产出合格的精矿,作为一种高效、节能、环保的选矿方法,重选也常常作为浮选前的预选方法,使低品位矿石预先富集,再用浮选的方法加以提纯。

阿拉伯海湾地区的伊朗锑矿资源丰富,锑的品位高达17.60%、氧化率高达86.60%,锑矿物粒度嵌布不均匀,硫化锑矿嵌布粒度较粗,属难选的氧化锑矿;锑矿物主要以黄锑华、锑赭石、水锑钙矿和锑华的形式存在,少部分以辉锑矿的形式存在。陈代雄等[107]针对该锑矿石进行了大量的综合利用研究,根据矿石物性,遵循"先硫后氧"的分选原则,确定了硫化锑矿浮选—粗粒氧化锑矿重选—细粒氧化锑浮选的互补工艺流程(图3-44),试验结果见表3-17。

表 3-17　全流程试验结果　　　　　　　　　　单位:%

产品名称	产率	锑品位	锑回收率
硫化锑精矿	6.80	55.60	21.42
摇床精矿	18.10	37.86	38.82
浮选氧化锑精矿	23.58	23.60	31.53
尾矿	51.52	2.82	8.23
给矿	100.00	17.65	100.00

通过构建浮选与重选各自优势互补的工艺流程处理硫化—氧化混合锑矿石,不仅顺应了矿石及矿物的特性,而且流程结构比较简单,分选指标较好。该互补工艺流程的优势主要体现在以下两个方面。

（1）氧硫混合锑矿的浮选—重选的互补效应。根据矿石的性质,硫化锑矿较易分选,因此,首先通过浮选法尽早回收硫化锑矿物,减少易选的锑矿物在流程中的循环量,降低锑的损失率,而且硫化锑精矿的品位较高;其次氧化锑矿的可浮性差,尤其是粗粒级的氧化锑矿很难用浮选法回收,因此,通过重选的方式从浮选尾矿中回收粗粒级的氧化锑矿。

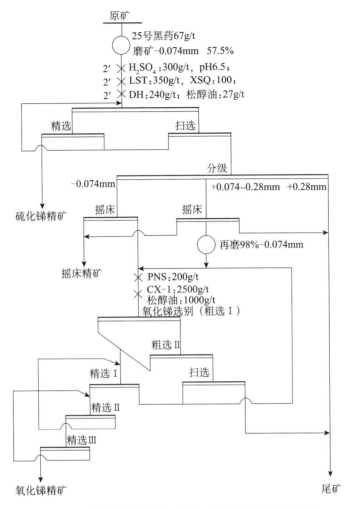

图 3-44　混合锑矿的浮选—重选—浮选的互补工艺流程

（2）粗细粒级氧化锑矿的重选—浮选的互补效应。采用经典的重选方法较易分选粗粒的氧化锑矿，且工艺简单可行；由于矿石的粒度组成不均匀，锑矿物硬度较低、容易过粉碎，部分氧化锑矿以矿泥形式存在，是国内外选矿领域难以回收的难题之一，因此，针对不同粒级的氧化锑矿的矿物性质的差异，通过分粒级的重选—浮选互补的工艺，将浮选尾矿筛分成三个粒级，即 +0.28mm、−0.28+0.074mm 和 −0.074mm，+0.28mm 粒级因锑含量较低可直接抛尾，而 −0.28+0.074mm 和 −0.074mm 粒级采用摇床—浮选工艺选别，获得了较好的分选指标。

2. 黑色金属矿

黑色金属矿物一般具有磁性和密度大的特点，因此，其选矿工艺主要以磁选和重选为主；铁矿物以磁选为主，也可以采用重选或者浮选工艺；铬矿物以重选法为主，也可用磁选和化学选矿来分选铬铁精粉；而锰矿物以重选为主，也常常与磁选工艺联合。针对复杂的黑色金属矿石，为了获得资源的高效综合利用，一般需要构建重选、磁选或浮选互补的工艺流程。

1) 铬铁矿的分粒级重选工艺的互补

铬铁矿的选矿以重选法为主,跳汰机和摇床是最常用的重选设备,跳汰机适用于处理粗、中粒度的铬铁矿石,摇床适用于细粒铬铁矿石,跳汰机与摇床联合使用一般可以获得最佳的选矿指标。

大道尔吉铬铁矿属于镁质富铁铝铬铁矿,产于辉石岩与橄榄岩组成的超基性岩体中,是我国最大的贫铬铁矿,原矿含 Cr_2O_3 18.46%,Cr_2O_3/FeO 为 1.4;铬铁矿物含量为35%,粒度为 0.2~3mm,呈块状、浸染状与星点状结构存在;有害杂质少,蛇纹石为主要的脉石矿物,其含量为 55%[108]。

大道尔吉铬铁矿的实测密度与主要脉石的密度差为 1.67g/cm³,在水介质中的分离密度差为 2.04g/cm³;铬铁矿的比磁化系数为(40~100)×10⁻⁶cm³/g,表明可用重选或者磁选进行分选;由于铬铁矿呈非常细的颗粒分散在蛇纹石与围岩中,使蛇纹石与围岩具有一定的磁性,导致铬铁矿与脉石的分离效果不理想;因此,崔金英等[109]根据铬铁矿的嵌布粒度以及与脉石矿物的密度差异,采用重选工艺进行回收(图 3-45)。

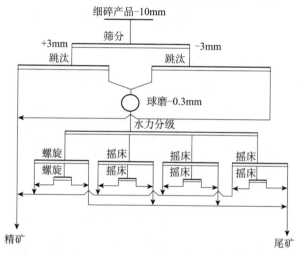

图 3-45　大道尔吉铬矿的跳汰—摇床互补的分选流程

针对原矿中铬铁矿呈块状、浸染状与星点状的结构构造以及矿物粒度分布的不均匀性等特点,充分利用不同粒度铬铁矿的可选性差异,采用分粒级的跳汰—螺旋—摇床的重选分选方案,在脉动水松散床层的跳汰机中分选粗粒级,矿石不需细磨,可获得合格的精矿,不仅节省磨矿费用,而且提高了单位面积的处理量,避免了铬铁矿的泥化损失,提高了铬的回收率;细粒级铬铁矿用螺旋选矿机或摇床选别,保证了细粒级的回收率与精矿质量。

2) 锰矿的重选—磁选工艺的互补

我国氧化锰矿多为贫矿,以碳酸锰矿为主,冶炼前一般需要选矿,而洗矿是常用的选矿方法之一,某些富锰矿石经过洗矿后可直接用于冶炼。由于传统的重选等选矿工艺越来越难以满足绝大部分锰矿石的分选要求,单一的强磁选和浮选工艺对于低品位氧化锰矿的分选效果也不理想,必需经过互补的矿物加工技术和联合流程的深度分选,才能取得较好的综合回收[110]。

兰桥矿区的锰矿床类型为风化壳型,属淋滤型的氧化锰矿,主要矿物呈共生关系、包括难以分选的软锰矿、硬锰矿、锰土等,其次为黄土、黏土等杂质;矿石结构和构造有土状、粉状和块状等,以土状和块状为主;贫矿的锰品位为 8% 左右,铁和磷的含量较低。开采出的矿石黏附大量的泥土,由于呈土状、粉末状的大量锰土遇水即呈密度小(仅为 0.9～1.7g/cm² 左右)的泥状,在洗矿过程中进入溢流,造成大量的锰金属无法回收而流失。王明珠等[111]针对这一难题进行了研究,确定了重选—磁选的互补工艺;此后,杨各金[112]对生产流程存在的问题进行了技术改进,采用重选将部分废石直接抛尾(图 3-46),明显地降低了磨矿成本和电耗。

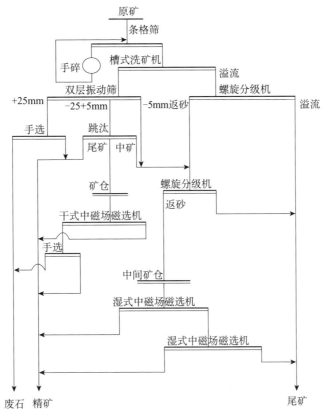

图 3-46　锰矿的重选—磁选的互补工艺流程

矿石破碎后,首先采用槽式洗矿机脱除矿泥。其次采用双层振动筛将洗矿后的产品进行分级分选,其中＋25mm 的块矿采用手选,分选出部分锰精矿(相同品位的精矿,＋25mm 的块矿比粉矿的价格高很多),同时,手选还可以有效地抛除少部分的废石及泥团;－25＋5mm 的中等粒级经过跳汰分选获得合格的锰精矿,跳汰的尾矿采用干式磁选—手选的联合工艺,获得部分锰精矿。最后,槽式洗矿机脱除的矿泥与－5mm 粒级中的部分锰矿物为蜂窝状的软锰矿及呈土状、粉末状的锰土,密度较小、锰含量较高而流失于尾矿中,重选工艺无法有效回收,因此,经过螺旋分级机进一步抛尾后,采用梯级强磁选回收细粒矿物,以强化深选过程、减少金属的损失。重选—磁选的互补工艺不仅对矿石的物性适应性强,而且具有结构简单、操作方便等优点,对不同粒级的锰矿分阶段逐步分选,实现了矿石的有效分离,获得了多品级的精矿产品,提高了企业的经济效益。

3. 贵金属矿和能源矿

金、银、铂等贵金属在地壳中的含量很低,具有亲硫、亲铜、亲铁等性质,因此,要形成工业矿床相当困难。金一般有金矿物、含金矿物和载金矿物三大类;银矿物以自然银、硫化物、硫盐等形式存在,主要赋存在方铅矿中,其次赋存于自然金、黝铜矿、黄铜矿、闪锌矿等矿物;铂族元素在地壳中属于超痕量元素,具有亲铁和亲硫的性质,多与铁、镍、铜的硫化矿物形成共生矿床。因此,共伴生的贵金属通常与其他矿物一起回收,或者在冶炼过程进行综合回收。

1) 金矿的重选—浮选工艺的互补

单一金矿常用重选、浮选和矿物化学处理等方法进行处理;砂金以重选为主,岩脉金矿常用浮选—浸出、全泥浸出和堆浸等工艺,而泥质含金氧化矿常用氰化炭浆工艺。无论采用何种工艺,都必须以矿石的物性为基础,顺应矿物的分选特性,才能高效回收目的矿物。

新疆某金矿石以黑色细腻的破碎变质岩为主,主要组成矿物为结晶细小的长石和石英,金属矿物含量极低、仅为 0.92%,载金矿物主要以毒砂、黄铁矿和氧化铁矿物为主[113,114];金主要分散于硅酸盐矿物中且颗粒微细、金属硫化物含量较低,采用单一的浮选工艺不能有效地回收金,大部分金损失在 +0.074mm 粒级;此外,以自然金和含金矿物形式存在的金占 78.37%,因此,首先采用简单的重选工艺和设备,可以尽早地富集大部分的金;其次采用浮选方法富集细粒级的含金硫化矿;最后确定的重选—浮选联合的互补工艺见图 3-47。

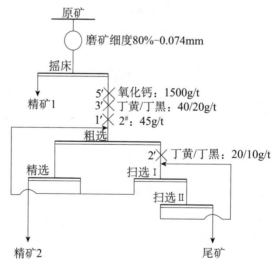

图 3-47　金矿的重选—浮选的互补工艺流程

2) 煤矿的分级重选—浮选工艺的互补

我国选煤工业起步于 20 世纪 50 年代,与其他国家相比,原煤入选率比较低、仅为

33%。我国采用重介、跳汰和复选技术的选煤厂分别约为 36%、39% 和 12%;国外的选煤技术起步较早,采用重介和跳汰技术的选矿厂分别为 45% 和 35%。

选煤工艺与原煤的入选粒级密切相关,摇床适用于细粒级(6~0.15mm)的高硫煤的选别;浮选是煤泥(—0.5mm)最好的分选方法;磁选在重介质选煤厂中用于回收加重剂、清除杂质;干式选别只适用于高寒、干旱、缺水的地区;一般选煤厂通常采用重介质选矿和跳汰选矿或两者联合使用。

田庄选煤厂于 1970 年 10 月建成投产,是我国自行设计、建设的第一座大型全重介炼焦煤选煤厂[115]。原煤中块原煤的比例很高,产率高达 19.67%,但块精煤的产率较低、仅为 4.73%,其中矸石的产率为 13.63%、块中煤的产率为 1.30%;因此,根据矿石性质,采用浮选工艺回收—0.5mm 的细粒级煤,采用斜轮分选机分选 +20mm 粗粒级煤,并脱除矸石;由于块中煤(—20+3mm 粒级)在破碎过程中,容易导致煤粒过粉碎,如果直接给入细泥浮选工艺,会增加浮选作业的负担;而且选煤厂末原煤(—3+0.5mm 粒级)的粒度组成偏细,如果把—1+0.5mm 粒级细粒煤分离出来单独分选,可显著改善重介旋流器的分选效果,也有利于降低介质消耗,因此,将—3+0.5mm 粒级的细粒煤经过脱泥筛分级后,分别采用粗煤分选机和重介质旋流器进行分选;而且重介旋流器入料粒级变窄,会提高设备的分选效率和分选精度。其分级重选—浮选的互补工艺流程,即块煤分选、末原煤分选、粗煤泥分选和细粒浮选的工艺流程见图 3-48。

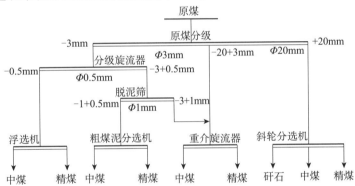

图 3-48　田庄选煤厂的四级重选—浮选的互补工艺流程

参 考 文 献

[1] 胡岳华,冯其明. 矿物资源加工技术与设备[M]. 北京:科学出版社,2006.

[2] 王淀佐,邱冠周,胡岳华. 资源加工学[M]. 北京:科学出版社,2005.

[3] 胡熙庚. 有色金属硫化矿选矿[M]. 北京:冶金工业出版社,1987.

[4] 胡为柏. 浮选[M]. 北京:冶金工业出版社,1989.

[5] 凌石生,张文彬. 铝土矿反浮选脱硅药剂研究概述[J]. 国外金属矿选矿,2008,(2):20~24.

[6] 胡龙,郑怀昌,肖刚. 铁矿浮选工艺的发展[J]. 现代矿业,2011,(1):23~27.

[7] 刘亚辉,孙炳泉. 赤铁矿的正—反浮选研究[J]. 金属矿山,2004,(1):39~41.

[8] 埃尔夏尔 H,李长根,杨辉亚. 磷酸盐矿石分选的挑战和问题的解决[J]. 国外金属矿选矿,2004,(12):13~21.

[9] 季松林. 大峪口磷矿选矿半工业性试验取得进展[J]. 化工矿山技术,1988,(6):43~45.

[10] 彭 F F. 用两段细粒反浮选法处理佛罗里达含白云石的磷酸盐砾石[J]. 国外金属矿选矿,2005,(10):23~28.

[11] 曹效权. 瓮福磷矿穿岩洞矿段磷矿石选矿研究[J]. 化工矿物与加工,1999,(5):5～7.

[12] 罗惠华,刘丽芬,柏中能,等. 云南海口中品位磷矿常温浮选试验[J]. 武汉化工学院学报,2005,(2):31～34.

[13] 刘广泌. 选矿手册[M]. 北京:冶金工业出版社,2005.

[14] 胡熙庚,黄和慰,毛钜凡,等. 浮选理论与工艺[M]. 长沙:中南工业大学出版社,1990.

[15] 秋田. 日本松峰选厂含铜复杂硫化矿的选矿[J]. 袁国才译. 江西金属,1983,(1):49～55.

[16] 王淀佐,邱冠周,胡岳华. 资源加工学[M]. 北京:科学出版社,2005.

[17] 杨松荣,吴振祥. 斑岩铜矿混合浮选流程结构的探讨[J]. 有色金属(选矿部分),1991,(3):8～13.

[18] 倪章元,顾帼华. 黄沙坪铅锌矿选矿工艺流程沿革及技术特点[C]. 2009 中国选矿技术高峰论坛暨设备展示会论文,长沙,2009.

[19] 赵福刚. 2007 我国铅锌矿选矿技术现状[J]. 有色矿冶,2007,(6):20～26.

[20] 杨顺梁,林任英. 选矿知识问答[M]. 第二版. 北京:冶金工业出版社,2006.

[21] 刘全军,杨道群. 氧化矿大开路小闭路全泥浮选方法:中国,200910095099.7[P]. 2010-04-21.

[22] Эигелес М А,ВартаняК Т. Автоскоесвидетельство,1953,(10),56.

[23] ПлаксинИ Н,Идр. КВопросуразработкисхемъ г Флотацийполиметаллинескойрудыдвет. мет. ,1956,(11):6.

[24] 中南矿冶学院浮选教研室. 分支粗选、分速精选、浓浆充气搅拌浮选黑钨矿泥新工艺试验[J]. 有色金属(选冶部分),1977,(12):16.

[25] 何梅容. 分支—分速浮选生产实践[J]. 有色金属(选矿部分),1984,(2):11.

[26] 胡岳华,冯其明. 矿物资源加工技术与设备[M]. 北京:科学出版社,2006.

[27] 孙玉波. 重力选矿[M]. 北京:冶金出版社,1991.

[28] 宋振国,孙传尧,王中明,等. 中国钨矿选矿工艺现状及展望[J]. 矿冶,2011,20,(1):1～7.

[29] 周晓彤,邓丽红. 钨细泥重—浮—重选矿新工艺的研究[J]. 材料研究与应用,2008,(3):231～233.

[30] 陈青波,刘安平. 梅山铁矿预选工艺技术改造[J]. 金属矿山,2003,(6):25～28.

[31] 周晓四. 重力选矿技术[M]. 北京:冶金工业出版社,2006.

[32] 赵春祥. 重介质悬浮液特性控制问题的探讨[J]. 选煤技术,2000,(4):17.

[33] 布哈普 R B,孔令炜,张覃,等. 重介质分选评述[J]. 国外金属选矿,2005,(5):12～15.

[34] 王淀佐,邱冠周,胡岳华. 资源加工学[M]. 北京:科学出版社,2005.

[35] Munro P D,张远荫. 芒特艾萨选矿厂铅锌银矿石重介质选矿车间的设计、建设和投产[J]. 中国矿山工程,1984,(7):25～29.

[36] 戴金平,刘侦平. 铅锌选矿技术[M]. 长沙:中南大学出版社,2010.

[37] 刘朝明. 重浮联合流程是提高木利锑矿选矿回收率的有效途径[J]. 云南冶金,2000,(6):13～14.

[38] 王常任. 磁电选矿[M]. 北京:冶金出版社,2006.

[39] 胡岳华,冯其明. 矿物资源加工技术与设备[M]. 北京:科学出版社,2006.

[40] 张世海. 河北低品位铁矿石选矿设计方案[J]. 金属矿山,2005,(8):141～142.

[41] 全文欣,张彬,庞玉荣,等. 我国铁矿选矿设备和工艺的进展[J]. 国外金属选矿,2006,(8):25～28.

[42] 《现代铁矿石选矿》编委会. 现代铁矿石选矿[M]. 合肥:中国科学技术大学出版社,2009.

[43] 王洪忠. 化学选矿[M]. 北京:清华大学出版社,2012.

[44] 胡岳华,冯其明. 矿物资源加工技术与设备[M]. 北京:科技出版社,2006.

[45] 翟满胜. 浅析化学选矿在矿物加工中的重要地位[J]. 矿业工程,2013,(3):30.

[46] 余成,杜新,谢林. 含碳难选氧化铜矿抑碳浮铜—中矿酸浸—置换—浮选试验研究[J]. 矿业工程,2014,(2):47～50.

[47] 沈旭. 化学选矿技术[M]. 北京:冶金工业出版社,2011.

[48] 武薇,童雄. 氧化铜的浮选及研究进展[J]. 矿冶,2011,(2):5～9.

[49] 陈连秀,刘中华. 难选氧化铜矿离析—浮选试验研究[J]. 新疆有色金属,2003,(1):15～17

[50] 陈秋兰. 德兴铜矿浮选流程沿革评述[J]. 有色金属,2001,(2):25～27.

[51] 吴启明,尹启华. 提高德兴铜矿金回收率的探索与实践[J]. 国外金属选矿,2005,(11):29～32.

[52] 熊喜林. 异步混合浮选新工艺试生产浅析[J]. 有色矿山,1998,(12):27～31.

[53] 谢贤. 难选铁闪锌矿多金属矿石的浮选试验与机理探讨[D]. 昆明理工大学博士学位论文,2011.

[54] 童雄,谢贤. 铁闪锌矿与闪锌矿的浮选活化剂及其制备方法:中国,CN201010124710.7[P]. 2010-09-01.

[55] 童雄,刘四清,周庆华,等. 含铟高铁闪锌矿的活化[J]. 有色金属,2007,59,(1):91～94.

[56] 彭桂莲. 永平铜矿浮选工艺流程分析[J]. 冶金矿山设计与建设,2000,(4):8～9.

[57] 李崇德,董家辉,詹健. 铜快速一开路优先浮选永平铜矿石的试验研究[J]. 铜业工程,2005,(3):22～24.

[58] 吕晋芳. 低品位含铜紫硫镍矿浮选试验研究[D]. 昆明理工大学硕士学位论文,2011.

[59] 刘利军,卫亚儒,谢建宏. 某铜铅多金属矿浮—重联合选矿工艺[J]. 有色金属,2006,(4):61～62.

[60] 胡达骤. 中国黑色金属矿产资源可持续发展战略研究[C]. 中国钢铁年会论文集,2003:108～112.

[61] 曹志良,樊有元,钱士瑚,等. 永磁强磁选机在铁精矿提质降杂中的应用[J]. 金属矿山,2002(增刊):222～223.

[62] 潘其经,周永生. 我国锰矿选矿的回顾与展望[J]. 中国锰业,2000,(4):1～10.

[63] 俞秀云. 浅谈我国铁矿石选矿技术新工艺发展综述[J]. 矿业工程,2013,(7):126.

[64] 石云良,曾克文,周光俊,等. 正一反浮选新工艺处理美国蒂尔登铁矿石[J]. 国外金属矿山,1998,(4):52～54.

[65] 朱昌洛,沈明伟. 低品位碳酸锰矿的选矿技术现状及进展[J]. 矿产综合利用,2010,31,(5):30～33.

[66] 王珊,方建军,张铁民. 广西大新细粒碳酸锰矿强磁—反浮选工艺[J]. 有色金属工程,2013,(5):40～41.

[67] 富田坚二非金属矿选矿法[M]. 王少儒译. 北京:中国建筑工业出版社,1982.

[68] 郑水林,袁继祖. 非金属矿物加工技术基础与应用手册[M]. 武汉:武汉理工大学学报冶金工业出版社,2005.

[69] 胡兆扬. 非金属矿工业手册[M]. 北京:冶金工业出版社,1992.

[70] 骆兆军,王文潜,钱鑫. 磷矿浮选进展[J]. 化工矿物与加工,1999,(7):1～2.

[71] 彭儒,罗廉明. 磷矿选矿[M]. 武汉:武汉测绘科技大学出版社,1992.

[72] 杨勇,钱押林. 某磷矿分级浮选试验研究[J]. 矿产保护与利用,2010,(6):23～26.

[73] Peng F F,Gu Z. Processing Florida dolomitic phosphate pebble in a double reverse fine flotation process[J]. Minerals and Metallurgical Processing,2005,22,(1):23～30.

[74] 钟康年. 磨矿方式对磷矿反浮选的影响[J]. 化工矿山技术,1991,(1):25～26.

[75] 李根,李冬莲,李文洁,等. 正反浮选产品粒度分布与存在问题分析(IV)—宜昌磷矿的分级浮选[J]. IM&P 化工矿物与加工,2009,(9):5～8.

[76] 史英祥. 煤泥浮选工艺流程的探讨[J]. 选煤技术,2012,(5):76～78.

[77] 孙华峰,牛福生,袁静宜. 选煤厂粗煤泥回收工艺中煤泥水开路与闭路工艺探讨[J]. 煤炭科技,2010,(4):82～83.

[78] 牛勇,王怀法. 难浮煤泥浮选工艺研究[J]. 洁净煤技术,2011,(3):6～8.

[79] 王常任. 磁电选矿[M]. 北京:冶金出版社,2006.

[80] 任建伟,王毓华. 铁矿反浮选脱硅的试验分析[J]. 中国矿业,2004,(4):70～72.

[81] 董颖博,林海,傅开彬,等. 某复杂难选铁矿石提铁降硅工艺研究[J]. 矿冶工程,2011,(6):36～31.

[82] 张勇,贺慧军,王伟. 弓长岭矿山公司铁精矿提铁降硅工艺的研究[J]. 矿冶工程,2003,(1):34～37.

[83] 刘玉明,曾永杰,王维红. 细筛再磨工艺改造的实验研究与生产实践[J]. 宝钢科技,2005,(4):21～24.

[84] 杨晓峰,邓本旭. 弓长岭贫赤铁矿工艺矿物学及合理流程研究[C].2005 中国钢铁年会论文集,2005:75～78.

[85] 薛敏. 齐大山铁矿开采矿石工艺矿物学及可选性研究[J]. 金属矿山,2010,(5):86～88.

[86] 张国庆,李维兵,白晓鸣. 调军台选矿厂工艺流程研究及实践[J]. 金属矿山,2006,(3):37～41.

[87] 陈清波,刘安平. 梅山铁矿预选工艺技术改造[J]. 金属矿山,2003,(6):25～28.

[88] 余永富. 我国铁矿矿冶形势及技术发展现状[J]. 矿产保护与利用,2005,(6):43～46.

[89] 余永富. 国内外铁矿选矿技术进展[J]. 矿业工程,2004,2(5):25～29.

[90] 余永富. 我国铁矿山发展动向选矿技术发展现状及存在的问题[J]. 矿冶工程,2006,26(1):21～25.

[91] 张贵忠. 鲁中选矿厂工艺流程改造的实践[J]. 矿业工程,2010,(4):23～24.

[92] 王书键. 鲁中选矿厂工艺流程分析[J]. 现代矿业,2009,(8):103～104.

[93] 陈泉源,余永富. 磁浮联合流程全面回收白云鄂博铁、稀土、铌及钪合理性的探讨[J]. 矿冶工程,1992,(1):45～49.

[94] 曹登国,石志中,李晓东,等. 黑白钨强磁分选在柿竹园钨浮选回收中的应用[J]. 中国钨业,2014,(3):17～20.

[95] 陈元卿. 提高锆英石选矿回收率的研究[J]. 有色金属(选矿部分),1987,(6):32～35.

[96] 徐星佩. 非金属矿除杂提纯的磁选工艺设备概述[J]. 非金属矿,2009,(7):36～37.

[97] 彭世英,陆杰,刘树贻,等. 高梯度磁选及选择性絮凝新工艺处理醴陵干冲高岭土的研究[J]. 非金属矿,1989,(8):16～18.

[98] Kogel J E,Trirvedi N C,Barker J M,et al. Industrial Minerals & Rocks(HRD)[J]. Society for Mining Metallurgy,2006,(5):16～21.

[99] 袁延英. 高岭土的几种除铁方法[J]. 国外金属矿选矿,2000,(9):19～21.

[100] 谢广元. 选矿学[M]. 徐州:中国矿业大学出版社,2010.

[101] 王庆峰,朱申红,智雪娇,等. 高硫煤磁选—浮选联合脱硫降灰的试验研究[J]. 选煤技术,2014,(1):1～4.

[102] 孙玉波. 重力选矿[M]. 北京:冶金工业出版社,1991.

[103] 钟能. 大吉山钨矿选厂细泥处理流程改造的生产实践[J]. 中国钨业,2008,(6):12～14.

[104] 周晓彤,邓丽红. 钨细泥重—浮—重选矿新工艺的研究[J]. 材料研究与应用,2008,(9):231～233.

[105] 罗伟英. 大吉山钨矿选矿工艺改进的生产实践[J]. 江西有色金属,2009,(3):23～25.

[106] 郑剑洪,谷新建,陈代雄. 东安锑矿难选氧化锑矿选矿试验研究[J]. 矿业工程研究,2009,(2):38～40.

[107] 陈代雄. 伊朗某难选氧化锑矿选矿新工艺研究[J]. 有色金属(选矿部分),2007,(2):5～9.

[108] 宫中桂,邹衡荣. 大道尔吉超基性岩铬铁矿选矿研究[J]. 矿冶工程,1985,(1):20～24

[109] 崔金英,王兴林,张万镒. 关于内蒙古锡盟五八二矿贫铬铁矿石利用的研究报告[R],1989.

[110] 张风平,徐本军. 我国氧化锰矿石选矿工艺研究现状[J]. 湿法金,2014,(2):79～81.

[111] 王明珠,姚阳,张路里,等. 淋滤型贫氧化锰矿选矿研究及生产实践[J]. 江苏冶金,1988,(增刊):133～136.

[112] 杨各金. 福建省连城锰矿兰桥选厂工艺流程改造及生产实践[J]. 中国锰业,2008,(3):44～46.

[113] 韩卫江,杨磊. 新疆某金矿选矿试验研究[J]. 新疆有色金属,2010,(6):39～41.

[114] 刘时杰. 铂矿资源形势及综合利用[J]. 中国有色金属学报,2001,(5):226～231.

[115] 曾庆刚,迟兴田,刘明,等. 田庄选煤厂四级分选工艺的研究与应用[J]. 选煤技术,2013,(3):94～98.

第4章 药剂互补效应的研究

矿物的浮选、浸出过程是一种复杂的物理化学行为,它的理论基础是建立在矿物学、结晶学、表面化学、胶体化学、有机化学、物理化学和物理学等之上。药剂是矿物表面发生化学反应并进行分离与富集过程所必不可少的一种反应物,在现有的浮选及浸出药剂理论研究基础上,研发新型分选药剂、优化药剂制度、挖掘不同药剂之间的交互作用与互补效应,是改善分选指标的重要研究方向之一。

药剂互补的作用与效应广泛地存在于矿物加工的浮选和浸出过程,1945年就有人开始了捕收剂的混合使用[1],1957年斯德哥尔摩国际选矿会议正式提出了药剂混合使用这一研究方向,并得到了迅速发展。尽管药剂混合使用经历了多年的研究与发展,在生产中已经成为普遍使用的方式,但是,这种研究通常关注的是同种作用的药剂之间的混合,对异类或者异型药剂以及药剂与其他因素之间的互补作用的研究较少,因此,我们提出了药剂的互补作用与效应研究。

药剂互补效应是指不同性能的调整剂、捕收剂、起泡剂、浸出剂等选矿药剂在物理化学性质不均匀的矿物表面产生共吸附、竞争吸附、协同吸附、化学反应等宏观和微观效应以及正负效应,同时,矿浆浓度、温度及加药方式等环境对药剂的作用效果也具有重要的影响。因此,药剂互补效应主要有以下几种表现形式。

(1)同种作用的药剂之间的交互作用:主要是不同的活化剂之间、抑制剂之间、捕收剂之间及起泡剂之间对同种矿物的协同作用,以增强药剂的作用效果与选择性。

(2)异类或者异型药剂之间的协同作用:主要是活化剂、抑制剂、捕收剂及起泡剂等不同作用效果的药剂之间对矿物分选效果的交互作用,通过优化药剂组成制度,提高分选指标。

(3)药剂、药剂制度和分选环境之间的互补效应:药剂与加药点、药剂作用环境等之间具有重要的联系,对提高精矿指标、降低药耗及减少环境污染等具有重要的影响。

在药剂互补的作用体系中,混合用药的分选效果一般比单独使用的效果好,但是并非所有的药剂混用均能提高分选指标,因此,必须避免不利于分选的负作用效应。

表4-1 浮选剂的分类

分类	系列	种类和形态	典型代表
捕收剂	阴离子型	硫代化合物、羟基酸及皂类	黄药、黑药、油酸、氧化石钠皂、硫酸酯等
	阳离子型	胺类衍生物	十二胺、十八胺和混合胺等
	非离子型	硫代化合物	乙黄腈酯、丁黄烯酯等
	烃油类	非极性油	煤油、焦油等

续表

分类	系列	种类和形态	典型代表
起泡剂	表面活性剂	醇类	松醇油、樟脑油等
		醚类	丁醚油等
		醚醇类	醚醇油、甘芍油等
		酯类	酯油、苯乙酯油等
	非表面活性剂	酮醇类	(双丙)酮醇油等
调整剂	pH 调整剂	电解质	氢氧化钠、硫酸、盐酸等
	活化剂	无机物	金属阳离子 Cu^{2+}、$X-43$、Pb^{2+}、Ca^{2+} 等，阴离子 CN^-、HS^-、S^{2-}、SiO_3^{2+}、$HSiO_3^+$ 等
		有机物	草酸、乙二胺等
	抑制剂	无机物	氧、臭氧、二氧化硫、过氧化氢、氰化物、次氯酸钙(钠)、重铬酸钾等
		有机物	淀粉、单宁、腐殖酸等
	絮凝剂	天然絮凝剂	石膏粉、腐殖酸等
		合成絮凝剂	不同分子量的聚丙烯酰胺等
脱药剂	吸附剂和解吸剂	固体	硫化钠、活性炭等

4.1　浮选药剂的划分

目前,矿物加工过程的浮选药剂有很多种分类方式,按其分子结构可分为三类,即极性、非极性和复极性的浮选剂,它们又可分为许多小类。按照浮选剂在浮选工艺中的作用分类,是比较实用的分类方法,可分为四大类,即调整剂(包括 pH 调整剂、活化剂、抑制剂)、捕收剂、起泡剂和脱药剂(表 4-1[2])。有的浮选剂具有双重特性,如松醇油既可以用作起泡剂又可作为捕收剂,硫化钠既可以用做 pH 调整剂和抑制剂还可以作为活化剂和硫化剂,X-43 系列药剂既可以替代经典的硫酸铜作为活化剂又可以抑制黄铁矿等硫化铁矿物。

4.2　浮选药剂的正负互补效应

4.2.1　调整剂的互补效应

调整剂包括 pH 调节剂、抑制剂、活化剂、絮凝剂和分散剂等,其作用是调节矿浆的酸碱度和离子组成,改变矿物的表面性质,促进或者抑制矿物的亲疏水性和可浮性,同时,调整捕收剂与矿物表面的作用效果[3]。常用的无机调整剂包括钙离子、铁离子、无机酸等阳离子物质,以及氟化物、氟硅酸盐、硫化物、磷酸盐、铬酸盐、碳酸盐、氰化物和碱等阴离子物质;常用的有机调整剂包括很多络合剂,如柠檬酸及其盐类,使用较多的是栲胶、单宁和各种淀粉、糊精、动植物胶以及人工合成的水溶性高分子聚合物等。

随着矿业的不断开发利用,矿冶工作者将常态化地面对贫、细、杂等难采、难选和难冶的复杂矿资源,常规的单一浮选剂无法满足高效开发利用的需求。因此,开发高效、绿色的新型调整剂或者多种调整剂的互补组合,对于降低药剂成本、提高分选指标以及综合利用复杂矿资源具有重要意义。

1. 抑制剂的互补效应

抑制剂是指在矿浆中能够选择性地增强某种或者几种矿物表面的亲水性,降低该类矿物的可浮性的药剂。根据分子结构的不同,可以将抑制剂分为无机和有机两种,常用的抑制剂有硫化钠、石灰、硫酸锌、氰化钠、重铬酸钾、水玻璃等无机抑制剂以及单宁、淀粉(糊精)、羧甲基纤维素等有机抑制剂[3,4]。抑制剂的种类较多,对不同矿物表面的作用原理也不相同,而且矿物在矿浆中的可浮性受多种因素的影响,因此,高效选择性地抑制特定矿物需要多种抑制剂的协同作用,产生抑制剂之间以及与环境之间的互补效应。

抑制剂在矿物表面作用的基本形式主要有以下四种:①在矿粒表面形成亲水性薄膜;②溶解矿物表面的疏水性薄膜;③溶解并消除活化膜的作用;④消除活化离子的作用。

在复杂多金属矿的分选过程中,铜、铅、锌、硫等硫化矿物相互之间的分离过程一直是国际选矿界的一大难题。分离过程中单一的抑制剂很难达到高效的抑制作用,因此,研究多种抑制剂的协同作用与互补效应具有重要意义。

1) 闪锌矿的互补抑制效应

闪锌矿的抑制剂主要有硫酸锌($ZnSO_4 \cdot 7H_2O$)、亚硫酸(钠)、硫代硫酸钠、次氯酸钠和氰化物等。硫酸锌是闪锌矿的常用抑制剂,随着矿浆 pH 的升高,其抑制作用增强,溶液中会生成亲水性、溶解度小、易于吸附于闪锌矿表面的氢氧化锌胶体,增强矿物表面的亲水性,并阻碍捕收剂在闪锌矿表面的吸附,使闪锌矿受到双重抑制的互补作用[5]。

亚硫酸(钠)、硫代硫酸钠等具有较强的还原性,能降低矿浆电位,在 pH 小于 7(pH 为 4.5～6)时,对闪锌矿具有强烈的抑制作用;在碱性条件下,它们将 Cu^{2+} 等高价阳离子还原到较低价位,消除其活化作用。

在早期的铅锌浮选分离中,氰化物广泛用于闪锌矿的抑制,且几乎不影响铅矿物的浮游;CN^- 可以吸附在闪锌矿表面,生成亲水且难溶的化合物,使闪锌矿受到抑制;同时,CN^- 还可以与矿浆中 Cu^{2+} 生成络合物,使铜离子失去活性,降低铜离子浓度,防止 Cu^{2+} 活化闪锌矿。然而,氰化物有剧毒,对环境的污染很大,对人体也有很大的伤害,而且能溶解矿石中共伴生的金、银等贵金属,影响贵金属的回收,因此,目前铅锌分离中已基本停用氰化物。

随着复杂矿资源的增多,单独使用某一种抑制剂已经无法满足选矿过程的需求,通常需要与其他药剂配合使用。组合抑制剂的使用,可以发挥药剂间的优势协同和互补效应。根据矿物组成、矿物物性与浮选分离矿物之间的差异,通常采用不同抑制剂的组合药剂,形成互补的抑制模式,达到高效抑制复杂矿中闪锌矿等矿物的目的。

闪锌矿的抑制模式主要有以下五种。

(1) $Na_2SO_3 + ZnSO_4$ 的互补抑制。$Na_2SO_3 + ZnSO_4$ 具有抑制闪锌矿的协同作用和互补效应,与 $ZnSO_4$ 协同的混合抑制剂是闪锌矿最常用的抑制剂之一,其机理主要有以下两个方面。

① 还原作用。SO_3^{2-} 易于被氧化为 SO_4^{2-}，因此，Na_2SO_3 可以把铜离子还原为亚铜离子或者单质铜，从而避免铜离子对闪锌矿的活化作用，反应式如下：

$$2Cu^{2+} + SO_3^{2-} + H_2O \longrightarrow 2Cu^+ + 2H^+ + SO_4^{2-}$$

② 络合作用。SO_3^{2-} 可以络合某些重金属离子，形成诸如 $Cu(SO_3)_2^{3-}$ 的络合物，从而减少亚铜离子的浓度，反应式如下：

$$Cu^+ + 2SO_3^{2-} \longrightarrow Cu(SO_3)_2^{3-}$$

程珧珧等采用热力学计算、循环伏安测试和紫外光谱分析等研究发现，Na_2SO_3 能促进对闪锌矿抑制的主要组分 $Zn(OH)_2$ 的生成，并增强其在矿浆中的稳定性，拓宽其稳定存在的区域，同时，SO_3^{2-} 会还原成 SO_4^{2-}，SO_4^{2-} 会吸附在闪锌矿表面并增强其亲水性，从而阻碍捕收剂的吸附[6]。

陈丽荣、艾光华、袁来敏等针对不同地区、不同性质的铅锌矿，通过抑锌浮铅的优先浮选流程，采用 $ZnSO_4 + Na_2SO_3$ 抑制闪锌矿，成功地实现了铅锌的高效分离，获得了较佳的选矿指标及较高质量的精矿，并可以提高伴生稀贵金属的回收率[7~14]。

(2) $Na_2CO_3 + ZnSO_4$ 的互补抑制。Sun 等研究发现，$Na_2CO_3 + ZnSO_4$ 在铅锌分离过程中具有较好地抑制闪锌矿的互补效应，其互补机理为：首先 $Na_2CO_3 + ZnSO_4$ 在闪锌矿表面协同生成亲水性的物质 $ZnCO_3(s)$ 和 $Zn(OH)_2(s)$，使闪锌矿具有亲水性；其次 CO_3^{2-} 可以与矿浆中 Pb^{2+} 结合生成 $PbCO_3$，减少矿浆中铅离子浓度，从而防止铅离子对闪锌矿的活化[15]。

(3) $Na_2S + Na_2SO_3 + ZnSO_4$ 的互补抑制。在铜铅锌多金属硫化矿的浮选过程中，少量的硫化矿被氧化，致使其在磨矿过程中溶解出一定量的 Cu^{2+} 和 Pb^{2+}，从而活化了闪锌矿，导致铜铅锌浮选分离较难。使用 Na_2S 可以沉淀矿浆中大量的 Cu^{2+}、Pb^{2+}，降低 Cu^{2+} 和 Pb^{2+} 的浓度，减轻其对闪锌矿的活化作用；再加入 Na_2SO_3 和 $ZnSO_4$，可进一步防止闪锌矿被活化。因此，采用互补效应明显的 $Na_2S + Na_2SO_3 + ZnSO_4$ 能较好地抑制闪锌矿。

孙伟等针对某复杂铜铅锌多金属矿，以混合黄药为捕收剂、$Na_2S + Na_2SO_3 + ZnSO_4$ 为闪锌矿组合抑制剂，经一粗一精一扫的开路试验流程，获得了高质量的铜铅混合精矿[16]。祁忠旭等在宝山铅锌矿磨矿过程中先加 Na_2S，同时使用 $ZnSO_4$ 和 Na_2CO_3 组合抑制剂抑制闪锌矿，达到了铅锌高效清洁分离的目的[17]。曾桂忠和张才学在不改变磨矿条件及捕收剂用量的条件下，使用 $Na_2S + Na_2SO_3 + ZnSO_4$ 组合抑制剂抑制闪锌矿，成功地解决了云南某复杂多金属硫化矿的铜锌浮选分离过程中铜回收率较低且铜精矿含锌较高的技术难题[18]。

(4) $ZnSO_4 +$ 可溶性淀粉的互补抑制。陈经华和孙传尧研究发现，在 pH 为 6～10 时，可溶性淀粉可以协同 $ZnSO_4$ 抑制闪锌矿，但对方铅矿和黄铁矿的影响较小，采用混合浮选可以实现闪锌矿与方铅矿和黄铁矿的高效分离[19]。

(5) 其他组合抑制剂的互补抑制。黄有成和赵礼兵使用 $CaO + ZnSO_4 + YD$[20]、罗仙平等采用新型抑制剂 $YN + ZnSO_4$ 等组合药剂，均可以在低碱条件下高效抑制闪锌矿和黄铁矿，并大幅度地降低石灰用量；邱廷省等使用 $CaO + ZL-01$[21]、张丽军等使用 $NS + ZnSO_4$ 等组合药剂[22]抑制锌矿物，都获得了高质量的铅锌精矿；毛益林等使用 $CaO + ZnSO_4$

＋EMT－6[23]、周菁等使用 Na_2S＋TJ＋$ZnSO_4$＋Na_2SO_3 抑制闪锌矿与黄铁矿[24]，提高了铅精矿和锌精矿的品位，大幅度地提高了铅和银的回收率。

2）方铅矿的互补抑制效应

由于方铅矿与黄铜矿的可浮性相近，在处理铜铅锌矿石时，通常将铜铅选为混合精矿，然后再进行铜铅分离，获得独立的铜精矿和铅精矿。

铜铅的高效分离一直是世界性的选矿难题。铜铅分离的传统方法是采用重铬酸钾抑制方铅矿、浮选黄铜矿或者氰化物抑制黄铜矿、浮选方铅矿等两种方案。氰化物和重铬酸钾具有剧毒，严重地威胁人体的健康和生态环境。随着人们环保意识的增强以及国家对剧毒药剂的管制等，传统的铜铅分离工艺已经无法满足高速发展的选矿工艺需求。因此，研究高效、清洁、绿色无毒的铜铅分离工艺一直是选矿工作者的重要责任，而抑制剂在整个工艺中具有举足轻重的作用，单一抑制剂很难达到高效抑制的目的，因此，实际过程中往往采用多种抑制剂组合。

方铅矿的抑制模式主要有以下四种。

（1）H_2SO_3（SO_2）＋淀粉的互补抑制。向矿浆中充入 SO_2 气体或者添加 H_2SO_3，SO_3^{2-} 可以在方铅矿表面生成亲水性物质而抑制方铅矿，添加淀粉后方铅矿的抑制作用更为明显。例如，美国的马格芒特选矿厂采用 H_2SO_3 和淀粉，实现了铜铅混合精矿的分离，铅作业回收率达到 95.78%，并且铜精矿中含铅由 13.19% 降至 6.40%。加拿大布伦兹威克选矿厂用 SO_2 和淀粉抑铅浮铜，改善了浮选指标，铅精矿品位提高了 8%[25]。

（2）$Na_2S_2O_5$＋$FeSO_4$ 的互补抑制。首先使用 Na_2S 与活性炭对铜铅混合精矿进行脱药，其次用 H_2SO_4 调浆，在酸性条件下采用 $Na_2S_2O_5$＋$FeSO_4$ 抑铅浮铜。其作用机理如下：$Na_2S_2O_5$ 与 H_2SO_4 反应析出 SO_2，并产生对方铅矿具有抑制作用的 SO_3^{2-}，而 $FeSO_4$ 可以活化黄铜矿，这"一抑一活"增加了黄铜矿和方铅矿可浮性的差异，形成了绿色高效的互补抑制效应[26]。

（3）CMC＋Na_2SO_3＋水玻璃的互补抑制。CMC 和 Na_2SO_3 是无毒低价的浮选药剂，用 CMC、Na_2SO_3 和水玻璃配制成合剂（以下简称 CNAS），可以取代重铬酸盐，实现铜—铅的绿色分离。CMC 分子结构中具有两个较强的极性基，即羟基和羧基，与方铅矿作用时，羧基吸附在矿物表面、羟基延伸到溶液中与水分子作用，使矿物表面形成一层水化膜，从而使方铅矿受到抑制；水玻璃在溶液中水解出不同聚合程度的硅酸分子，并形成双分子、三分子及更大分子的聚合胶粒，在通常情况下，这些亲水的硅酸胶粒带负电荷，容易吸附在带有较多正电荷的铅矿物表面；Na_2SO_3 则在方铅矿表面生成亲水性的硫酸铅薄膜；这三种药剂在铅矿物表面形成了优势互补的亲水性的物质，构建了矿物表面亲水性和抑制性的互相叠加的抑制效应，强化了对铅矿物的互补抑制作用[27]。

广东某选矿厂铜铅混合精矿采用常规的浮选方法分离困难，严重影响企业的经济效益和环境效益[28]。为此，针对矿石的性质和磨矿特性，采用高频振动细筛先将混合精矿分级，然后对＋0.088mm 筛上粒级进行摇床重选，对－0.088mm 筛下粒级采用 CMC＋Na_2SO_3＋水玻璃作互补抑制剂、Z-200 作捕收剂进行抑铅浮铜，有效地解决了铜铅混合精矿的分离难题；小型试验，获得了含铜 24.15%、含铅 3.68% 的铜精矿和含铅 63.70%、含铜 1.90% 的铅精矿；工业试验，获得了含铜 22.35%、含铅 4.02% 的铜精矿，含铅

60.31%、含铜2.79%的铅精矿。

某铜铅锌多金属硫化矿浮选的铜铅混合精矿,采用水玻璃+Na_2SO_3+CMC作铅矿物的组合抑制剂,通过组合抑制剂的用量和作用时间以及浮选浓度对铜铅分离的影响研究,确定了适宜的分选条件,通过一粗二扫二精的闭路流程,获得了铜品位为27.19%、铜回收率为97.26%、含铅5.13%的铜精矿和铅品位为72.98%、铅回收率为88.08%、含铜1.46%的铅精矿,实现了铜铅的高效分离。

(4)抑制剂与温度的互补效应。矿浆温度对抑制剂的作用具有重要影响,一般来说,温度升高可以加强和加快抑制剂的作用,而温度降低则作用较弱较慢。因此,控制矿浆浮选温度也是铜铅分离的又一重要手段。

日本小坂内之岱选矿厂采用208号黑药作捕收剂、SO_2抑制锌矿物和硫矿物,进行铜铅混合浮选,然后对获得的铜铅混合精矿进行加温浮选,以抑铅浮铜[29]。先用蒸气将铜铅混合精矿加温到60℃,在酸性和中性矿浆中,黄铜矿的可浮性提高,辉铜矿和铜蓝有受抑制的倾向但影响不明显,而方铅矿被抑制,铜—铅分离时不添加其他药剂,获得了铜品位较高、铅锌含量低的铜精矿。

3)黄铁矿的互补抑制效应

黄铁矿是分布最广泛和最丰富的天然硫化矿物,一般与其他金属硫化矿物共伴生,也常常伴生在煤炭中。黄铁矿的存在降低了其他有用成分的精矿和煤炭的质量,并且黄铁矿在冶炼过程中燃烧会放出SO_2,严重污染环境。因此,用浮选富集金属硫化物时需要抑制黄铁矿。

在多金属硫化矿石的浮选分离中,通常用石灰抑制黄铁矿。石灰主要以OH^-离子抑制黄铁矿,在矿物表面生成亲水性$Fe(OH)_2$和$Fe(OH)_3$薄膜;同时,石灰在矿浆中溶解的钙离子吸附在黄铁矿表面,生成$Ca(CaOH)^+$、$Ca(OH)_2$、$CaSO_4$等难溶化合物,降低了黄铁矿对双黄药的吸附;亲水性的薄膜和难溶化合物的协同和互补加强了对黄铁矿的抑制。

然而,过量的石灰抑制黄铁矿也会产生了一系列的问题。

(1)石灰用量大会使浮选泡沫发黏,泡沫夹带的矿泥多,影响精矿的质量。

(2)石灰容易结垢和固结,堵塞管道,并且使选矿设备表面,特别是摇床、溜槽等重选设备的表面变形,不利于生产操作和指标稳定,也加大了选矿设备表面清洗工作的强度和成本。

(3)石灰用量大后,有些主金属也会受到抑制,如方铅矿表面略有氧化后会被抑制,影响铅精矿的回收率;如果石灰用量少,则黄铁矿又得不到很好的抑制,会降低精矿的质量,造成难以调和的矛盾。

(4)造成选硫和降硫的困难。黄铁矿被石灰抑制后,可浮性变差,常常需要使用大量的硫酸进行活化;由于硫酸腐蚀性强、危险性大,能够与矿石中的一些硫化矿物和砷化矿物反应,生成毒性强、气味重、刺激性大、容易挥发的气体,恶化工作条件;对于碳酸盐脉石含量较高的矿石会消耗过量的硫酸,从而使很多黄铁矿含量不高的矿山因为成本问题而无法回收黄铁矿,导致黄铁矿损失在尾矿库中,加大了进一步降低尾矿中硫含量的难度,造成了资源的严重浪费。

(5)不利于稀贵金属的回收。在高碱介质中,石灰对矿石中的金、银、铟、锗、镉、钼等金属和矿物及载体矿物均有不同程度的抑制作用,使稀贵金属得不到有效的综合回收[30]。

由此可见,尽管石灰廉价、易得,但是也存在一定的缺陷。因此,开发和建立高效的黄铁矿抑制剂互补体系,构建优势互补、协同效应明显的抑制体系,既克服石灰高碱工艺对环境和生产的危害,又能解决有石灰抑制能力强与选择性差的矛盾,对提高浮选分离效果、精矿产品质量及资源综合利用率具有重要的现实意义。

(1) 次氯酸钠+腐殖酸钠的互补抑制。周源等通过红外光谱分析,探讨了次氯酸钠+腐殖酸钠对黄铁矿的互补抑制机理,在添加和不添加次氯酸钠+腐殖酸钠的情况下,对黄药作用后的黄铁矿表面进行了红外光谱研究,结果见图 4-1[31]。

由图 4-1 可知,与不添加抑制剂相比,添加组合抑制剂次氯酸钠+腐殖酸钠,黄铁矿的表面发生了明显的变化,在 3461cm^{-1} 和 1641cm^{-1} 处的峰 A′ 和峰 B′ 明显比不加抑制剂时相应位置的峰 A 和峰 B 增强,说明产生了互补抑制效应明显的、新的含羟基物质。

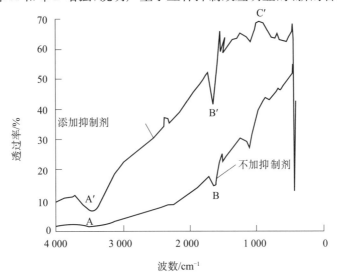

图 4-1　黄铁矿与黄药作用后的红外光谱

现代电化学、光电子能谱和 XPS 表面分析研究结果表明,硫化矿物表面的氧化产物受介质 pH 的控制,同时还受作用环境和氧化深度的影响;在中性或者碱性的水溶液中,黄铁矿表面会发生氧化反应,生成大量的 Fe(OH)$_2$,而次氯酸钠是一种强氧化剂,在碱性条件下,ClO$^-$ 与黄药阴离子发生竞争吸附,并优先吸附于黄铁矿表面,将黄铁矿表面生成的 Fe(OH)$_2$ 进一步氧化成亲水性的 Fe(OH)$_3$ 沉淀,使黄铁矿受到抑制。Fe(OH)$_3$ 应该是图 4-1 中峰 A′ 和峰 B′ 的来源。

从图 4-1 还可以看出,添加次氯酸钠+腐殖酸钠组合抑制剂,在 914cm^{-1} 附近比不加抑制剂多了一个峰 C′,说明经次氯酸钠+腐殖酸钠作用后,黄铁矿表面产生了新的物质。

腐殖酸钠具有自由螺旋状直链型的结构,其特点是支链多、极性基多,这些极性基在水介质中强烈地形成水化离子,在黄铁矿的空余表面上吸附,排除或络合吸附在黄铁矿表面的活性离子,消除 Cu^{2+} 对黄铁矿的活化作用,从而降低黄药在黄铁矿表面的吸附性。

图 4-1 中的峰 C′所对应的新物质,应该正是腐殖酸钠的金属络合物。

此外,腐殖酸钠的分子长度远远超过黄药的烃基长度,其多支链的直链型自由螺旋状高分子结构会阻碍黄铁矿颗粒向气泡黏着,从而更加降低黄铁矿的可浮性。对金属离子的络合作用以及对矿粒向气泡黏着的阻碍作用的双重互补效应,导致腐殖酸钠用量过量时,不仅对黄铁矿具有抑制作用,而且对铜矿物也产生抑制作用。

(2) YD+腐殖酸钠的互补抑制。YD 是一种无毒、固体状的无机抑制剂,具有来源广、使用方便、价格低廉的优点,与腐殖酸钠组合作为黄铁矿的抑制剂,在抑制机理上具有互补性,可强化对黄铁矿的抑制作用。

刘智林和许方研究发现,YD+腐殖酸钠按 3∶1 的比例,在低碱度(pH=6~12)条件下,可以强烈地抑制黄铁矿,并且随着 pH 的升高,抑制作用越强烈,但对方铅矿没有明显的抑制作用。捕收剂的吸附量研究表明,腐殖酸钠或者组合抑制剂对方铅矿表面的黄药吸附量的影响不大,但是能够显著地影响黄铁矿表面的黄药吸附量[32]。在低用量时,腐殖酸钠在方铅矿和黄铁矿表面的作用强弱不同,对方铅矿表面的作用弱、对黄铁矿表面的作用强。腐殖酸钠分子中含有多个亲水的基团,易于与黄药在黄铁矿表面形成竞争吸附,从而削弱矿物表面的疏水性。在实际矿石的浮选分离中,也可能因为腐殖酸钠分子中具有易于与矿浆中的某些离子发生螯合作用,从而降低了溶液中对黄铁矿具有活化作用的离子浓度。另外,组合抑制剂中含有无机氧化剂 YD,构成了黄铁矿的强氧化性,这种氧化作用不仅削弱捕收剂分子(离子)在黄铁矿表面的吸附,也为腐殖酸钠分子在黄铁矿表面的吸附提供了条件,因此,组合抑制剂比单一的腐殖酸钠具有更好的、互补的抑制效果。

(3) YD+硫酸锌的互补抑制。硫酸锌与 YD 试剂组成的无机组合抑制剂对铅、锌矿物的浮选均不产生抑制作用,但可以高效、选择性地抑制黄铁矿,其抑制强弱与两者的配比有关[20]。

① 硫酸锌在组合抑制剂中起到协同抑制的作用,与 YD 试剂配合使用时,对黄铁矿的抑制能力比单独使用硫酸锌时强。

② 硫酸锌在组合抑制剂中所占的比例偏大时,对黄铁矿的抑制能力却相对较弱。

③ YD 在抑制黄铁矿的过程中起到了重要作用,以 1∶1 的比例与硫酸锌协同抑制黄铁矿时,并不比单独使用 YD 的效果好。

④ 随着 YD 在组合抑制剂中所占比例的增大,其对黄铁矿的抑制效果也变得越来越好,但是当 YD 所占比例过大时,其抑制性能却没有相应的提高。因此,硫酸锌与 YD 的比例为 1∶2 是比较合适的。

(4) 次氯酸钙+腐殖酸钠的互补抑制。方夕辉等研究发现,次氯酸钙、腐殖酸钠、次氯酸钙+腐殖酸钠,都是黄铁矿的有效抑制剂,能有效地抑制黄铁矿。而在低碱条件下,次氯酸钙+腐殖酸钠比单独使用两种抑制剂对黄铁矿的抑制效果更为显著,对黄铁矿具有较好的选择性抑制作用,而对黄铜矿没有抑制作用[33]。

通过对使用单一的抑制剂及组合抑制剂进行润湿能计算,发现次氯酸钙+腐殖酸钠在矿物表面存在着协同效应,随着 pH 的升高,次氯酸钙+腐殖酸钠对黄铁矿润湿能的影响减小,在 pH>7 的弱碱介质中,次氯酸钙+腐殖酸钠的协同效应最为显著,对黄铁矿表面的润湿能影响最大。

(5) 其他抑制剂的互补抑制。在黄铁矿的组合抑制剂研究中,CaO 通常与其他药剂联合使用。凌竞宏等研究了 Na_2S、$FeSO_4$、Na_2SiO_3、Na_2SO_3、$KMnO_4$ 等无机试剂与石灰联合使用时对黄铁矿可浮性的影响,发现组合用药比单一用药的互补效应明显,石灰用量低,对黄铁矿抑制效果好[34]。

叶雪均等研究了低碱度下,无机组合抑制剂 DS＋YD 对铅铁硫化矿的互补抑制性能及作用机理,结果表明:DS＋YD 对黄铁矿有抑制作用、对方铅矿没有抑制作用,组合抑制剂对不同矿物表面竞争吸附能力的差异是低碱度矿浆条件下实现有效分选的主要原因[35]。

周源等研究了 pH＝8 的低碱度条件下,$Na_2S_2O_3$＋焦性没食子酸、NaClO＋焦性没食子酸、$CaCl_2$＋单宁酸、$KMnO_4$＋单宁酸、NaClO＋腐殖酸钠五种组合抑制剂对黄铜矿、黄铁矿可浮性的影响,结果表明,它们都可以在铜硫浮选分离时作为黄铁矿的选择性的互补抑制剂,只不过在选择性强弱和用量方面有所差异[36]。

2. 活化剂的互补效应

活化剂是指能够改变矿物的表面性质、促进矿物表面与捕收剂发生作用的药剂,其活化机理可分为四种:①自发活化作用;②预先活化作用;③硫化活化作用;④复合活化作用。无机活化剂一般有铜盐(如硫酸铜、可活化闪锌矿和铁闪锌矿的新型活化剂 X-43 等)、铅盐(如硝酸铅等)、酸(如硫酸、亚硫酸、草酸、二氧化硫等)以及硫化钠、石灰、碳酸钠、钡盐等;有机活化剂一般有乙二胺、丙二胺、胺基苯硫酚、苯二胺和水杨醛等,以及聚乙炔醇或醚(可活化脉石矿物)[3,4]。

活化剂与抑制剂之间并没有严格的划分,有些药剂由于使用的条件和环境不同,既可以是抑制剂,也可以是活化剂。例如,氟化钠与阴离子型捕收剂配合使用,对硅酸盐类矿物表现为抑制剂;与阳离子型捕收剂配合使用,对于硅酸盐类矿物则表现为活化剂。有些药剂由于用量的不同,对矿物的作用也不相同,如用油酸钠浮选赤铁矿时,硝酸铁和硫酸锰的用量少时表现为活化作用,用量多时则表现为抑制作用;Na_2S 在诸如铜、锌等氧化矿的活化过程中,用量适当时起活化剂和硫化剂的作用,用量大时起抑制剂的作用。因此,需要根据分选药剂性质的多样性和互补性及应用环境的复杂性,合理地构建活化剂的使用制度。

1) 闪锌矿的互补活化效应

闪锌矿属于有色金属硫化矿物,矿物表面具有较弱的疏水性[37],通常使用浮选的方法回收,需要使用黄原酸盐等捕收剂增加其表面疏水性。由于黄原酸锌不稳定,因此,闪锌矿需要通过"活化"来加强其表面与捕收剂分子之间的吸附作用[38]。硫酸铜是使用最广泛的闪锌矿活化剂,其他重金属离子,如铅、银、镉、汞和 Fe^{2+}/Fe^{3+} 等也可以活化闪锌矿,但没有或者较少被商业化应用[39,40]。

Cu^{2+} 活化闪锌矿的过程比较复杂,并且达成了共识,Cu^{2+} 按 1:1 的大致比例与矿物表面的锌离子交换而吸附在矿物表面,通常发生如下(4-1)所示的反应[41~43]。

$$ZnS_{(s)} + Cu^{2+}_{(aq)} \longrightarrow CuS_{(s)} + Zn^{2+}_{(aq)} \tag{4-1}$$

Cu^{2+} 在闪锌矿表面还会发生氧化还原反应,并被还原为 Cu^+。黄原酸盐等捕收剂分子可以与这些铜离子的反应产物反应,增强闪锌矿表面的疏水性;在较低的 pH 下,黄原酸亚铜是闪锌矿表面形成的主要疏水产物。

此外,改变 pH,闪锌矿自身的表面也会发生改变[44,45];在弱酸性条件下,闪锌矿表面会出现多硫化物(Sn^{2-})和元素硫(Sn^0)等疏水性物质[46];在较高 pH 下,矿浆溶液中生成的 Cu $(OH)_2$ 可能才是闪锌矿活化的主体。Prestidge 使用传统的 X 射线光电子能谱,研究发现 Cu

(OH)₂会先吸附在闪锌矿表面,然后其中的铜离子再与锌原子置换而活化闪锌矿[47]。而另一些研究者认为,在碱性介质中,闪锌矿表面的Cu(OH)₂中的 OH⁻ 会先与黄酸盐离子进行交换,生成的产物再分解在表面上形成黄原酸亚铜和双黄原酸亚铜[48~50]。

童雄等通过量子化学计算方法,研究了 Cu^{2+}、$CuOH^+$、$Cu(OH)_2$ 对理想闪锌矿、载铟闪锌矿单矿物和载锗闪锌矿单矿物的离子交换活化及吸附活化机理。选取闪锌矿(110)面作为计算对象,构建(110)面模型时,首先优化原胞,在优化后的原胞基础上构建出 1 个 6 层原子层的(110)面,其模型如图 4-2 所示。其次对构建好的(110)面进行几何优化,优化过程中固定基底 3 层。而构建含稀贵金属元素的闪锌矿(110)面模型时,将一个原子 X(In、Ge 或 Cu)替代(110)面中的 T 位置的锌原子,并进行几何优化,并且定义闪锌矿(110)面一个原子 X 替换一个原子 M[Zn、ZnOH、Zn(OH)₂]的替换能计算如式(4-2)所示,吸附能如式(4-3)所示[51,52]。

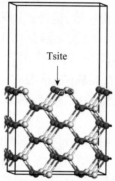

图 4-2 闪锌矿(110)面的模型示意图

$$替换能:\Delta E_{sub} = E_{slab+M}^{tot} + E_X - E_{slab+Zn}^{tot} - E_M \tag{4-2}$$

$$吸附能:\Delta E_{sub} = E_{slab+M}^{tot} - E_{slab+X}^{tot} - E_M \tag{4-3}$$

式(4-2)中,$E_{slab+Zn}^{tot}$ 和 E_{slab+M}^{tot} 分别表示替换前后矿物的总能量,E_M 和 E_X 分别表示替换前后独立基团或原子的能量。

式(4-3)中,E_{slab+M}^{tot} 表示原子或基团吸附在矿物表面后稳定后的总能量;E_{slab+X}^{tot} 和 E_M 分别为吸附前矿物的能量和独立基团的能量;ΔE_{sub} 的值越负,说明反应越容易进行。

通过比较系统的计算和研究,发现铜离子存在如下的互补活化效应。

(1) 离子交换活化。Cu^{2+}、$CuOH^+$、$Cu(OH)_2$ 对 In 的替换能分别是 11.67eV、7.65eV 和 5.6eV,对 Ge 的替换能分别是 -10.56eV、-2.52eV 和 -2.4eV,对 Zn 的替换能分别是 -5.08eV、-1.46eV 和 -1.98eV,说明 In 取代不利于闪锌矿的活化,Ge 取代有利于闪锌矿的活化,并且 Cu^{2+}、$CuOH^+$、$Cu(OH)_2$ 都可以离子交换的形式活化理想的闪锌矿。

(2) 吸附活化。Cu^{2+}、$CuOH^+$、$Cu(OH)_2$ 在载铟闪锌矿表面 S 位上的吸附能分别为 -30.43eV、-8.55eV 和 -2.8eV,在载锗闪锌矿表面 S 位上的吸附能分别为 -29.33eV、-8.75eV 和 -2.02eV,在理想闪锌矿表面 S 位上的吸附能分别为 -29.49eV、-9.22eV 和 -2.08eV(图4-3),研究结果表明:Cu^{2+}、$CuOH^+$、$Cu(OH)_2$ 在载铟闪锌矿表面仅存在吸附的活化方式,而在载锗闪锌矿和理想闪锌矿表面同时存在置换和吸附两种活化方式,且吸附的活化方式更容易发生。三种物质中,Cu^{2+} 的吸附能最大,其次是 $CuOH^+$,$Cu(OH)_2$ 的吸附能相对较弱。键的布局值表明:Cu^{2+} 与 S 形成了稳定的共建键,$CuOH^+$ 中 Cu 与矿物表面 S 原子、O 原子与金属原子均形成共价键吸附,$Cu(OH)_2$ 中 Cu 与矿物表面 S 原子形成了共价键吸附,但 O 原子与金属原子未形成共价键,这也可能是 $Cu(OH)_2$ 吸附能较弱的原因。

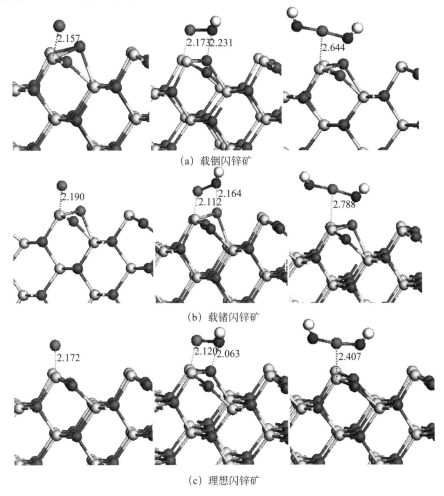

(a) 载铟闪锌矿

(b) 载锗闪锌矿

(c) 理想闪锌矿

图 4-3　Cu^{2+}、$CuOH^+$、$Cu(OH)_2$ 在载铟、载锗及理想闪锌矿表面的吸附模型示意图

2) 铁闪锌矿的互补活化效应

铁闪锌矿具有闪锌矿的一些特性,同样可被氰化物及亚硫酸盐等抑制,不同之处是,铁闪锌矿对这些药剂更敏感,使共伴生在铁闪锌矿中的铟、银和镉等稀贵金属在选矿过程中更加容易损失。因此,在铜铅锌硫复杂矿浮选中使用的调整剂和硫化铁矿物的抑制剂一般采用石灰,或者石灰与其他药剂的联合使用。例如,在锌—硫的浮选分离中,通常采用石灰与其他药剂的组合来抑制硫化铁矿物。一般来说,石灰对被铜离子活化的闪锌矿无抑制作用,但是,被铜离子活化的铁闪锌矿,当石灰添加量过多时,则具有明显的抑制作用。在这点上,铁闪锌矿往往具有硫化铁矿物(黄铁矿、磁黄铁矿和白铁矿等)的特性,表

现出较闪锌矿不易活化和浮游性较差的特点。

　　为了有效地解决常规活化剂硫酸铜存在的选择性活化不足的技术难题,童雄等研发了具有自主知识产权的选择性活化和抑制互补的 X-43 系列的新型活化剂,可以实现对铁闪锌矿较好的选择性活化以及对硫化铁矿物的选择性抑制的互补作用。生产实践表明:该集成技术解决了全球第二、亚洲第一的 8000t/d 文山都龙复杂多金属矿分选的关键技术难题,克服了高碱(pH=11~13)介质下常规浮选药剂的选择性不高、精矿中金属互含严重、资源损失率大的技术瓶颈,填补了复杂矿资源高效活化研究领域的空白,并成功地实现了产业化应用,铜精矿品位和回收率分别提高 7 和 20 百分点,锌精矿中锌品位和回收率分别提高 1.59 和 3.20 百分点、铟品位和回收率分别提高 27.7g/t 和 8.88 百分点、银品位和回收率分别提高 118g/t 和 7.47 百分点,每年可增加经济效益数亿元。

　　童雄等通过扫描电镜和能谱分析研究,发现活化前[图 4-4(a)]铁闪锌矿表面是非常光滑的,而在碱性条件下,添加硫酸铜活化的矿物表面[图 4-4(c)]明显有微小颗粒的吸附特征;能谱测试结果表明:活化前[图 4-4(b)]矿物表面的 O 和 Cu 含量非常低,而活化后[图 4-4(d)],其含量急剧增多,表明吸附的颗粒可能是铜的氧化物(图 4-4)。

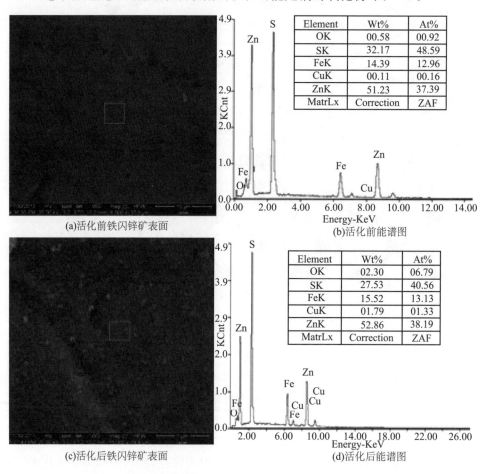

(a)活化前铁闪锌矿表面　　　　　　　　　(b)活化前能谱图

(c)活化后铁闪锌矿表面　　　　　　　　　(d)活化后能谱图

图 4-4　碱性条件下硫酸铜活化铁闪锌矿表面的 SEM-EDS 图

3）氧化铜矿的互补活化效应

有色金属氧化矿物，如孔雀石、铅矾、白铅矿等直接用黄药不能浮选，但与硫化钠作用后却能很好地用黄药浮选。因此，对有色金属氧化矿石来说，硫化钠或硫氢化钠等是不可缺少的活化剂，亦称之为硫化剂。

硫化浮选法是有色金属氧化矿石经典的浮选方法之一，采用硫化钠或硫氢化钠等可溶性硫化剂将氧化矿物预先硫化，使氧化矿物表面发生硫化反应，生成疏水的表面，然后采用浮选硫化矿石的方法进行回收。该方法是国内外氧化铜矿和混合铜矿的主要处理方法。氧化铜矿石一般具有氧化率高、结合率高、含泥量大、原矿品位低、细粒不均匀嵌布、氧硫混杂等特点，决定了氧化铜矿石的选矿难度较大，因此，硫化过程的效果起着关键的作用；在硫化过程中，硫酸铵可以起到很好的互补作用，不仅可以促进硫化过程的活化作用，加快化学反应的速率，而且可以提高硫化膜的密度和稳定性，增加捕收剂的吸附量和吸附的稳定性，从而增强氧化铜矿物的疏水性和可浮性；对以孔雀石、蓝铜矿、赤铜矿等为主的氧化铜矿石，可以获得较好的分选指标。

刘殿文对孔雀石的纯矿物进行了浮选试验研究，发现硫酸铵并不能单独地活化氧化铜矿物，但是在硫化—黄药浮选过程中，可促进硫化过程的进行、改善硫化效果，当硫酸铵与硫化钠的用量接近时，效果最好[53]。对于不同类型的氧化铜矿石，硫酸铵可以强化难处理的游离氧化铜矿物表面的硫化效果，有利于捕收剂的吸附，提高氧化铜矿物的回收率，同时硫酸铵的存在可以避免过剩硫离子对孔雀石的抑制作用。生产中采用硫酸铵与硫化剂作组合活化剂，不仅能更好地活化氧化铜矿物的浮选，而且能明显地改善浮选过程的选择性。云南昆明因民选矿厂的工业试验结果表明，矿石的氧化率越高，使用硫酸铵的效果越好；硫酸铵不仅使游离氧化铜的回收率显著的提高，而且结合氧化铜的回收率翻一番，使浮选速度明显加快，全铜回收率提高近 3 百分点、精矿品位提高 1.13 百分点[54]。

4.2.2　捕收剂的互补效应

捕收剂是指能够选择性地作用于矿物—水界面并使矿物表面疏水的有机物，能够使矿粒更牢固地附着于气泡而上浮。按照分子结构的不同，可将捕收剂分为异极性、非极性和两性三类捕收剂[55]。

1. 捕收剂分子结构中的基团互补

1）异极性捕收剂分子结构中的基团互补

异极性捕收剂由极性基和非极性基两部分组成，是构成捕收剂重要的、互补的两个部分，在矿物的捕收过程中缺一不可；极性基可以构建矿物与捕收剂相互作用之间的联系，非极性基则是构建矿物与气泡之间紧密联系的、起桥梁作用的基团或者纽带，它们在矿物的捕收过程中起到了非常好的优势互补作用。

黄药（R—OCSSNa）、脂肪酸（R—COOH）和胺（R—NH$_2$）等常见的捕收剂均是异极性捕收剂，它们的极性基分别是—OCSS—、—COO—和—NH$_2$等，非极性基都是 R—。捕收剂在水中解离后，极性基中的亲固原子主要是—S—、—O—和—NH$_2$等。一般来说，当捕收剂的亲固原子与矿物中的非金属元素同类时，就可以发生捕收作用。例如，以硫为亲固原子的黄药类、黑药类、硫氮类的捕收剂,主要捕收硫化矿物;以氧为亲固原子的羧酸类、磺酸类捕收剂,主要用于氧化矿物的捕收[56]。

极性基主要决定捕收剂的价键因素,极性基中不是全部的原子价都被饱和,因而有剩余亲和力,它们决定了极性基的作用活性,与矿物表面作用时,固着在矿物表面,故也叫亲固基。

非极性基对捕收剂的性能具有多方面的影响,其组成和结构决定捕收剂在矿浆中的溶解和分散能力,非极性基的相互综合作用能够影响其在矿物表面吸附的牢固程度,它的电子效应(如诱导效应和共轭效应等)间接地影响极性基键合原子的配位能力,它的体积大小还影响捕收剂向矿物表面的接近,最重要的是它的结构和大小决定了捕收剂是否具有足够的疏水能力使浮选过程得以发生。通常,非极性基的烃链太短,则捕收剂的疏水能力不够,不能够使矿物表面有效的疏水化而浮选;烃链太长,则捕收剂不能很好地在矿浆中溶解,也影响分选的效果。因此,对不同的矿物,存在链长最适合的捕收剂,可使矿物的分选效果最佳。

2) 两性捕收剂分子结构中的基团互补

两性捕收剂是指分子中同时带有互补的阴离子和阳离子官能团的异极性有机化合物,常见的阴离子基团主要是—COOH基、—SO_3H基和—OCSSH基等,阳离子基团主要是—NH_2等。从分子结构来看,两性捕收剂与矿物表面离子的反应活性低于相应的离子型(酸型)捕收剂,与矿物表面发生化学吸附的可能性较小,但其结构中通常具有与矿物表面离子形成络合配价键的条件,这就决定了捕收剂具有较高的选择性。同时,两性捕收剂分子一般具有两个非极性基,亲水性较小,分子几何尺寸大,所以通常具有液—气界面活性及起泡性;由于化学活性低、选择性高、分子断面大,由此带来的另一个结果是两性捕收剂被矿浆中难免离子和矿泥消耗的比例较小,所以药剂用量较低。

两性捕收剂在水溶液中的解离与介质的酸碱度有关,在酸性介质中通常呈阳离子,在碱性介质中呈阴离子。因此,调节矿浆的 pH 值,可以使其产生不同的捕收作用并呈现出不同的选择性。

互补官能团既有阴离子又有阳离子,因此,两性捕收剂具有如下优良性能:①良好的水溶性和抗低温性;②多数两性捕收剂不受硬水和海水的影响或者影响较小;③能够在矿物表面发生静电吸附和化学吸附,同时可与部分金属离子发生螯合作用,因此选择性好[57]。

3) 非极性捕收剂分子结构中的基团互补

非极性捕收剂的整个分子是非极性、结构均匀的,化学通式为 R-H。它们的分子不含极性基团,且碳氢原子间都是通过共价键结合而成的饱和化合物,致使在水溶液中不与偶极水分子作用而呈现出疏水性和难溶性;同时,它们不能电离成离子,因此,被称为中性油或者非极性烃油类捕收剂。

烃油类捕收剂因分子结构既无极性官能团,本身又无极性,化学活性很低,故与矿物表面不可能发生化学吸附作用或者表面化学反应,只能通过范德华力依靠物理吸附方式与矿物表面作用,属于不溶解物质在矿物表面附着的一种型式。

烃油类捕收剂对外表现为弱的分子键,因而容易附着于同样呈弱分子键的非极性矿物表面[58]。矿物表面的疏水性越强、亲油性越大,烃油在矿物表面的吸附越容易,吸附量也越多,吸附速度也越快。因此,对不同的矿物而言,烃油的捕收作用能够呈现出一定的选择性,尤其是在分离非极性矿物与极性矿物时,可获得较好的效果。但烃油类捕收剂能有效分选的矿物种类不多,特别是在现代浮选药剂种类多样化、矿石又趋于“贫、细、杂”的情况下,单独使用烃油只适用于分选某些天然可浮性很好的辉钼矿、石墨、天然硫、滑石、煤和雄黄等所谓的非极性矿物。这些碎磨后的矿物的解离面主要呈分子键力,表面有一定的天然疏水性,浮选时不需用很强的捕收剂,通常烃油即可很好地浮选。实践表明:在很多情况下,阴离子型或者阳离子型捕收剂,若与适量烃油混合使用,通常可增强极性捕收剂的捕收能力,提高矿物的浮选粒度上限,降低极性捕收剂的用量,获得良好的浮选效果。因此,烃油类捕收剂也常作为离子型捕收剂的辅助捕收剂使用。

常见的烃油类捕收剂有煤油、柴油、燃料油、重油、变压器油等,具有如下的结构特点:①分子结构对称,无永久偶极,分子内部的原子以共价键结合,电子共有,而且不能转移到其他原子上;②化学活性差,在水中不易解离成离子,而且溶解度小、疏水性强,对呈分子键、天然疏水性强的矿物表面具有良好的吸附性能;③在疏水性越好的矿物表面的吸附量越多,与矿物表面不发生化学反应,只能以物理吸附的形式固着在矿物的表面;④由于只能以物理吸附的形式吸附到矿物表面上,烃油类捕收剂只能作为天然可浮性较好的矿物的捕收剂;⑤因其难溶于水,实际上是以油滴形式存在于水中,故其用量一般较大。

2. 捕收剂与矿物表面作用的互补效应

1) 异极性捕收剂与矿物表面作用的互补效应

捕收剂作用的基本模式是捕收剂分子或离子在矿物—水界面的吸附,主要有分子吸附、离子吸附、半胶束吸附和捕收剂的反应产物在矿物表面的吸附等[59]。

(1) 分子吸附,是指分散或溶解于矿浆中的捕收剂分子在矿物表面上的吸附。非极性分子的物理吸附,主要是各种烃油类的吸附;极性分子的物理吸附,主要是黄药、油酸和胺类捕收剂的未解离的分子在固—液界面的吸附。

(2) 离子吸附,是指矿浆中捕收剂离子在矿物表面上的吸附。例如,pH>5 时,黄药在方铅矿表面上的吸附,油酸类捕收剂在萤石、方解石、白钨矿等含钙矿物表面的吸附等。

(3) 半胶束吸附,当捕收剂浓度足够高时,长烃链捕收剂的非极性基吸附在矿物表面,缔合而形成二维空间的胶束,这种吸附称“半胶束吸附”。例如,使用十二烷基醋酸胺浮选石英时,随十二胺浓度的增加,十二胺离子的吸附增多,在矿物表面形成半胶束吸附。

(4) 捕收剂的反应产物在矿物表面的吸附,捕收剂在矿浆中与其他离子或矿物表面作用过程中可能发生一系列的反应,一些反应产物吸附在矿物的表面。例如,黄药在硫化矿表面作用,或者在矿浆中氧化可生成烃基—硫代碳酸盐(ROCOS—)及过黄药(ROCSSO—),它们可以分别吸附于被氧化的矿物表面和硫化矿物表面,而产生捕收作用。

近十年来,由于浮选理论研究的不断发展,尤其是红外光谱和电化学方法的应用,对捕收剂与矿物表面的作用模式与效应有了更深入的认识。以黄药为例,黄药在硫化矿物表面作用的机理主要有化学吸附、双黄药吸附和共吸附三种互补形式;最新的研究成果表明,除了以上三种互补的吸附模式外,捕收剂与矿物表面的直接作用也是黄药在硫化矿物表面的作用模式之一[60]。

(1) 化学吸附[61]。黄药对矿物进行捕收作用的前提是必须有氧的存在,在有氧的条件下,首先发生硫化矿物表面的氧化反应,生成硫氧盐或硫酸盐。以方铅矿为例,反应如下:

$$PbS(固) + 2O_2(气) \longrightarrow PbSO_4(固)$$

氧化后的硫化矿物表面的硫酸根离子,可以与水中的氢氧根离子、碳酸根离子等进行交换生成碳酸铅和氢氧化铅;加入黄药后,黄药阴离子与矿物表面的 OH^-、CO_3^{2-}、SO_4^{2-} 等离子产生交换吸附,这种吸附在前期为化学吸附,后期可形成溶积相物质——金属黄原酸盐。黄原酸铅[$Pb(ROCSS)_2$]具有强烈的疏水性,在矿物表面沉积可提高矿物的可浮性,起到了较好的捕收作用。

黄药与矿物表面金属离子能否生成不溶性的黄原酸盐主要取决于生成产物的溶度积大小,如果生成的黄原酸盐溶度积大,则不利于离子交换吸附的进行,黄药就不容易捕收这类矿物。反之,生成的黄原酸盐溶度积越小,离子交换吸附越容易进行,黄药捕收的效果就越好。因此,黄原酸盐溶度积的大小对离子交换吸附的程度影响较大,可根据各种金属黄原酸盐的溶度积大小,确定相应的硫化矿物的可浮性。

(2) 双黄药吸附[62]。用电化学方法研究黄药与硫化矿物的作用,发现黄药对硫化矿物的捕收作用是由于黄药氧化后生成具有疏水作用的双黄药,并吸附在硫化矿物的表面,从而使矿物表面疏水。双黄药吸附和化学吸附的观点都认为,必须有氧的存在,黄药才能浮选硫化矿物。黄药阴离子在矿物表面生成双黄药的反应如下:

$$4ROCSS^- + O_2 + 4H^+ \Longrightarrow 2(ROCSS)_2 + 2H_2O$$

硫化矿物对反应起催化作用。持双黄药吸附观点的学者认为,黄药在硫化矿物表面被氧化生成双黄药,使硫化矿物实现浮选;在某些情况下,氧化还原产物是金属黄酸盐和元素硫时,同样也可以实现浮选。

(3) 共吸附[63]。共吸附观点实际是上述化学吸附和双黄药吸附两种吸附观点的集成与综合,是化学吸附和双黄药吸附之间的互补。最新的研究发现,方铅矿与黄药作用后,矿物表面仅有黄原酸铅或者双黄药时都不能使方铅矿很好的浮游,只有这两种产物并存与协同时,才能使方铅矿表面具有足够的疏水性;而且,两种产物应有一个最佳的比例,双黄药的吸附量占总吸附量的 $10\% \sim 30\%$ 时,方铅矿的可浮性才最好[64]。

(4) 捕收剂与矿物表面的直接作用。最新的研究是,作者采用量子化学研究了黄药分子、黑药分子、硫氮分子在载铟闪锌矿、载锗闪锌矿及理想闪锌矿表面的吸附效应,结果表明黄药分子、黑药分子、硫氮分子可以直接与闪锌矿表面发生作用。

黄药、黑药及硫氮分子在载铟闪锌矿表面的吸附能分别为 $-2.94eV$、$-2.85eV$ 和 $-0.48eV$,在载锗闪锌矿表面的吸附能分别为 $-1.4eV$、$-1.96eV$ 和 $-0.53eV$,在理想闪锌矿表面的吸附能分别为 $-1.63eV$、$-1.95eV$ 和 $-0.47eV$(图 4-5)。由此可以看出:黄药分子对铟原子的吸附最强,其次是理想闪锌矿表面的锌原子,对锗原子的吸附最弱;黑药分子对铟原子的吸附最强,对理想闪锌矿表面的锌原子和锗原子的吸附相差不大,表明铟原子取代有利于黄药和黑药的吸附;硫氮分子对 3 种原子的吸附最弱、吸附能相差不大,说明铟原子和锗原子取代对硫氮的吸附几乎没有影响。

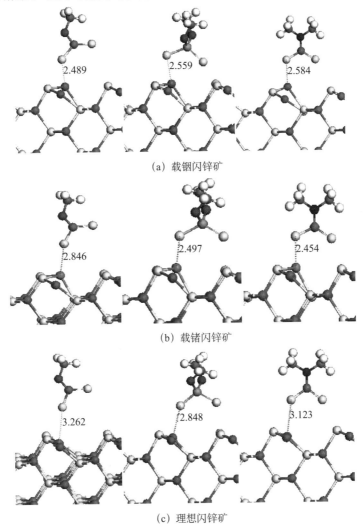

(a) 载铟闪锌矿

(b) 载锗闪锌矿

(c) 理想闪锌矿

图 4-5　黄药分子、黑药分子和硫氮分子在载铟、载锗及理想闪锌矿表面的吸附模型

电荷密度和键的布局值计算结果表明:三种捕收剂分子上的硫原子与铟和锗原子形成共价键吸附,与锌原子形成离子键吸附,说明捕收剂对铟和锗的吸附更为牢固;参与反应的轨道主要有捕收剂中硫原子的 s 轨道,矿物表面铟、锗和锌原子的 s 和 p 轨道。

2) 两性捕收剂与矿物表面作用的互补效应

羧酸类两性捕收剂是两性捕收剂的典型代表,常见的有各种胺基酸、胺基磺酸及氨基磷酸等,其捕收能力及选择性受矿石的影响较大。通常酸类两性捕收剂主要用来处理非硫化矿,尤其是一些难处理的氧化矿;盐类矿物组成相当复杂,各组分的可浮性极为接近,同时矿浆中难免离子较多时,通常使用烷基氨基酸类两性捕收剂。例如,Wrobel 发现 N-十二烷基-β-氨基丙酸对方解石尤其对石英无捕收能力;pH<4.5 时,对赤铁矿的捕收能力较好;pH>4.5 时,对白云母的捕收能力较好;pH=5～9 时,萤石表现出较好的可浮性[65]。因此,可以通过调控矿浆的 pH 值,使矿物之间呈出现可浮性差异而达到分离的目的。

羧酸类两性捕收剂通常以静电吸附的方式与矿物表面作用[66]。静电吸附模型认为,由于两性捕收剂的解离性质在等电点对应的 pH 值处发生变化,与此对应,在此 pH 值下,矿物的浮选行为也发生转折。当捕收剂的等电点 pH_{OR} 小于矿物的等电点 pH_{OM},若矿浆 pH 值满足 $pH_{OR}<pH<pH_{OM}$,则药剂与矿物表面的电荷符号相反,静电吸附容易发生;当 $pH_{OR}>pH_{OM}$,矿浆 pH 值满足 $pH_{OR}>pH>pH_{OM}$,静电吸附也容易发生。在其他情况下,很难发生静电吸附。

酯类两性捕收剂是由烷基氨与卤代酯化物反应制得,其分子中同样具备阳离子官能团和阴离子官能团,在酸性和碱性溶液中分别显示阳离子和阴离子的性质,在等电点时,分子呈电中性[67]。

酯类两性捕收剂类似非离子型捕收剂,可以与矿物表面离子形成络合配价键,具有较高的选择性、液—气界面活性及起泡性。与羧酸类两性捕收剂相比,酯类两性捕收剂分子在溶液中不发生解离,其化学活性低于相应的羧酸类两性捕收剂,在酸性溶液中仍然是-NH_2 与 H^+ 作用显示阳离子捕收剂的性质,即

$$-CH_2-\overset{\overset{\displaystyle H}{|}}{\underset{\underset{\displaystyle H}{|}}{N}}:\ +\ H^+ \longrightarrow -CH_2-\overset{\overset{\displaystyle H}{|}}{\underset{\underset{\displaystyle H}{|}}{N}}:\ H^+$$

在碱性溶液中,则是羰基氧原子与 OH^- 之间通过氢键发生作用,即

$$-CH_2-\overset{\overset{\displaystyle O}{||}}{C}-O-CH_3\ +\ OH^- \longrightarrow -CH_2-\overset{\overset{\displaystyle O\cdots OH^-}{||}}{C}-O-CH_3$$

羰基氧原子和 OH^- 之间的氢键键合是酯类两性捕收剂的特点,因此,该类捕收剂对以 OH^- 为定位离子的石英和石榴子石等硅酸盐矿物的捕收能力较强,而对赤铁矿、萤石、方解石等的捕收能力较弱。

酯类两性捕收剂在硅酸盐矿物表面的吸附机理是静电吸附和氢键键合,在药剂等电点附近有可能存在静电吸附和氢键键合同时发生的螯合作用形式。羰基氧原子和定位离子 OH^- 或者溶液中 OH^- 之间的氢键作用一方面增强了对硅酸盐矿物的捕收能力,另一方面对赤铁矿、萤石等矿物具有一定的抑制作用[66]。

3) 非极性烃油类捕收剂与矿物表面作用的互补效应

矿物表面有极性和非极性之分,当矿物表面属于非极性表面时,$\sigma_{固油}<\sigma_{固水}$,矿物表面对油分子的吸引力大于对水分子的吸引力,油滴吸附到矿物的表面,油滴和水滴不能在矿物表面同时吸附,表现为非互补的吸附形式。如果矿物表面与油分子之间的作用力大于油分子本身之间的作用力,油滴可在矿物表面展开,同样表现为油滴与水滴的非互补的吸

附形式；反之，油分子只能以油滴的形式吸附在矿物表面，不能展开。当矿物表面是极性表面时，$\sigma_{固水} < \sigma_{固油}$，矿物表面对油分子的吸引力小于对水分子的吸引力，矿物表面可覆盖一层水分子，并形成水化膜，油分子不能在矿物表面吸附，仍以油滴状态留在水中，此时，非极性烃油类捕收剂对这种表面没有捕收作用。

总之，烃油类捕收剂与矿物表面的作用是在搅拌过程中油滴分子与矿物表面产生碰撞，使油滴黏附在矿物表面并形成众多的疏水性分子；然后，矿粒表面上的油滴分子逐渐兼并展开，形成油膜，覆盖在矿粒表面，从而大大增强矿物表面的疏水性，使之具有良好的可浮性[68]。

非极性烃油类捕收剂的互补作用模式主要表现在以下三个方面。

（1）非极性烃油类捕收剂可以改善疏水性矿物与气泡的附着过程。该类捕收剂在矿物表面展开，增加了矿物表面的疏水程度，削弱其水化作用，使矿粒与气泡碰撞时，水化膜容易破裂，附着过程容易进行。

（2）非极性烃油类捕收剂可有效地提高疏水性矿粒在气泡上附着的牢固程度，原因是该类捕收剂能沿着三相接触周边而富集，形成三相接触的油环。

（3）细颗粒的矿物表面黏附油滴后互相兼并，还可以形成絮团。

以上三个方面的作用构建了非极性烃油类捕收剂与矿物表面的互补作用模式。

3. 捕收剂的捕收性与起泡性的互补效应

许多捕收剂除了具有优良的捕收性能外，还兼有一定的起泡性能。

25 号黑药和丁胺黑药等除了具有优良的捕收性能外，还具有起泡性，是铜、铅和银的硫化矿物及活化了的硫化锌矿物的有效捕收剂，常用于铅锌矿的优先浮选分离[69]。在碱性浮选回路中，这类药剂对黄铁矿及其他硫化矿物的捕收力很弱，但在中性或酸性介质中，它是所有硫化矿物的非选择性的强力捕收剂；在特定条件下，还对重金属氧化矿物具有一定的捕收效果，也可用于镍、锑的硫化矿物的浮选，对特别难选的硫化镍矿、混合镍矿以及一些中矿较为有效。

BK-301 是一种复合型的化学活性物质，不仅具有捕收性能，而且兼有一定的起泡性能，是浮选有色金属矿中铜、锌、金、银、钼等硫化矿物的高效捕收剂，对黄铁矿的捕收力较弱，具有用量少、捕收能力强、选择性好等优点[70]。

水杨羟肟酸能与锡、钨、稀土、铜、铁等金属形成稳定的螯合物，而与碱土金属和碱金属形成不稳定的螯合物，所以，水杨羟肟酸具有较好的选择性[71]，特别是与锡石螯合时不仅能形成多种形式的外络盐，而且还能形成不同构成的内络盐，因此，水杨羟肟酸对锡石的选择性较强；此外，该药剂具有毒性低、用量少、适用性强等特点，具有较好的推广应用价值。

胺类捕收剂除具有捕收性能外，也具有起泡性能，是有色金属氧化矿、石英以及长石、云母等铝硅酸盐和钾盐的捕收剂，解离后形成带有疏水烃基的阳离子，故又称为阳离子捕收剂。用胺类捕收剂浮选有色金属氧化矿时一般在碱性介质中进行，此时，生成足够的 RNH_2。RNH_2 中氮原子的独对电子能够与矿物表面的 Cu^{2+}、Zn^{2+}、Cd^{2+}、Co^{2+} 等离子生成络合物，使矿物表面疏水；当胺阳离子为浮选的有效成分时，如果在强酸性介质（此时矿物表面带正电)中进行浮选,阳离子 RNH_3^+ 是起捕收作用的有效成分[72]。

4. 多种捕收剂的互补效应

捕收剂的互补效应主要存在以下两种形式。

一是混合捕收剂之间的互补,其代表为混合捕收剂在硫化矿浮选中的使用,可降低捕收剂用量,改善浮选过程的选择性,加快浮选速度,提高金属的回收率,尤其在复杂多金属硫化矿浮选时,浮选效果尤为明显。混合捕收剂改善浮选效果的实际机理还不是非常清楚,Mitrofanov 等认为是由于不同捕收剂的贡献可以叠加所致[73],而 Valdiviezo 等认为协同作用不是两种药剂的简单叠加[74];Bradshaw 认为,混合捕收剂改善了矿物表面的吸附特性,当其中的一种捕收剂通过化学吸附作用而吸附后,就可以为另外一种更加疏水的中性分子捕收剂提供在矿物表面上形成连续吸附的质点,因而增加了矿物总体的疏水性,改善了浮选过程[75]。

二是不同用途的药剂之间的互补,有些药剂兼具捕收性和起泡性,这与其分子结构密不可分,是采用单一的浮选药剂完成捕收和起泡的过程,还是采用多种用途的组合药剂共同完成该过程,这方面的利弊有待进一步的研究;捕收剂尤其是硫化矿的捕收剂在不同的 pH 和氧化还原条件下,其分子构成会有所不同,如黄药在矿浆中可被氧化为双黄药,也可转化为黄原酸盐,通过添加一定的 pH 调整剂和氧化剂、还原剂,可控制黄药在矿浆体系中的状态,从而向有利于不同矿物浮选的方向进行,可产生明显的、有益的互补效应。

柯丽芳研究了 SHA 和 TBP 两种捕收剂对微细粒锡石($<10\mu m$)的捕收作用,发现 pH 对浮选回收率影响很大[76];SHA 作捕收剂、TBP 作为互补的辅助捕收剂比单一使用 SHA 捕收剂的可选 pH 范围大。通过吸光度、电泳迁移率和傅里叶变换红外光谱的测定,证实了吸附作用以化学作用为主,吸附形式为一个或者两个周期的螯合环。单一捕收剂的吸附与互补的捕收剂组合的吸附模型分别见图 4-6 和图 4-7。

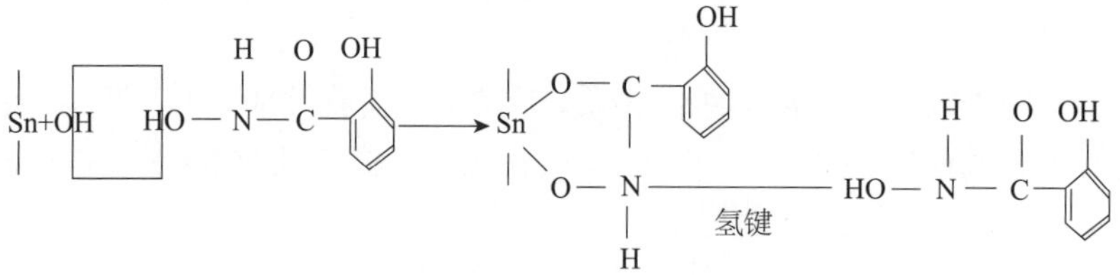

图 4-6　水杨基羟肟酸在锡石表面的吸附模型

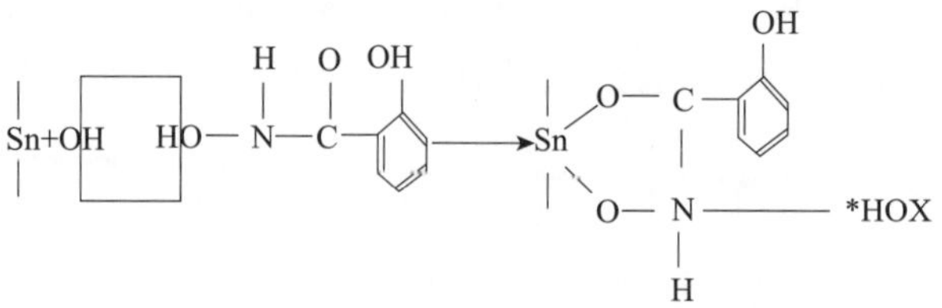

图 4-7　水杨基羟肟酸＋磷酸三丁酯在锡石表面的共吸附模型

丁明辉以油酸钠为主要捕收剂,将其与螯合剂(A 或 B)、正辛醇(MIBC)分别组合使用,通过单矿物和实际矿石的浮选试验,研究了组合捕收剂的捕收性能[77];通过表面张力测定、红外光谱分析、激光粒度检测三种手段,探讨了组合捕收剂的捕收性能与组分性质和组分之间相互作用的关系,为铝土矿浮选脱硅高效捕收剂的开发提供了理论基础。单矿物浮选的试验结果表明:油酸钠与螯合剂 A 或 B、MIBC 的组合药剂的捕收性能均优于单一的油酸钠,并以油酸钠、螯合剂 A、MIBC 三者的摩尔比分别为 9∶1∶3 的组合为最佳;组合捕收剂对一水硬铝石的捕收能力强,对高岭石的捕收能力弱,而且可使一水硬铝石的浮选 pH 区间向碱性区间大幅度扩展。实际矿石的浮选试验很好地验证了单矿物的试验结果。以油酸钠、螯合剂 A、MIBC 作为组合捕收剂时,在其总用量与单一油酸钠用量相同的条件下,通过一粗一精的开路流程,精矿中 Al_2O_3 品位可从 64.8% 提高到 71.94%,回收率提高了 3 百分点,达到 84.15%。

机理研究表明:浮选药剂的互补有利于捕收剂的非极性基的缔合,尽管螯合剂和脂肪醇的表面活性低于油酸钠,但是在 pH=9.4 时,这两种组分的加入,均可以降低油酸钠溶液的表面张力,且在浮选时促进一水硬铝石表观颗粒粒度的增大。红外光谱分析结果表明:油酸钠可吸附于铝硅矿物的表面,其选择性不够,而螯合剂和脂肪醇则选择性地吸附于一水硬铝石表面,提高了组合捕收剂的选择性。进一步的研究表明:基于油酸钠的组合捕收剂溶液表面张力的最低点与其捕收性能的最佳值相对应,故可以通过测定基于油酸钠的组合药剂表面张力的方法,达到初步筛选组合捕收剂的目的。

何桂春等以宜春钽铌矿重选尾矿中锂云母为研究对象,开展了组合捕收剂浮选锂云母的试验研究,结果表明,自配制的 LZ-00 与椰油胺以质量比 2∶1 组合时,分选指标最好,最佳的组合药剂总用量为 360g/t;采用一粗一精一扫的简单流程,可得到 Li_2O 品位为 4.12%、回收率为 70.37% 的锂云母精矿,较大幅度地提高了现场的分选指标;通过红外光谱分析可知,组合药剂在锂云母矿物表面同时存在互补的化学吸附和物理吸附及氢键作用(图 4-8 和图 4-9)[78]。

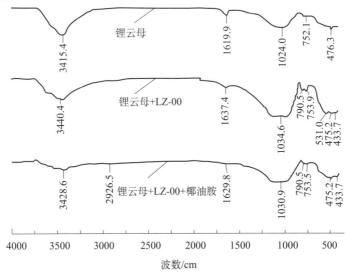

图 4-8　LZ-00 与椰油胺的红外光谱图

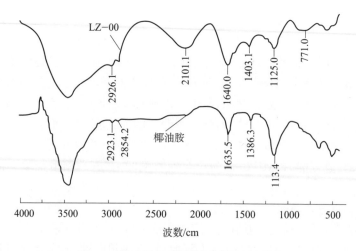

图 4-9　锂云母与药剂作用后的红外光谱

　　邱显扬等研究了四种捕收剂 GYB、NaOL、HPC、731 及其组合药剂对黑钨矿单矿物的浮选作用规律,通过黑钨矿的表面润湿性和表面电性测试、颗粒间的相互作用研究,探讨了组合捕收剂对黑钨矿颗粒间相互作用的影响,结果表明,最优组合的互补捕收剂能对黑钨矿的浮选产生正协同效应,不仅能提高黑钨矿的捕收能力,还能拓宽黑钨矿的浮选 pH 区间;通过组合捕收剂的互补作用研究,发现黑钨矿颗粒之间的相互作用总势能为负值,说明黑钨矿颗粒之间更容易形成疏水聚团,有利于黑钨矿的上浮。黑钨矿的表面电位及表面润湿接触角见表 4-2,不同捕收剂体系下黑钨矿颗粒的相互作用曲线见图 4-10[79]。

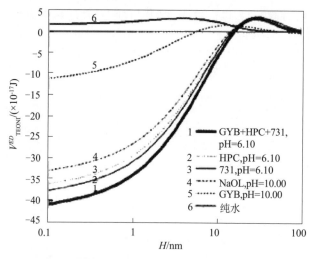

图 4-10　不同捕收剂体系下黑钨矿颗粒的相互作用曲线

　　在 0~10H/nm,不同捕收剂体系下,黑钨矿颗粒间相互作用总势能的大小依次为:纯水>GYB>NaOL>731>HPC>组合捕收剂。总势能越低,说明颗粒间相互的吸引能越大,则聚团的趋势就越明显。钨矿物疏水聚团的形成表明,经互补的组合捕收剂作用后,黑钨矿的疏水聚团更大、更紧密。

表 4-2　不同捕收剂体系下黑钨矿的表面电位及表面润湿接触角

捕收剂名称	捕收剂用量/(mg/L)	pH 值	表面电位/mV	接触角/(°)
无	0	7.00	−22.4	28.9
GYB	30	10.00	−23.4	41.5
NaOL	30	10.00	−27.0	71.5
731	30	6.10	−33.3	72.7
HPC	30	6.10	−34.8	74.7
GYB+HPC+731	3+18+9	6.10	−44.4	82.3

运用 EDLVO 理论计算了不同捕收剂体系下黑钨矿颗粒之间的相互作用势能,发现组合捕收剂作用后的黑钨矿颗粒相互作用的总势能为负值,表明不同的浮选药剂分子结构中不同官能团的互补作用,能够使黑钨矿颗粒之间更易形成疏水的聚团,有利于黑钨矿的上浮。

GYB、HPC 和 731 三者组合对黑钨矿的浮选亦存在互补效应,当 GYB∶HPC∶731=1∶6∶3时,其协同作用最为明显,不仅提高了对黑钨矿的捕收能力,还拓宽了其浮选的 pH 区间;当 pH 为 4~10,黑钨矿均表现出较好的可浮性。

GYB 分别与 NaOL、HPC 和 731 组合,同样能对黑钨矿的浮选产生正互补效应,其中 GYB 起辅助作用,在低用量下,可产生较明显的互补效应与交互作用。

4.2.3　起泡剂的互补效应

起泡剂为表面活性物质,主要富集在水—气界面,在浮选过程中,可促使空气在矿浆中弥散成小气泡,防止气泡兼并,并提高气泡在矿化和上浮过程中的稳定性,保证矿化气泡上浮后形成稳定的泡沫层。通常用选择性和起泡能力来描述起泡剂的性质。

1. 起泡剂分子结构中的基团互补

起泡剂一般均为表面活性剂,广泛应用的起泡剂通常是一种异极性表面活性物质(有机物),由一端为亲水的极性基和另一端为亲气的非极性基两部分组成,形成既有亲水性又有亲油性的所谓的"双亲结构"分子。亲油基可以是脂肪族烃基、脂环族烃基和芳香族烃基,或者带 O、N 等原子的脂肪族烃基、脂环族烃基和芳香族烃基;亲水基一般为羧基、烃基、磺酸基、硫酸基、膦酸基、氨基、腈基、硫醇基、卤基、醚基等[80]。

1) 非极性基对起泡性能的影响

不同系列的表面活性物质,其烃基每增加一个碳原子,其表面活性可以增大 3.14 倍;表面活性越大,起泡能力越强。所以起泡剂的非极性基越长,起泡能力就应越强;但非极性基过长,溶解度会显著减小,反而会降低起泡能力。常用起泡剂的非极性基长度有一定的范围,烃基中无双键的醇一般有 6~8 个碳,有双键的醇由于溶解度较大,烃基可以更长一些。

2) 极性基对起泡性能的影响

起泡剂的极性基通常有—O—、—OH、—COOH、—C=O、—NH$_2$、—SO$_4$H 和—SO$_3$H 等,极性基的结构和数量影响起泡剂的物理性质(如溶解度、解离度、黏度等)和化学性质(如矿物表面活性、与矿浆中离子的化学反应等),因此,对起泡剂的性能具有很大的影响[81]。

(1) 极性基对起泡剂溶解度的影响:主要取决于其性质和数量,极性基与水分子的作用越强,其溶解度越大。常见的极性基对水作用力的顺序为:—O—<—COOH<—OH<—SO$_3$H<—SO$_4$H,因此,当非极性基相近时,各类起泡剂的溶解度按上面的顺序逐渐增大;此外,极性基的数目越多,溶解度越大。

(2) 极性基对起泡剂解离度的影响:各种醇类、酸类等非离子型起泡剂,在水中不能解离。由于羧酸类起泡剂的—COOH 基中—C=O 对—OH 基有诱导效应和共轭效应,氢原子具有一定程度的解离,使之具有酸性。虽然酚与醇一样有极性基—OH,酚的羟基连在苯环上,由于苯环的共轭作用,羟基中的氢容易解离,使酚呈酸性。磺酸盐和硫酸盐类起泡剂则是较强的电解质。

离子型起泡剂在水中的解离度受溶液 pH 的影响,故起泡能力也受 pH 的影响;解离后使溶液呈酸性的起泡剂称为酸性起泡剂,其在碱性介质中的解离度较高,使其表面活性降低,对起泡剂的使用不利。所以,酸性起泡剂一般应在酸性介质中使用为好;同理,碱性起泡剂应在碱性介质中使用较为理想。

(3) 极性基的水化能力对起泡性能的影响:起泡剂分子在水中与水偶极作用,发生水化,在气泡表面形成一层水膜,使气泡不容易破裂,提高了气泡的稳定性;极性基的水化能力较强,气泡的稳定性也较强。根据极性基在气—水界面吸附自由能的大小,可以大致判断各种极性基水化能力的强弱,—COOH 的吸附能最大,最容易吸附到气—液界面,因此,其泡沫发黏,选择性较差;—SO$_4$H、—NH$_2$ 的吸附能小,形成的泡沫性脆,选择性好;—OH 居中。因此,人们通常希望起泡剂只有起泡性而无捕收性,这样才能便于浮选过程的调节。

2. 起泡剂作用效果的互补

泡沫浮选是利用泡沫使有用矿物富集的过程,因此,泡沫在矿物浮选中起着重要的作用[55]。传统的起泡剂并不只具有单一的起泡作用,而是具有多样化的协同作用,可调控泡沫的结构和稳定性、泡沫层厚度、气泡的大小与数量等物理和物理化学性质等,因此,具有互补的集成效应,主要表现在以下三个方面[82]。

(1) 使空气在矿浆中分散成小气泡,并防止气泡兼并。

一般希望浮选过程生成具有一定寿命、直径较小的气泡,但是气泡的直径也不能太小、太稳定,否则会对分选不利。在矿浆中,气泡直径的大小与起泡剂浓度有关。试验研究表明,矿浆中未加起泡剂时,气泡平均直径约为 3~5mm;加入起泡剂后,可降到 0.5~1mm。浮选过程还希望气泡不兼并,升浮到矿浆表面后,也不立即破裂,能够形成较为稳定性的泡沫层,保证浮选过程的顺利进行。这些都是靠起泡剂来实现的。

(2) 增加气泡的机械强度,提高气泡的稳定性。

为了保持最小的气泡面积,气泡通常呈球形。起泡剂在气—液界面吸附后,定向排列在气泡的周围,气泡在外力作用下发生变形,使气泡表面的起泡剂分子吸附密度发生变化;变形部位的表面积增加,导致起泡剂的密度降低、表面张力增大,然而表面张力降低是体系的自发趋势。因此,气—液界面存在的起泡剂,增强了气泡抗变形的能力;如果变形力不大时,气泡将不致破裂,并能恢复原来的球形,增加了气泡的机械强度。

（3）降低气泡的运动速度，增加气泡在矿浆中的停留时间。

首先，起泡剂的极性端有一层水化膜，气泡运动时必须随这层水化膜一起运动，由于水化膜中的水分子与其他水分子之间的引力，将减缓气泡的运动速度。其次，为了保持气—液界面的张力最小，气泡需要保持不容易变形的球形，但增大了运动过程的阻力，使气泡运动速度降低。最后，由于起泡剂作用的结果，使产生的气泡直径小、数目多，小气泡的运动速度通常较慢；因此，增加了气泡在矿浆中的停留时间，使矿粒与气泡的碰撞机会增多，提高了分选效果。

3. 起泡性与捕收性的互补

常规的起泡剂通常被认为无捕收作用，而事实上许多起泡剂不仅具有良好的起泡性能，同样具有一定的捕收性能，这种起泡性能和捕收性能的协同与互补构成了泡沫浮选的基本特征之一。

例如，松醇油是矿产资源浮选中最常用的起泡剂，俗称二号油。通常，添加松醇油是为了得到更好、更稳定的泡沫层。虽然松醇油通常被认为无捕收作用，但是作者通过大量的浮选试验和扫描电镜、能谱分析和红外光谱等研究，发现松醇油在（铁）闪锌矿、载铟闪锌矿、载锗闪锌矿等矿物的浮选过程中不仅具有出色的起泡性能，同样具有较强的捕收性能，在某些条件下，其捕收效果大大地超过常见的丁黄药等捕收剂，而且受 pH 的影响较小。

由图 4-11 和图 4-12 的扫描电镜和能谱分析可以看出，未添加松醇油时，铁闪锌矿表面是非常光滑的，并且没有检测到碳元素，矿物呈松散的颗粒状态［图 4-11(a)和(b)］；添加松醇油后，铁闪锌矿表面检测到了大量的碳元素［图 4-12(b)］，说明松醇油可以吸附在矿物表面；同时，由扫描电镜图像可以看出，铁闪锌矿颗粒出现了团聚现象［图 4-11(c)和(d)］。

(a)铁闪锌矿表面图　　　　　　　　(b)铁闪锌矿松散状图

(c)添加松醇油后铁闪锌矿表面图　　　(d)添加松醇油后铁闪锌矿团聚图

图 4-11　松醇油与铁闪锌矿作用前后的扫描电镜图

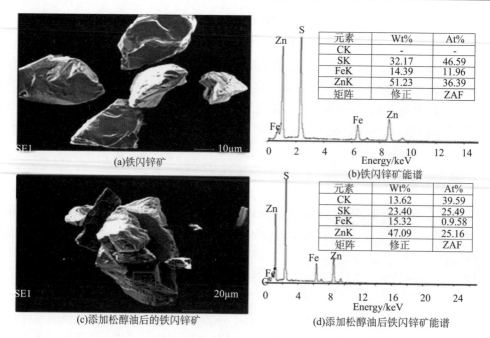

图 4-12　松醇油与铁闪锌矿作用前后的扫描电镜—能谱图

由图 4-13 的红外光谱分析结果可以看出,添加松醇油后,铁闪锌矿的特征吸附峰并没有改变,同时还检测到松醇油的部分特征峰,说明松醇油并没有在铁闪锌矿表面产生化学反应,而是通过物理吸附与矿物表面发生作用。

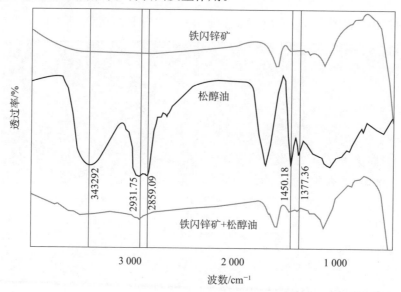

图 4-13　松醇油与铁闪锌矿作用前后的红外光谱

量子化学计算结果表明:①松醇油在铁原子和锌原子上的吸附能分别为-1.51eV 和-1.23eV,说明松醇油可以自发地吸附在矿物表面,且铁原子的存在有利于松醇油的吸附;②电荷密度及键的布局计算结果表明,松醇油结构中的氧原子与矿物表面的铁原子形成共价键吸附,与锌原子则形成离子键吸附,吸附作用主要由 O 的 p 轨道、Fe 的 d 轨道以及 Zn 的 s 轨道参与完成的(图 4-14)。

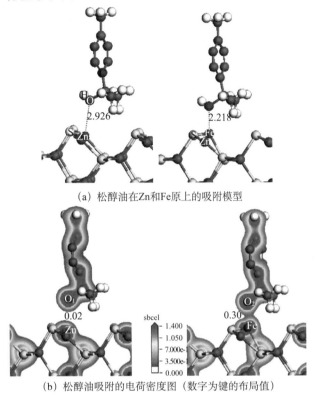

(a) 松醇油在 Zn 和 Fe 原上的吸附模型

(b) 松醇油吸附的电荷密度图(数字为键的布局值)

图 4-14 松醇油在铁闪锌矿表面的吸附模型及电荷密度图

作者还发现,松醇油在锡石、黄铜矿、黄铁矿、方铅矿等矿物的浮选过程中同样具有捕收性,由此可以认为,松醇油的捕收性应该具有普遍性,而在实际生产中,其捕收作用往往被忽视了。

此外,人们发现选矿厂在寒冷冬季的分选指标明显比气温高的夏季偏低,影响了矿产资源的高效回收和企业的经济效益。因此,合成结构新颖、对温度变化不太敏感的新型浮选药剂,对提高寒冷冬季的选别指标是非常重要的。通过优化合成条件,有人合成了以酰肼二硫代甲酸(盐)酯类化合物为主的新型浮选药剂(HHN-1),并应用于金川镍铜硫化矿的浮选,试验结果表明,对温度变化不太敏感、性能优异的 HHN-1 表现出了较强的捕收兼起泡的能力,与原药剂制度相比,精矿中镍品位和铜品位均有所增加,同时回收率也有明显的提高,具有较好的工业应用前景[83]。

4.2.4 起泡剂与捕收剂的互补效应

一些捕收剂本身虽然没有起泡作用,但能够在气泡表面吸附,对起泡剂的起泡性能产生影响。例如,黄药本身是捕收剂,无起泡能力,但若与醇一起使用,会提高醇类的起泡能力,且高级黄药的影响比低级黄药的影响大。这表明捕收剂与起泡剂在气—液界面具有协同作用,这种现象称为共吸附。捕收剂与起泡剂不仅在气泡表面产生共吸附现象,而且也在矿物表面产生共吸附,当矿粒与气泡碰撞时,起泡剂与捕收剂在界面上共吸附而产生互相穿插,使气泡稳定地固着于矿物表面,如图 4-15 所示[84]。

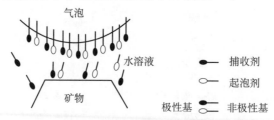

图 4-15　起泡剂与捕收剂的共吸附示意图

非表面活性物质有两个极性基,因此易溶于水,在气—液界面没有吸附活性,因而不会产生两相泡沫,一般不作起泡剂;非表面活性物质虽然能吸附于矿物表面,但在其用量范围内,并不能使矿物表面疏水化,所以也不是捕收剂。

最新的一些研究结果表明,部分非表面活性物质如果与捕收剂一起使用,可以产生很好的泡沫,并可提高精矿的品位和回收率。例如,双丙酮本身不具有起泡性能,虽然能够在固—液界面吸附,却并不能使矿物表面疏水;但是如果与捕收剂一起使用,它们会在矿物颗粒和气泡表面发生共吸附,可形成良好的泡沫层。

在煤泥的浮选过程中,通常采用非极性烃类化合物作捕收剂,如煤油、轻柴油等,同时,采用烷基醇类异极性化合物作起泡剂,如辛醇、仲辛醇等[85];捕收剂分子表现出非极性,而醇类起泡剂分子中有非极性基团(烷基),因此,这两类浮选药剂会产生良好的互补效应,并将随捕收剂和起泡剂用量的不同而产生不同的结果,在合适的用量下,将产生有利的影响。

(1)捕收剂对气泡稳定性的影响。捕收剂除对煤粒产生捕收作用外,还对气泡的稳定性具有一定的影响,表现为以下两种情形。其一,当捕收剂用量合适时,少量的捕收剂分子与起泡剂分子的非极性端相吸附,从而增强了起泡剂分子非极性端的疏水能力,使之更易附着在气—液界面上,有利于气泡稳定性的提高;其二,当捕收剂用量过多时,较多的捕收剂分子吸附在气—液界面上,反而对起泡剂分子在气—液界面上的吸附产生了排挤作用,使起泡剂分子疏离气—液界面,致使气泡表面的水化层厚度减薄,气泡的稳定性下降,气泡容易兼并或破灭。

在实际生产过程中,当刮到浮选机泡沫槽中的泡沫不能及时破灭,影响泡沫产品输送时,可采取喷洒适量捕收剂的措施以产生消泡作用,这就是利用了捕收剂对气泡稳定性影响中的第二种情形。

(2)起泡剂对煤粒表面疏水性的影响。在煤泥的浮选过程中,提高煤粒表面的疏水性主要依赖于捕收剂的作用,但是由于煤粒表面存在小范围亲水性的极性区域,如果捕收剂油膜不能将这些亲水性区域覆盖,煤粒表面的疏水性就不能得到有效提高。使用适量的起泡剂时,部分起泡剂分子就能定向地排列在煤粒表面的亲水性区域,起泡剂分子的极性端指向煤粒,非极性端指向外部,使煤粒表面的极性区域被覆盖,因而表现不出亲水性,从而提高了煤粒表面的疏水性。

(3)起泡剂对捕收剂的乳化作用。非极性油类捕收剂通常是以液滴的形态分散于煤浆中,这些小油滴具有很大的表面自由能,因此一旦接触就会相互兼并。煤浆中捕收剂的浓度越大,则油滴之间相互碰撞、接触的机会就越多,油滴之间的兼并也就越严重。这将使捕收剂在煤浆中的分散度减小,不能充分发挥捕收剂的捕收能力。然而,在起泡剂的作用下,异极性的起泡剂分子就会吸附到小油滴的表面,而且定向排列着;起泡剂的非极性端指向油滴,极性端指向外部,并且在极性端的周围形成一层水化膜,从而阻碍了油滴之间的兼并,如图 4-16 所示。因此,起泡剂与捕收剂在化学性质方面的互补效应,不仅可以提高浮选药剂的分散度,使药剂的性能得到了充分的发挥,而且改善了浮选效果,降低了浮选药剂的消耗量。

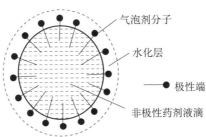

气泡剂分子

水化层

极性端

非极性药剂液滴

图 4-16　起泡剂阻碍油滴之间的兼并

4.2.5　起泡剂与抑制剂的互补效应

在浮选理论研究方面,有关起泡剂和抑制剂对矿石分选指标的交互影响的研究相当少。

基特科夫等研究了起泡剂对脂肪胺阳离子捕收剂在钾盐和黏土质碳酸盐脉石矿物表面的吸附作用,以及对有机抑制剂的作用效果的影响,发现起泡剂改变了捕收剂的胶体性质,对有机抑制剂的作用效果也有很大的影响;增加起泡剂用量,或者往胺类捕收剂溶液中加入分散作用强的起泡剂,可以有效地抑制黏土质碳酸盐矿泥对捕收剂的吸附;起泡剂与有机抑制剂的合理组合,能够提高捕收剂的选择性,为钾盐的浮选创造有利的条件[86,87]。

索利卡姆斯克钾盐公司的钾盐矿通常含 11.4%～11.5% 的黏土质碳酸盐矿物,一般先对矿石进行预先脱泥—浮选,导致相当一部分含黏土质碳酸盐矿泥损失在尾矿中,造成氯化钾的额外损失;使用 KS-MF 抑制剂,特别是与 V-1 起泡剂配合使用,可以不预先脱泥就能有效地进行浮选分离。

4.3　分选环境对浮选药剂的影响

磨矿方式、药剂制度、矿浆温度等分选环境与浮选药剂之间存在互相影响、相互补充、利弊互现的互补效应。

4.3.1　磨矿对浮选药剂的互补效应

一般情况下,磨矿对浮选过程有着很大的影响,因此,从磨—浮作为一个整体的角度出发,将药剂加入磨矿机中,可使药剂与矿物表面特别是新鲜的矿物表面的作用时间更长、更充分,有利于需要被抑制的矿物得到有效的抑制,需要活化的矿物得到充分的活化,需要被捕收的矿物得到高效的综合回收,达到不同组分有效分离的互补作用。

在硫化铅锌矿的原生电位浮选过程中,在磨矿机中加药,会发生复杂的电化学反应,利用硫化矿的磨矿—浮选矿浆系统中固有的电化学行为即氧化—还原反应引起的电位变化,通过调节和控制矿浆的 pH 以及捕收剂用量、浮选时间等传统的操作参数,可以达到调节和控制矿浆电位的目的,提高矿物分离的选择性,使硫化铅锌矿的工业浮选由传统的捕收剂泡沫浮选向电位调控浮选的方向发展,明显地提高系统的处理能力和金属的回收率,大幅度地降低药剂消耗和能耗[12]。

李长颖等在云南某铅锌矿的磨矿机中加入适量的硫化钠,可使易浮的氧化铅矿物随硫化铅矿物一起浮出,不仅明显地提高了铅的品位和回收率,而且铅精矿中锌的含量也有下降的趋势[88]。

在难选的胶磷矿特别是微细粒胶磷矿的浮选过程中,合理地使用具有分散作用和助磨功能的调整剂 YP1 和 YP11,对浮选产生了显著的互补效应[89]。

(1) 风化严重、磨矿粒度较细的矿石,由于矿泥和微细粒的含量较高,对浮选产生了严重的影响;YP1 和 YP11 加入磨矿机,可对矿泥产生良好的分散作用,明显地改善了矿泥浮选的指标。

(2) YP1 和 YP11 是良好的助磨剂,加入磨矿机中,对颗粒微细、孔隙发育完全的风化质胶磷矿,可降低矿浆的黏度、改善矿浆的流变性质,调节颗粒的表面电性,促进颗粒的分散,阻止颗粒之间的团聚,从而改善浮选条件、提高分选效率。

(3) 磨矿过程中细粒物料的含量高,会发生凝聚及覆膜现象,加入 YP1 及 YP11 后,可消除该现象,产生有利的浮选效果。

4.3.2 加药方式对浮选过程的互补效应

1. 分段加药对浮选的互补作用

Na_2S 是氧化矿浮选的主要硫化剂,对氧化铜矿和氧化锌矿等氧化矿,合适的 Na_2S 用量有利于氧化矿的硫化—浮选;Na_2S 用量过大会减少氧化矿物表面捕收剂的吸附量,将对目的矿物产生抑制作用,不利于硫化—浮选过程的正常进行;直接一次性地将 Na_2S 加入浮选过程,硫化的效果可能不好。

因此,采用分阶段加药的方式,可以克服氧化矿物硫化速度不均、浮选速度差异的缺点,改善硫化剂在不同阶段对不同硫化速度的矿物浮选的互补的硫化作用,提高不同氧化矿物在不同时段的高效回收。杨宇针对氧化率为 93% 的云南某难选铜矿,研究了硫化—浮选过程中硫化时间的作用,通过分段添加 Na_2S,控制 Na_2S 用量、硫化时间和浮选时间,获得了铜综合品位 14.52%、总回收率为 72.29% 的铜精矿,以及银综合品位为 366.7g/t、总回收率为 48.07% 的银精矿[90]。

对于非金属矿,如含钾云母的浮选,采用捕收剂十二胺,会产生过量的气泡,导致刮泡困难,非目的矿物也容易夹带进入精矿,降低云母的品质;而采用分阶段加药的方式,可以很好地解决这一难题。

　　淮北某选煤厂在矿浆搅拌桶和浮选机中分别加入比例为 70% 和 30% 的浮选药剂,且浮选机中的加药方式为点式加药,可调度很小;加入搅拌桶内的大量药剂导致大量的 −0.045mm 粒级的高灰细泥在浮选机第一槽浮起,不仅增加了药剂成本,而且严重地影响了浮精的产品质量[91]。为此,将加药方式改为多段加药,采用搅拌桶和浮选机分段平行加药的方式,确定搅拌桶、浮选机第一槽和第二槽三处加药点,而且等量加药。其优点主要如下:①由于减少了搅拌桶内添加的药剂用量,从而控制了细泥的浮选速度,延长了浮选时间,减少了第一槽中细泥的上浮量,有助于精煤质量的控制;②浮选槽内药剂添加量增大后,能够使粗粒矿物表面吸附足够的药剂,加快浮选速度,提高浮精的产率,避免了浮选剂被细粒级和细泥过多的吸附,从而降低了药剂用量。

　　分段加药能够更好地回收精煤,减轻对重介精煤的制约,释放了重介精煤的灰分空间,降低了药耗,浮选药剂单位用量减少了 25%,精煤灰分下降了 0.85 百分点,浮选指标提高了 1.09 百分点。

2. 饥饿加药的选择性作用

　　饥饿加药与闪速浮选工艺一样,虽然有悖常规,但是事实证明,该方法对某些复杂矿的选择性分离具有很大的作用。

　　饥饿加药与分段加药既有相似之处又有不同的特点,它的表现形式和目的不同于分段加药的表现形式和目的,但它是分段加药的一种补充和互补的形式。饥饿加药的方式常常应用于浮选和浸出等过程,如含铜矿石、金矿石等的浸出以及氧化矿、高含泥矿的浮选,采用饥饿加药的方式,可以使目的组分与非目的组分之间浮选和浸出的差异性和选择性更加明显,达到不同“物性”的矿物高效分离与回收的目的。

　　例如,添加少量的氰化钠浸出剂对金矿石进行饥饿喷淋处理,由于氰化钠浓度不足,可以相对的滞后铜、铁等矿物的浸出,而易浸的金更容易进入浸出贵液中,不仅大大地减少浸出液中铜离子、铁离子的浓度,而且明显地降低了氰化物的用量和过程成本,提高了后续金泥的质量。

　　巫汉泉和牛兰良采用饥饿给药法对某泥质金矿进行了降低氰化钠用量的浸出试验,由于绝大部分的氰化钠消耗在 Cu、Pb、Zn、Sb、Hg 的氧化物以及 As 和 Fe 的硫化物和氧化物等杂质的溶解上,采用低浓度的氰化物浸出,Au 仍然具有较高的溶解度,而杂质的溶解度则大大地降低[92]。因此,与常规加药法相比,饥饿给药法可保证 Au 的充分溶解,并尽量减少杂质与氰化物反应,取得选择性浸出的效果,氰化钠用量由 219g/t 降至 80g/t 左右,浸出周期由 35 日缩短至 18 日。

　　某石英脉含金矿石含金 2.05g/t,硫 3.93%,通过浮选试验研究,发现合适用量的硫酸铜对金的浮选有活化作用,而过量的硫酸铜则会影响精矿的指标;增加捕收剂丁基黄药和丁铵黑药用量,会造成金品位的快速下降,因此,严格控制药剂用量,采用“饥饿加药法”(图 4-17),可以获得金品位为 31.55g/t、回收率为 93.58% 的金精矿[93]。

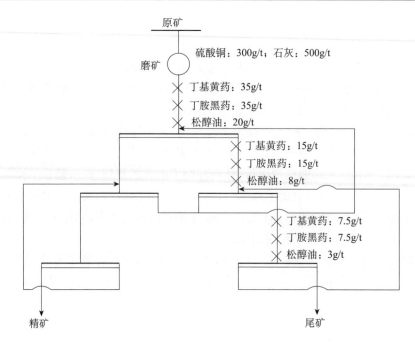

图 4-17　饥饿加药法浮选某石英脉含金矿石的工艺流程

4.3.3　温度对矿物表面药剂作用的辅助影响

通常温度对矿物表面药剂作用的影响是比较明显的,可产生一种互补的影响方式,对选矿过程特别是浮选和浸出过程的影响是显而易见的;提高温度会加强和加快活化剂、抑制剂和浸出剂等与矿物表面的作用,而降低温度,则会使矿物表面与药剂之间的相互作用减弱、反应速度变慢,使浮选和浸出过程的分离指标变差,"彼得罗夫"法就是利用温度对浮选药剂影响比较明显的典型案例之一[94]。

某些难浮的氧化矿浮选时,为了促进硫化钠的硫化作用,通常需要加温矿浆。非金属矿浮选时,温度的影响更大。此外,冬季和夏季的矿浆温度的差别较大,为了使分离过程的技术经济指标不受季节性波动的明显影响,也特别需要注意矿浆的温度。由此可见,矿浆温度对分离和富集的综合影响是不可忽视的,必须慎重考虑。

由于选矿厂矿浆量很大,如果单纯地提高矿浆温度,经济上明显是不合算的。所以,浮选过程通常是在室温条件下进行的。有时候高温浮选是必要的,如浓浆高温法浮选白钨矿(又称"彼得罗夫法"或者"柿竹园法"),主要适用于白钨矿—方解石、萤石(重晶石)型矿石中白钨矿的分选,首先将含方解石和萤石的白钨粗精矿浓缩至 60%～70% 的固体,其次加入水玻璃,矿浆加温至 80℃以上,搅拌 30～60min,用水稀释至正常的浮选浓度,加入浮选药剂进行调浆,最后在室温下浮选白钨矿,槽中产物即为萤石和方解石[95](图 4-18)。

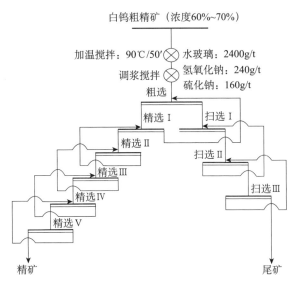

图 4-18　白钨矿的"彼得罗夫法"的浮选工艺流程

4.4　浸出过程中的互补效应

4.4.1　浸出剂的划分

对于嵌布粒度细、品位低、呈结合形态及矿物组成复杂的矿石或冶炼渣,单纯依靠常规的分选方法(如重选、磁选、浮选)往往得不到较为满意的结果。尤其是一些稀贵金属、稀散金属及稀土金属的矿物,往往以类质同象的形式置换主矿物中的某些元素,或者以微细矿物的细小包裹体、连生体及其他混入物的形式存在于其他矿物中,或者以吸附状态存在于矿物的裂隙或表面上。一般这种矿物较难分离,容易损失在尾矿中,选矿回收率较低、资源浪费严重。目前,工业生产中为回收这部分稀贵金属、稀散金属和稀土金属等有价元素,多采用浸出工艺;对于一些品位低、嵌布粒度细、矿物组成复杂的难选矿石,也可采用浸出的方法回收其中的有价矿物。

浸出是根据矿石中各种矿物组分化学性质的不同,使矿物组分或杂质组分选择性地溶解于浸出溶剂中,从而实现有用组分与杂质的分离,或者不同组分间的分离。用于浸出的试剂称为浸出剂,常见的浸出剂可以分为三大类,即酸类浸出剂、碱类浸出剂和盐类浸出剂[56],具体的分类见表 4-3。

表 4-3　浸出药剂分类

浸出药剂种类	分类	主要种类
浸出剂	酸类浸出剂	硫酸、盐酸、王水、硝酸等
	碱类浸出剂	碳酸钠、苛性钠、硫化钠、氨水等
	盐类浸出剂	氰化物、硫代硫酸盐、氯化物、硫脲等
助浸剂	氧化剂/还原剂	高价铁盐、过氧化物、臭氧、二氧化锰等
	添加剂(改变某种组分的溶解度等)	氯化镁、氯化钙等

4.4.2　不同浸出药剂间的互补效应

浸出是使固体物料中的某些组分选择性地溶解到溶液中的工艺过程,浸出作为选矿与湿法冶金之间相互交叉的一种工艺,在金矿石提取、稀贵金属选冶、稀土金属矿选矿和复杂难处理矿分选方面获得了广泛的应用。然而,并非所有的矿石都能用浸出法处理。对于指定的矿石,能否采用浸出工艺处理,主要取决于矿石中各种矿物的可浸性及其相互之间的差异,可浸性的差异主要是由矿石中矿物在一定浸出条件下的稳定性决定的。除可浸性的差异外,浸出还应考虑浸出药剂、浸出环境、环境清洁度以及各种因素之间的相互影响等。

一般来说,浸出过程是在恒温、恒压的条件下进行的,被浸矿物与浸出剂的化学亲合力与矿物的稳定性密切相关。如果矿石中浸出的目的矿物很稳定,则与浸出剂的化学亲合力很弱,很容易造成浸出率较低、浸出条件苛刻、技术经济指标较差;如果浸出的目的矿物与其他矿物的化学稳定性相近,则由于其化学亲合力相近,在浸出目的矿物时,其他矿物也会同时被浸出,造成浸出剂的耗量增大、富集效果变差,后续的萃取、分离难度增大。

在目前的浸出工业中,为了避免非目的矿物的溶解或浸出、降低浸出剂的消耗,可通过添加助浸剂,减少非目的矿物的溶解或浸出,同时增强浸出剂与目的矿物的溶解作用,提高浸出率,实现浸出药剂之间的优势互补。

1. 酸浸体系中不同浸出剂之间的互补效应

酸浸是用无机酸的水溶液作浸出剂的矿物浸出工艺,是化学选矿中最常用的浸出方法之一,适用于含酸性脉石的矿石,硫酸、盐酸、硝酸、亚硫酸、氢氟酸及王水等均可作浸出剂,其中应用最广泛的是硫酸。

根据浸出过程中发生的化学反应的不同,酸浸一般包括简单的酸浸、氧化酸浸和还原酸浸,以下简单地介绍常见的酸浸的基本原理。

1) 硫酸

硫酸是弱氧化酸,由于沸点高(330℃),在常压下可采用较高的浸出温度,能够强化浸出过程,设备的防腐问题也较容易解决。硫酸是氧化矿石常用的浸出剂,同时也能溶解碳酸盐、磷酸盐和硫化矿物等[96]。硫酸浸出时的主要化学反应如下:

$$MeO + H_2SO_4 = MeSO_4 + H_2O$$

$$MeS + H_2SO_4 + \frac{1}{2}O_2 = MeSO_4 + H_2O + S^0$$

例如,采用一定浓度的稀硫酸浸出某含铅 16.21%、锌 32.46% 的高硅型氧化铅锌矿,其中锌矿物主要是分布率为 84.51% 的硅酸锌,铅矿物主要是分布率为 78.47% 的碳酸铅;当硫酸浓度为 180g/L、浸出温度为 70~80℃、浸出 1h 后,锌的浸出率可达 97% 以上,浸渣中铅的含量提高至 40% 以上,可送往常规的火法炼铅系统进行处理,明显地提高了资源的综合利用效率[97]。温度对该浸出反应的速度有很大的影响,温度升高,浸出剂的扩散系数和速度常数增加,因此,通过浸出剂与浸出温度的互补效应,提升了矿物的浸出速率和浸出率。

2）盐酸

盐酸能与金属、金属氧化物、碱类及某些金属硫化物作用生成可溶性的金属氯化物，其反应能力较硫酸强，可浸出某些硫酸无法浸出的含氧酸盐类矿物，但是价格比较贵，易挥发，劳动条件较差，设备的防腐蚀要求也较高。

采用稀盐酸浸出钨粗精矿，脱除有害杂质磷（主要为磷酸钙），反应如下：

$$Ca_3(PO_4)_2 + 6HCl === 3CaCl_2 + 2H_3PO_4$$

盐酸还可以浸出红土镍矿中的镍和钴、稀土矿中的钪等。例如，云南盈江某含钪 17.0g/t 的稀土矿，经选矿富集后，可获得含量为 148.0g/t 的钪精矿，采用硫酸、硝酸和盐酸分别进行浸出，在最佳浸出条件下，钪的浸出率分别为 58.18%、50.73% 和 69.34%，可见，盐酸浸出钪的效果最佳[98]。

3）亚硫酸

中等强度的亚硫酸或者向水溶液中通入二氧化硫，可浸出二氧化锰、锰结核等，主要反应如下：

$$MnO_2 + SO_2 === MnSO_4$$
$$MnO_2 + H_2SO_3 === MnSO_4 + H_2O$$

4）王水

王水可用于浸出铂族金属及其精矿，铂（Pt）、钯（Pd）、金（Au）转变为氯络酸，而氯化银与其他铂族金属铑（Rh）、铱（Ir）、锇（Os）、钌（Ru）等则进入残渣。由盐酸与硝酸以 3:1 构成的王水与铂族金属发生的反应如下：

$$HNO_3 + 3HCl === Cl_2 + NOCl + 2H_2O$$

以上反应生成的 Cl_2 是强氧化剂，可与铂、钯和金发生的主要化学反应如下：

$$Pt + 2Cl_2 + 2HCl === H_2[PtCl_6]$$
$$Pd + 2Cl_2 + 2HCl === H_2[PdCl_6]$$
$$2Au + 3Cl_2 + 2HCl === 2H[AuCl_4]$$
$$Pt + 2Cl_2 === PtCl_4$$
$$PtCl_4 + 2HCl === H_2PtCl_6$$
$$Pt + 4NOCl === PtCl_4 + 4NO$$

HNO_3 与 HCl 作用生成的亚硝酰（NOCl），也能与铂族金属氯化物形成亚硝基络合物 $[(NO)_2PtCl_6]$[99]。

尽管酸浸是一种比较成熟的浸出工艺，工艺流程和操作比较简单，浸出效果较好，但是由于矿石资源越来越复杂，浸出的难度不断增加，采用单一的酸浸工艺，浸出效果较差，因此，研究互补的混酸浸出体系是十分必要的。

例如，邓志敢和魏昶采用混合酸对某钒钛磁铁矿提钒尾渣进行了再提钒研究，尾渣含 V0.993%，钒主要以类质同象形式赋存在铁钒尖晶石（Fe_2VO_4）中，采用加压成型—钠化焙烧工艺，钒的提取率小于 40%；采用单一的硫酸或者氢氟酸浸出，则需要在较高的酸用量条件下才能得到较高的钒浸出率。进一步的研究发现，矿样中的钒多以酸碱不溶性的低价钒存在，部分钒包裹在尖晶石中，难以氧化或钠化，因此，必须将低价钒转化为可溶性的高价钒，才能提高钒的浸出率。经过多次的试验研究，最终采用硫酸—氢氟酸—次氯酸钠互补的浸出方法,先用氢氟酸溶解矿样中的含硅矿物,破坏矿样的晶格结构,打开尾渣中脉石对钒的包裹,同时,加入次氯酸钠促进钒的氧化转化过程,为钒的浸出创造条件。试验结果为:当初始硫酸用量为150g/L、初始氢氟酸用量为30g/L、次氯酸钠加入量为矿量的10.5%,90℃下浸出6h后,钒的浸出率可达85%以上,可见,采用多种浸出剂互补的浸出体系,能够明显地提高钒的浸出率[100]。

王多冬等采用硫酸和盐酸的混合酸在有氧化剂存在的常压条件下对磨细的铜钴合金进行浸出,在初始酸度为5.0~6.5mol/L,硫酸与盐酸的摩尔比为9:1时,铜钴的浸出率均能达到97%以上;而在同样的条件下,当硫酸与盐酸的摩尔比为10:0时,钴的浸出率下降明显,仅为90%[101,102]。研究发现,当溶液中存在硫酸与盐酸两种酸时,溶液中的金属阳离子以$[Cu(Cl)_4]^{2-}$、$[Co(Cl)_4]^{2-}$和$[Fe(Cl)_4]^{2-}$的形式存在,降低了体系中Cu^{2+}、CO^{2+}和Fe^{2+}的浓度,有利于浸出反应的进行,钴、铁浸出率可达97%左右;但是,仅用硫酸浸出时,溶液中没有Cl^-,$[Cu(Cl)_4]^{2-}$、$[Co(Cl)_4]^{2-}$和$[Fe(Cl)_4]^{2-}$配位络合物全部离解为简单的Cu^{2+}、Co^{2+}和Fe^{2+},在一定程度上阻碍了浸出反应的进行,钴、铁的浸出率明显下降,只有92%;当盐酸用量太大甚至没有硫酸时,浸出液中会产生大量的铁,下一步工序无法采用比较经济有效的铁矾法除铁;因此,构建合理的盐酸与硫酸的混酸互补体系,将有利于浸出反应的顺利进行。

2. 碱浸体系中不同浸出剂之间的互补效应

碱法浸出是采用碱性溶浸液将矿石中的有用组分选择性地溶解到溶液中的过程,适用于含碱性脉石矿石或者含硫化矿少的矿石。与酸浸方法相比,碱浸方法的浸出能力比较弱,但是浸出的选择性高,可以获得较纯净的浸出液,对设备的腐蚀性小。碱类浸出剂主要包括碳酸钠、苛性钠、氨溶液、硫化钠等。以下为不同碱浸出剂的基本浸出原理。

1)碳酸钠

碳酸钠的碱性较弱,可用于浸出酸性较强的氧化物,如WO_3等。虽然碳酸钠溶液对矿物的分解能力较硫酸弱,价格也较高,但是具有较好的浸出选择性、较小的设备腐蚀性、试剂容易再生等优点,有用组分能形成可溶性钠盐;对碳酸盐脉石含量较高的矿物原料,碳酸钠是有效的浸出剂。碳酸钠浸出白钨矿的反应如下:

$$CaWO_{4(固)} + Na_2CO_{3(液)} = CaCO_{3(固)} + Na_2WO_{4(液)}$$

除此之外,碳酸钠溶液还广泛地用做含碳酸盐脉石的铀矿原料的浸出剂,主要是基于碳酸钠能与六价铀形成稳定的可溶性的碳酸铀酰络合物。次生铀矿均能被碳酸钠溶解,但是部分四价铀需要加入氧化剂氧化后才能溶解。

2)苛性钠

苛性钠即氢氧化钠属于强碱,可用来于弱碱盐及单体酸性氧化矿中浸出各种酸性氧化物。例如,在常压加温的条件下,采用浓度为35%~40%的苛性钠溶液可浸出含钨矿物原料,使钨呈可溶性钨酸钠的形态转入浸出液中;该工艺可处理硅含量高的钨细泥及钨锡中矿等含钨物料。浸出过程的主要反应如下:

$$FeWO_4 + 2NaOH = Na_2WO_4 + Fe(OH)_2$$
$$MnWO_4 + 2NaOH = Na_2WO_4 + Mn(OH)_2$$

$$CaWO_4 + Na_2CO_3 = CaCO_3 + Na_2WO_4$$

苛性钠分解白钨矿的反应为可逆反应,因此浸出白钨矿时,可采用氢氧化钠与硅酸钠的混合溶液作为浸出剂[103]。

冯乃详等采用碳酸钠和氢氧化钠的混合碱互补的协同浸出工艺,对真空热还原法炼镁后的还原渣进行了研究,还原渣的主要物相为 $CaO \cdot 2Al_2O_3$,Al_2O_3 的含量为 67% 左右;当碳酸钠用量为 120g/L、氢氧化钠用量为 100g/L,95℃下浸出 2h,Al_2O_3 的浸出率可达 85% 以上[104],浸出反应如下:

$$CaO \cdot 2Al_2O_3 + Na_2CO_3 + 2NaOH + 7H_2O = 4NaAl(OH)_4 + CaCO_3$$
$$CaO \cdot Al_2O_3 + Na_2CO_3 + 4H_2O = 2NaAl(OH)_4 + CaCO_3$$

浸渣的主要成分为 $CaCO_3$,浸出液中的铝以可溶解的铝酸钠存在,经碳分解,可获得白度为 97% 的氢氧化铝。

但是,氢氧化铝浓度的增加有利于水合铝酸钙的生成,因此,增加氢氧化钠的浓度会加大氧化铝的损失;而添加碳酸钠,会与矿样中的 CaO 反应生成 $CaCO_3$,从而防止 CaO 与铝酸钠反应生成水合铝酸钙;另外,碳酸钠分解水合铝酸钠的反应为可逆反应,碳酸钠的存在还可以使生成的水合铝酸钙分解,从而减少氧化铝的损失,因此,采用混碱互补的浸出体系,氧化铝的浸出率可达 85% 以上。

3) 氨水溶液

氨是金属铜、镍的有效浸出剂,铜、镍的浸出机理相似。常用的氨供体为碳酸铵或氨水,由于铜、镍能与氨形成稳定的可溶性络合物,扩大了铜、镍离子在溶液中的稳定区,使其更容易转入溶液。氨浸法的特点是能选择性地浸出铜、镍和钴而不溶解其他矿物,对含铁高以及以碳酸盐脉石矿物为主的铜、镍矿物宜采用氨浸出,且在常压下浸出时,铜和镍的浸出速率都非常快。氧化铜矿氨浸出的主要反应可表示如下:

$$CuO + 2NH_4OH + (NH_4)_2CO_3 = Cu(NH_3)_4CO_3 + 3H_2O$$

4) 硫化钠

硫化钠是砷、锑、锡、汞的硫化矿物的良好浸出剂,如硫化锑在氢氧化钠和硫化钠的混合溶液中,浸出率可达 99% 以上。此外,硫化钠还可以与 As_2S_3、HgS、SnS_2 等硫化矿物作用,生成稳定的硫离子络合物。

在锌冶炼过程中生成的较低品位的氧化锌称为次氧化锌,由于含砷过高,易对锌的精炼造成影响,所以需要进行脱砷,而酸浸会产生大量的砷化氢,存在较大的安全隐患,而且渣中锌的损失较大;焙烧—浸出工艺复杂,成本较高,因此,高砷次氧化锌的脱砷一直是一个难题。刘志宏等采用 Na_2S-NaOH 互补的混碱浸出工艺对含锌 52.08%、铅 10.53%、砷 7.11% 的次氧化锌进行浸出,当 NaOH 浓度为 35g/L、Na_2S 浓度为 17g/L、液固比为 4.3,30℃下浸出 3h 后,砷的脱除率可达 95.5%,铅、锌的直收率分别达到 99% 和 98% 以上[105]。

在该浸出过程中,次氧化锌中的砷主要以亚砷酸钠和砷酸钠形式被浸出,部分 Zn、Pb 等也会被浸出,而添加 Na_2S 以后,浸出液中 S^{2-} 和 HS^- 对 Zn、Pb 的浸出有抑制作用,在混碱互补的浸出体系中,次氧化锌中的砷进入浸出液,而锌、铅、锗、银几乎不被浸出而进入浸出渣,有效地阻止了有价金属在脱砷过程的损失;同时,砷含量低的浸出渣可直接返回烧结配料,浸出液经 $Ca(OH)_2$ 苛化沉淀,砷被富集到钙化渣中固存,从而实现了砷的脱除;而苛化后的溶液补加 Na_2S 后又可返回处理高砷次氧化锌,整个工艺构成闭路循环,对环境无二次污染。

3. 盐浸体系中不同浸出剂之间的互补效应

盐类浸出剂主要包括氰化钠、硫代硫酸盐、高价铁盐、氯化物等。

1) NaCN+CaO 体系

氰化浸出是最古老的并一直占据着主导地位的提取金和银最常见的方法,具有适应的范围广、生产稳定、成本低、工艺成熟等主要特点,是根据金、银等电极电位高的金属与 CN^- 生成络合物,降低了金、银的氧化—还原电位,从而使金、银更容易转入溶液中。氰化浸出金的经典化学反应(Elsner 反应式)如下:

$$4Au+8NaCN+O_2+2H_2O = 4NaAu(CN)_2+4NaOH$$

针对以上反应式,童雄等首次提出了替代氧气、强化浸出的“供氧体”概念和供氧体理论观点,以及相应的热力学和动力学判据,发现只要替代氧气的氧化剂的氧化电位大于 $-0.54V^{[106\sim115]}$,就可以强化浸出过程,该研究成果体现了氰化物与氧化剂在浸出金的过程中的优势互补,并首次在国内成功地实现了产业化应用,降低了山东、内蒙、新疆、云南等地的黄金企业中氰化物用量 20 个百分点左右、浸出率提高了 0.5～7 百分点,为贵金属行业的科技进步做出了积极的贡献,为企业创造了显著的经济效益和环境效益。

此外,由于氰化物在溶液中会发生水解,产生氰化氢气体并逸出,造成氰化物的损失和环境污染,因此,在浸出过程中应加入碱抑制氰化物的水解和挥发。通常在浸出液中有 0.01% 的 NaOH 即能防止氰化物的水解,实际生产过程中通常加入石灰作为“保护碱”,矿浆中石灰的浓度一般为 0.03%～0.05%,pH 控制在 11～12。碳除了充当“保护碱”这一角色外,还能降低矿浆中氧化矿物的溶解度,如氧化铁矿物、氧化铜矿物等,这些氧化矿物在酸性 pH 条件下溶解度较大,溶解的金属离子容易与氰根离子络合或者氧化氰根;对于含铜金矿,浸出过程中铜离子不仅会消耗氰根离子,还会引起矿浆中溶解氧含量的降低,因此,将矿浆的 pH 调节至 10～12,可降低氧化铁矿物、氧化铜矿物等金属氧化物的溶解度,进而降低氰根离子的消耗,使矿浆中的 CN^- 维持在稳定的浓度,提高目的元素的浸出率。

2) Cu-NH₃-Na₂S₂O₃ 浸出体系

硫代硫酸盐提金技术是近二三十年发展起来的一种提金技术,作为一种重要的非氰提金技术,具有绿色环保、浸出速率快、周期短等特点,被公认为是最有希望取代氰化浸出的非氰浸出工艺。

多年来,国内外科技工作者对硫代硫酸盐浸出体系的基础理论进行了广泛的研究,并从电化学、配位化学、湿法冶金等多角度对硫代硫酸盐浸出的机理进行了阐述,发现二价铜离子、硫代硫酸盐、铵盐是硫代硫酸盐浸金过程中必不可少的三个要素。硫代硫酸盐浸出过程中,Cu^{2+} 的主要作用是催化氧化,加速金的阴极溶解。同时,由于浸出过程是在碱性环境中,为避免 Cu^{2+} 的沉淀,向浸出液中加入铵盐,与 Cu^{2+} 形成稳定的铜氨络合物,以维持 Cu^{2+} 的催化氧化能力,铜离子与铵盐的相互协同与优势互补加快了金的溶解;而硫代硫酸根的主要作用是与 Au^+ 形成稳定的硫代硫酸根络合物,使金在液相中稳定的存在;三种药剂之间的相互协同、相互补充和相互影响,共同构成了硫代硫酸盐浸金体系,实现了金在浸出液中的快速溶解,浸出过程一般在 4~8h 范围内即可完成。

在 Cu^{2+}-NH_3-$S_2O_3^{2-}$ 浸金体系中,硫代硫酸盐浸出的主要反应如下:

$$Au + 5S_2O_3^{2-} + Cu(NH_3)_4^{2+} = Au(S_2O_3)_2^{3-} + 4NH_3 + Cu(S_2O_3)_3^{5-}$$

$$2Cu(S_2O_3)_3^{5-} + 8NH_3 + \frac{1}{2}O_2 + H_2O = 2Cu(NH_3)_4^{2+} + 2OH^- + 6S_2O_3^{2-}$$

氨的主要作用是稳定浸出液中的铜离子,并形成稳定的 $Cu(NH_3)_4^{2+}$ 络合物;此外,氨的存在不仅可防止金矿石中氧化铁、二氧化硅、硅酸盐和碳酸盐的溶解,而且能优先于硫代硫酸盐吸附在金颗粒表面上,并形成金氨络合物,而不被钝化。$S_2O_3^{2-}$ 在浸金体系中主要是作为金的络合配位体,使金形成 $Au(S_2O_3)_2^{3-}$ 溶解于溶液中,防止金在碱性环境中的沉淀。研究表明,$Au(S_2O_3)_2^{3-}$ 在金与硫代硫酸盐形成的络合物中最稳定,稳定常数 $logK$ 高达 26.5~28;$Cu(Ⅱ)$ 作氧化剂时,金与硫代硫酸根结合成络合物的速度显著加快[116~118]。图 4-19 表示了硫代硫酸盐浸出金的电化学模型。

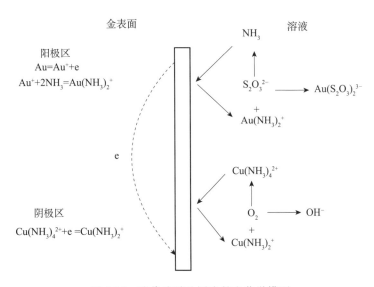

图 4-19　硫代硫酸盐浸出的电化学模型

3) 硫脲+$FeCl_3$浸出体系

硫脲提金方法是利用金在酸性条件下可与硫脲形成可溶性的络离子,具有无毒、选择性好、溶金速率快的特点;但是硫脲价格昂贵,消耗量较大,在酸性环境下浸出,对设备的腐蚀较大[119]。硫脲在酸性溶液中可被氧化为二硫甲脒。

为了提高硫脲溶金的浸出率和溶金速率,通常加入氧化剂,提高矿浆的氧化还原电位,最常见的氧化剂为三价铁盐 $FeCl_3$,在 Fe^{3+} 存在时,金与硫脲形成配位阳离子而迅速溶解,其反应如下:

$$Au + 2SC(NH_2)_2 + \frac{1}{4}O_2 + H^+ = Au[SC(NH_2)_2]_2^+ + \frac{1}{2}H_2O$$

$$Au + 2SC(NH_2)_2 + Fe^{3+} = Au[SC(NH_2)_2]_2^+ + Fe^{2+}$$

然而,当浸出液中无氧化剂 Fe^{3+} 存在时,硫脲浸金的速率及浸出率都非常低,浸出过程不能顺利进行;当 $FeCl_3$ 用量过大,会使矿浆电位升高,硫脲会被氧化成氨基氰、硫化氰和元素硫,使硫脲的耗量增大[120]。可见,在硫脲浸金过程中,$FeCl_3$ 与硫脲形成了互补效应,Fe^{3+} 通过提高矿浆的氧化还原电位,为硫脲离子与金的络合提供适宜的条件,二者的共同作用使金的硫脲浸出过程顺利进行;试验结果表明,硫脲提金的矿浆电位在 $180\sim240mV$ 时效果最好。

康勇等采用酸性硫脲提金工艺对含金 $18.3g/t$ 的金矿石进行了浸出研究,结果表明,当 $FeCl_3$ 用量为 $2.5kg/t$,浸渣品位和浸出率分别为最小值和最大值,此时硫脲的消耗也最低;当 $FeCl_3$ 用量没有达到或者超过该值时,要么金没有被充分的氧化,要么就是硫脲被氧化,从而妨碍了金的顺利溶出[121]。

4)高价铁盐

高价铁盐是理想的氧化剂之一,由于其氧化还原电位较高,故广泛地应用于硫化物、氧化物的浸出,三价铁盐浸出硫化物的反应如下:

$$MeS + 8Fe^{3+} + 4H_2O = Me^{2+} + 8Fe^{2+} + SO_4^{2-} + 8H^+$$
$$MeS + 2Fe^{3+} = Me^{2+} + 2Fe^{2+} + S^0$$

用 $FeCl_3$ 浸出时,浸出过程中产生的 $FeCl_2$ 必须再生循环使用,再生的方法主要有空气氧化法和电解法。空气氧化法是在含 Fe^{2+} 的溶液中通入一定压力的空气,使 Fe^{2+} 氧化为 Fe^{3+}。$FeCl_3$ 浸出金属硫化物从难到易的顺序为:辉钼矿、黄铁矿、黄铜矿、镍黄铁矿、辉钴矿、闪锌矿、方铅矿、辉铜矿、磁黄铜矿。

李玉鹏等采用 $FeCl_3$- HCl 互补的浸出体系对某复杂铋矿进行了浸出,该铋矿为铜矿物浮选后的尾矿,含铋 7.86%,浸出时控制 $FeCl_3$ 的浓度为 $0.03mol/L$,HCl 的浓度为 $1\sim2mol/L$,液固比为 $3:1$,浸出 $3h$ 后,铋的浸出率可达 95%[122]。

在 $FeCl_3$- HCl 互补的浸出体系中,盐酸既可以将铋矿中的氧化铋矿物溶解浸出,又可以维持溶液的 pH,防止溶液中三氯化铋发生水解;而三氯化铁可将辉铋矿中的硫元素氧化,使 Bi^{3+} 转入溶液,硫元素转变为单质硫,因此,该互补浸出体系可以有效地从品位较低、组成复杂的硫化矿中回收有价金属。

4.4.3　助浸剂与浸出剂之间的互补效应

助浸剂一般多为氧化剂或还原剂,在浸出过程中,可降低浸出过程所需的活化能,提高浸出速率和浸出率,缩短浸出周期。根据助浸剂在浸出过程中的作用,一般可分为两类,一类是作为添加剂,改变浸出液中某种组分的溶解度,它本身不与矿物发生直接的作用,如 $CaCl_2$、$NaCl$、$MgCl_2$ 及某些有机化合物等;另一类助浸剂则是氧化剂或者还原剂,如 H_2O_2、CaO_2、Pb^{2+}、$FeCl_3$、$NaClO$、$KMnO_4$、K_2CrO_4 等,可提高矿浆的氧化还原电位,使某些矿物表面氧化或者增加矿浆中溶解氧的含量,提高浸出率。

助浸剂在浸出过程中的互补效应概括起来主要有以下四点:①改变矿浆的氧化还原电位,降低浸出反应所需的活化能,加快浸出反应的速率;②提高矿浆的氧化电位,使某些矿物表面氧化,金颗粒被裸露出来而更易溶出;③改变矿浆的离子强度,使矿浆中某些离子的浓度增加,进而使某些矿物的溶解度增加;④增加矿浆中溶解氧的含量,加快矿物表面微区的反应速率。

由于采用浸出工艺从某些复杂的难处理矿石中回收有价矿物时,依靠单一的浸出剂与矿物作用,往往不能取得较理想的效果,主要是由于浸出过程中,某些非目的矿物的溶解,会对浸出过程产生严重的影响,造成浸出药剂的大量消耗。因此,助浸剂的加入,一方面可以改善浸出药剂与目的矿物的作用效果,提高浸出效率和速率;另一方面,可以减少非目的矿物的溶出,降低药剂消耗。可见,助浸剂与浸出剂之间在浸出过程中形成的优势互补效应,既增强了浸出剂与矿物之间的作用,又在提高浸出率的同时降低了药剂的消耗,二者相互影响、相互补充、优势互补,可使浸出过程得以顺利进行。

黏土钒矿石是一类重要的钒资源,其中钒主要以 V(Ⅲ) 为主,大部分赋存于伊利石的硅—氧四面体微晶结构中,钒提取过程中通常需要首先将 V(Ⅲ) 转变为高价钒,其次采用一定浓度的硫酸进行浸出。例如,湖南某地的泥土钒矿含钒 1.14%,折合 V_2O_5 为 2.04%,具有较高的工业应用价值;在提钒过程中,首先采用 MnO_2 作为助浸剂,将 V(Ⅲ) 氧化为高价钒,其次加入浓度为 30% 的稀硫酸,在 90℃ 下浸出 6h,钒的浸出率达到 92.58%[123]。

杨晓等采用助浸剂 CX 对石煤提钒过程进行助浸,当硫酸浓度为 4mol/L、液固比为 2:1、浸出温度为 95℃、浸出时间为 2h,无助浸剂加入时,钒的浸出率仅为 66.53%;加入助浸剂 CX 后,钒的浸出率由 66.53% 提高至 90.23%[124]。谷晋川和刘亚川采用柠檬酸作为氰化浸金的助浸剂,对浮选金精矿进行浸出,原矿含 Au 45.64g/t,当添加柠檬酸作助浸剂时,可使金的浸出率从 80.20% 提高至 87.61%,提高了 7.41 百分点,同时处理每吨金精矿的氰化物用量减少了 4 千克[125]。

助浸剂强化浸出的工业应用中,值得提及的是氧化剂强化浸金的机理与应用,在传统的氰化浸金过程中,仅仅考虑氰化物的用量、矿浆浓度及碱度等几个条件,对矿浆中溶解氧的含量、矿浆电位等关注较少。童雄[126]等经过多年的研究发现,氰化浸金过程中加入类似供氧体的助浸剂,可显著地提高浸出率和浸出速率,并降低氰化物的用量;热力学计算结果表明,金氰化过程中供氧体的氧化电位必须满足 $\Delta G = -(\varphi_1 + 0.54)nF$,只要氧化电位 φ_1 大于 -0.54V,氰化溶金过程在热力学上就能够发生。通过外加供氧体,提高了内蒙古撰山子金矿金的浸出率 6.8 百分点,剧毒氰化物用量减少 23.17 百分点。

刘畅等采用硝酸铅作为助浸剂,对甘肃某石榴透辉石矽卡岩型金矿石进行了强化浸金研究,原矿含金 3.7g/t,当硝酸铅用量为 600~800g/t 时,在相同的氰化物用量和浸出时间下,可使金的浸出率从 84.59% 提高至 91.35%,浸渣中金含量可由 0.57g/t 降至 0.32g/t,硝酸铅的主要作用是提高矿浆的氧化还原电位,使部分硫化物包裹体氧化并加速金的氧化溶出[127]。

参 考 文 献

[1] 梁瑞禄,石大新. 浮选药剂的混合使用及其协同效应[J]. 国外金属矿选矿,1989,(4):18~28.

[2] 武薇,童雄. 简述浮选药剂进展和应用[J]. 矿产综合利用,2011,(5):3~6.

[3] 朱玉霜,朱建光. 浮选药剂的化学原理[M]. 长沙:中南工业大学出版社,1996.

[4] 布拉托维奇. 浮选药剂手册[M]. 魏明安,等译. 北京:化学工业出版社,2014.

[5] 胡为柏. 浮选[M]. 北京:冶金工业出版社,1982.

[6] 程琍琍,郑春到,李啊林,等. 组合抑制剂在硫化矿浮选过程中抑制闪锌矿的电化学机理[J]. 有色金属工程,2014,(4):50~53.

[7] 陈丽荣,张周位,杨国彬,等. 丹寨县某铅锌矿选矿试验[J]. 金属矿山,2014,(3):84~87.

[8] 艾光华,任祥君,魏宗武. 某难选铅锌硫化矿浮选工艺试验研究[J]. 矿业研究与开发,2006,26,(2):49~51.

[9] 袁来敏. 某低品位铅锌硫化矿浮选试验研究[J]. 有色金属(选矿部分),2014,(3):14~17,66.

[10] 陈志强,胡真,叶威. 广东某铅锌矿铅锌分离试验研究[J]. 有色金属(选矿部分),2011,(2):8~11.

[11] 祁忠旭,陈代雄,杨建文,等. 宝山铅锌矿抑制剂作用研究[J]. 有色金属(选矿部分),2011,(5):58~61.

[12] 李天霄. 某难选铅锌矿浮选分离试验研究[J]. 有色矿冶,2013,(1):30~33.

[13] 杨永涛,张渊,张俊辉. 某微细粒难选铅锌矿选矿试验研究[J]. 矿产综合利用,2013,(5):20~23.

[14] 罗仙平,杜显彦,赵云翔,等. 内蒙古某低品位难选铅锌矿石选矿工艺研究[J]. 金属矿山,2013,(10):58~62.

[15] Sun W,Su J,Zhang G,et al. Separation of sulfide lead-zinc-silver ore under low alkalinity condition[J]. Journal of Central South University, 2012,(19):2307~2315.

[16] 孙伟,张刚,董艳红,等. 硫化钠在铜铅混合浮选中的应用及其作用机理研究[J]. 有色金属(选矿部分),2011,(2):52~56.

[17] 祁忠旭,陈代雄,杨建文,等. 宝山铅锌矿抑制剂作用研究[J]. 有色金属(选矿部分),2011,(5):58~61.

[18] 曾桂忠,张才学. 组合抑制剂在铜锌浮选分离中的试验研究[J]. 有色金属(选矿部分),2013,(2):71~73.

[19] 陈经华,孙传尧. 会泽铅锌矿方铅矿、闪锌矿和黄铁矿的浮游性研究[J]. 中国矿业,2006,15,(1):42~44.

[20] 黄有成,赵礼兵. 无机抑制剂在低碱度铅锌硫分离中的作用研究[J]. 现代矿业,2012,(1):23~29.

[21] 邱廷省,周源,罗仙平. 复杂难选高氧化率铅锌硫化矿石浮选工艺研究[J]. 有色金属(选矿部分),2003,(2):37~40.

[22] 张丽军,梁友伟,刘小府. 湖南茶陵硫化铅锌矿选矿试验研究[J]. 矿产综合利用,2012,(2):14~17.

[23] 毛益林,陈晓青,杨进忠,等. 某复杂难选氧化铅锌矿选矿试验研究[J]. 矿产综合利用,2011,(1):6~10.

[24] 周菁,朱一民,周玉才,等. 难选铅锌矿无氰选矿新技术研究[J]. 有色矿冶,2012,(4):18~22.

[25] Sharp F H. 浮选(纪念高登 AM 文集)[C]. 上卷. 北京:冶金工业出版社,1981.

[26] 魏明安. 黄铜矿和方铅矿浮选分离的基础研究[D]. 东北大学博士学位论文,2008.

[27] 魏明安,孙传尧. 硫化铜、铅矿物浮选分离研究现状及发展趋势[J]. 矿冶,2008,17,(2):6~16,33.

[28] 曾懋华,姚亚萍,奚长生,等. 某难选铜铅混合精矿的分离试验研究,金属矿山,2006,(4):19~22.

[29] 刘克俊. 日本黑矿选矿现状[J]. 金属矿选矿,1997(8):1~5.

[30] 黄有成,赵礼兵,代淑娟,等. 黄铁矿浮选抑制剂研究现状[J]. 有色矿冶,2011,27(3):24~29,37.

[31] 周源,刘亮,曾娟. 低碱度下组合抑制剂对黄铜矿与黄铁矿可浮性的影响[J]. 金属矿山,2009,(60):38~43.

[32] 刘智林,许方. 低碱度下组合抑制剂对易浮黄铁矿的抑制机理研究[J]. 矿冶工程,2005,25(5):33~35.

[33] 方夕辉,钟常明,邱廷省,等. Ca(ClO)$_2$ 与腐殖酸钠对黄铜矿和黄铁矿浮选的影响[J]. 中国矿业,2007,16(8):48~51.

[34] 凌竞宏,胡熙庚,吴亨魁,等. 三种不同类型矿床黄铁矿浮选行为的比较[J]. 中南矿冶学院学报,1982,(4):62~66.

[35] 叶雪均,刘智林,谭厚初,等. 低碱度下组合抑制剂对铅铁硫化矿的抑制性能及作用机理[J]. 南方冶金学院学报,2004,25,(2):1~5.

[36] 周源,刘亮,曾娟,等. 低碱度下组合抑制剂对黄铜矿和黄铁矿可浮性的影响[J]. 金属矿山,2009,(6):69~72.

[37] Biswas A K, Davenport W G. Extractive Metallurgy of Copper[M]. Oxford:Pergamon, 1994.

[38] Wills B A. Mineral Processing Technology:An Introduction to the Practical Aspects of Ore Treatment and Mineral Recovery[M]. Boston:Butterworth-Heinemann, 1997.

[39] Leppinen J O. FTIR and flotation investigation of the adsorption of ethyl xanthate on activated and non-activated sulfide minerals[J]. International Journal of Mineral Processing,1990,(30):245~263.

[40] 罗思岗. 应用分子力学法研究铜离子活化闪锌矿作用机理[J]. 现代矿业,2012,(3):7~9.

[41] Woodcock J T, Sparrow G J, Bruckard W J,et al. Froth flotation:A Century of Innovations[M]. Colorado:Socie-

ty for Mining, Metallurgy, and Exploration, 2007.

[42] Natarajan R, Nirdosh I. New collectors for sphalerite flotation[J]. International Journal of Mineral Processing, 2006, 79(3):141~148.

[43] Finch J A, Rao S R, Nesset J E. Iron control in mineral processing[J]. Metallurgy and Petroleum, 2007, (39): 23~25.

[44] Fornasiero D, Ralston J. Effect of surface oxide/hydroxide products on the collectorless flotation of copper-activated sphalerite[J]. International Journal of Mineral Processing, 2006, 78(4):231~237.

[45] He S, Skinner W, Fornasiero D, et al. Effect of oxidation potential and zinc sulphate on the separation of chalcopyrite from pyrite[J]. International Journal of Mineral Processing, 2006, 80(2~4):169~176.

[46] 程琍琍, 孙体昌. 高碱条件下的闪锌矿表面电化学反应机理及其浮选意义[J]. 中国矿业, 2011, 20(11):94~97.

[47] Prestidge C A. Rheological investigations of DLVO and non-DLVO particle interactions in concentrated mineral suspensions[J]. Mineral Processing and Extractive Metallurgy Review, 1999, 20(1~3):57~74.

[48] Popov S R, Vu čini ćD R. The ethylxanthate adsorption on copper-activated sphalerite under flotation-related conditions in alkaline media[J]. International Journal of Mineral Processing, 1990, (30):229~244.

[49] Grano S R, Sollaart M, Skinner W, et al. Surface modifications in the chalcopyrite-sulphite ion system collectorless flotation, XPS and dissolution study[J]. International Journal of Mineral Processing, 1997, (50):1~26.

[50] Chandra A P, Gerson A R. A review of the fundamental studies of the copper activation mechanisms for selective flotation of the sulfide minerals, sphalerite and pyrite[J]. Advances in Colloid and Interface Science, 2009, (145): 97~110.

[51] 陈建华, 陈晔, 曾小钦, 等. 铁杂质对闪锌矿表面电子结构及活化影响的第一性原理研究[J]. 中国有色金属学报, 2009, 19(8):1517~1523.

[52] Sun W, Hu Y, Qin W, et al. DFT research on activation of sphalerite[J]. Transactions of Nonferrous Metals Society of China, 2004, 14(2):376~382.

[53] 刘殿文. 氧化铜矿浮选技术[M]. 北京:冶金工业出版社, 2009.

[54] 张文彬. 氧化铜矿浮选研究与实践[M]. 长沙:中南工业大学出版社, 1992.

[55] 布拉托维奇. 浮选药剂手册[M]. 北京:化学工业出版社, 2014.

[56] 王淀佐, 邱冠周, 胡岳华. 资源加工学[M]. 北京:科学出版社, 2005.

[57] 刘鸿儒, 夏鹏飞, 朱建光. 两性捕收剂的合成[J]. 湖南化工, 1991, (2):29~32.

[58] 王淀佐. 浮选药剂作用原理及应用[M]. 北京:冶金工业出版社, 1994.

[59] 胡岳华, 周苏阳, 孙伟, 等. 铝土矿反浮选新型捕收剂 TR 浮选性能及机理[J]. 中南大学学报(自然科学版), 2012, 43(4):1205~1210.

[60] 王蒙, 孙中溪. ZnO 和 ZnS 表面对黄药的吸附[J]. 济南大学学报(自然科学版), 2012, 26(1):78~81.

[61] 文书明. 氧化对孔雀石表面黄药吸附层稳定性及可浮性的影响[J]. 有色金属(选矿部分), 2000, (6):9~13.

[62] 余润兰, 邱冠周, 胡岳华, 等. 乙黄药在铁闪锌矿表面的吸附机理[J]. 金属矿山, 2004, (12):29~31.

[63] 朱玉霜, 朱建光. 浮选药剂的化学原理[M]. 长沙:中南工业大学出版社, 1996.

[64] 布鲁特 G. 双黄药在黄铁矿浮选中的作用:可溶性、吸附研究、Eh 和 FTIR 测定[J]. 国外金属矿选矿, 2002, 39 (12):17~21, 43.

[65] Wrobel S A. Amphoteric flotation collectors[J]. Mining and Minerals Engineering, 1969, (4):5~9.

[66] 王淀佐. 浮选剂作用原理及应用[M]. 北京:冶金工业出版社, 1982.

[67] 王晖, 钟宏. 酯类两性捕收剂研究[J]. 有色金属(选矿部分). 1999, (1):19~25.

[68] Moxon N. The effect of collector emulsification using non-ionic surfactants on the flotation of coarse coal particles [J]. International Journal of Mineral Processing, 1986, (12):1~2.

[69] 杨江. 25♯黑药与乙硫氮组合药剂浮选铅锌矿的选择性研究和运用[J]. 河北企业, 2014, (4):124~124.

[70] 周晓文, 何丽萍, 康建雄, 等. 福建某银矿选矿工艺流程试验研究[J]. 金属矿山, 2008, (12):64~66, 82.

[71] 贾利攀, 车小奎, 郑其, 等. 3 种捕收剂对氟碳铈矿的浮选性能研究[J]. 金属矿山, 2011, (7):106~109.

[72] 孙伟, 李文军, 刘建东, 等. 一种新型金红石选择性捕收剂的应用研究[J]. 矿冶工程, 2010, 30(2):35~39.

[73] 胡熙庚. 浮选理论与工艺[M]. 长沙:中南工业大学出版社,1991.

[74] 马康扎 A T 孙吉鹏,童雄,等. 用混合捕收剂浮选含金黄铁矿矿石[J]. 国外金属矿选矿,2008,(11):8～13.

[75] Lotter N O,Bradshaw D J. The formulation and use of mixed collectors in sulphide flotation[J]. Minerals Engineering,2010,23(11～13):945～951.

[76] 柯丽芳. 新型锡石辅助捕收剂 BYSN 及其作用机理[D]. 中南大学硕士学位论文,2012.

[77] 丁明辉. 铝土矿浮选脱硅组合捕收剂的研究[D]. 中南大学硕士学位论文,2012.

[78] 何桂春,冯金妮,毛美心,等. 组合捕收剂在锂云母浮选中的应用研究[J]. 非金属矿,2013,(4):29～31.

[79] 邱显扬,高玉德,韩兆元,等. 组合捕收剂对黑钨矿颗粒间相互作用的影响研究[J]. 矿冶工程,2012,32(6):47～50.

[80] 布拉托维奇 S J. 浮选药剂手册(下)[M]. 魏明安,等译. 北京:化学工业出版社,2014.

[81] 楚 Y S. 浮选起泡剂对气泡大小和泡沫稳定性的影响[J]. 国外金属选矿,2007,13(3):17～21.

[82] 赖亚 J. 泡沫浮选表面化学[M]. 何伯泉,等译. 北京:冶金工业出版社,1987.

[83] 薛丁帅. 新型酰肼二硫代甲酸类浮选剂在金川镍矿中的应用[D]. 兰州大学硕士学位论文,2008.

[84] Leja J,Schulman J H. Flotation theory:molecular interaction between frothers and collectors at solid-liquid-air interface[J]. Transfer,AIME,Minerals Engineering. 16(1954):221～228.

[85] 赵本军. 浮选过程中捕收剂和起泡剂的综合作用[J]. 江苏煤炭,2004,(2):59～60.

[86] 基特科夫 S,张兴仁,肖力子. 抑制剂和起泡剂对捕收剂与矿物作用的交互影响[J]. 国外金属矿选矿,2007,(7):14～16.

[87] 麦罗 F,李长根,雨田. 浮选起泡剂的基本性质及其对浮选的影响[J]. 国外金属矿选矿,2007,(4):31～35.

[88] 李长颖,庄故章,钟旭群,等. 云南某铅锌矿浮选试验研究[J]. 有色金属(选矿部分),2009,(6):26～30.

[89] 何向文,谢国先,杜灵奕,等. 药剂不同添加方式对胶磷矿浮选的影响研究[J]. 化工矿物与加工,2012,41(3):4～5,18.

[90] 杨宇. 硫化浮选法处理难选氧化铜矿的技术研究[J]. 现代矿业,2012,(3):16～19.

[91] 陈亚东. 分段加药方法在淮北选煤厂北区的应用[J]. 选煤技术,2006,(4):29～30.

[92] 巫汉泉,牛兰良. 饥饿给药及强喷淋堆浸工艺[J]. 矿产综合利用,2002,(6):10～12.

[93] 起鹏. 某金矿石浮选试验研究[J]. 有色矿业,2012,(1):15～17.

[94] 李翠芬,宋翔宇,薛方科,等. 某低品位黑白钨矿选矿试验研究[J]. 金属矿山,2012,(5):100～103.

[95] 张红新,郭珍旭,李洪潮,等. 从钼尾矿中回收低品位白钨矿选矿试验[J]. 中国钨业,2013,(4):29～33.

[96] 杨显万,邱定蕃. 湿法冶金[M]. 北京:冶金工业出版社,1998.

[97] 贺山明,王吉坤,李勇,等. 氧化铅锌矿直接硫酸浸出[J]. 有色金属(选矿部分),2011,63(2):163～167,184.

[98] 张桂芳,张宗华,高利坤,等. 含钪稀土矿提钪浸出剂选择试验研究[J]. 中国矿业,2007,16(9):65～69,72.

[99] 蒋汉瀛. 冶金过程的物理化学[M]. 北京:冶金工业出版社,1984.

[100] 邓志敢,魏昶. 钒钛磁铁矿提钒尾渣浸取钒[J]. 中国有色金属学报,2012,22(6):1170～1777.

[101] 王多冬,赵中伟,陈爱良,等. 难处理铜钴合金的氧化酸浸出[J]. 中南大学学报(自然科学版),2009,40(5):1188～1193.

[102] Yang Y,Liu R,Huang K. Preparation and electrochemical performance of nanosize Co_3O_4 via hydrothermal method[J]. Transactions of Nonferrous Metals Society of China,2007,(6):23～26.

[103] 吴金玲,李江涛,刘旭恒,等. 碳酸钠选择性浸出钨钼混合矿的热力学[J]. 有色金属科学与工程,2013,(5):33～38.

[104] 冯乃祥,王耀武. 一种以菱镁石和白云石混合矿物为原料的真空热还原法炼镁技术[J]. 中国有色金属学报,2011,21(10):26～28.

[105] 刘志宏,张鹏,李玉虎,等. 高砷次氧化锌混合碱浸出脱砷试验研究[J]. 湿法冶金,2009,28(4):229～232.

[106] 童雄,钱鑫. 氧化剂强化金浸出的机理研究[J]. 国外金属矿选矿,1997,(10):37～41.

[107] 崔毅琦,童雄. 氰化浸银过程的热力学判据[J]. 黄金,2006(5):33～35.

[108] 张艮林,童雄,徐晓军. 氨性硫代硫酸盐浸金体系中氧化剂选择探讨[J]. 金属矿山,2005,(11):31～33.

[109] 童雄,张艮林. 硫代硫酸盐浸金的热力学判据[J]. 有色金属,2004,(3):38～40.

[110] 童雄,孙永贵. 铅盐强化氰化浸金的机理研究[J]. 金银工业,1998,(2):10~13.

[111] 童雄,陈万有. 供氧体在撰山子金矿成功应用[J]. 金银工业,1999,(1):25~29.

[112] 童雄,钱鑫. 氧化剂促进金氰化浸出[J]. 有色金属,1997,(1):71~73.

[113] 童雄,钱鑫,黄伟. 硫脲浸金过程选择氧化剂的热力学判据研究[J]. 有色金属,1997,(3):52~54.

[114] 童雄. 供氧体氧化剂理论的研究[J]. 第五届全国金银选冶学术会议论文专集,山东烟台. 1997.

[115] 童雄,钱鑫. 氧化剂提高金氧化浸出率的热力学判据研究[J]. 有色金属,1996,(3):75~78.

[116] 姜涛,许时. 含铜金矿自催化硫代硫酸盐浸金新工艺及化学原理[J]. 有色金属(选矿部分),1992,44(2):31~35.

[117] 钟晋,胡显智,字富庭,等. 硫代硫酸盐浸金现状与发展[J]. 矿冶,2014,23(2):65~69.

[118] 艾尔莫尔 M G. 金的硫代硫酸浸出方法评述[J]. 国外金属选矿,2001,(5):2~20.

[119] 王艳丽,黄英. 硫脲提金技术发展现状[J]. 湿法冶金,2005,24(1):1~4.

[120] 张静,兰新哲,宋永辉,等. 酸性硫脲法提金的研究进展[J]. 贵金属,2009,30(2):75~82.

[121] 康勇,罗茜,胡志刚. 硫脲浸金新工艺的研究[J]. 矿冶,1997,6(2):55~58.

[122] 李玉鹏,吴绍华,黄燕,等. 用 FeCl₃ 从复杂铋矿中浸出金属铋[J]. 云南冶金,2007,34(3):31~34.

[123] 叶国华,何伟,童雄,等. 黏土钒矿不磨不焙烧直接酸浸提钒的研究[J]. 稀有金属,2013,37(4):18~21.

[124] 杨晓,张一敏,黄晶. 助浸剂 CX 对石煤酸浸提钒的影响[J]. 金属矿山,2012,(3):86~89.

[125] 谷晋川,刘亚川. 金矿氰化浸出助浸剂的研究[J]. 金属矿山,2001,(9):28~32.

[126] 童雄,钱鑫. 供氧体在金溶解过程中的作用研究[J]. 黄金,1995,(12):29~32.

[127] 刘畅,谢海云,姜亚雄. 甘肃某金矿强化浸金试验研究[J]. 矿冶,2012,21(1):46~52.

第5章 设备的协同与互补效应的研究

5.1 设备的协同与互补效应的内涵及研究意义

5.1.1 设备的协同与互补效应的内涵

矿物加工过程中,分选设备与工艺流程具有密切的关系,是以处理对象的矿物学特性为基础,根据矿物的物理性质、化学性质等分选特性的不同,制定合理的选别工艺并配套与之相适应的、能够实现高效分选的选别设备。设备的协同与互补效应的主要内涵如下。

(1) 研究选矿设备与选矿工艺、选矿设备与矿物特性等之间的有机联系,将工艺流程和设备配置构建成顺应矿石性质的、完整的、流畅的和谐分选系统。

(2) 针对不同的粒度特性、物理分选性和化学分选性等,研究和发展不同的分选设备的互补与协同效应,包括碎磨设备之间、碎磨设备与分级设备之间、浮选设备之间、磁选设备之间、重选设备之间,以及浮选设备与磁选和重选设备之间的优势协同效应,形成一个环环相扣的、集成效应显著的有机整体。

(3) 研究选矿工艺技术与选矿设备之间内在的协同联系,提高选矿设备的适应性、可靠性和操控性,构建矿物加工过程中集自动化、智能化和精细化于一体的分选设备互补体系。

选矿设备与选矿工艺的研究和进展是相辅相成的,选矿设备是矿物加工技术得以实现的硬件和基础,选矿设备的研发与应用可以有效地提升选矿领域的整体生产能力和技术水平。但是,分选设备的研发更多的是针对单一台套设备的先进性、成熟性和可靠性,而不同设备之间的协同与互补效应是通过合理地整合、优化各种分选设备,高效、优质地完成矿物分离与富集的分选工作。

通常,根据选矿作业的阶段,选矿设备可划分为破碎、粉磨、筛分、分级、分选和脱水等过程的设备;根据分选原理和方法的不同,选矿设备还可以分为重选设备、磁选设备、浮选设备及化学选矿设备等。不同设备的处理对象都有特殊的要求与使用限制,如矿物之间密度差值的大小、比磁化系数的差值范围、粒度上下限等。因此,基于处理对象的矿物学性质、粒度组成特点及分选工艺要求等条件,对比分析不同设备的性能,在各个分选作业环节选取最佳的选矿设备及其组合,充分发挥和利用不同设备的优势特点,形成不同设备之间优势互补的分选效果。通过设备互补与协同效应,集成不同设备的效能,不仅可以提高产品的质量和回收率,而且可以使分选设备的结构更加合理,避免设备资源的浪费,提高设备的利用率和适用性,从而大大地降低分选过程的能耗。

不同的分选工艺流程需要通过不同的分选设备得以实现。例如,重选工艺所需要的设备主要包括摇床、溜槽、跳汰、离心选矿机及复合物理场的重选设备等;磁选工艺所需要的设备主要包括弱磁选机、强磁选机及高梯度磁选机等；浮选设备主要包括不同类型的浮选机和浮选柱等。设备协同与互补效应是以处理对象的矿物学特性为基础的，结合矿物加工过程的设备与工艺流程的关系，进行选矿设备的合理搭配和组合，实现分选效率的最大化。

随着选矿设备的不断发展，它对不同矿石的适应范围更广，处理能力与技术指标的稳定性更高，然而每种选矿设备都有其适用的范围，受矿石多样性的影响，矿石的贫化、复杂和难处理程度越来越高，单一的分选设备通常不能够完全顺应矿石的性质，因而难以达到高效分选的目标。因此，针对单一分选设备的不足，我们提出了分选设备的协同与互补效应，根据流程需要，将摇床、连续离心选矿机、溜槽等重选设备与磁滑轮、强磁干粉磁选机、永磁筒式磁选机、磁选柱、高梯度磁选机等磁选设备，以及机械搅拌式、充气式、混合式、充气搅拌式、气体析出式的浮选机和浮选柱等浮选设备有机地连接与搭配，形成针对不同矿物"物性"特点的复杂难处理矿石资源的高效分选的设备互补与协同体系。

设备互补与协同体系是将选矿工艺与矿物特性、选矿设备与选矿工艺、选矿设备与矿物特性等要素进行有机的结合，使整个矿物加工工艺、流程及设备成为一个完整、通畅、顺应矿石性质的分选系统。该系统既可充分发挥不同设备的互补与协同优势，又紧密联系选矿工艺的具体要求；既充分利用成熟设备的稳定性，又增加工艺流程的灵活性与适应性。该系统针对不同物料的粒度特性、物理分选性和化学分选性等，构建不同的分选设备及合理利用的技术模式，其中互补与协同模式不仅适应性更强，灵活度高，而且能够提高分选系统的稳定性和分选效率，有利于节约加工成本。

例如，大红山式难处理铁矿资源高效利用的关键技术就是最优工艺流程和最佳设备组合的典型案例之一，采用 Slon 高梯度磁选机与 Slon 连续式离心机的合理匹配，借助 Slon 立环脉动高梯度磁选机运行稳定、处理量大、一次强磁选可抛弃大量低品位尾矿的优势，用于粗选作业具有富集比大、铁回收率较高、选矿效率高的优点，但用于精选则难以获得很高的铁精矿品位；而 Slon 离心选矿机的精选指标要优于强磁选机的精选指标，用于精选作业，能够较好地解决含少量的磁铁矿与大量的石英贫连生体难以分离与富集的制约因素，不足之处是，Slon 离心选矿机的作业回收率较低。因此，这两种设备的结合与优势互补，可以起到相得益彰的互补效应。

5.1.2 设备的协同与互补效应研究的重要意义

选矿技术的革新和发展，一方面受选矿工艺的影响，另一方面受选矿设备的影响。选矿设备的技术水平不仅直接影响工艺过程的稳定性和生产效率，而且直接影响选矿产品的质量和数量，从而影响企业的生产技术指标和综合经济效益[1]。

我国矿产资源具有富矿少、贫矿多，粗颗粒少、微细颗粒多，单一矿少、共生矿多等特点，因此为了高效利用复杂难处理矿产资源，实现矿业可持续发展的战略目标，除了必须研究和设计灵活、实用、针对性强的选矿工艺流程外，还必须从矿物加工过程的全局出发，整体考虑分选设备的优化配置制度，在第 3 章"工艺互补效应的研究"的基础上，建立与矿石和矿物物性密切联系的、完善的、灵活的设备互补与协同体系，以便更好地发挥不同分选设备的效能。

　　矿产资源的贫化、复杂化及难处理化趋势,对选矿技术与设备提出了更高的要求。选矿设备的复杂化与大型化是目前国内外矿物加工领域的发展趋势之一,因此很多人热衷于周期长、稳定性与普适性有待检验的复合力场设备的研发。我们通过研究"大红山式铁矿资源高效综合利用的关键技术与产业化应用"等项目,开展了设备互补与协同效应的理论与应用研究,根据大红山式铁矿资源的物性特点,分析不同设备的优势与不足,优选成熟的选矿设备,优化与集成相关的工艺与设备的优势要素,形成优势互补与协同效应的有机整体,产生"1+1＞2"的集成效应。选矿工艺与设备的协同与互补效应,既增强了设备与工艺的有机联系,又充分发挥了设备的优势互补,还紧密联系了工艺要求;既利用了成熟设备的稳定性,又增加了工艺流程的灵活性与适应性。

　　此外,矿物加工工艺的特点之一,就是针对不同物料的粒度特性、可碎性、可磨性、可浮性、磁电性、化学反应性等,采用不同的处理方法,选择不同的分选设备,进行针对性的、高效的分离与富集。绝大部分矿物原料经过碎磨准备作业之后,其入选粒度都不是窄级别的,更不是单一的或均一的,而是呈宽级别的粒级分布。不同粒度的矿物颗粒的可选性存在较大的差异,采用单一流程或单一设备进行选别难以获得理想的指标,因此采用互补与协同的分选设备和工艺流程,既可以适应物料的粒度组成和分布特点等物性的变化,又可以获得更好的分选指标和效益。

5.2　碎磨设备与筛分设备的协同与互补效应

　　碎矿与磨矿的首要任务是将矿石破碎至合适的分选粒度,使有用矿物充分的单体解离。在第2章"粒度互补效应的研究"中,对矿石碎磨过程中的原生嵌布特征与碎磨粒度组成和最佳磨矿细度之间的关系、"多碎"与"少磨"之间的关系、碎磨最终产品细度对分选过程的影响等,进行了详细的分析与研究。本节主要研究碎磨设备与筛分或者分级设备之间的协同与互补关系,因为这是实现高效分选的基本的前提条件。

5.2.1　破碎设备和筛分设备的协同与互补

　　在矿物加工过程中,广泛应用的破碎方法基本上是机械破碎法。长期以来,破碎设备的主体结构基本上没有改变,然而,随着现代新技术和新材料的应用,破碎设备的破碎性能有所提高。

　　目前,选矿厂常用的破碎机主要有旋回式破碎机、颚式破碎机、圆锥破碎机、反击式破碎机、辊式破碎机,以及最新发展的超细碎破碎机等类型,每种破碎机均有其优缺点及最佳的使用范围。为了最大限度地发挥不同破碎设备各自的优势,顺应矿石的性质,使破碎产品达到最佳的破碎状态,在破碎流程的不同阶段,一般需要采用不同类型的破碎机。例如,粗碎阶段的破碎设备通常采用颚式破碎机或者旋回式破碎机;中碎和细碎阶段的破碎设备多为圆锥破碎机、反击式破碎机或者辊式破碎机等。

　　在矿石的破碎过程中,由于后续作业对破碎产品粒度分布的要求不同,筛分作业是必需的,是破碎流程中不可或缺的部分;将筛分设备与破碎设备合理地协同使用,控制破碎产品的粒度大小并筛分出合格的产品,将不合格的产品返回进行再次破碎,是生产中最常见的闭路破碎流程。筛分设备的类型很多,常用的有固定筛、振动筛和细筛等[2]。在不同的作业阶段,根据筛分条件和筛分要求不同,所采用的筛分设备的类型也不尽相同。例如,原矿仓或者粗、中碎前的预先筛分过程中,矿块的粒度比较大,对筛面的冲击力大、磨损严重,因此主要采用构造简单、无需动力及磨损小的固定筛;在选矿厂实际生产过程中,使用最多的细碎筛分设备是种类非常多的振动筛,根据矿石的性质和不同作业的要求,采用不同类型的振动筛,在中小型选矿厂筛分不超过 100mm 的物料时,多采用惯性振动筛;对于密度大、含水和含泥相对较高的物料,多采用重型振动筛等。

因此,在破碎筛分流程中设备的协同与互补效应主要体现在,根据矿石性质的不同和产品要求的不同,形成破碎设备之间、筛分设备之间以及破碎设备与筛分设备之间的优势互补与协同效应。

1. 破碎设备的协同与互补

降低入磨粒度是实现碎磨作业增产、节能、降耗的重要途径,因此人们提出了"多碎少磨""碎磨互补"的理念和主导流程;同时,为了满足有用矿物与脉石矿物的解离及其对分选粒度的要求,又提出了"选择性粉碎"、"粒度互补"的指导思想。因此,如何获得最佳的破碎产品,主要取决于破碎设备的破碎效率,以及不同的破碎设备之间合理的互补优势。

为了更好地紧密联系不同的破碎设备与矿石的矿物学性质和矿物加工的工艺流程,体现不同的破碎设备在分选过程中的作用,破碎设备的分类可以按照它们在破碎流程中的粗碎、中碎和细碎阶段进行划分。在不同的破碎阶段选择何种破碎设备,首先必须考虑破碎物料的性质,主要包括矿石的硬度、密度、湿度、黏结性、粒度组成及矿石的矿物学特性等;其次要考虑备选破碎设备的生产能力、结构参数等;再次要考察工艺流程对破碎设备的要求,如破碎比、开路作业还是闭路作业、设备的负荷系数及给矿的均匀度等因素;最后必须考虑选矿厂的生产规模、技术经济综合指标,以及设备的总重量、总安装功率、厂房总面积和体积、选矿厂的总投资等[3]。

目前,用于粗碎的破碎设备主要有颚式破碎机和旋回破碎机[4,5]。尽管颚式破碎机的结构类型众多,但常见的主要有简单摆动型、复杂摆动型和混合摆动型三种,其工作原理基本类似,而且均具有结构简单、重量轻、价格较低廉、工作可靠、排矿口调节方便、设备的高度低、不易堵塞、维修方便等优点,多用于硬矿石的粗碎和细碎过程,尤其是在破碎湿度较大、含黏土较多的矿石时,更能凸显其不易堵塞、工作稳定等优点。然而,颚式破碎机的衬板易磨损,其生产能力比旋回破碎机的生产能力低,破碎产品的粒度不够均匀,矿石块度大时要求均匀给矿,适用于中、小型选矿厂。与颚式破碎机相比,旋回破碎机是一种破碎能力较大的设备,可以挤满给矿,对给矿粒度的要求较低,不要求均匀给矿,破碎比大,产品粒度均匀,不易堵塞,能够连续工作,能耗低,破碎腔内衬的磨损分布均匀,但是不适于破碎潮湿和黏性大的矿石,且排矿口调节困难、构造复杂、机身较高、基建费用高,适用于大型选矿厂。

中细碎的破碎设备在选型时,除了需要考虑粗碎设备的选型因素外,还要考虑上一段的破碎产品的最大粒度和该段破碎要求的产品粒度,目前广泛用于中细碎的破碎设备主要有圆锥破碎机和反击式破碎机等[6,7]。中细碎圆锥破碎机的工作原理与粗碎所用的旋回破碎机基本类似,主要是结构上略有差别。中碎与细碎破碎机的结构基本类似,只是用于中碎的标准型圆锥破碎机的给矿口大、平行区短,用于细碎的短头型圆锥破碎机的给矿口小、平行区长。圆锥破碎机一般具有生产能力大、产品粒度均匀、过粉碎少、功耗低的特点,但是不宜处理黏性物料,排矿口不能太小,适用于大中型选矿厂破碎可碎性差的矿石和中等可碎性的矿石。反击式破碎机主要靠冲击方式进行破碎,利用冲击力"自由"破碎的原理来粉碎矿石,与其他破碎机相比,具有结构简单、设备重量轻、体积小、维修方便、破碎比大的特点。一般破碎机的破碎比最大不超过10,而反击式破碎机的破碎比一般为30~40,最大可达150,且生产能力高、功耗低,能耗比颚式破碎机的能耗低1/3,破碎的产品粒度均匀、细粒含量多,有利于提高破碎机的效率,最重要的是可进行选择性破碎,在冲击破碎过程中,有用矿物和脉石矿物先沿着解理面破裂,有利于有用矿物的单体分离,尤其是对粗粒嵌布的有用矿物更是如此,能一次满足中碎和细碎的要求,适应性强,适用于中等可碎性、脆性和潮湿矿石的破碎,因此可以简化工艺流程、节省投资,但是其主要缺点是打击板和反击板磨损严重,寿命很短,需要经常更换,工作噪声大,粉尘多。

为了实现多碎少磨、选择性粉碎与粒度互补的目的,国内越来越多地引进国际先进的粉碎设备,且在破碎设备的研发过程中,细碎和超细碎设备的开发和研制占有较大的比重。新型破碎设备的研发主要有两类:一类是基于新材料和新工艺的应用研发的设备,通过对原有破碎设备进行改进,提高设备的性能和处理能力;另一类是根据新的破碎理论设计研发的新型设备,具有比传统设备更突出的破碎效率和特点,实现了技术含量的进一步提升。例如,复摆颚式破碎机取代简摆颚式破碎机已成为现实[8~10]。国内对颚式破碎机进行了大量的研究,出现了零悬挂、负悬挂、负支撑、外动颚、回转式、双腔和双动颚等多样化的结构形式,并用计算机技术对设备结构进行了优化设计。以外动颚匀摆颚式破碎机为例,它改变了传统的颚式破碎机以四连杆为动颚的设计,将连杆作为破碎机的边板,动颚仅仅作为连杆上一点的延伸,通过边板传递动力给外侧的动颚,将连杆与动颚分离,使连杆的运动特性不再约束动颚的运动,以此获得最为理想的动颚特征。这种新一代的外动颚匀摆颚式破碎机不仅保持了传统破碎机的优势,而且克服了传统破碎机衬板易磨损、破碎比低的缺点,其破碎腔口比普通颚式破碎机的长,能够实现高破碎比,动颚具有理想的运动轨迹,处理能力大。在新型节能细碎设备方面,惯性圆锥破碎机克服了传统圆锥破碎机的不足,它通过向物料层施加严格定量的惯性力造成压力,将物料层适当地压实,使物料承受全方位的挤压,物料颗粒之间产生相互作用,造成颗粒间的强制性自粉碎;同时,在惯性力引起的强烈脉动冲击作用下,可破碎硬度非常大的脆性物料,破碎后的物料具有最低的过粉碎,从而实现了物料的"料层选择性破碎"。惯性圆锥破碎机与传统的圆锥破碎机相比,具有如下优点。

(1) 具有良好的"料层选择性破碎"作用,使单位破碎比的功耗降低约40%。

(2) 破碎比大,产品粒度可调,能够方便地调节破碎比至4~30,防止过粉碎,简化了工艺流程。

(3) 产品粒度几乎与衬板的磨损无关。

(4) 具有良好的过铁性能,无须过载保护装置。

(5) 应用范围广,可破碎任何硬度下的脆性物料。

　　然而惯性圆锥破碎机的个别零件容易磨损,尤其是支撑偏心重量的轴承容易磨损,且设备的高度较大、要求给料均匀等,因此在破碎流程中需要根据具体的矿石性质,以及对不同破碎设备的协同使用,充分利用不同破碎设备之间的优势互补与协同效应,发挥出每台设备的优势。

　　在铜炉渣、钢渣等冶金炉渣的破碎过程中,新型惯性圆锥破碎机的优越性能够比较充分地体现出来[11,12]。我国钢渣含铁量为 $10\%\sim12\%$,钢渣密度一般为 $(3.1\sim3.6)\times10^3\,kg/m^3$,钢渣的抗压性能好,而且非常耐磨,因此,大部分钢厂对钢渣进行一次颚式破碎机粗碎、一次中碎至 $40\sim60mm$,然后磁选出铁粒,尾渣作为筑路底料出售。这种处理方法的破碎粒度较大,使钢渣的附加值降低、资源流失。由于水泥、冶金配料等行业需要的是最大粒度小于 10mm 的尾渣,颚式破碎机处理钢渣的流程只能破碎至 $40\sim60mm$,倘若这种粒度的尾渣直接进入球磨机磨矿,必然效率很低、能源消耗大。北京矿冶研究总院罗秀建等研究了不同型号的惯性圆锥破碎机与颚式破碎机的协同应用,通过发挥两种破碎设备各自的互补优势,解决了钢渣难以破碎的难题,不同型号的惯性圆锥破碎机与颚式破碎机协同的工艺流程的技术参数见表 5-1[13]。

表 5-1　不同型号的惯性圆锥破碎机与颚式破碎机协同的技术参数

类别	系统类型	I	II	III
配置	颚式破碎机	250×1000	400×750	600×900
	惯性圆锥破碎机	GYP-600	GYP-900	GYP-1200
	其他设备	振动筛、磁滚筒、皮带、电葫芦		
技术参数	系统处理量/(t/h)	$15\sim20$	$35\sim50$	$65\sim80$
	最大给料尺寸/mm	210	350	480
	P90 产品粒度/mm	-5	-8	-10
	额定总功率/kW	90	140	240
	实际总功率/kW	60	100	170

　　我国大多数钢厂将钢渣进行一次颚式破碎机粗碎,回收铁块,卖出钢渣,这种钢渣的最大粒度为 $300\sim500mm$,目前,大部分钢渣厂采用如图 5-1 所示的改造后的工艺流程[14],通过磁选分离出 3 种渣铁产品,比原处理流程多选出了近一倍的渣铁,将尾渣控制在 -5mm 含量占 95% 以上,且粒度均匀,可直接当做熟料用于水泥生产,或者直接筛分用做高等级高速公路的沥青层骨料,也可用做冶金行业原料等,极大地提高了钢渣的综合利用率,创造了可观的经济效益和社会价值。

　　铜炉渣的结构也很特殊,一般是铁、铜等金属或者其氧化物和渣的结合体,具有硬度高、比较致密、较好的耐磨性等特点,破碎难度非常大。常规的破碎流程多采用三段闭路流程,粗碎一般采用颚式破碎机,中细碎主要采用液压式或者弹簧式圆锥破碎机,流程较长且循环量大,尤其是采用普通圆锥破碎机很难实现细碎。由于惯性圆锥破碎机破碎硬度大的脆性物料具有明显的优势,可以与颚式破碎机在破碎流程中形成更好的优势互补,将原来的三段闭路流程改造为两段开路流程,破碎效率更高、产品粒度更细,简化了破碎流程,降低了运营成本,提高了有效的处理量。赤峰某公司的铜渣是转炉渣,质地致密、密度大、硬度高、难破碎,含铁高达 $48\%\sim52\%$[15];采用如图 5-2 所示的两段破碎流程,第一

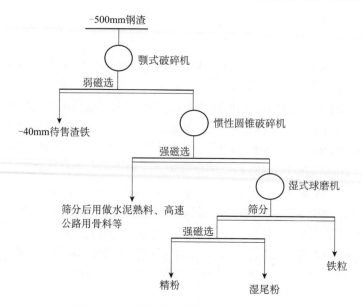

图 5-1　改造后的处理钢渣的原则工艺流程

段用 PE400×600 颚式破碎机,第二段用 GYP-900 惯性圆锥破碎机;粒度为－300mm 的铜渣给入颚式破碎机,破碎后物料直接进入惯性圆锥破碎机,由于圆锥破碎机开路破碎,产品粒度细,可以直接进入粉矿仓,极大地简化了破碎的工艺流程。

　　对于矿石性质有所差异、破碎要求不同的矿石,新型圆锥破碎机与颚式破碎机的协同应用,也可以体现不同设备的优势互补效应。例如,颚式破碎机与不同类型的圆锥破碎机等传统的破碎设备之间的优势互补,也可以形成高效的破碎体系。雅满苏铁矿选矿厂建设初期,采用两段一闭路的破碎流程,粗碎选用颚式破碎机,细碎选用 PYD-1750 液压标准圆锥破碎机,原破碎工艺流程见图 5-3[16]。

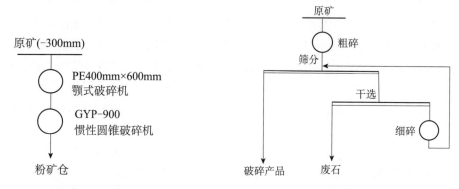

图 5-2　赤峰破碎铜渣的工艺流程　　　　图 5-3　雅满苏铁矿原破碎的工艺流程

　　该流程存在的主要问题如下:破碎产品粒级宽、粒度粗,选矿设计的最终破碎产品粒度为 0～14mm,而实际的破碎产品粒度为 0～16mm,且破碎产品粒度为 0～14mm 的含量仅为 65%,远低于破碎设计要求的 95%。造成产品不达标的主要原因如下:矿石较为偏硬,采用两段破碎流程,造成粗、细碎破碎机的超负荷运转,其产率和破碎比均不能达到设计要求,尤其是细碎设备的破碎比相对较小,与粗碎的颚式破碎机的性能匹配程度较低,优势互补效应不明显,造成最终破碎产品粒度不合格,而且破碎产品粒度过粗,也造成筛上循环量过大,筛分效率低,制约了生产能力和选别指标的提高。

为了解决上述问题,将原生产破碎流程改造为三段一闭路流程(图 5-4);粗碎仍用颚式破碎机,增加 HP-800 高效液压圆锥破碎机为中碎,细碎改为 HP-800 破碎机。改造前后的破碎产品粒度对比见表 5-2。

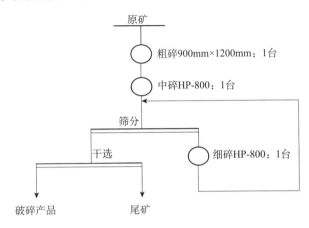

图 5-4 改造后的破碎工艺流程

表 5-2 改造前后的破碎产品的粒度指标对比   单位:mm

设备名称	给矿粒度		破碎产品粒度	
	−50%	−16%	−50%	−16%
原细碎机	35.4	25.4	48.6	37.4
HP-800 破碎机	50.21	44.48	85.98	69.30

由破碎产品的粒度对比可以看出:增加一段中碎,可以有效地降低细碎阶段的给矿粒度,同时明显地降低了 HP-800 细碎机产品的粒度,显著地提高了破碎产品的合格率与磨机处理量,使球磨机台时处理能力由 75t/h 和 45t/h 分别提高到 85t/h 和 60t/h。

该破碎技术的改造实践,充分说明了破碎设备的选用和破碎工艺流程要充分考虑矿石和矿物特性及不同设备的性能,通过设备优势互补与协同,满足不同阶段的破碎要求。对于硬度偏大的矿石,通过增加破碎段数、降低每段的破碎比,从而降低破碎设备的负荷,使其在最佳的工作条件下充分发挥性能。显然,此类矿石的破碎,采用 HP 液压型破碎机与颚式破碎机之间的互补优势更好于 PYD 标准圆锥破碎机与颚式破碎机之间的互补优势。

鞍山钢铁集团公司某选矿厂处理东鞍山铁矿供给的鞍山系沉积变质岩即"鞍山式含铁石英岩",矿石质地致密、浸染粒度较细,原采用如图 5-5 所示的四段闭路的破碎生产流程[15]。

采用的粗细碎设备未能形成较好的优势互补,使破碎工艺较复杂,破碎产品最终粒度大,−12mm 含量占 80% 以下,造成后续磨机产量的提高较为困难;采用如图 5-6 所示的

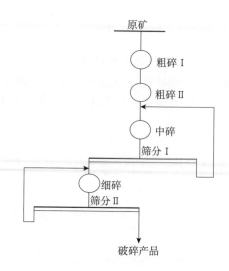

图 5-5　鞍山钢铁集团公司某选矿厂原破碎生产工艺流程

两段开路的破碎流程,由于 GYP-1200 惯性圆锥破碎机产品的粒度细,将矿石粒度破碎至 −10mm 含量占 80％以上、加权平均粒度 −4.9mm,产品直接进入粉矿仓,极大地降低了矿石的入磨粒度。该两段开路的破碎流程很好地体现了颚式破碎机与惯性圆锥破碎机在破碎硬度大、脆性高的矿石时具有互补的优势,充分发挥了不同破碎设备的性能特点,和谐地顺应了矿石的破碎性质。

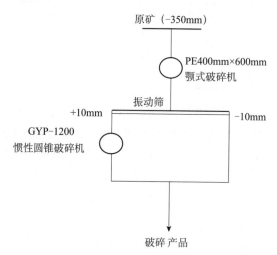

图 5-6　鞍山钢铁集团公司某选矿厂改造后的破碎流程

尽管破碎过程中颚式破碎机与不同类型的圆锥破碎机形成的设备互补与协同效应体现出强大的优越性,但是由于矿石不同的性质和设备自身的缺点,这种类型的设备互补优势主要体现在对硬度大、脆性高的矿石的破碎过程,而对于软而脆、易泥化的矿石则需要根据矿石性质的不同,构建不同类型的破碎设备之间的互补与协同。例如,广西高峰锡矿巴里选矿厂在处理硬且性脆易碎、易泥化等性质十分特殊的矿石时,碎磨过程中容易造成过粉碎,因而采用破碎次数少、破碎比大及选择性破碎作用强的破碎方法和设备,保证了金属矿物在尽量粗的粒度下解离,有利于各种矿物沿其结合面解离[17]。为此,将原破碎设备进行一些更换,形成更加合理的、适应于矿石性质的破碎设备协同,在最佳条件下,充分发挥不同设备的优点,达到选择性破碎的目的。该选矿厂改造前后的破碎流程分别见图 5-7 和图 5-8,常规破碎法与冲击破碎法的破碎效果对比见表 5-3。

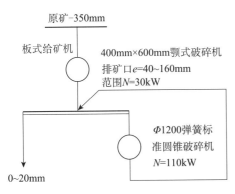

图 5-7　巴里选矿厂原破碎流程

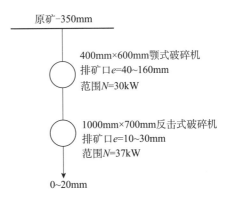

图 5-8　巴里选矿厂改造后的破碎流程

表 5-3　常规破碎法与冲击破碎法的破碎效果对比

项目类别	常规破碎法	冲击破碎法	冲击破碎比常规破碎提高(＋)和减少(－)的比值
产品最大粒度/mm	23.10	15.73	－31.90
产品平均粒度/mm	9.04	3.64	－59.73
＋3mm 粒级产率/%	67.16	27.97	－58.35
＋3－1mm 粒级产率/%	8.81	13.97	＋5.16
＋1－0.074mm 粒级产率/%	16.35	43.45	＋27.10
－0.074mm 粒级产率/%	7.68	14.61	＋6.93

从表 5-3 中可看出:反击式破碎产品的粒度细而均匀,平均粒度降低幅度达 59.73% 左右,－3mm 粒级产率高达 72.03%,为磨矿创造了较好的条件,不仅大大地简化了巴里选矿厂破碎的流程和设备,而且节省了一台筛分设备及四条闭路皮带,节省安装功率100kW,节能 60%,达到了节能降耗的目的。

通过上述生产实例不难看出:不同的破碎设备之间形成的互补优势可以极大地提高破碎产品的合格率和破碎的效率,明显地降低能耗;这种互补必须以矿石的基本性质为基础,根据不同设备的优缺点及适用范围,选择不同阶段的最佳破碎设备,充分发挥每台破碎设备的优势,形成良性的破碎循环,获得最为合理的破碎产品,从而构建破碎设备高效使用的协同流程和互补效应。

2. 破碎—筛分设备的协同与互补

筛分作业一般用于较粗的＋0.25mm 的物料,而较细的－0.25mm 的物料多采用分级作业。筛分主要用于选矿厂的破碎作业,对破碎作业起辅助作用,有时可用做选择筛分、脱水筛分或者洗矿筛分;在冶金过程中,筛分也是不可缺少的。筛分可以从破碎机的给矿中预先筛分出细粒部分,增加破碎机的生产率,避免过粉碎。在跳汰选矿和干式磁选前,通常将矿石按粒度大小筛分成若干级别,分别进行处理,这样可以明显地改善分选的效果。

根据筛分的不同目的,可以将其分为两类:一是独立筛分,主要是筛分出适合于用户对产品粒度要求的最终产品,或者脱除物料的水分,一般在洗煤厂应用较多,含水含泥较高的物料也可以进行筛分脱泥;二是辅助筛分,主要包括破碎作业中的预先筛分、检查筛分或者进入选别作业前的分级筛分和筛分抛尾。筛分目的和作业环境不同,筛分设备也不相同;根据机械传动方式的不同,可以将筛分设备分为不同的类型,包括最常用的固定筛、振动筛和细筛等。

固定筛具有构造简单、无须动力、磨损小等优点,广泛应用于选矿厂中大块矿石的筛分,在粗碎前做预先筛分。尽管固定筛存在易堵塞、筛分效率很低(一般仅为 50%~60%)而且需要较大的高差等固有缺点,但是由于其结构简单,可自行制作,因此大多数选矿厂粗碎前的预先筛分作业采用固定筛[3]。

固定筛有格筛和条筛两种,是由平行排列的、被称为格条的钢条或者钢棒组成,格条借助横杆连接在一起。

格筛一般水平安装在粗矿仓上部,以保证粗碎机合适的入料块度,格筛的筛上大块需要用手锤或其他方法破碎,使其通过格筛。

条筛主要用于粗碎和中碎前的预先筛分,一般为倾斜安装,倾角的大小应能使物料沿筛面自动地下滑,即倾角应大于物料对筛面的摩擦角;一般筛分矿石时,倾角为 40°~50°;对于大块矿石,倾角可稍减小,而对于黏性矿石,倾角应稍增加;筛孔尺寸一般不小于50mm,为筛下粒度的 1.1~1.2 倍。条筛的宽度决定于给矿机、运输机和碎矿机给矿口的宽度,并应大于给矿中最大块粒度的 2.5 倍,条筛的长度 L 一般为宽度 B 的 2 倍左右。

对于大型、中型选矿厂的中、细粒物料的筛分,一般采用振动筛,包括机械振动筛和电力振动筛两种,前者有惯性振动筛、自定中心振动筛、重型振动筛、直线振动筛和共振筛等,后者有电振动筛等[18,19]。振动筛与其他类型的筛子相比,具有以下突出的优点。

(1)筛面的强烈运动可加速物料通过筛孔的速度,使筛子具有很高的生产率和筛分效率,一般可达80%~85%。

(2)应用范围广,不仅可用于细粒筛分,也可用于中粒和粗粒筛分(筛孔尺寸大至100mm,小至 0.2~0.5mm);此外,还可用于脱水和脱泥作业。

(3)当筛分黏性和潮湿性矿石时,筛孔不易堵塞,工作指标比其他筛子高。

(4)结构简单、操作与调整比较方便,处理相同物料所需的筛网面积比其他筛子小,可以节省厂房的面积和高度。

(5)动力消耗小,筛分每吨物料消耗的电能较少。

细筛是指筛孔小于 1mm 的筛子,用于筛分 0.2~0.045mm 以下的物料。目前,选矿厂使用的细筛有固定细筛、高频振动细筛、直线振动细筛、摇动细筛、旋回细筛、旋流细筛等。

高频振动细筛在金属矿选矿厂的应用最为广泛,其振动方式主要有电磁振动和激振电机振动两种,筛面主要有金属编织筛网和尼龙筛网两种;金属编织网的有效筛分面积大,但是容易磨损、维修费用较高;尼龙筛算的有效筛分面积小,但是耐磨、维修费用低[20,21]。

摇动细筛和旋回细筛主要用于非金属矿和煤矿的筛分分级[22]。细筛可作为筛分分级和脱水作业的设备,如在磁选厂,细磨作业用细筛代替沉没式螺旋分级机和水力旋流器等分级设备,可提高分级效率和磨机处理能力;在浮选厂,细筛可筛除浮选给矿中的粗颗粒或回收浮选尾矿中的粗粒中矿,提高精矿的品位和回收率;在鞍山式磁铁矿石的选矿工艺中,细筛既具有筛分作用也具有选别作用,因此,其互补与协同的作用明显;在云母、石墨等非金属矿选矿厂,细筛常作为细粒分级设备等,如鞍钢大孤山选矿厂磁铁精矿+0.074mm 和 -0.074mm 粒级的品位相差较大,分别为 35.95% 和 67.08%,因此非常适合使用细筛,其分离点是以 0.074mm 为基础[23];弓长岭铁矿选矿厂磁选精矿 +0.074mm 粒级品位为 44.97%,-0.074mm 粒级品位为 67.85%,品位差异也很大,很适合使用细筛。所以,细筛的应用是以目的矿物在某一粒度级别的品位差的大小为基础,不仅可与破碎设备构建优势明显的协同模式,还可与选别设备构建新型的优势协同效应。

筛分作业与筛分设备是碎磨过程的关键环节之一,筛分作业的效率直接影响破碎设备的处理量、破碎效率、破碎产品的质量及精矿产品的质量等,因此必须根据筛分物料的性质和筛分的目的选择合适的筛分设备来连接上下两端的破碎或碎磨工艺。例如,在筛分过程中,存在"易筛粒"通过筛孔快、"难筛粒"通过筛孔慢的不平衡现象[24],为了提高筛子的生产能力,并使之与下一作业的破碎设备的处理能力相匹配,同时保证筛下产品的合格率,一般采用"等值筛分",即采用适当加大筛孔尺寸和降低筛分效率的办法,既可提高筛子的生产能力,又可保证筛下产物的质量。如果采用筛子与短头圆锥破碎机构成闭路破碎中硬矿石,一般要求最终的产品粒度为 10mm,此时检查筛分的工作制度可采用:①常见的制度,即筛孔尺寸为 10mm,总筛分效率为 85%;②改进的制度,即筛孔尺寸为 12mm,总筛分效率为 65%(通过加大筛面倾角或给矿量)。采用这两种工作制度,一般筛下产物具有相同(等值)的比表面,即平均粒度相同(表 5-4)。

表 5-4　不同筛分制度时筛下产物的粒度特性对比

粒度级别/mm	级别含量/%	
	筛孔 10mm 筛分效率 85%	筛孔 12mm 筛分效率 65%
+10	0.0	1.0
+10-2.6	60.6	58.0
-2.6	39.4	41.0
合计	100.0	100.0

由表 5-4 可看出,采用第二种筛分工作制度,筛下产物中 +10mm 的矿粒很少,-2.6mm 细粒级有所增加;由于加大了筛孔,筛子的处理能力显著的增加,且筛子安装台数减少。也就是同样的筛分设备与同一种破碎机构成的设备组合,在两种筛分工作制度下,其破碎效果不同。因此,结合破碎设备和筛分设备各自的特点,选择最佳的协同设备和工作制度,可形成多种形式的破碎设备和筛分设备的优势协同模式,可使每台设备均在最佳条件下获得最大的使用效率,形成不同设备之间的优势协同效应,从而不断地提高破碎设备和筛分设备的效率。

金堆城一选矿厂日处理 2 万吨矿石,其碎矿车间采用三段一闭路流程,设置两次筛分。一次筛分设置在粗碎之后、中碎之前,提前筛选出矿石中的合格粒级,既有以预先筛分为主的作用,又有检查筛分的作用。二次筛分设置在中碎之后、细碎之前,不合格粒级返回细碎再破碎,因此,具有以检查筛分为主兼有预先筛分的作用。一次筛分设备为固定棒条筛,共四台,一个系列两台,筛子倾角为 17°,筛孔为 17mm 条状间隙,使用 Φ32mm 圆钢焊接制作的条形筛网。二次筛分设备使用 YA1536 圆振动筛 16 台,每系列 8 台,筛孔尺寸为 18mm×20mm,在雨季时适当调整筛孔尺寸,使用 Φ6mm 冷拔丝的编制筛网。随着露天矿爆破工艺的改进,矿石中粉矿的比例增大,经过一次筛分后有 10%～20% 的合格品进入后续破碎工艺,增加了破碎工艺的无用功和能耗;此外,由于二次筛分的效率低,与上一级的破碎设备不匹配,造成部分合格粒级处于循环破碎状态,增加了能耗。为了解决筛分作业与破碎作业匹配的问题,姚晓燕等[25]对不同的筛分设备进行了分析比较,在不改变原工艺流程和破碎设备的前提下,通过更换新型的筛分设备,使破碎机与新型筛分设备形成更加合理的设备协同,提高整个破碎流程的工艺指标。确定最终的破碎方案如下:一次筛分和二次筛分分别使用 ZSG 系列高效重型振动筛(单层)替代原固定筛、2YA1536 替代 YA1536 型圆振动筛,即改为双层振动筛;改造以后,原每个系列的 2 台固定筛改为 1 台振动筛即可满足生产需要,一次筛分作业的产量增加,筛分效率提高 10 百分点左右;二次筛分的振动筛台数由单系列的 8 台减至 5 台,降低了筛上物料中合格产品的含量及中间产品的循环量,提高了筛分效率,显著地降低了能耗,同时减少了中间产品在设备中循环产生的磨损,延长了设备的使用寿命。

可见,破碎和筛分是选矿工艺过程的重要组成部分,涉及物料分选前合理的加工。由于物料自身存在一定的结构差异、物理性质差异等,要达到高效破碎的目的,必须协同使用多种形式的筛分机、破碎机等设备,精确地计算破碎机与筛分机的处理量,协调不同设备的运行性能,选用与破碎设备紧密匹配的筛分设备,构建合理高效的开路或闭路的破碎与筛分优势协同的工艺流程。

5.2.2 磨矿设备和分级设备的协同与互补

磨矿作业是矿石入选前最重要的也是最后的一道工序,不仅能耗高、材料消耗量大,而且磨矿产品的质量直接影响后续选别作业的指标,因此磨矿作业必须以选择性解离为前提,使有用矿物与脉石矿物达到最大限度的解离,同时颗粒粒度还要满足后续分选工艺的要求,避免过粗或过粉碎现象。

另外,磨矿设备自身控制磨矿粒度的能力比较差,因此需要分级设备进行辅助,将磨矿产物中粒度合格的部分及时分出,避免过粉碎,同时将粒度不合格部分返回磨矿机再磨;分级效果的好坏直接影响磨矿机生产能力、磨矿产品质量,以及后续分选作业的精矿品位与回收率等技术经济指标。因此,磨矿机通常与分级机结合构成磨矿—分级闭路流程,磨矿机将被处理物料磨细,分级机则将磨矿产物分为合格产物和不合格产物,不合格产物返回磨矿机再磨,以改善磨矿产品的粒度组成。

在磨矿—分级的过程中,磨矿最终产品质量的好坏主要取决于磨矿机与分级机的使用效果,以及磨矿设备之间、磨矿设备与分级设备之间的匹配效果与协同效应。不同的磨矿机与分级机均有最佳的使用条件与不同的影响因素,因此必须根据矿石的可磨性和矿物的嵌布特征、磨机的给矿粒度与磨矿产品的粒度要求、矿砂与矿泥的处理工艺及选矿厂规模、生产成本等,选择合适的磨矿设备和分级设备。例如,金属矿选矿厂绝大部分采用湿式磨矿工艺,并且多采用球磨工艺或者棒磨—球磨工艺[3,26];处理含易碎性矿物的矿石,为了避免过粉碎,多采用棒磨工艺,如钨、锡矿石和某些铅矿石等的重选厂。国外金属矿选矿厂无论是一段磨矿还是二段磨矿,一般都采用水力旋流器与磨矿机构成闭路循环,而黑色金属矿多采用高频振动筛与磨矿机构成闭路循环。因此,在磨矿—分级流程中,构建合理的不同磨矿设备之间、不同分级设备之间及磨矿设备与分级设备之间的优势互补,对提高磨矿和分级的效率与磨矿产品质量、降低能耗、稳定生产流程等具有十分重要的意义。

1. 磨矿设备的协同与互补

物料经过破碎机的粗、中、细碎后,其最大粒度一般在 8～20mm,为了达到工业生产所需的细度要求,还要经过磨矿机进一步细磨。目前选矿厂常用的磨矿设备的工作原理基本是一致的,均是在磨矿介质产生的冲击力和研磨力等协同作用下对矿石进行磨碎。因此,根据磨机介质的不同,磨矿设备可以分为棒磨机、球磨机,以及自磨机、砾磨机、半自磨机)三种[2]。这些磨机的磨矿介质的主要区别如下:棒磨机以钢棒作为磨矿介质;球磨机以钢球作为磨矿介质;自磨机以矿块作为磨矿介质,矿石既是被磨的对象,也是磨矿的介质;半自磨机是在自磨机中加入少量的钢球;而砾磨机则以一定尺寸的同种矿块(亦称为顽石)作为介质,也可用一定尺寸的卵石作为磨矿介质。尽管磨矿设备的工作原理基本相同,但由于磨矿设备的构造与介质等不同,对不同物性的矿石,不同的磨矿设备各有其优缺点。因此,选择磨矿设备时,必须考虑矿石性质、给矿及产品粒度、磨机生产能力、磨矿设备的使用条件和性能等因素,通过多方案比较,择优选用,形成工艺与设备以及设备之间的协同与互补体系。

1) 棒磨机的优缺点与适用范围

在选矿厂的生产实践中,以球磨机和棒磨机的应用最为广泛[27,28]。根据排矿口的不同,棒磨机可分为溢流型和开口型两种,目前选矿厂使用的棒磨机大多为溢流型。由于棒磨机的工作特点是以棒的全长线接触面磨碎矿石,而不是以棒的某点来磨碎矿石,故其作用力较均匀;在粗粒未被磨碎前,细粒较少受到破碎,这样就具有选择性地破碎粗粒和选择性地保护细粒的作用,降低产品的过粉碎,使产品粒度比较均匀。与球磨机相比,棒磨机的优势主要表现如下。

(1)具有一定的选择性磨碎作用,产品粒度均匀,过粉碎少,而球磨机的产品粒度细、易过粉碎。

(2)可以接受较大的给矿粒度,给矿粒度上限一般可达 15～25mm,适用于粗磨,在某些情况下可以代替圆锥破碎机等作为细碎设备。

(3)在粗磨条件下,产品粒度上限一般为 1～3mm,生产能力比同规格的球磨机要大,这是由于相同规格的棒磨机的排料中空轴直径比球磨机的大,大型棒磨机的排矿口可以达到 1200mm;一般棒磨机与球磨机联合使用时,其设备台数比为 1:2。

棒磨机的主要缺点如下。

（1）加棒难度和劳动强度大，需停机加棒。

（2）作业率比球磨机的低，细磨时产量较低、磨矿效率显著下降。

（3）给矿粒度不宜大于 25mm，否则易造成棒子的弯曲和折断，短棒或者断棒会造成乱棒，影响正常生产。

（4）清棒的工作量大。

综合考虑棒磨机的优势与缺点，将棒磨机与不同类型的球磨机、自磨机等形成设备协同与互补效应，可充分发挥棒磨机的优势，其主要适用范围如下。

（1）一般用于两段（或三段）磨矿中的第一段磨矿作业，或者细碎作业。

（2）主要用于钨锡或其他稀有金属矿等脆性矿石的磨矿作业，防止过粉碎，后续选别工艺通常为磁选或重选，国内的锡石硫化矿选矿厂的第一段磨矿大都采用棒磨。

（3）处理硬度低的矿石尤其是含泥多的黏性矿石时，代替细碎机，不易产生过粉碎和阻塞现象。

2）球磨机的优缺点与适用范围

与棒磨机类似，根据排矿口的不同，球磨机可分为构造大体相似的格子型球磨机和溢流型球磨机[29,30]。溢流型球磨机除排矿端取消了格子板外，为防止球磨机内小球和粗颗粒与矿浆一起排出，还在中空轴颈套的内表面镶有起阻挡作用的反螺旋叶片。正是由于排矿端构造的不同，在磨矿性能与使用上，格子型球磨机与溢流型球磨机亦有所不同。

（1）格子型球磨机过粉碎少。磨碎产物由排矿格子板排出，具有强迫排矿作用，排矿速度快，排矿端的矿浆面水平低于排矿轴颈的最低母线水平，故称为低水平排矿；磨机内从给料端到排料端的矿浆面存在高差，矿浆通过磨机的速度快，这使已磨细的矿粒能及时排出。因此，密度较大的矿物不易在球磨机内聚集，比溢流型球磨机"过粉碎"现象少，而且磨矿速度快。

溢流型球磨机的产品粒度细。磨细产物是从排料轴颈中溢流排出的，磨矿时间长，产品粒度细，一般磨碎产品粒度为 -0.1mm 或 -0.074mm，粒级的质量分数大于 80%。

（2）格子型球磨机处理能力较大。由于排料速度快，矿料滞留时间短，磨碎的矿石能较快地从磨机内排入分级机分级，并进入后续作业，同时密度大的矿粒不易在磨矿机内聚集，从而减少了过粉碎现象，提高了生产率。对球磨机生产能力而言，格子型和溢流型球磨机的利用系数一般分别为 $3.0\sim3.5$t/(m^3 · h)和 $1.8\sim2.2$ t/(m^3 · h)，前者的生产率较后者高 $10\%\sim25\%$，尽管格子型绝对功耗比同规格的溢流型高，但比功耗低。

溢流型球磨机操作和维修方便。与格子型球磨机相比，溢流型球磨机结构简单，操作维修方便，由于出料管铸有反螺纹，大块矿石和钢球不易排出；而格子型球磨机构造较复杂，维修量较大，设备重量与装球量大，需要的轴功率也较大。

由于不同类型磨机的用途不同，选择磨机时，应根据矿石性质、作业需求和磨机性能的不同等特点，通过不同设备之间的合理匹配，充分发挥不同类型磨机的优势，避免出现短板现象，形成磨机设备之间的优势互补与协同效应。

（1）与溢流型球磨机相比，格子型球磨机通常用于一段闭路磨矿系统中，具有过粉碎少、台时效率高等优点。

（2）一般在两段磨矿流程中，格子型球磨机的产品粒度上限通常为 0.2～0.3mm，多用在第一段粗磨，闭路作业时，磨矿细度一般为－0.074mm 的占 50%～70%；溢流型球磨机的产品较细，磨矿细度小于 0.2mm 或者两段连续磨矿时，常用于第二段和第三段细磨或者中矿再磨的磨矿作业；但是，当磨机直径大于 3.6m 时，第一段一般采用溢流型球磨机，且通常与水力旋流器组成闭路（无相应规格的螺旋分级机与之配套），可减少磨机排矿中粗粒的含量，从而减轻矿浆管道和旋流器的磨损。

（3）相对于溢流型球磨机的过粉碎现象，格子型球磨机可用来磨碎易粉碎和较软的矿石。

3）自磨机与砾磨机的优缺点与适用范围

在生产实践中的长期应用，传统磨矿设备表现出了广泛的适用性和可靠的稳定性，但是随着选矿工业不断地向大型化、自动化、高效节能化方向发展，必然对磨矿设备及技术提出了更高的要求，传统磨矿设备的缺点也逐渐显现，因此，仅仅对传统磨矿设备的结构进行小的改变，并不能完全满足现代磨矿工艺的需求。于是，自磨机及自磨技术应运而生。

1932 年，美国 Hardinge 公司制造了世界上第一台湿式自磨机[31,32]；20 世纪 50 年代，北美和南非工业型自磨机开始应用于生产；50 年代末期，中国研制出第一台干式自磨机；60 年代，国外的自磨技术逐渐完善，有较多的矿山主要是铁矿采用了自磨技术。经过 80 多年的发展，自磨工艺得到了迅速发展，已成为一种特点明显、成熟的磨矿技术，并且带来了碎矿与磨矿工艺流程的新变革，使碎矿设备与磨矿设备形成了新的优化配置，在更加简短的碎磨流程中，体现了碎矿设备与磨矿设备的优势协同，详见本章"5.2.3 碎矿设备与磨矿设备的协同与互补"中的详细叙述。

自磨机是以被粉碎物料自身作为磨矿介质，一般将最大块度可达 300～500mm 的矿石直接给入自磨机，当磨机运转时，不同块度的矿石在磨机中被带动，产生了与球磨机内相似的运动，不同之处在于，自磨机中不另外加入磨矿介质（有时为了消除难磨粒子的影响而加入少量的介质），而是靠矿石自身的相互冲击、磨剥而使矿石磨碎，减少了难免铁离子等对后续分选的影响。砾磨也属于自磨的范畴，但是与自磨有所差别，砾石介质多采用卵石、难磨矿颗粒或者专门制取的磨矿介质。

与传统介质的磨机和自磨机相比，砾磨机的优缺点均比较明显，其主要优点是可以使矿石在较粗粒级下实现解离，降低泥化程度，而且其产品的铁质污染轻，后续分选作业如果采用化学处理，可以减少酸耗。但是，与传统介质的磨机相比，相同功耗的砾磨机筒体体积要大得多，基建投资费用较高；与自磨机相比，并不能简化碎磨流程，反而会增加砾磨介质的制备系统。正是由于砾磨机存在这些缺点，其在选矿领域并未得到长足的发展和应用，但是在需要化学处理的铀矿的磨矿中，被长期采用，充分发挥了其铁质污染轻的优点，减少了酸浸过程中的酸耗。

目前，随着自磨机的广泛应用，砾磨机也得到了新的发展机会，尤其对磨矿产品粒度要求较细的情况下，第一段磨矿如果采用自磨，第二段则可以采用砾磨，这样可将自磨机中的顽石引出来放入二段磨机中作为砾磨介质，这两种磨矿设备的优势互补，可充分发挥不同磨机的优势，合理地规避各自的缺陷，既消除了自磨机的顽石积累，大幅度地提高自磨机的生产效率,也解决了砾磨机介质的来源问题,同时简化了碎磨流程,在目的矿物粒度较粗的情况下,可获得铁质污染小的解离产品。

根据自磨过程物料运输方式的不同,自磨机可分为两种:一种是靠风力运输的干式自磨,另一种是靠水力运输的湿式自磨。干式自磨和湿式自磨虽然有所差别,但工作原理基本相同。由于干式自磨机中分级管路的易磨损及粉尘问题无法从根本上得以解决,所以湿式自磨机取代了干式自磨机,只有在无水地区或者需要干产品的特殊情况下,才会考虑采用干式自磨机。

目前随着湿式自磨技术的不断发展,湿式自磨机在当代碎磨领域中占据重要的地位。湿式自磨机的排矿端与格子型球磨机类似,在排矿端通过格子板控制排矿,在其他构造方面自磨机与传统磨矿介质的磨机有很大的不同,正是由于这种结构的不同,自磨机具有以下优点。

(1) 给矿粒度大,一般为 200~300mm;破碎比大,可达 100~150,能取代中碎、细碎及一段磨矿,可以简化破碎磨矿流程。

(2) 自磨设备的大型化,可以节省设备和基建投资,提高劳动生产率,并且生产管理费也较低。

(3) 湿式自磨机可以实现选择性的碎磨作业,筒体衬板中央向下凹,借以防止磨矿机中产生的物料粒度偏析,减少过粉碎。

(4) 除少数较硬的矿石外,适用于绝大部分的金属矿石,尤其适用于密度较大的铁矿石,在处理潮湿的、黏性的高黏土矿石方面更具有优越性。

(5) 湿式自磨机的能耗较低,同时产品的解离度较高,污染小,非常适合于后续处理忌铁物料的工艺流程。

尽管湿式自磨机的应用范围已经从铁矿石扩展到有色金属矿石领域,但是其自身仍然具有下列一些缺点。

(1) 自磨要求给矿性质稳定,除要求给矿的粒度均匀外,还必须要求矿石的力学性质适合自磨。强度过低的矿石不适宜自磨,因为自磨过程缺少介质;而对于强度过高的矿石,则生产效率太低,经济上不合算。

(2) 生产能力较低,一般为 78%~80%,比传统的磨矿流程低 6%~10%,因此在处理量大的选矿厂生产中才能体现它的优势,而且相同生产能力的自磨机与球磨机相比,自磨机的容积为球磨机的数倍。

(3) 与球磨机相比,自磨机衬板的矿浆腐蚀与机械磨损严重,故自磨机衬板消耗大,需要设计专用的更换衬板的机械装置。

(4) 自磨机的相关辅助设备要求自动化程度高,才能适应自磨过程的控制要求。

(5) 对于较硬的矿石需要采取消除"顽石"(难磨粒子)积累的措施。

传统磨机的磨矿介质一般为钢棒(棒磨机)或钢球(球磨机),其规格和添加量是可控的,但是,自磨不同于常规磨矿,其全部或部分介质为被磨物料自身,它是随着给矿粒度组成及其物理特性的变化而变化的。因此,自磨不能像常规的磨矿那样,仅凭矿石可磨性试验(获得矿石功指数)即可选择计算磨矿设备,而是需要进行更充分的试验研究工作,而且试验结果直接影响自磨流程的选择和设备规格的确定。因此,在选择自磨机设备时,必须进行更加严格的试验研究,对储层的大量生产数据的数据库资料进行模拟对比,以便计算和选择自磨设备。

4) 半自磨机的优缺点与适用范围

在自磨机的磨矿过程中,磨机内+100mm 的矿石起到研磨介质的作用,20～80mm 粒级的矿粒磨矿能力差,其自身也不容易被大块的矿石磨碎,被称为难磨颗粒。为了解决这部分物料难磨的问题,通常需要在自磨机中加入占磨机容积 7%～15% 的一些大钢球,以使磨矿效率明显提高,因此称为半自磨机。

半自磨机仍属于自磨机的范畴,与球磨机和棒磨机的结构类似,同属于卧式放置的筒式磨矿设备[33,34];与球磨机和棒磨机不同的是,半自磨机是借助被处理物料自身和加入的少量介质在筒体内相互连续冲击、滚落磨削而使物料粉碎。自磨是以被磨矿石自身作为磨矿介质进行研磨,半自磨则是在自磨的基础上添加少量钢球以弥补矿石自身作为介质的不足。因此,半自磨流程的磨矿效率受矿石的影响很大。矿石性质因矿体、矿段、成因等不同而差异很大,往往使半自磨机的磨矿效率波动很大,特别是矿石硬度的变化,严重地影响磨机的生产稳定性。对于半自磨机来说,当矿石可磨度改变时,必须大幅度地调整给矿量,以免处理软矿石时发生过磨、处理硬矿石时发生欠磨的情况。

与常规的碎磨相比,半自磨机处理能力不仅随矿石的硬度和粒度的变化而变化,而且与临界粒子有关。研究表明,在半自磨之前,采用圆锥破碎机对临界尺寸的颗粒进行预先破碎,弥补半自磨机自身的缺点,对提高半自磨机的处理量具有很大的作用。因此,构建碎矿的圆锥破碎机与磨矿的半自磨机两种设备之间的优势协同与互补效应,可以有效地消除临界粒子在自磨机中的聚集,既可改变磨机内磨矿介质的粒度组成,也可防止有用矿物的过粉碎,有利于满足后续分选工艺对粒度特性的要求,具有提高半自磨回路的生产能力、降低电耗的效果。

综上所述,通过对主要磨矿设备的介绍,分析每种设备的优缺点及其使用范围,大家不难看出,每种磨矿设备均在磨矿细度、处理量、能耗和简化流程等的某一方面或者几个方面具有优势,但是同样每种设备也存在自身无法克服的缺陷。为了更好地实现碎磨产品的最佳粒度并使矿物得到充分合理的解离,应在分析矿石性质及矿物嵌布特性等基础上,通过不同磨矿设备的优势互补,充分发挥设备各自的优势,最终实现简化工艺流程、优化磨矿产品粒度组成、减少设备数量,以及技术经济效益最大化的目标。

在传统的磨机设备中,球磨机在选矿厂中的使用范围较广,在生产实践中的占有率也远高于棒磨机,但是由于矿石性质,球磨机的产品粒度不够均匀、易过粉碎的问题在某些矿石的磨矿过程中显得比较突出,严重地影响后续的高效分选工作,导致精矿产品质量下降等一系列问题。因此,在一些硬度差异大、易产生矿泥的矿石磨矿过程中,需要构建棒磨机与球磨机设备优势互补与协同的磨矿系统,来实现磨矿指标的优化。

梅山铁矿的含铁矿物为磁铁矿、赤铁矿、菱铁矿、黄铁矿、褐铁矿等,脉石矿物为石英、方解石等,矿物之间的硬度差异大,选矿厂原磨矿分级流程为两段闭路球磨连续磨矿(图 5-9),改造后的磨矿分级流程为开路棒磨—闭路球磨连续磨矿(图 5-10)[35]。

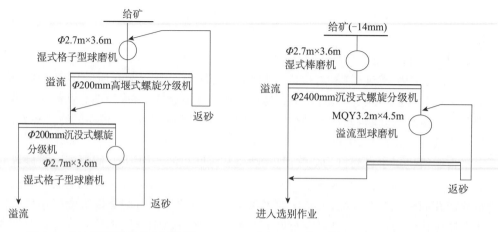

图 5-9　梅山铁矿原磨矿分级流程　　　　图 5-10　梅山铁矿改造后的磨矿分级流程

原磨矿作业均采用球磨机,由于矿石力学性质的差异,存在磨矿产品粒度粗且不均匀的现象;螺旋分级的效率低,二次溢流中$-8\mu m$粒级占 17.1%,$+150\mu m$占 15.63%,而适宜后续浮选脱硫流程的 $8\sim150\mu m$ 粒级仅占 62.27%,这样的磨矿产品远不能满足分选工艺的要求。为了获得合格的磨矿产品,研究不同磨矿设备的特点,认为一段磨矿采用具有选择性磨碎作用的棒磨机,可使产品粒度均匀,减轻过磨现象;将格子型二段球磨机改为受给矿粒度和给矿量波动影响较小的溢流型球磨机,不会产生胀肚现象,还可弥补棒磨机不易磨细硬度高的矿石的缺陷;最后将原二段螺旋分级机改为旋流器,可解决磨矿粒度不均的难题。

经过技术改造,充分利用棒磨机与溢流型球磨机的互补优势,有效地弥补各自设备的不足,发挥两种设备的优势互补效应,顺应矿石的力学破碎特性,达到提高分级效率、降低分离粒度和减少过粉碎的目的,不仅明显地改善了磨矿和分级的指标,而且提高了选矿厂的处理能力和精矿指标,二次溢流产品的平均细度达到$-0.074mm$粒级的占 70.34%,可满足浮选脱硫的要求;棒磨系列新生成的平均细度达到$-0.074mm$粒级的比球磨少 18.5百分点,$-0.037mm$粒级的含量降低 3.09 百分点。

自磨机的出现使传统的磨矿分级设备的配置及工艺流程发生了很大的变化。自磨设备的选择与矿石的性质有很大关系,而且工艺流程选择的正确与否,与经济效益关系很大。例如,一段自磨和自磨—砾磨的流程,可以明显地降低钢耗和经营费用。实践表明,自磨与常规磨矿相比,可以节省 70%~80%的钢耗,更重要的是,当处理的矿石对 Fe^{2+} 离子比较敏感时,采用自磨工艺更合适。例如,Boliden 公司的 Aitik 铜矿,通过详细地比较棒磨＋砾磨和自磨＋砾磨两种磨矿工艺,决定采用优势互补效应更加明显的自磨＋砾磨的全自磨系统[36];第一段和第二段分别采用自磨机和砾磨机,将第一段自磨机中的顽石引出给入第二段作为砾磨机的磨矿介质,不仅解决了砾磨机的磨矿介质独立制备的问题,而且解决了自磨机中"顽石积累"的难题,更重要的是充分发挥了全自磨设备的破碎比大、流程简化、产品污染小的优势;试验研究结果表明,铜回收率提高 2 百分点,达到 93%,而尾矿品位由 0.04%降至 0.02%。

当矿石硬而致密、性质较为稳定且需要细磨时,自磨—砾磨是最佳的磨矿流程。但实际生产中,大部分矿石的力学性质并不均匀,在第一段自磨过程中并不能产出足够硬且致密的砾石以供第二段砾磨机进行磨矿,在这种情况下,采用这种流程时,通常将砾磨改为球磨;当矿石自磨所需的要求不易满足时,亦会根据矿石的性质与尺寸要求,在自磨机中加入适量的钢球用于研磨难磨颗粒,以弥补矿石中粗粒级的不足,此时的工艺流程被称为半自磨＋球磨的磨矿工艺流程。在该流程中,半自磨机与球磨机之间形成了很好的优势互补,球磨机弥补了难磨颗粒难以磨细的不足,同时半自磨机的选择性破碎弥补了球磨机在易泥化物料的磨矿过程中容易产生过磨的不足,而且通过这两种磨矿设备的优势互补与协同,不仅优化了磨矿产品质量,而且提高了磨矿流程的处理量。半自磨＋球磨流程对矿石性质变化的适应性更强,几乎对任何矿石都能适应,且经济效益较传统的球磨或棒磨流程更具优势。例如,加拿大克拉拉伯尔(Clarabelle)镍矿、阿根廷阿卢姆百雷拉铜金矿、美国国家钢铁公司球团厂、澳大利亚芒特艾萨铅锌矿,以及中国云南玉溪大红山铁矿、安徽冬瓜山铜矿等选矿厂均采用半自磨＋球磨的工艺流程。

克拉拉伯尔镍矿选矿厂位于加拿大安大略省萨德伯里(Sudbury)矿区,于 1917 年 11 月投产,年处理矿石 1130 万吨[37];矿石中主要金属矿物为含镍磁黄铁矿、镍黄铁矿和黄铜矿,还有少量的磁铁矿、钛铁矿和黄铁矿。矿石硬度差异大、含泥多、部分矿石易泥化,如果采用球磨机磨矿,矿泥与易泥化的矿石会产生更多的矿泥,严重地影响后续的浮选作业;如果采用半自磨和棒磨设备,硬度较大的矿石又难以达到充分解离。因此,经过多方论证,最终两个碎磨系统分别采用了半自磨＋球磨的磨矿流程、破碎系统保留了原破碎＋棒磨＋球磨的磨矿流程。破碎＋棒磨＋球磨的工艺流程如下:原矿经过两段连续的筛分、破碎流程后,预先脱泥筛分的筛下产品和破碎产品合并给入棒磨机,棒磨机和球磨机构成两段连续磨矿作业,通过水力旋流器控制最终的磨矿产品细度;这套碎磨流程充分利用了棒磨机处理易泥化矿石可以减少过磨的优势,以及球磨机细磨难磨矿石效果较好的优势,弥补了棒磨机用做细磨时处理能力低、细磨效果差的不足(图 5-11)。因此,棒磨机和球磨机构成了磨矿设备之间的优势协同。

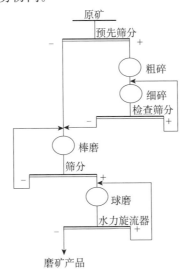

图 5-11　破碎＋棒磨＋球磨的工艺流程

与破碎＋棒磨＋球磨的流程相比，半自磨＋球磨的流程更加简单(图 5-12)，粗磨采用
1 台 9.75m×4.1m 半自磨机，可处理－200mm 的原矿，平均处理能力为 815t/h，半自磨
机的产品经过双层振动筛筛分后，筛上产品返回半自磨机，－3mm 的筛下产品给入两台
4m×5.5m 的球磨机细磨，通过水力旋流器控制磨矿产品细度，细磨后的产品直接给入后
续的分选作业。

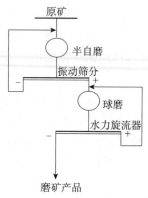

图 5-12　半自磨＋球磨的工艺流程

破碎＋棒磨＋球磨和半自磨＋球磨的两套碎磨流程均是针对矿石的碎磨性质设计
的，在磨矿设备之间均形成了优势互补，均可获得合格的磨矿产品。比较两者，虽然半自
磨机的投资较高，但能明显地降低生产费用，而相关泵送破碎产品的设备磨损问题有待进
一步解决；破碎＋棒磨＋球磨的工艺流程较成熟，生产指标稳定，但是由于矿石中泥含量
较高，破碎机排矿管线和泵池系统易被堵塞。因此，采用何种碎磨流程和设备，需要根据
实际矿石的性质和生产情况进行比较，选择相对较优的处理方案。

冬瓜山铜矿选矿厂是我国第一个采用半自磨＋球磨工艺的大型选矿厂(图 5-13)，矿石
经过旋回破碎机粗碎为－250mm，通过皮带给入排矿端设有圆筒筛的半自磨机，筛上产物通
过皮带返回半自磨机，筛下产物和球磨机的排矿给入旋流器组进行分级，沉砂给入球磨机再
磨，旋流器溢流的细度为－0.074mm 粒级的占 70％～75％，进入后续的浮选作业[38]。

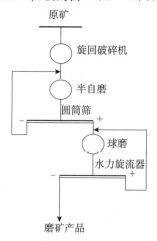

图 5-13　冬瓜山铜矿选矿厂的半自磨＋球磨的工艺流程

选矿厂处理的矿石为冬瓜山和狮子山矿区的混合矿石,其中冬瓜山矿石为热液蚀变强烈的变质原生硫化铜矿,含有容易泥化的滑石和蛇纹石;狮子山矿石类型较简单,主要为含铜矽卡岩型矿石。这两种矿石的矿物组成类型较多,硬度差异大,二者的可磨度之比为 1:0.7。由于给矿物料的粒度和硬度变化对半自磨机的产能会有比较大的影响,基于两种矿石的破碎特性和可磨度的差异较大、给矿稳定性较差,通过对各种粒度和硬度的两种矿石进行合理的搭配(二者比例为 10:3),实现了半自磨机的良好运转,稳定了半自磨机的产能指标,充分利用了半自磨＋球磨设备的互补优势,降低了产品中的矿泥量,避免了矿泥对细碎机的堵塞,而且球磨机的加入,增加了磨矿系统的灵活性,增强了对矿石的适应性,大大地降低了基建投资、占地面积和劳动力成本。

2. 磨矿—分级设备的协同与互补

磨矿的目的是使矿石中的矿物单体解离,同时尽量避免出现过磨现象,使磨矿产品的细度达到选别作业的要求,为有效地分选矿石中的有用成分创造条件。

另外,在磨矿流程的设计中,除了选择合适的磨矿设备并形成磨矿设备之间的互补、满足矿石磨碎的要求外,由于绝大多数的磨机自身没有控制磨矿细度的能力或者控制能力较低,所以需要通过适宜的分级设备将磨矿产物中粒度合格的部分及时排出进入分选作业,避免过粉碎,防止泥化现象对分选过程的不利影响,而将不合格的粒度部分返回磨机再磨。因此,必须选择合适的分级设备,使分级设备和磨矿设备之间产生合理的协同效应,有效地控制磨矿产品的细度。

根据矿石磨碎的难易程度和对磨矿产品粒度要求的不同,磨矿作业可以在开路条件下进行,也可以在闭路、半闭路或者局部闭路等条件下进行。闭路磨矿流程的生产率较大,过粉碎较轻,产品较细且粒度分布均匀,因此除部分重选厂外,浮选厂和磁选厂一般采用闭路磨矿流程。开路磨矿常见于两段磨矿中的第一段棒磨,棒磨产品进入球磨机细磨;这样,第一段棒磨的破碎比大、生产能力高,且流程简单。闭路磨矿时,分级设备主要有两个作用:一是控制磨矿产品的细度,且预先分级和检查分级往往合二为一;二是分离出不合格的粗粒级返砂。无论磨矿分级的工艺流程采用何种形式,都应该具有简单、灵活的特点,尤其是在磨矿设备与分级设备之间要形成处理效率高、能耗小而且具有一定适应性和稳定性的设备协同效应。这种设备的优势协同模式是实现早解离、早抛尾、早回收的重要条件。

分级设备一般通过重力、离心力和机械振动力等进行分级作业,选矿上通常分为重力水力分级设备、离心力水力分级设备和高频细筛设备三大类[39,40]。由于磨矿作业一般采用湿式磨矿,因此在磨矿分级流程中选用的分级设备通常为水力分级设备。与磨矿机构成闭路并形成设备协同的分级设备主要有螺旋分级机、水力旋流器和细筛等,除细筛外,另外两种水力分级设备均根据矿粒在运动介质中沉降速度的不同,将粒级较宽的矿粒群分成若干个窄粒级的矿粒群。而细筛则是严格地按照矿粒的几何尺寸进行分级,筛分产物具有严格的粒度界限。筛分与分级的主要区别见表 5-5。总之,不同的分级设备对处理物料的性质、密度及沉降条件等要求不同,根据磨矿产物的性质与分级目的的不同,需要选用不同的分级设备与磨矿设备来组成不同形式的设备协同模式。

表 5-5　筛分和分级的比较

类别	工作原理	产品特性	工作效率	应用范围
筛分	严格按粒度分级	同级产品中粒度大小比较均匀,平均直径相同	对细粒物料的筛分效率较低	大于 2～3mm 的物料
分级	按沉降速度分级,密度对按粒度分级有影响	同级产品中主要是等降颗粒。大密度矿粒的平均直径比小密度的矿粒的平均直径小	处理细粒物料的效率比筛分法的高	一般物料粒度不小于 2～3mm

1）螺旋分级机

螺旋分级机是选矿厂通常采用的分级设备,是借助固体颗粒密度不同在矿浆中形成的沉降速度不同的原理,进行矿物颗粒机械分级的一种设备。矿浆由槽的旁侧连续给入,在槽的下部形成沉降分级区进行分级,能够把磨机内磨出的细粒物料滤出,随矿浆经溢流堰排出,成为溢流产物;然后,粗粒的沉砂由旋转的螺旋叶片沿倾斜的底面带出矿浆池,经过一段脱水行程,由上端排出,然后返回磨机的进料口,与磨机组成闭路[41,42]。

螺旋分级机可以分为低堰式、高堰式和沉没式三种。高堰式分级机适于较粗矿粒的分级,分级粒度一般为 +0.15mm;沉没式分级机的分级面积大且平稳,有利于分出 -0.15mm 以下的细粒级;低堰式螺旋分级机的分级面积小,只能用来洗矿或脱水,目前选矿厂一般已不再使用。

螺旋分级机由于工作稳定,目前在中国和俄罗斯的选矿厂仍在使用。从工艺的角度看,螺旋分级机的优点主要表现如下。

（1）结构简单、工作平稳和可靠。

（2）返砂可以自动提升,便于与磨机自流联结。

（3）返砂含水量低。

（4）操作方便,能耗低。

螺旋分级机的主要弱点如下。

（1）不易获得较细的分级溢流细度,特别是要求溢流粒度 -0.074mm 占 90% 以上时很难实现。

（2）返砂中大密度的有用矿物容易形成反富集,造成有用矿物过磨。

（3）分级效率低,一般仅为 30%～50%。我国选矿厂一段分级效率最高为 36.25%,最低为 26.79%;二段分级效率最高为 38.43%,最低为 17.23%。

（4）螺旋叶片及下端轴承容易磨损,且检修很不方便。

（5）占地面积大,基建费用高。

（6）控制参数繁杂,不易实现自动控制,每次检修后需重新校核数学模型。

由于螺旋分级机存在上述优缺点,因此在使用过程中,需要根据实际情况选择合适的分级设备。例如,在两段磨矿分级的工艺流程中,高堰式螺旋分级机通常用在第一段,与磨矿机相配合;而沉没式分级机常用在第二段,与磨机构成机组,并形成磨矿和分级的设备协同。

2）水力旋流器

水力旋流器是选矿厂常用的分级设备之一，是利用离心力进行分级的设备。近年来，国内外很多选矿厂的技术改造和新建选矿厂大量采用水力旋流器，并逐步取代螺旋分级机[43,44]。水力旋流器工作时，通过砂泵（或高差）的作用，矿浆以一定的压力（一般是 0.04～0.35MPa）和流速（5～12m/s）经给矿管沿切线方向进入圆筒后，在内部高速旋转，产生很大的离心力；在离心力和重力的作用下，较粗、较重的矿粒被抛向器壁，沿螺旋线的轨迹向下运动，并由圆锥体下部的排砂嘴排出；而较细的矿粒则在锥体中心形成内螺旋状的上升矿浆流，经溢流管排出。水力旋流器一般具有分级、脱泥和分选的功能，分级用的旋流器的给矿浓度较高，给矿压力较大，圆筒直径较粗；脱泥用的旋流器的给矿浓度较低，给矿压力也不大，圆筒直径较细。与螺旋分级机相比，水力旋流器的主要优点如下。

（1）分级效率高，可达 80%～90%，分级的精度较高、粒度细。

（2）构造简单，无运动部件，维修方便。

（3）单位容积的生产能力较大、占地面积较小、基建费用较低，在处理能力相同时，水力旋流器的占地面积为螺旋分级机的 1/50～1/30。

（4）造价低，材料消耗少。

水力旋流器与螺旋分级机相比，也具有不足之处，其主要缺点如下。

（1）用于闭路磨矿—分级时，因其容积小，对波动的矿量没有缓冲能力，工作不够稳定。

（2）要求给矿的浓度、粒度、压力等稳定，需要严格地隔渣和控制粗粒等。

（3）机件磨损快，尤其是给矿口和沉砂口。

（4）有压给矿，能耗高，旋流器给矿所用砂泵的耗电量较大，为其他分级设备的 5～8 倍。

随着新技术的发展，采用硬质合金、碳化硅等耐磨新材料制作沉砂口和给矿口的耐磨件，可部分地解决易磨损的问题；同时，由于水力旋流器的高效率，在一定程度上可以弥补其能耗高的不足。因此，水力旋流器得到了长足的发展，有逐步取代螺旋分级机的趋势，特别是与大型磨机配套，容易形成磨矿分级的设备协同体系，比螺旋分级机表现出更大的优越性。

综上所述，作为分级设备的水力旋流器，特别是我国著名的威海海王旋流器有限公司生产的旋流器等，在选矿厂的磨矿分级流程中发挥了极其重要的作用。其常见的用途主要有以下四个方面。

（1）用于分级的水力旋流器，可用于磨矿闭路流程中的一段、二段，用于分出 800～74（或 43）μm 的粒级。

（2）用于脱泥的水力旋流器，在重选厂中大量使用，可用来脱除 74（或 43）～5μm 的细泥。

（3）用做浓缩脱水设备时，可用来将选矿尾矿浓缩后送入地下采矿坑道进行充填。

（4）水力旋流器多与溢流型球磨机组成设备协同，特别是大型球磨机（一般大于 Φ4000mm）多与水力旋流器组成磨矿分级回路，既简化了磨机结构，又便于维护检修。

3）细筛

细筛是指筛孔小于 1mm 的筛分设备[45,46]。细筛种类很多,在工业上应用或经试验取得较好效果的有固定细筛、直线振动细筛、高频振动细筛及其他类型细筛。细筛在选矿厂中的主要用途如下:一是提高分级的效率,作为磨矿分级等回路的分级设备;二是以提高精矿品位为目的,用于选别回路的分级。

作为分级设备,细筛用于磨矿分级回路中,其主要优点如下。

(1) 分级效率和精度高,可大幅度降低筛上产物中合格粒级的含量,从而降低磨矿分级循环负荷,提高磨机的处理能力,减少磨矿产品的过磨和泥化现象。

(2) 与螺旋分级机和水力旋流器相比,可以克服二者分级过程中有用矿物在沉砂中反富集的缺点,有利于提高磨矿效率,减少过粉碎现象。

作为分选设备,细筛具有以下主要优点。

(1) 细筛可对筛下产物的粒度进行严格的控制,可以消除过粗的未单体解离矿粒对精矿质量的影响,有利于提高精矿品位,一般提高 1.0%～2.5%,根据矿石性质的不同,精矿品位甚至可以提高 4.0%～5.0%。

(2) 多用于黑色金属矿选矿厂中,投资小、见效快、受益早,是磁选厂增加利润的重要途径之一。

尽管细筛具有以上优点,但是在与磨机组成磨矿分级闭路时,存在配置困难、筛孔易堵塞和筛网易磨损等问题,因此细筛多用于提高精矿品位的分选流程中,尤其在铁矿选矿厂应用较多。但是,无论是老选厂的改造还是新建选矿厂,应用细筛必须具备的条件如下:在精矿的筛析中,某一粒级的上下两部分矿物应具有明显的品位差并且具有一定的产率,其品位差就是选择的分离点,品位差越大,应用细筛的效果就越明显。例如,鞍钢大孤山选矿厂的磁铁精矿中 +0.074mm 粒级的品位为 35.95%,−0.074mm 粒级的品位为 67.08%,品位差较大,适合于细筛的应用,它的分离点是以 0.074mm 为基准[47];弓长岭铁矿选矿厂的磁选精矿中 +0.074mm 粒级的品位为 44.97%,−0.074mm 的品位为 67.85%,品位差也很大,也适合于细筛的应用[48]。所以,细筛的应用是以磁铁矿在某一粒度级别品位差的大小为依据的。

磨矿分级是一个多变量的加工过程,不同设备的参数相互影响、相互制约,因此在选择磨矿与分级设备时,不能孤立地分析任何一种设备,应综合研究。在闭路磨矿分级作业中,分级设备不仅要分离出合格的产品粒度,而且要保持磨机的总负荷量(新给入原矿量和返砂量)稳定。总负荷量的数量、粒度组成和浓度等均必须保持相对稳定的变化和波动,使磨矿分级过程处于相对稳定的状态。根据这些参数的变化,确定适宜的设备组合,形成磨矿—分级设备合理的协同体系与互补效应,这一点尤为重要。

通过上述对不同分级设备的优缺点和常见应用条件的分析,不难看出,不同的情况下,矿石性质、分级的目和磨机类型不同,分级设备的选择也不同。随着新技术和新材料在分级设备中的使用,在不同程度上可以克服螺旋分级机、水力旋流器和细筛等设备的缺点,并不断提高其性能,因此在选择与磨机相匹配的分级设备时,必须综合考虑磨矿设备与分级设备的性能,以及设备参数的匹配度、处理能力的匹配度、经济评价指标等因素。

　　尽管很多选矿厂的螺旋分级机正逐渐被水力旋流器或高频振动筛和直线振动筛等其他分级设备代替,但应当指出的是,螺旋分级机具有工作稳定、运行可靠、结构简单、操作方便等突出优点,并且国内外的许多研究者对其进行了不断的改进和完善,因此它在分级作业中仍然占有一定的地位。例如,苏联哲兹卡兹选矿厂将与 Φ3.6m×4.0m 球磨机配套的 Φ3.0m 螺旋分级机进行了改进与完善,分级机溢流不是从低端排出,而是从给料的侧边排出,其优点是延长了物料在分级槽体中的运行时间,粗颗粒可以有效地沉降并返回再磨,使两个螺旋负荷更为均衡[49];在同样的溢流浓度下,溢流中−0.074mm 粒级增加了 4%～5%,+0.21mm 粒级减少了 1%～2%;同时把螺旋叶片外端圆弧改为锯齿形,不仅延长了叶片使用寿命,还可以松动返砂,减少返砂中细粒级含量,提高了分级效率。

　　在“5.2.2 磨矿设备的协同与互补”中,我们提及国内大多选矿厂,尤其是老选厂的一段磨矿设备多采用格子型球磨机。由于格子型球磨机的磨矿产物中容易存在碎钢球和大块顽石,如随矿浆一起进入砂泵,将导致砂泵的堵塞而无法正常工作,因此格子型球磨机多与螺旋分级机组合,构成一段磨矿分级设备协同的形式。通常与水力旋流器组成闭路的球磨机以溢流型球磨机为宜,但是溢流型球磨机的处理能力比同规格的格子型球磨机的处理能力低 10%～15%,且格子型球磨机应用在一段闭路磨矿系统上,还具有过粉碎少、效率高等优点。因此,尽管螺旋分级机存在分级效率低、占地面积大等缺点,但在目前的条件下,其作为中小型选矿厂的一段磨矿分级设备仍具有优越性。

　　例如,四川拉拉铜矿是一座大型的多金属硫化矿,伴生有钼、钴、金、银、硫、铁等多种有益组分,主要有用矿物的嵌布粒度不均匀。盛正岳[50]针对拉拉铜矿一段磨矿分级设备的选择进行了详细的研究与对比,采用一段磨矿、部分混合浮选、粗精矿再磨再选的流程,能够适应磨矿细度的变化;在新建 3000t/d 的粗磨粗选系统中,一段磨矿选用两台 Φ2700mm×3600mm 湿式格子型球磨机,每系列的磨矿能力为 1500t/d;分级设备有 Φ2400 高堰式双螺旋分级机方案及 Φ500 水力旋流器方案;对两套方案进行对比,可发现:①受砂泵、旋流器及管道磨损等影响,与水力旋流器闭路的球磨机比与螺旋分级机闭路的球磨机的运转率低 5% 左右。②磨矿细度为−0.074mm 粒级的占 55% 时,采用水力旋流器或螺旋分级机,其溢流浓度都可达到 35%～38%,因此采用水力旋流器方案能够提高入选矿浆浓度,而减少浮选机数量及降低药耗的优点并不突出。③水力旋流器方案的投资比螺旋分级机方案的低,而螺旋分级机方案每年的经营费比水力旋流器方案的低。④如果将格子型球磨机改为溢流型球磨机,与水力旋流器形成设备协同的模式,由于溢流型球磨机的处理量较低,两台溢流型球磨机就不能满足生产规模的需要。因此,溢流型球磨机与水力旋流器设备协同的方案和格子型球磨机与螺旋分级机设备协同的方案在一段磨矿分级闭路中不具有可比性。综合考虑拉拉铜矿的生产实践及其特点,选用格子型球磨机与螺旋分级机设备协同的方案是合理的。通过一段磨矿设备与分级设备协同的多种方案对比,可以看出,不同形式的磨矿设备与分级设备的协同模式与互补效应均具有不同的优势与缺陷,在实际选矿厂设计的过程中,需要根据具体情况而定。

　　尽管拉拉铜矿的磨矿分级流程最终确定为格子型球磨机与螺旋分级机的设备协同模式,但是,湿式磨矿分级中采用旋流器仍是公认的分级效率高的设备,国外设计的大中型选矿厂的磨矿回路大多数采用水力旋流器与球磨机形成的设备协同模式。国外选矿厂规模大[51],球磨机常选用溢流型,而且球磨机的给矿粒度小,磨机排矿粒度细,砂泵磨损小。国内设计的选矿厂二段磨矿、粗精矿再磨及中矿再磨等细磨作业普遍采用水力旋流器分级,一段粗磨作业的分级设备大都是螺旋分级机。近年来,国内选矿厂的一段磨矿分级中也开始出现溢流型球磨机与水力旋流器组的应用,实践证明,这种设备协同的模式在一段磨矿分级中的应用,有利于提高磨矿设备的作业率、劳动生产率和自动化水平。例如,2006 年投产的年处理 1000 万吨矿石的胡家庙选矿厂,一段磨矿为 Φ5030mm×6400mm溢流型球磨机与 Φ660mm 渐开线水力旋流器组成闭路磨矿,二段磨矿为 Φ5030mm×6400mm溢流型球磨机与 Φ660mm 切线水力旋流器组成闭路磨矿;渐开线给矿的水力旋流器适合处理粗粒物料,给矿粒度为−3mm,台时处理量大,用在一段闭路磨矿分级作业中;切线给矿的水力旋流器适合处理细粒物料,给矿粒度为−0.13mm,故多用在二段闭路磨矿分级作业中[52]。

　　在不同的磨矿分级阶段,需要采用不同的磨矿设备和不同的分级设备。根据实际情况,调整磨矿设备与分级设备的协同模式,在磨矿回路中,两段磨矿分级采用不同的设备协同模式,可使每种设备在最佳的作业条件下发挥其各自特长,提高磨矿分级的效率。例如,针对采用格子型球磨机与旋流器分级的相关问题开发了配套设备,消除了大粒度和碎球的影响,大大地延长了砂泵和旋流器的使用寿命;同时,在运行中将影响充填率和磨矿能力的碎球除去,提高了钢球充填的质量,提高了处理能力,相当于降低了电耗,与螺旋分级机相比,可节约大量的投资。招金矿业股份有限公司夏甸金矿(以下简称夏甸金矿)的磨矿分级流程采用格子型球磨机和旋流器组合,同时配套多级筛,其磨矿分级的工艺流程见图 5-14[53]。

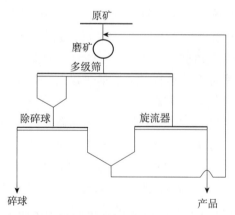

图 5-14　夏甸金矿的磨矿分级工艺流程

　　在采用旋流器的分级流程中,多级筛的作用是最大限度地除去大颗粒的影响,使粒度控制在 0~3mm,消除大粒矿石和碎球对旋流器、砂泵的影响,延长设备寿命,同时使进入旋流器的物料粒级变窄,有利于分级作业,优化浮选工艺条件。不同磨矿分级方案的效率对比指标见表 5-6。

表 5-6　磨矿分级方案的效率比较　　　　　　单位：%

方案	格子型球磨机与旋流器 配套增加除碎球装置	溢流型球磨机与旋流器配套	格子型球磨机与螺旋分级机、 旋流器配套
分级效率	旋流器 70~90	旋流器 70~90	螺旋分级机 50~60，旋流器 70~90
总分级效率	70~90	70~90	45~60
球磨机磨矿相对效率	100	80~90	100
磨矿分级总相对效率	80~90	60~70	40~60
总效率评价	磨机效率高，矿物单体解离 好，处理能力高，投资小	磨机效率偏低，易过磨，处 理能力偏低，投资小	磨矿效率高，分级效率低， 处理能力低，投资偏高

由表 5-6 可以看出，格子型球磨机与旋流器配套，可提高处理能力 10%~15%，比格子型球磨机与螺旋分级机加旋流器配套的处理能力提高 15% 以上。

南芬铁矿选矿厂属于本溪钢铁（集团）矿业有限责任公司，入选矿石来自本溪南芬庙儿沟铁矿，为鞍山式磁铁石英岩；含铁矿物主要为磁铁矿和少量赤铁矿，脉石矿物主要为石英、少量角闪石、绿泥石、透闪石、方解石等[54]。原磨矿分选工艺为阶段磨矿、阶段选别（图 5-15），两段磨矿机均采用 $\Phi2700mm \times 3600mm$ 溢流型球磨机，两段分级设备均采用 $\Phi2000mm \times 8400mm$ 高堰式双螺旋分级机。近年来，出现了磨矿效率低、分级效率低、二

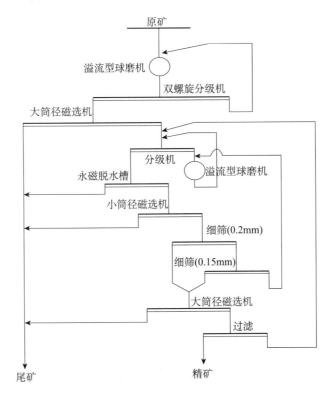

图 5-15　南芬选矿厂的工艺流程

次循环负荷大的问题,主要原因在于一段入磨粒度不达标、磨矿分级设备落后等。根据历次全流程及局部作业考查,二次返砂中−0.074mm 粒级的产率达到 25% 以上,分级效率不到 30%。

经过技术论证和可行性分析,将磨矿分级流程的二次螺旋分级机改为水力旋流器,用 Φ500mm 旋流器代替 2FG-2000mm 高堰式双螺旋分级机进行闭路磨矿分级。生产指标结果比较见表 5-7 和表 5-8。由此可以看出,与螺旋分级机相比,在磨矿效率相近的情况下,旋流器分级溢流浓度由原来的 38% 提高到 44%、提高了 6 百分点,−0.074mm 粒级含量提高 13.2 百分点;沉砂中−0.074mm 粒级含量降低 5 百分点,明显地提高了分级效率,较大幅度地减少了过磨现象;磨矿细度和磨矿效率的大幅度提高,有利于后续的选别作业,以及减少金属流失、提高金属回收率。

表 5-7　两种分级机溢流产品粒级组成的对比

粒度/μm	螺旋分级机二次溢流		旋流器二次溢流	
	产率/%	累计产率/%	产率/%	累计产率/%
+180	6.0		5.5	
−180+125	6.6	12.6	7.3	12.8
−125+100	14.5	27.1	6.4	19.2
−100+74	12.9	40.0	7.6	26.8
−74	60.0	100.0	73.2	100.0

表 5-8　两种分级机沉砂产品粒级组成对比

粒度/μm	螺旋分级机二次沉砂		旋流器二次沉砂	
	产率/%	累计产率/%	产率/%	累计产率/%
+180	28.7		26.6	
−180+125	14.4	43.1	27.2	53.8
−125+100	21.0	64.1	13.1	66.9
−100+74	10.0	74.1	12.2	79.1
−74	25.9	100.0	20.9	100.0

5.2.3　碎矿设备与磨矿设备的协同与互补

在选矿作业中,破碎过程主要包括碎矿与磨矿,通过碎磨设备破碎物料,筛分及分级设备控制物料粒度,形成闭路破碎和闭路磨矿系统。碎矿与磨矿作业不仅要满足后续分选工艺流程协同的需要,而且需要构建和优化设备配置,建立一套高效、稳定与节能的设备优势组合。

碎磨工艺流程的变化形式相对于分选工艺流程要简单一些,主要由破碎和磨矿两个阶段组成。磨矿流程是破碎流程的深化,以进一步降低矿石的粒度;碎磨产品能否达到目的矿物的最佳单体解离程度,且满足分选阶段对矿石粒度组成的要求,除了取决于矿石的物性以外,最重要的是碎磨设备的选择。在 5.2.1 小节和 5.2.2 小节详细地叙述了不同破碎机、磨矿机,以及筛分、分级等辅助设备的优缺点及其对矿石碎磨的影响,并就如何构建合理的碎矿设备之间、碎矿设备与筛分设备之间、磨矿设备之间、磨矿设备与分级设备之间的互补与协同效应进行了探讨。

　　碎矿流程与磨矿流程紧密相关、相互影响和制约,碎矿设备与磨矿设备之间也需要建立合理的设备协同形式。例如,当磨矿工艺流程采用的设备互补形式为不同形式的球磨机时,则要求破碎最终产品的粒度尽可能细,破碎流程需要多段破碎,且与筛分设备之间形成闭路破碎流程;如果磨矿的工艺流程采用设备互补的形式即棒磨机粗磨、球磨机细磨时,则破碎作业产品的粒度可稍粗一些,破碎流程可以减少破碎段数或者采用开路破碎流程;如果磨矿设备采用自磨机或者半自磨机与球磨机或者破碎机形成的设备协同模式时,则破碎流程只需采用粗碎即可;同样的,如果矿石的含泥量高或者矿石易泥化,为了减轻破碎阶段的堵塞问题,则要求尽可能地减少破碎的段数,增加磨矿流程的负荷,而且破碎产品的粒度状况对能否采用自磨或者半自磨也有重要的影响。破碎产品指标合格与否,直接影响着磨矿产品的质量高低以及磨矿作业的处理能力高低,而磨矿作业产品质量的高低则直接影响到分选指标和经济效益的好坏。

　　矿石的碎磨作业是整个分选工艺的基础,其能耗占选矿厂总能耗的 $60\%\sim80\%$,经济和合理地完成碎矿和磨矿作业的基本任务,主要取决于最适合矿石物性的针对性强的碎磨工艺、碎磨设备的性能,以及不同设备之间的合理配置[55]。因此,研究并找出碎磨流程中各工艺参数之间的相互关系和最佳平衡点,利用设备之间的优势互补与协同效应,使碎磨流程系统达到最佳的平衡状态,以便获得合格的碎磨产品,提高整个系统的处理量,并降低系统的整体能耗。

　　碎磨设备之间的合理匹配不仅体现在传统意义上的处理能力的协调,而且还体现在破碎机、磨矿机和分级设备在使用特性上满足矿石性质的要求,以及不同设备之间形成一个协调的有机整体。因此,碎磨设备的协同效应,不仅需要借助数学模型、矿石可磨(碎)性功指数、容积法(它是以单位磨矿容积的生产能力为基础,一般以新生成级别的生产能力为基础)和功率法等进行计算,还必须从整体上分析矿石性质、设备功能等,通过碎磨回路模拟,进一步完善碎磨流程中各个设备之间的匹配关系与互补效应。

　　矿石的硬度是选择破碎设备和磨矿设备类型应考虑的决定性因素之一,由于难以破碎的硬矿石的可磨性不一定差,而易于破碎的软矿石的可磨性不一定好,因此,在选择破碎设备和磨矿设备时,必须对目的物料的可碎性及可磨性进行试验研究。目前国内外常用的碎磨原则流程主要有破碎—球磨流程、破碎—球磨—球磨流程、破碎—棒磨—球磨流程、破碎—棒磨—砾磨流程等[56]。在这些常规的碎磨流程中,不同类型的颚式破碎机、圆锥破碎机,或者旋回破碎机与球磨机、棒磨机、砾磨机以及分级设备之间能够形成多样性的设备配置,可以通过设备优势协同与互补效应来完善碎磨流程。

　　设计日处理量为 6 万吨的大山选矿厂隶属江西铜业集团公司德兴铜矿,是国内最大的铜矿选矿厂[57,58]。德兴铜矿是特大型斑岩铜矿床,矿石类型以细脉浸染型硫化矿为主,除主金属铜外,还伴生有金、银、硫、钼等多种元素。其碎矿系统由两个平行、独立的子系统组成,其中一套破碎系统为三段一闭路的破碎筛分流程,粗碎设备为旋回破碎机,中细碎设备为 Symons 7 英尺(1 英尺 $=0.3048$ 米)超重型弹簧破碎机,每个系统都配备了 2 台中碎破碎机和 4 台细碎破碎机;中碎的预先筛分设备为重型双层振动筛,检查筛分设备为单层振动筛,筛下合格产品经粉矿仓给入球磨机进行细磨,其工艺流程如图 5-16 所示。

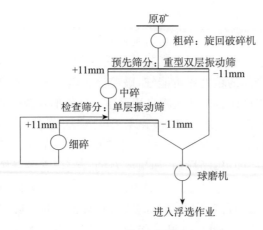

图 5-16　大山选矿厂碎磨工艺流程

　　中细碎采用破碎效果较差、本身结构设计存在缺陷的 Symons 弹簧破碎机,且随着长时间的工作运转,造成圆锥破碎机周期性断裂、衬板磨损严重、排矿口调节困难等突出问题。因此,不仅圆锥破碎的处理能力不能与磨矿机的处理能力相匹配,而且排矿产品中合格粒级的生产率低,这导致循环量大,碎矿系统的圆锥、皮带及配套设施不能满足重负荷工作的需要,并且球磨机的给矿粒度过粗,造成磨矿效率降低、碎磨系统的处理能力和台效达不到设计指标,增加了整个系统的能耗,影响了整个选矿厂的处理量。同时,在设计之初,并未考虑生产环境的高温问题,Symons 弹簧破碎机的冷却系统存在散热慢、容易堵塞的问题,因此在环境温度高时,经常会出现"油温高"现象,造成圆锥破碎机无法正常运行。

　　根据碎磨系统存在的生产问题,针对"一中一细"破碎设备的换型改造,采用新型高效节能型液压圆锥破碎机,即具有处理能力大、运行平稳可靠、故障率低的 H-8000 型和 H-8800 型液压圆锥破碎机代替"一中一细"的弹簧型圆锥破碎机,大大地提高了碎矿设备的处理能力和可靠性,使破碎产品的粒度到达到了设计指标,P80 控制在 7mm,筛分效率提高了 5 百分点,降低了圆锥破碎机和球磨机的负荷,减少了有用矿物的过粉碎,使碎矿、磨矿的生产能力达到较为合理的平衡状态。H 型圆锥破碎机与 Symons 圆锥破碎机的技术指标对比见表 5-9。

表 5-9　H 型圆锥破碎机与 Symons 圆锥破碎机的技术指标对比

圆锥破碎机	排矿口宽度/mm		处理能力/(t/h)		−12.7mm 产率/%		−12.7mm 产量/(t/h)	
	中碎	细碎	中碎	细碎	中碎	细碎	中碎	细碎
Symons	24~25	7.3~8	581	391	40.00	80.00	232.4	312.8
H-8000	30~32	15~18	1079	578	39.78	68.98	429.2	398.7
H-8800	43~45	16~20	1087.0	966.2	41.82	62.18	454.6	600.8

　　经过技术改造的碎磨系统,形成了新的碎磨设备的协同模式,满足了分选工艺对矿石碎磨的粒度要求,因此显著地提高了碎矿系统的生产能力,年处理能力提高了 22.29 百分点,为降低碎矿产品粒度创造了条件;在保证原矿处理量的同时,碎矿筛网孔径由 13mm

下调到 10mm,碎矿产品粒度的下降为磨矿作业提高台效、降低成本、实现选矿效益最大化奠定了坚实的基础。

在传统的碎磨流程中,为了降低能耗,一般采用"多碎少磨"的流程。例如,大山选矿厂通过更新换代破碎设备,降低了破碎产品粒度,最大限度地发挥了球磨机的磨矿性能,不仅平衡了碎磨系统,而且降低了整个碎磨系统的能耗。另外,虽然多年的生产实践证明传统的"多碎少磨"的碎磨流程表现出了适用性强的特点,但是其短板问题也比较突出,具体表现为设备的型号和数量多、利用效率不高、浪费严重,缺乏设备匹配的指导性原则,而且工艺流程长、基建投资和生产费用高等,不能很好地体现各个设备的协同优势,因此自磨机和半自磨机的出现,冲击了传统意义上的"多碎少磨"的碎磨理念。

自磨技术的主要优势之一是可以简化碎磨流程,因此在选矿工业中得到了越来越广泛的应用和发展。柯维斯托能认为,由半自磨机构成的碎磨流程具有无细碎作业、流程简单、处理量较高而且比较稳定等优点,但是需要增加破碎机或球磨机来处理半自磨机中的"顽石",解决其难磨物料积累的问题。因此,自磨或者半自磨的碎磨工艺流程从过去单一的"A"(一段自磨),发展成"AB"(自磨+球磨)、"SAB"(半自磨+球磨)、"SABC"(半自磨+球磨+破碎)、"SAG"(半自磨+砾磨)、"APC"(自磨+棒磨+破碎)、"AVC"(自磨+塔磨+破碎)等多种不同形式的工艺流程,可以满足不同性质矿石的碎磨要求。

不同的矿体、矿段及成因的性质差异较大的矿石,对半自磨机的磨矿效率的影响较大,即使自磨机或半自磨机的给矿粒度可达 200~350mm,也影响采用半自磨设备的碎磨流程的处理量,特别是矿石的硬度严重地影响流程的稳定性,因此如果采用半自磨机构建碎磨流程,需要处理性质稳定的矿石,以便在半自磨机中形成稳定的负荷。生产实践表明,任何一种碎磨流程都有其优缺点,只有选择最佳的碎磨设备,并形成设备的优势协同,尽量提升碎磨流程的整体性能,才能实现工艺流程的简化和精细化。

隶属于中国长城铝业公司的洛阳铝矿的矿物组成以一水硬铝石为主,占 63.70%;黏土矿物含量高,高岭土、伊利石、绿泥石等易泥化的矿物含量高达 22.14%,其他矿物仅占14.16%;该铝土矿床主要由外生风化和沉积作用形成,与褐铁矿、碳质页岩、黏土矿物共生[59]。矿石中各种矿物的共同特点如下:一是含杂较多;二是嵌布粒度较细,当矿石磨至−0.074mm 占 75%时,方可使一水硬铝石与其他矿物基本实现有效分离;三是易于泥化,目的矿物与脉石矿物的硬度和密度差异较大,一水硬铝石的硬度较高,脉石矿物硬度低且易泥化。针对该矿石易泥化、矿物含量高的特点,为了解决过粉碎和流程堵塞问题,确保碎磨流程的畅通,初步确定由旋回破碎机、圆振筛、圆锥破碎机、螺旋分级机、球磨机及其他辅助设备构成设备协同的粗碎−湿式分级−粗粒破碎−球磨,以及由旋回破碎机、半自磨机、球磨机及其他辅助设备构成设备协同的粗碎−半自磨−球磨等两个流程方案,粗碎均采用 1000/100mm 旋回破碎机,其破碎产品中+50mm 粒级仅占 28%,当矿样破碎至15mm 时,则碎矿产品中−0.074mm 含量高达 15.73%。

方案 1　将粗碎产品中−15mm 粒级通过 2100mm×4500mm 圆振筛分出,不再进入闭路破碎;湿筛筛下产物用螺旋分级机分为返砂和溢流两部分,返砂经胶带送入粉矿仓,溢流经浓缩脱水后送至磨矿回路中;+15mm 粒级再采用两次破碎和一次闭路筛分至−15mm 送入粉矿仓,中碎和细碎设备分别采用 Φ1750 标准型圆锥破碎机和 Φ1750mm 型短头圆锥破碎机,破碎产品经 2100mm×6000mm 圆振筛筛分后,合格产品直接进入 3200mm×4500mm 球磨机细磨。根据旋回破碎机排矿粒级分析结果,湿筛筛下产物产率约为 28%,需再破碎的矿量仅为 72%左右。该方案的特点是技术可靠、易于控制、可确保碎磨流程的通畅,但设备数量多、流程作业线长,增加了管理工作量。

方案 2　将粗碎产品中-15mm 的粒级用湿筛分出,直接送入 5500mm×1800mm 半自磨机,经过螺旋分级机后,粗粒进入 3200mm×3000mm 球磨机进行细磨,取消了-15mm 粒级在破碎作业中的循环,从根本上避免了粉矿或泥矿对碎矿流程的不良影响,且流程作业线短、破碎处理量降低、易于操作管理。

通过对以上两个碎磨流程方案的对比,不难发现,这两个方案的年生产费用基本相同,而方案 2 的基建投资较低。因此,对于处理黏土矿物含量高且破碎产品含较粗颗粒的矿石,可以满足半自磨机对入磨矿石的粒度要求,因此由半自磨机构成的设备协同模式更加具有优势。

某铜矿为中低热液型的铜、硫、铁、钨综合型矿床,矿石主要有辉铜矿类型的铜矿石和含铜黄铁矿类型的铜矿石[60]。辉铜矿性脆、易于泥化和氧化,呈粗细不均匀嵌布,与石英共生较为密切,在 0.1~0.074mm 时基本单体解离;黄铁矿主要呈致密块状或粒状晶体,部分黄铁矿表面附有次生硫化铜薄膜,在 0.15~0.1mm 时基本单体解离。原碎磨工艺流程见图 5-17,由粗碎前洗矿、两段一闭路构成破碎流程,磨矿为一段闭路流程;粗碎和细碎设备分别为 600mm×900mm 颚式破碎机和 Φ1750 标准型圆锥破碎机,螺旋分级机为 Φ2000mm,筛分采用 1500mm×3000mm 单层振筛;碎矿产品粒度为-22mm 的占 80%,矿泥部分经过螺旋分级机分级后,溢流直接丢尾,总量占流程给矿量的 6%左右;磨矿系统由 2700mm×2100mm 格子型球磨机和 Φ2000mm 双螺旋分级机构成,磨矿产品细度为-0.074mm 粒级的占 65%。

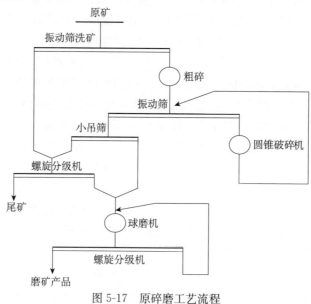

图 5-17　原碎磨工艺流程

该碎磨流程存在的主要问题如下:①2700mm×2100mm 格子型球磨机比较适于粗

磨,一段磨矿细度－0.074mm 仅占 65％左右,难以满足细磨要求;②磨矿系统的设备不够匹配,2700mm×2100mm 格子型球磨机与 Φ1500mm 双螺旋分级机匹配,分级机能力偏低,且螺旋分级机的分级粒度偏粗,影响了选别指标;③由于矿泥含量高,碎矿流程与磨矿流程的处理能力不平衡,而且为了防止矿泥堵塞破碎机,采用了脱泥系统,6％左右的矿泥进入尾矿库,降低了铜的回收率。

　　由此可见,该破碎流程存在的根本问题在于不适应矿石性质,且设备之间没有形成很好的协同模式;通过技术改造,新的碎磨工艺流程见图 5-18。由于矿石中含较多易于泥化的辉铜矿,粗碎的矿石进入半自磨机,可以减少磨矿中的泥化现象,半自磨机排矿与球磨机排矿合并进入泵池,再由泵扬至水力旋流器分级,分级细度为－0.074mm 的占 70％,旋流器溢流进入浮选系统,沉砂进入球磨机;整个碎磨系统通过 600mm×900mm 颚式破碎机、4.0m×3.6m 半自磨机、2.7m×3.6m 格子型球磨机、Φ660mm 旋流器组及配套的150/100D-AH 渣浆泵等构成设备协同,充分利用半自磨机与球磨机之间的优势,尽量弥补破碎设备所造成的过粉碎与泥化严重的不足,简化碎磨流程,提高劳动生产率,解决矿泥回收的难题,有利于提高铜精矿的回收率。

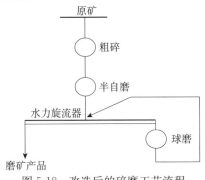

图 5-18　改造后的碎磨工艺流程

　　由此可见,由半自磨机构建的设备协同效应,采用破碎机＋半自磨＋球磨的碎磨流程,球磨对原矿可磨度的适应能力比半自磨好,可以对原矿可磨性变化起到一定的“缓冲”作用,使原矿量调整的幅度减小,增加碎磨系统的稳定性。

5.3　分选设备的协同与互补效应

　　选矿设备与选矿工艺有着密切的联系,前者是后者的基础,后者是前者的有机衔接、合理运用和具体体现。一般来说,选矿工艺对选矿设备提出了具体的要求和期望,而选矿设备的发展和应用反过来又促进了选矿工艺的进步,二者的发展相辅相成。

　　近年来,选矿设备的创新与发展呈现出大型化、多样化、自动化、智能化与节能化的趋势,为矿产资源的高效综合利用提供了有力的技术保障。然而,随着矿产资源日益“贫、细、杂”,其分选难度越来越大,技术要求越来越高,因此对选矿设备的分选性能提出了更高的要求,对选矿设备与选矿工艺之间的契合度也提出了更高的要求。在特定的阶段,选矿设备的研发不仅体现技术的创新,而且体现整套设备的集成,充分发挥不同设备之间的互补效应与协同优势,淋漓尽致地展现分选工艺的作用。根据分选方法的不同,分选设备可分为重选设备、磁选设备和浮选设备等。

5.3.1　重选设备的协同与互补

重选在各种选矿方法中是应用最早的，适用于密度差异较大的不同物料颗粒间的分离[61,2]。例如，在锡矿、钨矿的选矿中，最常用的就是重选法。重选的基本过程就是物料在运动的介质中进行松散、沉降和分层，在多种力的共同作用下实现物料的如下形式的搬运和分离：

$$物料层松散 \xrightarrow{沉降} 分层 \xrightarrow{运搬} 分离$$

重选设备是根据有用矿物与脉石矿物之间的密度差，利用重力或离心力等将物料在不同的介质中进行松散、分层和分选。矿物之间的密度差是影响选别指标的主要因素，同时矿粒的粒度大小、形状和介质性质对选别指标也有影响。不同的重选设备对入选粒度的要求不同，产品质量也不相同。所以选用重选设备时，既要充分考虑物料的性质，也要考虑产品的质量要求。

在矿物加工的发展过程中，随着浮选和磁选等选矿技术的发展和应用，重选的重要性有所降低，但是重选以其无污染、能耗低、配置容易、选矿成本低等优势，在现代选矿中仍然占有重要地位，并且向回收微细颗粒、提高分选精确性和强化分离过程的方向发展，重选设备呈现出多样化的发展方向，出现了强化离心选矿的重选设备、复合力场设备等。图5-19是重选设备的发展历程。

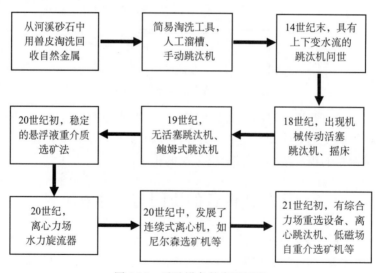

图 5-19　重选设备的发展历程

重选设备的优势在于能够有效地处理粗粒、中粒及部分微细粒矿物。重选设备的互补是根据矿石的物性特点和工艺要求，针对性地设计、优化各种重选设备组合来提高分选指标，或者在磁选或者浮选回路中设置重选设备，以提早回收粗、中粒的有用矿物，或者利用重选法进行矿石预选，达到"能收早收，能抛早抛"的分选效果。通过进一步优化和组合，充分发挥设备的协同优势与互补效应，使重选设备在处理"贫、细、杂"的难选矿石中得到有效应用。

根据重力场下的分选特点,重选设备大致分为流膜重选、跳汰重选和离心力场重选等。流膜重选设备主要包括摇床、溜槽、圆锥选矿机和螺旋选矿机等;跳汰重选设备主要包括跳汰机、离心跳汰机和重介质选矿设备;离心力场重选设备主要包括离心选矿机、重介质涡流旋流器等。

不同的重选设备对入选原料的粒度要求各不相同(表 5-10),对不同粒级的选别效果也不一样,因此必选根据处理对象的矿物特性及碎磨产品的粒度特性,选择合适的重选设备[62]。例如,适于处理粗粒级、中粒级物料的重选设备有跳汰机、圆锥选矿机、螺旋选矿机、粗粒摇床、螺旋溜槽和旋转螺旋溜槽等,处理的粒度上限可达 25mm;适于处理细粒级的选别设备一般有浮选机、磁选机、细粒摇床、皮带溜槽、振摆皮带溜槽等,对 +10μm 颗粒的效果更好;适合处理微细粒的选别设备有离心选矿机等,回收的粒度下限可达 3μm。因此,选择合理的设备组合,可形成粗粒级、中粒级、细粒级和微细粒级分选的设备协同模式。

表 5-10　不同的重选设备对入选原料的粒度要求　　　　　　单位:mm

设备分类	设备名称	入选粒度范围	设备分类	设备名称	入选粒度范围
跳汰机	旁动式隔膜跳汰机	$-18.00+0.10$	溜槽	粗粒溜槽	$-10.00+2.00$
	下动式圆锥跳汰机	$-6.00+0.00$		矿砂溜槽	$-2.00+1.0$
	侧动式隔膜跳汰机	$-18.00+0.074$		矿泥溜槽	-0.074
	大粒度跳汰机	$-75.00+10.00$		皮带溜槽	-0.074
	复振跳汰机	$-12.00+0.10$		扇形溜槽	$2.5\sim0.037$
	圆形跳汰机	$-12.00+0.10$		圆锥选矿机	$3\sim0.15$
	梯形跳汰机	$-5.00+0.074$		螺旋选矿机	$-2.00+0.1$
分级机	高堰式螺旋分级机	溢流 $+0.15$		螺旋溜槽	$-0.20+0.005$
	沉浸式螺旋分级机	溢流 -0.074		离心溜槽(离心机)	$-0.074+0.01$
	低堰式螺旋分级机	$-0.074+0.15$	摇床	矿砂摇床	$-3.00+0.074$
	水力旋流器	—		矿泥摇床	$-0.074+0.037$
	云锡式分级箱	-1.0		台浮	$-2.00+0.037$
	机械搅拌式分级机	$3\sim0.074$	重介质选矿机	深槽式圆锥重悬浮液选矿机	$-30+10$
	分泥斗(圆锥分级机)	-2.0		浅槽式鼓形重悬浮液分选机	$-40+12$
	水力分离机	-2.0		重介质振动溜槽	$-75+6$
	水冲箱	$2\sim0.074$		重介质旋流器	$-20+3$
	倾斜板浓缩箱	-2.0		涡流分选机	$-35+2$
洗矿设备	水力洗矿筛	-300.00	其他	风力选矿	$-1.50+0.005$
	圆筒洗矿机	-100.00			
	槽式洗矿机	-50			

1. 以溜槽为主、多种设备的协同与互补

溜槽选矿是借助溜槽表面斜面水流的作用进行矿物分选的选矿方法。不同密度的矿粒在水流作用力、重力(或离心力)、矿粒与溜槽表面的摩擦力等因素作用下产生分层,密度大的矿粒以较低的速度沿溜槽表面向前运动并集中在下层,排出槽外或者滞留于槽底;密度小的矿粒以较大的速度由上层抛除。

　　根据结构和选别对象不同,溜槽一般分为粗粒溜槽和细粒溜槽,细粒溜槽又分为矿砂溜槽和矿泥溜槽(表 5-11)。常用的矿砂溜槽有扇形溜槽、螺旋选矿机、圆锥选矿机,矿泥溜槽主要有螺旋溜槽、皮带溜槽等。溜槽的突出特点是结构简单、生产费用低、操作简便,适于处理有用矿物密度大、含量较低的矿石,因此,广泛应用于金、铂、钨、锡和其他某些稀有金属矿的分选,在铁矿、锰矿,尤其是低品位砂矿的选矿中有广泛应用。

表 5-11　常用的溜槽特点一览表　　　　　　　　　　　　单位:mm

溜槽种类		溜槽名称	入选粒度范围	适用作业	工作情况	操作方法
粗粒溜槽		选钨粗粒溜槽	10～1.0	粗选	间断	人工
		选金粗粒溜槽	10～1.0	粗选	间断	人工
细粒溜槽	矿砂溜槽	扇形溜槽	2.5～0.037	粗、扫选	连续	机械
		圆锥选矿机	2.5～0.037	粗、扫选	连续	机械
		螺旋选矿机	2.0～0.037	粗、扫选	连续	机械
	矿泥溜槽	匀分槽	0.074～0.027	粗、扫选	间断	人工
		铺布溜槽	0.074～0.027	粗、扫选	间断	人工
		螺旋溜槽	0.074～0.03	粗、精、扫选	连续	机械
		皮带溜槽	0.074～0.01	精选	连续	机械
		离心选矿机	0.074～0.01	粗、扫选	连续	机械
		振动皮带溜槽	0.074～0.02	粗、精、扫选	连续	机械
		莫兹利翻床	0.074～0.01	粗、扫选	连续	机械
		横流皮带溜槽	0.04～0.01	精选	连续	机械

1)粗粒溜槽

　　矿粒在溜槽中的分选过程包括垂直方向的沉降和沿槽底的分层两个阶段。矿浆由槽首端给入后,在槽内做快速的紊流运动,回转运动的漩涡不断地将密度大的重矿物送到底层,减弱了底层水流的紊动作用,增加了容积浓度,因此密度小的粗颗粒很难进入,只有密度大的细颗粒能通过粗粒的间隙进入底层,形成重矿物层;重矿物层被挡板阻滞在槽内,上层密度小的矿物被水流推动并排出槽外;在清洗阶段停止给矿,将沉在槽中的精矿洗出。

　　溜槽是一种有着悠久历史的砂金矿重选设备[63],在采金船选矿工艺中广泛应用,一般粗粒溜槽配置在采金船上圆筒筛的两侧,并且在主槽之后,为了补充回收微细粒金,还需要铺设一组副溜槽。副溜槽不仅总宽度较宽,分成数条槽,而且水层较薄、流速较缓,有利于微细粒金颗粒的沉积。由于结构简单、生产成本低,用作粗选的粗粒溜槽广泛用于给矿粒度范围为 0.5～10mm、密度为 17.5～18.0g/cm³ 的砂金矿的处理。其单一重选的原则流程是洗矿—碎散—筛分—粗选—精选—扫选。目前国内砂金矿的典型选矿流程如图5-20 所示。

　　砂金矿分选的原则流程是"先分级、后分选",主要是由于粗中夹细的金矿砂,通常只考虑回收粗粒金,致使夹杂的细粒金流失在尾矿中;而细中带粗的金矿砂,床面分带不清,

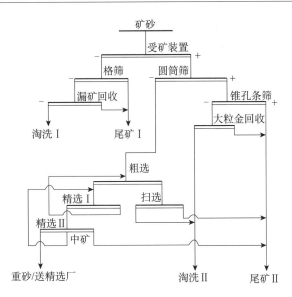

图 5-20　国内砂金矿的典型选矿流程

使精矿质量大为降低。例如,韩家园金矿达拉罕矿区的砂金平均品位为 0.316g/m³,金粒以板片状为主,其次为砾状;主要伴生矿物为石榴石和钛铁矿;为了充分地回收砂金矿,设计的溜槽—跳汰回收砂金矿的原则流程见图 5-21[64]。

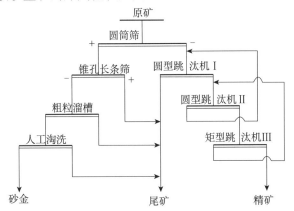

图 5-21　溜槽—跳汰回收砂金矿的原则流程

　　原矿先经过圆筒筛分级,粗颗粒金回收系统由锥孔长条筛、粗粒溜槽和人工淘洗组成,为了避免大量粗粒砾石进入精矿区,在粗粒溜槽分选前,通过锥孔长条筛进行抛尾,然后通过粗粒溜槽回收粗颗粒金,粗精矿经过人工淘洗后获得砂金精矿。为了加强细颗粒金的回收,圆筒筛筛下产品通过圆形跳汰机和矩形跳汰机联合扫选,可最大限度地回收细粒砂金。由此可见,根据原矿的粒度差异,采用粗粒溜槽和跳汰设备协同的模式,充分回收了粗粒砂金和细粒砂金,且工艺简单、适应能力强、操作方便、生产成本低。

　　冲击砂锡矿和海滨砂锡矿的嵌布粒度较粗,一般采用以粗粒木溜槽、跳汰机和螺旋选矿机等为主的粗粒重选设备进行粗选,精选则采用人工操作的"锡棚"及多种选矿方法联合的方式;根据矿石粒度的不同,可以形成多种设备协同的形式,能够有效地综合回收目的矿物。

例如,马来西亚大约 50% 的锡产量来自由水枪–砂泵开采的砂锡矿[65],矿石中锡品位为 0.007%~0.02%,锡石以粗粒为主,脉石以石英为主,伴生矿物有钛铁矿、锆英石、磷钇矿和黄铁矿,通常采用木溜槽粗选、跳汰精选和手工精选。原矿经圆筒筛隔渣后,通过木溜槽粗选,抛出大量的尾矿,锡回收率约为 90%;粗精矿采用跳汰机精选,精矿品位为 15.0%~20.0%、回收率为 80%~90%;最后由"锡棚"二次精选;通过多种重选设备的组合,形成设备协同的分选方式,获得回收率大于 70% 的富锡精矿。

2)细粒溜槽

细粒溜槽与粗粒溜槽的情况不同,矿物颗粒在细粒溜槽中一般呈多层分布,其分选过程包括颗粒在水流中按照密度差分层,按不同层的运动速度差进行分离。

常用的细粒溜槽有螺旋溜槽(或螺旋选矿机)、圆锥选矿机和皮带溜槽等。

(1)螺旋溜槽(或螺旋选矿机)。螺旋溜槽的分选原理如下:螺旋溜槽内部的矿浆,一方面在重力作用下做以回旋为主的运动,另一方面在离心力作用下做横向环流运动,称为横向二次环流的副流,由此形成了螺旋溜槽的上层矿浆向下和向外的扩散、下层向下和向内的流动,从而实现了矿物的分选。螺旋选矿机也是根据这一原理设计的,由 4~6 圈螺旋形溜槽联结而成,矿浆自螺旋槽上端给入后即沿槽向下运动,在重力、离心力、摩擦力及水流冲力的联合作用下,密度小的矿粒靠近槽的外缘,密度大的矿粒靠近槽的内缘;在槽底适当的部位开孔,将精矿(或中矿)排出,尾矿自螺旋槽的尾端排出;也可从螺旋槽尾端的不同位置分别接取精矿(或中矿)和尾矿。螺旋选矿机一般用于处理铁矿、锡矿、钽铌矿等,特别是处理冲积砂矿,当有用矿物的单体解离度好时,可得到很好的指标;还可用于处理浮选和磁选的尾矿,以回收重矿物。

螺旋溜槽与螺旋选矿机的主要区别如下:槽底横断面的形状不同,螺旋溜槽的槽底宽而平缓,更适合于处理细粒物料,其他结构几乎相同;螺旋选矿机的入选粒度一般为 2~0.1mm,而螺旋溜槽更适于处理 −0.2mm 的颗粒;螺旋溜槽要求矿浆浓度较高,一般不低于 30%,而螺旋选矿机对矿浆浓度的要求不严格,下限可到 10%。与其他重选设备相比,两者均具有的优点如下:①结构简单,没有运动部件,不需要动力,操作管理简便,生产费用低;②占地面积小,单位面积生产率高;③适应能力强,当给矿量、给矿浓度等变化时,对回收率和精矿品位影响不大;其主要缺点如下:①高度较大,设备本身的参数(螺距、螺旋槽断面等)不易调节;②对连生体或片状矿石的分选效果较差。

黑龙江省棱县砂金矿属河谷冲积型、易洗或中等可洗的砂金矿床,混合砂金平均品位为 0.31g/m³、含泥量为 11.6%,巨砾和胶泥的含量均很少;矿物组成比较简单,主要有价矿物为自然金,伴生的重矿物主要有钛铁矿、石榴石、锆石、磁铁矿等,其含量均在 5% 以下;轻矿物主要有长石、石英、云母、方解石等;矿石中自然金颗粒为中等大小,90%~95% 的金粒为 0.1~1.0mm,矿石的粒度相对较细[66],因此以细粒溜槽分选为主,中间的粗粒溜槽主要用于输送筛上的矿浆和砾石,同时补充回收粗粒金,减少其在尾矿中的损失,构建粗粒溜槽与细粒溜槽的设备互补形式,取得很好的分选指标,其分选流程见图 5-22。

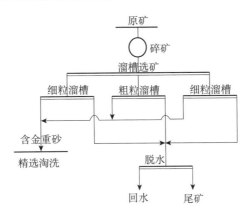

图 5-22　黑龙江省棱县砂金矿分选工艺流程

齐大山选矿厂处理的铁矿石中铁品位为 26.93%,铁矿物主要以赤褐铁矿、假象赤铁矿和磁铁矿为主。磁铁矿含量为 19.30%,占全铁的 66.72%,赤铁矿含量为 6.98%,占全铁的 24.12%;脉石主要以平均粒度为 0.085mm 的石英为主,含少量的硅酸盐类矿物;铁矿物的平均粒度为 0.050mm,最大粒度为 +1mm,最小粒度为 -0.005mm,属于铁矿物嵌布粒度不均匀的细粒浸染贫铁矿石[67]。

针对铁矿物的嵌布特征和矿物特性,矿石破碎后,采用阶段磨选作业,由一次磨矿与一次旋流器构成闭路流程;铁矿物的嵌布粒度相差较大,因此采用二次旋流器分级后入选,粗粒级部分采用螺旋溜槽-细筛的重选工艺,细粒部分采用弱磁-强磁-阴离子反浮选的磁-浮互补工艺分选,粗粒部分中矿再磨后返回二次旋流器进行分级,最后重选精矿与反浮选精矿合并为最终精矿,其原则工艺流程见图 5-23。

在该分选工艺中,根据矿石的碎磨产品粒度组成和目的矿物的分布特点,采用分级分选的工艺流程,针对粗粒采用重选工艺,不仅构成了螺旋溜槽与细筛、磁选设备之间的优势协同,而且粗粒重选与细粒磁选-浮选的互补形成了重选-磁选-浮选之间的工艺互补与设备协同的模式,其主要优势如下。

① 磨矿产品经过旋流器分级后,粗粒的沉砂部分中 -0.074mm 粒级含量较低,而连生体含量高;与磁选设备相比,螺旋溜槽更适于处理粗粒级的铁矿,采用粗粒重选工艺可以提前抛尾,降低中矿循环量,而且粗粒连生体可以通过再磨再选流程,进一步提高精矿品位。

② 由于螺旋溜槽中的矿浆在槽面上分层分带的效果不是很好,粗螺精矿中含有大量的富铁连生体,而尾矿中损失部分富铁连生体和单体铁矿物,这导致螺旋溜槽的精矿品位偏低、尾矿品位偏高;因此,通过螺旋溜槽与细筛和磁选机构成设备协同,细筛隔离螺旋溜槽精矿中粗粒级的富铁连生体,可提高筛下细粒级产品的铁品位;螺旋溜槽尾矿中损失的富铁连生包裹体及细粒的单体铁矿物,可通过强磁选强化回收,以降低尾矿中铁的损失。

③ 在细粒部分的磁选-浮选互补的工艺中,入选粒度较细、铁矿物回收的难度较大,因此在弱磁选之后除了强磁选加强铁矿物的回收外,还通过脱泥和反浮选脱硅工艺,进一步提高细粒部分的铁精矿品位。

总之,通过分级分选、重选-磁选-浮选工艺的互补,以及多种设备的优势协同,可以

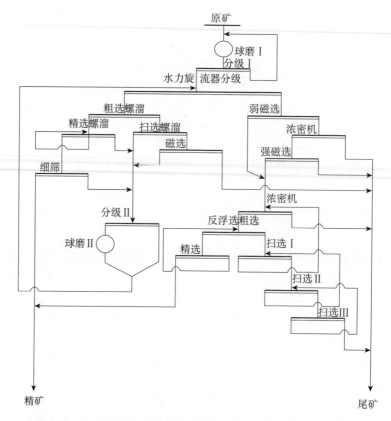

图 5-23　阶段磨矿的重选—磁选—反浮选的互补工艺流程

充分地顺应矿石性质,实现对生产过程的有效控制,在保证精矿质量的同时,降低尾矿品位,提高金属的回收率。

(2) 圆锥选矿机。圆锥选矿机是根据尖缩溜槽(又称扇形溜槽)的原理演变而来的,可消除扇形溜槽的侧壁效应,改善分选效果,提高设备的处理能力[68],其主要优点如下。

①生产稳定,处理能力大。②与跳汰、螺旋选矿机和摇床等重选设备相比,占地面积小,机体重量轻,结构简单,无传动部件。③所需配套设备和管道设施少,省水、省电,生产费用低,处理单位矿石的费用低。④操作简便,耐磨和耐腐蚀,维修容易,有利于生产管理等。

圆锥选矿机最大的缺点是富集比较低,适于处理数量大的低品位矿石,甚至可对再选尾矿进行预处理,其分选粒度一般为 3~0.15mm;最早应用于海滨砂矿的粗选,也可用于处理锆矿、钛铁矿、铁矿、钽铌矿、锡矿等。

华锡集团公司东河选矿厂处理铜坑矿细脉带矿石,主要矿物为锡石、磁黄铁矿、硫锑铅矿、铁闪锌矿等,脉石为方解石、石英、长石;锡石粒度为 1.4mm 以下,破碎至 3~1mm 时,有 6% 的锡石单体解离[69]。根据矿物的嵌布特征及锡石分步解离的特点,结合不同分选设备的优势,构建设备协同,通过多次试验研究,采用圆锥选矿机、摇床及浮选工艺逐步回收锡石,实现锡石矿物的有效回收,最终确定了以跳汰机为主要重选设备的重—浮—重互补的工艺流程(图 5-24)。

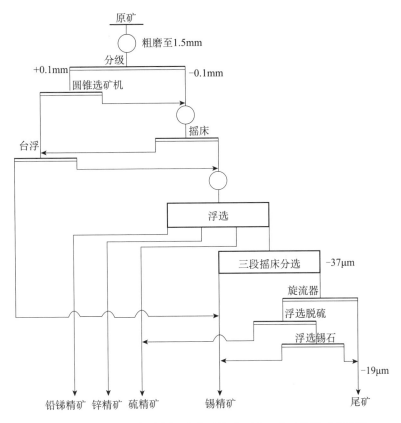

图 5-24　华锡集团公司东河选矿厂的重—浮—重互补的工艺流程

在该流程中,矿石粗磨到 1.5mm 后分级,+0.1mm 粗粒部分用圆锥选矿机进行粗选,先富集已解离的锡石,减少已单体解离的锡石在后续磨矿作业中的泥化;−0.1mm 细粒部分与圆锥选矿机的中矿部分合并再磨,使锡石和铅锌硫化矿进一步单体解离,由于锡石的粒度组成较细,适用于采用摇床回收部分解离的锡石矿物,摇床的粗选精矿与圆锥选矿机的粗精矿合并后再用台浮脱硫,可获得品位为 30% 的锡精矿;摇床尾矿进入浮选流程分选硫化矿,由于嵌布粒度细的部分锡石最后进入硫化矿的浮选尾矿中,因此针对−37μm 细泥部分,先用 Φ75mm 水力旋流器脱泥,然后进行锡石浮选,强化了细粒锡矿物的回收。

(3) 皮带溜槽。皮带溜槽是我国 20 世纪 60 年代初研制成功的一种矿泥精选设备,矿浆和洗涤水经匀分板给到皮带表面,形成薄而平稳的矿浆流层;重矿物沉积在表面上随皮带转动从首轮卸落,轻矿物随矿流向下运动[70]。实践表明,皮带溜槽可有效地回收 74~10μm 矿粒,而处理粗粒的效果较差;可用于钨矿泥和锡矿泥的精选,也可回收 10μm 以下的锡石,但回收 37~19μm 粒级的效果最佳。皮带溜槽主要优点如下:①适于细粒或微细粒矿石的分选,回收的粒度下限低;②富矿比和作业回收率较高;③结构简单,制造容易,工作稳定,操作方便。皮带溜槽的主要缺点是生产能力低、单位生产率低、占地面积大,因此多与摇床、粗粒溜槽和离心选矿机等配合使用,用于精选作业及处理粗选精矿等。

　　云锡新冠选矿厂处理原矿品位低、锡石结晶粒度细、锡铁致密共生的残坡积砂锡矿，矿石含泥量大，-0.01mm粒级的平均产率为58%、金属率占18%。原矿分级脱泥后，+0.074mm矿砂部分经三段磨矿、三段摇床选别，次精矿集中复洗；-0.074mm矿泥部分采用离心机初选、皮带溜槽精选；由于矿泥的物料组成复杂，大部分是结合体，因此需要单独处理矿泥中矿。

　　针对品位较低、矿浆浓度低、泥含量很高的矿泥中矿，陈楚强等[71]经过试验研究，先采用水力旋流器浓缩脱水，其溢流丢弃；对浓缩后的矿浆，采用处理粒度下限较低且处理量大的离心机粗选，合理地抛除了锡石矿泥；而对粒度组成偏细、0.074～0.01mm粒级含量高的离心机粗精矿，采用皮带溜槽进行精选，中矿再通过刻槽摇床强化回收，获得合格的锡精矿（图5-25）。在该工艺流程中，离心机与皮带溜槽组成的设备协同模式和优势互补效应，不仅充分利用了离心机提前抛尾的作用，改善了皮带溜槽高效回收细粒级锡石矿物的分选环境，而且保证了作业回收率，获得了合格的精矿产品。

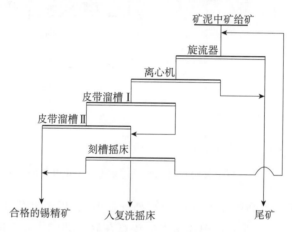

图 5-25　离心机—皮带溜槽回收锡石的工艺流程

2. 以跳汰为主、多种设备的协同与互补

　　属于深槽型重力分选的跳汰工艺是按矿物密度差异在垂直脉冲介质中进行分层和分离的重选方法，矿物颗粒在沉降中受到重力、水流冲力、浮力、碰撞阻力及槽壁阻力等作用下，小密度的颗粒群位于上层，大密度的颗粒群位于下层，因此，只要分选的矿物之间存在足够大的密度差异，几乎就可以处理各种粒度的矿石。跳汰主要用于粗、中粒矿石的分选，在处理金属矿时，其给矿粒度范围为50～0.2mm，而选煤的粒度范围为100～0.5mm。

　　影响跳汰分选指标的工艺参数主要包括冲程、冲次、筛下补加水量、人工床层组成及给矿量等可调因素，以及给矿的粒度和密度组成、床层厚度、跳汰周期曲线形式等不可调因素。

　　跳汰机的结构形式有很多种，按照推动水流的运动结构不同，可以分为五种类型，主要有活塞跳汰机、隔膜跳汰机、无活塞跳汰机、水力鼓动跳汰机及动筛跳汰机。按照跳汰室筛板表面的形状，隔膜跳汰机又分为矩形、梯形和圆形跳汰机等。无论何种跳汰工艺，均具有操作简单、设备处理能力大的优点。跳汰方法主要用于选别不均匀嵌布的钨矿、锡石硫化矿、铁矿、锰矿、铬矿、含金和含稀有金属的砂矿和脉矿,以及金刚石矿;也是选煤的主要方法。在采金船上,以跳汰机为主选设备的工艺流程见图 5-26[72];根据矿砂粒度组成等特性,选用不同重选设备处理粒度范围不同的物料,充分发挥不同重选设备的最佳性能;通过胶带溜槽粗砂抛尾后,经过一次跳汰粗选、一次跳汰精选、一次摇床精选以及一次跳汰扫选,对细粒金回收效果好,金的回收粒度下限为 0.052mm,可获得金精矿。此外,以圆形跳汰机和矩形跳汰机为主的设备配置紧凑,合理地利用了采金船的空间和面积,仅一次提升后,就可利用自然高差实现自流给矿与返回,从而简化选矿工艺流程。

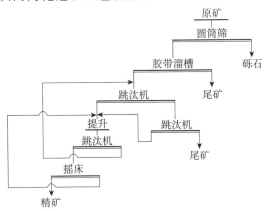

图 5-26 砂金分选的原则流程

1) 圆形跳汰机

圆形跳汰机是由梯形跳汰机发展而来的,可以认为是由多个梯形跳汰机合并而成;跳汰机隔膜的位移设计成锯齿形波,这样的运动曲线可以将床层迅速地抬起并缓慢地下落,床层的松散时间长,水流与矿粒间的相对速度小,使重矿粒得到充分沉降,因此可以有效地按密度分层,提高设备的富集比和回收率。这种跳汰设备用于砂矿粗选,一次选别后可抛弃 80%～90% 的尾矿,在采金船上应用得较多。

该设备的优点如下:①单位筛面的处理能力大,回收粒度下限低,且能用宽级别入选,回收率高;②筛下的补加水量比其他跳汰机减少 60%～70%;③给矿系统简单,传动平稳可靠,结构紧凑,占地面积相对较小。其主要缺点如下:由于上层轻矿物需借水力推动而排出,所需水流的速度很大,影响正常分层,因此矿石在筛面上常出现分布不均的现象。

砂金精选厂处理下船重砂的粒度范围为 0～4mm,而用于精选的摇床有效分选粒度范围为 0.15～1mm[73,74]。因此,砂金重选工艺一般是由多种型号的跳汰等设备组合而按粒级进行分选的,采用多种手段选别粗细不均的矿砂;如果采用同一规格的摇床分选粒级不同的下船重砂,对细粒金的回收是非常不利的,这不仅与难以选收的细粒金矿砂自身的粒度和形状有关,而且与制定的工艺、选用的设备和确定的技术参数有关。细粒金在已探明的新砂矿资源中所占的比重越来越大,因此研究细粒砂金的回收对有效地开发砂金资源具有重要的意义。

常用的三段跳汰工艺适宜选别 -0.2mm 粒级超过总量 20% 以上的片状金粒,或原矿

金品位大于 $0.29g/m^3$、$-1.5mm$ 细粒级含量大于 50%、含泥少于 20% 的矿砂[75]。以圆形跳汰机为主选设备的三段跳汰闭路选金工艺流程见图 5-27，采用多种重选设备，可充分回收不同粒级的金粒，获得高品质的金精矿。

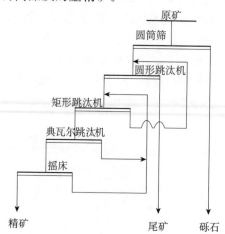

图 5-27   三段跳汰闭路选金工艺流程

该流程的主要优点如下。

(1) 构建了圆形跳汰机与其他设备高效分选的协同效应：粗选采用具有锯齿波跳汰曲线的圆形跳汰机，单机处理量大，供矿要求不严格，不需要严格地分级入选物料，对细粒金的回收能力较强，可有效地捕集 $0.1\sim0.25mm$ 粒级中的金；采用摇床进行精选，具有矿泥和矿砂分别在各自最适宜的分选设备和最佳的工艺条件下进行分选的特点，可以获得较高品质的金精矿。

(2) 构建了开路与闭路互补的工艺流程：除粗选作业开路外，精选作业均采用闭路循环，既可以提早抛尾，减少中矿循环量，也可以保证金粒的充分回收，金回收率达到 90% 以上。

(3) 平衡了粗选作业的轻重矿物的含量：闭路循环的精选流程将密度较大的精选尾矿全部返回粗选，有利于降低粗选作业中轻矿物的含量，提高分层速度及分选效果。

(4) 与使用单一的溜槽工艺相比，使用跳汰工艺分选含金砂矿，金的损失率可以降低 $1/3\sim1/2$。

印度尼西亚的砂锡矿含锡 0.01%~0.03%，锡石呈单体状、结晶粒度较粗，伴生矿物有钛铁矿、金红石、独居石、磷钇矿、锆英石、钽铌矿、钨矿物、黄铁矿和白铁矿等，脉石矿物主要有石英和长石等[76]。采用圆形跳汰机与振筛和旋流器组成粗选的重选工艺，然后将粗精矿集中处理，用摇床、磁选和电选等进行精选。这种针对矿物的粒度嵌布特征、以跳汰为主的多种分选设备协同的工艺流程，获得了品位为 70%、回收率为 90% 的锡精矿；针对 $-0.4mm$ 粒级的中矿，采用静电方法选别，产出导电和非导电的产品，然后分别磁选，获得回收率为 60% 和 90.25% 的磷钇矿精矿和独居石精矿，锆英石精矿和钛铁矿精矿的回收率分别达到 96.8% 和 86.2%，实现了资源的综合回收利用。

2) 梯形跳汰机

梯形跳汰机为侧动隔膜跳汰机，是一种双列八室跳汰机，可分为四个跳汰槽，每个跳汰槽的跳汰制度可以任意调节,对矿石的适应性比较强;该设备的处理能力比较大,一般用于选别—5mm 的矿石,尤其适于中、细粒矿物的分选,通常用于钨、锡、金及铁、锰、重晶石等多种金属矿和非金属矿,以及金属冶炼矿渣的处理,以回收其中的可回收利用的矿物和合金颗粒[77]。梯形跳汰机的主要优点如下。

(1)具有四个独立的跳汰选矿槽,每个槽的冲程和冲次可独立调节,可大幅度地提高入选的粒度,最大入选粒度为 10mm,最小回收下限为 0.049mm,对 0~10mm 矿石的选矿可以实现不分级入选,分选效果好。

(2)其工作面由进料口到出料口逐级增大,使物料在跳汰槽内运动的过程中厚度不断地减薄,提高物料中有用矿物的回收率。

(3)它属于双列八室侧动式跳汰机,隔膜和冲程轴为水平运动,减少了设备故障发生的可能性,同时便于维修和保养。

(4)跳汰面积大,跳汰行程长,因此可以显著地提高选矿回收率。

(5)处理量大,工作效率高,单台设备处理能力可达 20~40t/h,对铁矿石、锰矿石、砂金矿、砂锡矿等矿石的选矿效果好。

梯形跳汰机的主要缺点如下。

(1)体积大,占地面积大。

(2)正常工作时需要大量的循环水。

(3)大型梯形跳汰机的价格较高,甚至比中小型选矿厂的设备投资要大。

重晶石是一种重要的矿物原料,经过提纯的重晶石具有较高的经济价值。重晶石的原矿多为块状,破碎的重晶石矿物的粗细很不均匀,而选矿设备一般有最佳的入选粒度和入选粒级,且重晶石与脉石的密度差异较大,因此一般采用分级入选的重选流程[78]。重晶石矿破碎后,经过筛分处理分级为—8mm、—30mm+8mm、—50mm+30mm 和+50mm四个级别;+50mm 的块矿返回破碎机破碎,—50mm+30mm 粒级进入手选流程,—30mm+8mm 粒级进入矩形粗粒跳汰机进行分选,—8mm 粒级进入梯形跳汰机分选,其原则工艺流程见图 5-28。

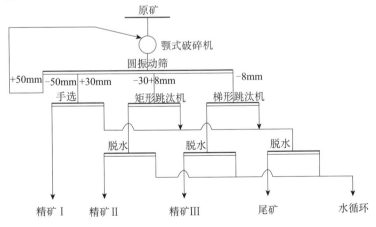

图 5-28　重晶石矿重选的原则工艺流程

　　重晶石性脆易碎,使用颚式破碎机对原矿进行破碎,具有简单可靠、破碎效率高等优点,因此图 5-28 采用对破碎产品具有分级作用的一段颚式破碎机与圆振动筛构成了闭路流程;此外,重选设备以跳汰机为主,其入选的粒级宽,选矿处理量大,对环境无任何污染,可以有效地选别粗、中、细粒级的重晶石矿,且分选效果好,可有效地提升重晶石精矿的品位。因此,针对不同粒级的重晶石矿,通过不同型号的跳汰机组成设备优势协同的分选模式,在最优的粒度范围内进行分选,可以获得多种不同粒级的重晶石精矿。

　　白干湖钨锡矿为沉积变质岩浆再造型钨锡矿床,原矿锡品位为 0.58%、三氧化钨品位为 0.97%,主要有用矿物为黑钨矿和锡石,白钨矿含量较少;主要脉石矿物为石英和云母[79]。锡石和黑钨矿共生关系紧密,黑钨矿粒度较粗,石英的结晶颗粒粗大,锡石主要被包裹在石英中,比黑钨矿的粒度稍小,一般为 0.074～0.2mm。

　　由于钨锡矿性脆,容易在破碎和磨矿过程中过粉碎和泥化并进入矿泥中,这会明显地降低钨、锡的选矿回收率。因此,选择合适的重选入选粒度、抛尾粒度及相应的分选设备,是确保钨锡矿物有效回收的前提条件。针对该矿石进行试验研究,最终确定了多级跳汰、多级摇床、再磨再选、细泥单独处理的以重选为主的工艺流程(图 5-29)。

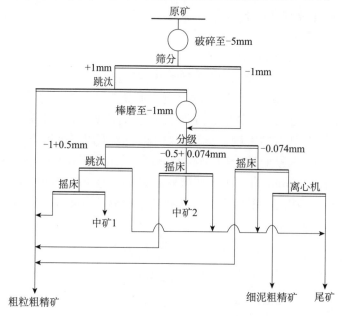

图 5-29　钨锡矿粗选的工艺流程

　　为了防止或减少钨锡矿物的过粉碎,张成强等[79]采用阶段破磨、阶段选别的工艺流程,原矿破碎至−5mm,并筛分为−5+1mm 和−1mm 两个粒级,粗粒级先经梯形跳汰机回收部分解离的钨锡粗精矿,跳汰尾矿再磨后与筛下细粒部分合并,分成−1+0.5mm、−0.5+0.074mm 和−0.074mm 三个级别;−1+0.5mm 粒级采用梯形跳汰机—摇床联合分选,−0.5+0.074mm 粒级采用细砂摇床分选,−0.074mm 细泥部分用矿泥摇床分选;四个重选精矿合并为粗粒粗精矿,细泥摇床尾矿通过离心机强化回收,获得细泥粗精矿。在钨锡矿的粗选工艺中,多级跳汰与多级摇床之间构成了重选设备协同,顺应了矿石的物性,充分利用了不同设备的分选粒度的差异,初步实现了精细化分选,获得了良好的分选指标。

3. 以摇床为主、多种设备的协同与互补

摇床是广泛应用于选别细粒物料的高效重选设备,通常用于钨矿、锡矿、钛铁矿、铌矿及其他稀有金属矿和贵重金属矿的分选,也用于铁锰矿和煤矿的分选,近年来,也用于回收磁选厂尾矿中的铁矿物及云母等非金属矿物,能一次获得高品位精矿、中矿和废弃尾矿。根据处理物料的粒度不同,摇床可分为粗砂摇床($2 \sim 0.074$mm)、细砂摇床($0.5 \sim 0.074$mm)和矿泥摇床($0.074 \sim 0.02$mm),其区别在于床面上的床条(或槽沟)高度(或深度)和断面形状等存在差异。在处理金属矿和煤时,摇床的可选粒度范围分别为 $2 \sim 0.02$mm 和 $10 \sim 0.02$mm。

摇床的分选过程包括两个基本步骤即松散分层和运搬分带,是在床面和横向水流的共同作用下实现的。床面上床条或刻槽是纵向布置的,与水流方向近于垂直,水流横向流动时在沟槽内形成涡流,涡流和床面摇动的共同作用可使矿层松散并按照密度分层,重矿物转向下层,轻矿物转向上层,此过程称为“析离分层”。上层轻矿粒受到水流较大的冲力,而下层重矿粒则受较小的冲力,因此轻矿粒在床面上横向运动的速率大于重矿粒的横向运动速率。

这两个基本步骤是同步进行的,通过冲洗水构成的横向水流先将位于上层的轻矿物粗颗粒冲洗下来,接着是轻矿物细颗粒;随着矿粒向精矿端移动,床条的高度逐渐下降,原来位于中间层的重矿物颗粒暴露出来,继续被水流冲下,但其横向平均速度已大大降低;而位于最底层的重矿物细颗粒在床条的保护下,一直被送到床面的末端,也就是精矿端;最后,通过薄层水流的不断冲洗,在精矿端,混入底层的细轻矿物不断被清洗出去,因此提高了精矿品位。

摇床分选的优点主要包括:①分选精度高;②富集比高,甚至可达 100 倍以上;③经过一次选别,就可以获得最终精矿和废弃尾矿;④可以同时得到多个产品;⑤矿物在床面上的分带明显,所以观察、调节、接取都比较方便;⑥能耗小,成本低,污染小。

摇床选矿的缺点如下:单位面积处理能力低,厂房占用面积大;每小时每平方米床面处理粗砂的最大能力不超过 5t,处理微细矿泥甚至只有 0.5t 左右。

(1)摇床。在云南金沙江氧化铅多金属矿区中,铅品位为 $3.5\% \sim 4.0\%$,其中方铅矿和铅矾中铅的占有率分别为 48.09% 和 44.78%,铅矿物在 $-0.037+0.019$mm 和 -0.019mm两个细粒级中的品位较高[80]。经过磨矿后,-0.037mm 细粒部分的含量增加到 40% 左右。因此,从矿石和矿物的物性及矿石组成分析,不论是采用重选还是浮选,选别的难度都非常大。

原生矿中泥含量高,方铅矿和铅矾的硬度低、性脆,为了避免过粉碎,原矿先预先筛分出 -0.2mm 粒级、$+0.2$mm 粒级再磨,-0.2mm 粒级经过水力分级分成 $-0.2+0.15$mm、$-0.15+0.074$mm 和 -0.074mm三个级别,采用分级入选、中矿再磨再选的全摇床重选工艺(图 5-30)。对于摇床而言,入选细度应尽可能地放粗,因此阶段磨选、阶段选别的工艺比较适合摇床重选,并且可以提早回收已经单体解离的铅矿物,避免过粉

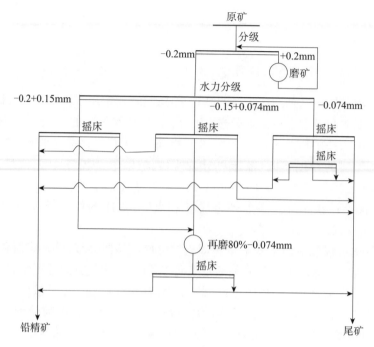

图 5-30 氧化铅矿的重选工艺流程

碎,减少再磨矿量。摇床重选尾矿中铅矿物主要损失在−0.019mm 微细粒级中,分布率为 65.87%,绝大多数已单体解离,但粒度微细,已超出了摇床重选有效回收的粒度下限,造成铅矿物损失。为了加强这部分微细粒铅矿物的回收,可以采用适用于−37~19μm 粒级的微细粒矿物分选的 Slon 离心选矿机或悬振锥面选矿机等新型微细粒重选设备,且处理能力大、指标稳定。通过摇床与悬振锥面选矿机或 Slon 离心选矿机形成的重选设备优势互补与协同,可以进一步提高氧化铅的回收率。

海南省抱伦金矿为石英脉型金矿床,矿石中主要金属矿物为黄铁矿、磁黄铁矿和毒砂,金为自然金,脉石矿物主要为石英,其次为绢云母[81]。原矿中+0.074mm 粒级中粗粒金含量较高,占 17.88%;中粒金的粒径在 0.053~0.074mm。根据矿石的性质分析,重选是回收颗粒金和黄铁矿的有效工艺,因此采用跳汰粗选+二段摇床精选的重选工艺流程(图 5-31),构建了处理量大、入选粒级较宽、回收率高并且适于粗选作业的跳汰机与分选精度高、适于窄粒级入选和精选的摇床之间的优势协同,实现了矿石的有效分选,获得了高品质的毛金矿。

(2)台浮。台浮即摇床浮选,属于表层浮选,摇床兼有重、浮两种分选功能,通过添加药剂及搅拌后,表面张力使疏水性颗粒上浮、亲水性颗粒下沉,从而实现矿物的分离。具体的原理如下:给入摇床上并稀释至 30%~50%固体含量的矿浆,在台浮摇床的纵向往复不对称运动中,产生了惯性和摩擦力的作用,并按密度和粒度分层,同时在床面往复不对称运动、斜面水流及浮选联合作用下,疏水性颗粒与气泡形成凝聚体,自然浮于水面的上层,经表层浮选形成自流,经过溢流面流入尾矿端的接矿槽(或矿池);而密度大、亲水性(或者可浮性差)的矿粒则沿床面纵向运动成扇形分布,运动至精矿端,从而达到矿物分离

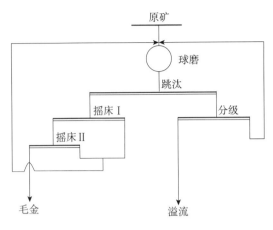

图 5-31　金矿的重选工艺流程

的目的。

　　为了加强矿物颗粒的矿化作用,有时也在台浮摇床床面上加设吹气管,向矿浆表面吹气,或者以喷射高压水的方式带入空气;风嘴装在床面上的一排钻孔风管上,风管与床面呈直角,孔洞直接位于沿床条运动的物料之上。

　　一般摇床浮选最适于黄铁矿型锡精矿中硫化矿物的脱除,或者萤石、重晶石和磷酸盐等非金属矿物的富集。

　　广西大厂锡矿选矿厂处理以锡石-硫化矿物为主的矿石,主要矿物为锡石、铁闪锌矿、脆硫锑铅矿、黄铁矿、磁黄铁矿、毒砂,以及少量的闪锌矿、方铅矿、黄铜矿、黝锡矿等,脉石矿物主要为方解石和石英;锡石呈粗细不均匀嵌布,粗至数毫米,一般为 0.2～0.02mm,与硫化矿物致密共生;硫化矿物之间结合紧密,磨至 0.1～0.2mm 才能基本单体解离[82]。

　　采用兼有浮重选别功能的台浮摇床,通过构建重—浮—重的互补与协同工艺流程(图5-32),可以实现锡石的粗粒早收,并有效地分选细粒。原矿破碎至 -3mm、-3.0mm+1.5mm 和 -1.5mm 三个粒级,分别采用跳汰机和圆锥选矿机进行粗选。圆锥选矿机的粗精矿经三次螺旋溜槽精选后进入台浮摇床,产出锡精矿。跳汰粗精矿 2 与台浮摇床的尾矿、螺溜Ⅱ和螺溜Ⅲ的尾矿合并后,经三级沉降分级,一级沉砂与跳汰精矿 1 合并,锡精矿品位最高达 1% 以上,给入 8 号磨机再磨;二级沉砂的锡品位为 0.70% 左右,给入 3 号磨机再磨,三级沉砂锡品位为 0.4% 以下,给入 4 号磨机再磨;3 号磨机的磨矿产品经过螺旋分级机分级,细粒部分与 8 号磨机的磨矿产品合并,与圆锥精矿一起给入螺溜—台浮的互补与协同工艺流程,进行深度精选;粗粒部分与 4 号磨机的磨矿产品合并,给入后续重选系统,进行再分选;三级溢流部分进入细泥分选系统。三次沉砂分别给入不同的磨机再磨,实现了粗细分磨、贫富分磨,有效地减少了锡石的过粉碎。

　　在圆锥选矿机的粗精矿的精选流程中,先用螺旋溜槽Ⅰ进行抛尾,减少细粒级硫化矿物和细泥对后面台浮摇床分选的干扰;螺溜Ⅱ的精矿与螺溜Ⅰ的精矿合并,进入螺溜Ⅲ进行第三次精选,螺溜Ⅲ的精矿进入台浮摇床分选,获得锡精矿;螺溜Ⅱ、螺溜Ⅲ及台浮摇床的尾矿合并,返回三级沉降分级再磨再选流程。该流程充分利用了锡石的粒度特性和分选设备的特点,进行了工艺流程和分选设备的协同,达到了综合回收不同粒级中锡石的

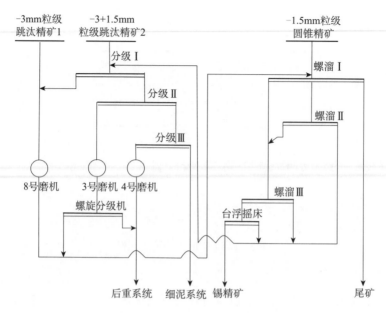

图 5-32　锡石-硫化矿的台浮分选工艺流程

目的。

　　江西某钨矿为典型的原生石英钨铋多金属矿,原矿中三氧化钨含量为 0.51%;主要金属矿物有黑钨矿、白钨矿等,其他金属矿物有黄铁矿、辉钼矿、闪锌矿、黄铜矿、辉铋矿等;主要脉石矿物为石英,其次为少量的长石、白云母等;黑钨矿的嵌布粒度总体较粗,多分布在 1.6~0.2mm 粒级中[83]。选用跳汰机对粗粒级有用矿物进行早收,获得钨粗精矿;跳汰粗选尾矿采用分级摇床重选,获得钨粗精矿,并与跳汰钨粗精矿合并为重选粗精矿。矿石中硫化矿物的含量较少,而硫化矿物与钨矿物的密度差异较小,因此重选难以去除硫化矿物,会影响钨精矿的品位。浮选脱硫是提高钨精矿品位的有效方法,但重选粗精矿的粒度较粗,直接浮选脱硫的效果较差,因此对重选粗精矿进行分级入选,采用台浮和浮选脱硫的互补与协同工艺(图 5-33),台浮处理-1.6+0.2mm 的较粗粒级,浮选处理-0.2mm 的细粒级,获得了较好的分选效果。

　　4. 以离心选矿设备为主、多种设备的协同与互补

　　离心机是利用离心力使需要分离的不同物料得到加速分离的一种设备,是分离细粒物料的重选设备之一,它借助转筒的旋转带动矿浆呈流膜离心运动,不同密度的颗粒受到的离心力作用存在差异,从而可实现矿物的分层和分离。在离心力场分选的过程中,矿物颗粒受到的离心力是重力的几十倍甚至上百倍,因此相对于重力场中,颗粒的沉降速度显著增大,强化了重选过程,大大降低了可分离物料的粒度下限,使微细矿粒得到有效回收,明显地提高了处理能力。离心机分选技术广泛应用于微细粒的钨、锡、铁、金等有色金属矿、黑色金属矿、稀贵金属矿的选矿,也可用于难选矿和尾矿中微细粒金属矿物的回收。

　　与其他选矿方法相比,离心选矿机的优点如下:①对微细矿泥比较有效,对 37~

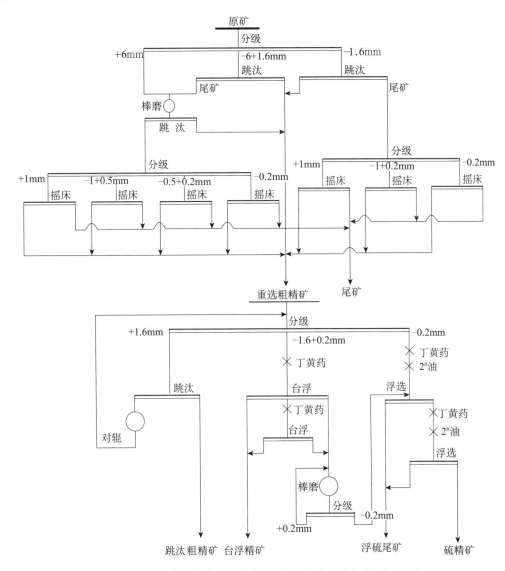

图 5-33　重选粗精矿的分级、台浮和浮选脱硫的互补与协同工艺流程

19 μm 粒级的回收率可达 90% 左右；②由于矿粒是借助离心力和横向流膜的优势互补作用进行分选的，所以其富集比大于平面重力溜槽；③由于利用离心力的作用，强化了重选过程，分选过程快速有效，缩短了分选时间，增加了处理能力，为自动溜槽的 10 倍左右；④设备结构简单，占地面积小，自动化程度高，生产成本低，对环境友好。其主要缺点如下：①耗水耗电比平面溜槽大；②鼓壁坡度不能调节，有的生产过程为间断作业，不能连续给矿。

　　离心选矿机简称离心机，也叫离心溜槽。虽然离心机的种类很多，但是结构基本相同，常见的离心机包括 SL 射流离心选矿机、Slon 离心选矿机和 Falcon 离心机等。

　　（1）SL 射流离心选矿机[84]，是北京矿冶研究总院于 20 世纪 80 年代末研发的一种连续型离心选矿机，它利用摆动的射流水代替逆流连续型离心选矿机的固定高压水，建立了一种新型的选别模式,即以离心力、拜格诺力、高压水射流的冲击力和对流膜产生的法向脉动力等组成的复合力场,提高了大密度富集层的松散效果,从而实现微细粒矿物的有效分选,有效回收粒度下限可达 $1\mu m$。

与国外的细泥选矿设备相比,该离心机造价低廉,有效回收的粒度下限低,可实现简单的连续作业;其缺点主要是射流机构无法长时间、连续稳定地运行。

(2) Slon 离心选矿机[85],是赣州金环磁选设备有限公司研制的一种连续型卧式离心选矿机,它利用往复水射流束对离心力压实的大密度颗粒层的冲击和切割原理,来实现离心力场中的连续离心分离。

Slon 离心选矿机能够连续地给矿和排矿,与传统的离心机相比,处理能力明显提高,具有能耗小、适应性强、对环境无污染等许多优点;其缺点主要是选矿富集比较低。

(3) Falcon 离心机[86],是由加拿大 Falcon 公司研发的一种新型高效立式离心选矿设备。当给矿进入高速旋转的内转筒底部之后,受到 $120\sim200g$ 的强离心力作用,矿浆均匀地被甩至转筒内壁形成薄流膜,在流态化反冲水和强离心力场的协同作用下,重矿粒克服反冲水力的作用沉降在筒壁的富集槽内,轻矿粒受到的离心力小、难以克服反冲水力的作用、与水流一起排出转筒外;在停止给矿后,用高压水将精矿冲洗出来,从而实现重矿物与轻矿物的分离。

与其他立式离心机相比,Falcon 具有更大的离心力,可回收更细的物料,具有处理量大、富集比高、水电耗量小、运行成本低和自动化程度高、占地面积小等优点;主要缺点是间断式工作。

钨细泥的粒度微细、泥化程度高、矿石性质复杂,因此钨细泥的回收率波动较大,总体回收水平较低。铁山垅钨矿杨坑山选矿厂原矿钨品位为 0.253%,钨矿物以黑钨矿为主,含少量白钨矿,伴生金属矿物有黄铜矿、黄铁矿、辉铋矿、辉钼矿、锡石、闪锌矿等,非金属矿物主要以石英为主[87]。采用脱硫—离心选矿—浮钨—磁选的主干流程回收钨细泥(图5-34)。

原、次生细泥经除渣、浓缩后,先浮选硫化矿物,再经离心选矿机一粗一精分选,其精矿进入浮钨作业,浮钨的精矿再强磁选,实现钨锡的有效分离;离心选矿机精选的尾矿返回离心选矿机粗选给矿,离心选矿机粗选的尾矿和浮钨作业的尾矿分别进摇床扫选。

该流程根据矿石组成和不同矿物的特性,采用浮选—重选—磁选的互补模式,依次回收硫化矿物、大密度矿物和磁性矿物,充分地顺应矿石的可选性特点。同时,采用富集比大、回收率高、可有效回收细粒级物料的离心机与摇床组合,形成重选设备的协同与互补,提高分选指标。另外,利用离心机的特性,在重选工艺的粗选与精选阶段均采用离心机,离心机粗选作业的尾矿及浮钨尾矿采用摇床扫选,有利于提高作业回收率;离心机精选作业、浮钨和磁选作业有利于提高钨细泥精矿的质量,提高富集比;离心机精选作业的尾矿返回次生细泥的给矿作业,形成了分选闭路流程,保证了作业回收率的提高。

微细粒赤铁矿一般难以有效地选矿回收,反浮选工艺虽然可以取得一定的分选效果,但会对环境造成污染。离心选矿机的应用,可以有效地解决微细粒赤铁矿回收难的问题,不仅可以提高矿物的回收率,而且对环境没有污染。海南矿业联合有限公司选矿厂每年排放总量约为 130 万吨、品位约为 28%、$-0.019mm$ 粒级占 50% 的微细粒赤铁矿尾矿,

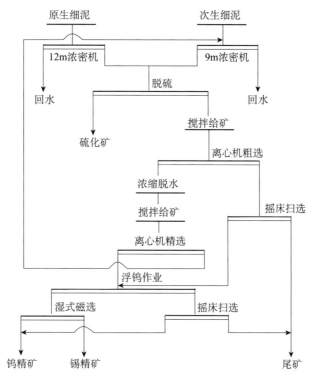

图 5-34　杨坑山选矿厂钨细泥回收的工艺流程

由于矿物的嵌布粒度比较细,赤铁矿回收难度很大。吴金龙等[88]经过研究发现,采用运行稳定、处理量大的 Slon 立环脉动高梯度磁选机进行粗选抛尾(图 5-35),一次强磁选可抛弃大量的低品位尾矿,粗精矿的富集比大、铁回收率较高、选矿效率高,但该强磁选机用于精选作业难以获得很高的铁精矿品位;而采用精选能力优于强磁选机的 Slon 离心选矿机对强磁粗精矿进行精选,就能够有效地剔除精矿中含少量磁铁矿和大部分石英的贫连生体,两种设备的有机结合可以相得益彰、优势互补,可以获得铁精矿品位 63% 以上、回收率 58% 以上的理想指标。

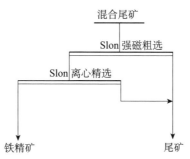

图 5-35　微细粒赤铁矿尾矿的强磁—离心分选工艺流程

5. 以重介质选矿设备为主、多种设备的协同与互补

重介质选矿是基于阿基米德原理,较为先进的一种重力选矿方法,小于重介质密度的颗粒在介质中上浮,大于重介质密度的颗粒在介质中下沉,完全属于静力作用的过程,流体的运动和颗粒的沉降不再是分层的主要作用因素,而介质本身的性质是影响选别的重要因素。因此为了达到分选的目的,重介质的密度必选介于重矿物与轻矿物之间。

重产品的排出可以选用立轮、斜轮、刮板或螺旋输送机等装置,因而重介质分选机的类型较多,主要有圆筒形分选机、锥形分选机、鼓形分选机、重介质振动溜槽、重介质旋流器等,其中圆筒形重介质分选机在选矿中用得最多。重介质分选设备还可以分为静态型和动态型两种,前者如圆锥分选机、鼓形分选机,后者如介质旋流器、重介质旋涡旋流器。动态分选设备利用离心力,处理能力比静态分选设备的要大,适于处理25~0.5mm的细粒,最大可至40mm;静态分选设备的基本原理是利用重力和水平力(水平流速)进行分选,处理的粒度范围为100~6mm。

重介质分选机的主要优点如下:①分选的效率和精度很高;②入选颗粒的粒度范围也较宽,粒度下限可以降至0.5mm,很适合各种固体废弃物的处理与分选;③分选密度的调节范围宽,可以分选密度差很小的物料,在理想条件下,可以分选密度差仅为$0.2\mathrm{g/cm^3}$的两种矿物;④处理能力大,适应性强;⑤生产过程易于实现自动化,悬浮液的密度、液位、黏度、磁性物含量等工艺参数能实现自动控制。

重介质分选机的主要缺点如下:①入选颗粒的粒度过小,特别是重介质密度与分离物质密度相近时沉降速度很小,分离很慢,所以在实际分离前,应筛去细粒部分;②由于重介质分选在液相介质中进行,不适于含可溶性物质的分选;③增加了重介质的回收工序,设备磨损比较严重。

重介质选矿广泛应用于煤矿和各种金属矿及非金属矿的分选,适于处理粗粒嵌布和细粒集合嵌布的矿石[89];作为预选作业使用,矿石在细磨之前,采用重介质选矿预先丢弃脉石或者低品位尾矿,可以降低生产成本,减少设备容量和数量,实际上可提高重选车间的生产能力和下段作业的入选品位,提高选矿指标。为了改善分选效果,物料在进入重介质选矿之前,需经洗矿或者筛分除去细粒部分,同时应配有介质制备和净化回收系统。重介质分选的原则工艺流程见图5-36。

1974年梅根(Meggen)选矿厂年处理由85%的硫化矿物和15%的脉石组成的87万吨矿石,矿石中硫化矿物有黄铁矿(67%)、闪锌矿(16%)、方铅矿(2%),以及少量的白铁矿和黄铜矿等,脉石矿物主要为硅酸盐[90]。闪锌矿和方铅矿很细地嵌布于大块的黄铁矿中,需要细磨才能解离,因此如果原矿碎至170mm,预先抛尾后再磨,可以减少磨矿负荷,降低能耗,节约生产成本。原矿破碎后,经湿筛分成 -170+15mm、-15+1.5mm 和-1.5mm 三个粒级,针对不同粒级的矿石特性,采用不同的重介质旋流器等重选设备进行分选(图5-37)。

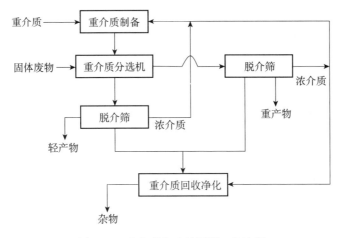

图 5-36　重介质分选的原则工艺流程

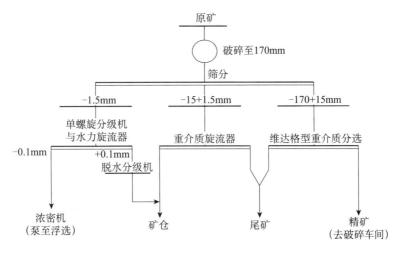

图 5-37　重介质分选流程

在该流程中,重介质旋流器的主要作用是粗粒抛尾;重介质设备有两种型式:一种是维达格型重介质分选机,处理 170～15mm 粒级,另一种是重介质旋流器,处理 15～1.5mm 粒级。维达格型重介质分选机采用硅铁介质,而重介质旋流器采用硅铁和磨碎的磁铁矿混合物(2:1)作为介质,按原矿计,硅铁与磁铁矿的总耗量为 135g/t。－1.5mm 物料用单螺旋分级机与水力旋流器分出－0.1mm 粒级的矿泥,矿泥经浓缩后泵至浮选车间;原矿石经重介质预选以后,丢尾量达到 18%,大大地降低了磨矿负荷。

重介质选煤技术的发展迅速而且已相当成熟,具有分选精度高、操作方便、易于实现自动化及环境污染小等优点;在全球三大煤炭出口国中,重介质选煤技术所占的比重如下:美国占 56%,澳大利亚和南非均占 90% 以上。

中国的煤以难选煤为主,原煤中的中间密度物的含量高、可选性差,需要采用分选精度高的重介质选煤工艺及设备,尤其是采用优势较为明显的重介质旋流器选煤技术进行洗选。唐山国华科技有限公司设计了一套成熟、高效、简化的重介质选煤工艺流程,如图

5-38 所示[91],采用重介质旋流器分选+0.5mm 的原料煤、喷射式浮选机分选-0.15mm 煤泥的主导技术,同时配套产品的脱水、脱介、分级的高效节能设备,构建了由重介质旋流器与浮选机组合的设备协同的选煤技术。重介质旋流器为无压给料旋流器,且只有重产物单向穿越"分离锥面",因而精煤损失较少,分选精度更高,减少了矸石的泥化和次生煤泥;悬浮液密度容易测准,不受原料煤性质变化的干扰,便于二段分选密度的在线调节。该套选煤技术的优势主要体现在分选精度高、精煤产率高、产量大,获得了良好的经济效益、社会效益和环境效益。

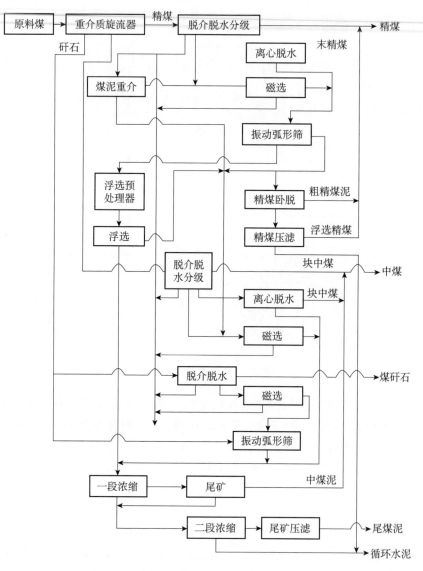

图 5-38 高效、简化的重介质选煤的工艺流程

5.3.2　磁选设备的协同与互补

磁选是利用矿物之间磁性的差异,在磁选设备的磁场中进行矿物分选的一种选矿方法。按照矿物的比磁化率的大小,矿物磁性可以分为强磁性($\chi_s > 3.8 \times 10^{-5}\,\mathrm{m^3/kg}$)、弱磁性($7.5 \times 10^{-6}\,\mathrm{m^3/kg} > \chi_s > 1.26 \times 10^{-7}\,\mathrm{m^3/kg}$)和非磁性($\chi_s < 1.26 \times 10^{-7}\,\mathrm{m^3/kg}$)三类[92]。

磁选设备是利用磁力和机械力对不同磁性矿物颗粒的作用不同,实现不同矿物的分离[2]。根据磁场类型、磁场强度、磁场梯度、分选介质和分选机的结构等特点,磁选机可分为多种类型。在我国,一般根据磁场强度或者磁场力的强弱,将磁选设备划分为弱磁场磁选设备和强磁场磁选设备,前者主要有磁力滚筒、圆筒形磁选机、磁力脱泥槽和磁选柱等,后者主要有圆盘式强磁选机、高梯度磁选机和超导磁选机等。

不同的磁选机均有一定的使用范围和优点,也有各自的局限性。磁选机的选择主要取决于被选物料颗粒的磁化率和粒径大小,矿物颗粒比磁化率不仅与颗粒的大小有关,而且受矿物颗粒形状、强磁性矿物含量、矿物氧化程度等因素的影响。因此,选择磁选设备时,应充分研究处理对象的矿物学特性,选择最优的磁选设备,通过不同磁选设备之间的优势互补与协同效应,提高磁选工艺的灵活性,扩大磁选设备的适用范围和可控性,优化作业技术指标。

虽然磁性是矿物的基本属性之一,但是绝大多数矿物的磁性很弱,只有少数矿物才有显著的磁性。因此,采用磁选技术分选的矿石主要是各种铁矿和锰矿等黑色金属矿、复杂有色金属矿(例如黑钨矿等),以及高岭土、稀土矿、煤矿等。

磁选铁精矿的产量占我国铁精矿产量的 3/4,因此贫磁铁矿石的高效分选工艺及技术是十分重要的。磁铁矿石的选矿一般采用弱磁选机就可以获得合格的铁精矿,但是要得到高质量的铁精矿并不容易。磁选的精矿品位不高主要是由于有用矿物的单体解离不充分,同时磁选过程产生的剩磁,为精矿中"磁性夹杂"和"非磁性夹杂"提供了可能,导致粗粒贫连生体或者脉石的机械夹杂进入精矿中,从而影响铁精矿的品位;此外,传统的磁选设备分选效果不理想也影响精矿品位的提高。

磁选机的主要组成部分或者核心部分是磁系,磁选机的磁场大小和磁场特性主要由磁系决定[26]。按照磁极的配置方式,磁系可分为开放磁系和闭合磁系两类。开放磁系是指磁极极性相间配置,两极之间无感应铁磁介质,排列的形式有平面磁系、曲面磁系和塔形磁系等,磁力线是通过较长的空气路程而闭合的,磁路中的磁阻大,漏磁也多,因此这类磁系的磁场强度和磁场梯度比较低。闭合磁系的磁极相对配置,极间空气隙小,磁力线处于封闭状态的狭小空间内,因此其磁场强度和磁场梯度比较高,常见的闭合磁系有螺线管磁系和铁芯磁系两种。根据磁场强度和磁场力大小,磁选机可分为弱磁场和强磁场磁选机两类;根据磁选介质、给料方式、排矿方式等不同,又可以将磁选机分为多种类型。

1. 弱磁选机—磁选柱的协同与互补

弱磁选机均采用开放磁系,磁极表面的磁场强度 H_0 为 $80\sim120kA/m$（$1000\sim1500Oe$）[①]、磁场力（HgradH）为 $3\times10^5\sim4\times10^5\,Oe/cm^2$,适用于强磁性矿物的分选,由于具有较大的分选空间,其处理能力较大。

磁选柱是磁力与重力相结合的一种脉动型分选设备,它利用交变的低弱电磁场和矿物重力分选矿石,采用多个直线圈,由特制的直流电控柜从上而下交替供电和断电,产生间断向下的磁场力,使磁性矿物颗粒在下降的过程中反复进行磁聚合和分散;同时由下部引入旋转上升水流,将夹杂于磁链或者磁团中的连生体、单体脉石与目的矿物充分地分离,从而获得高品位的精矿[93]。

磁选柱是磁铁矿高效精选的一种设备,能有效地将磁铁矿和脉石的未单体解离的连生体从磁铁矿精矿中分选出去,可明显地提高弱磁选铁精矿的质量。弱磁选铁精矿中的硅酸盐矿物多与磁铁矿呈连生体存在,即使用弱磁选机多次精选也难以有效地降低精矿中二氧化硅的含量,而采用重力和磁力相协同的磁选柱,可以获得良好的分选效果。

磁选柱的分选过程如下:磁选粗精矿给入磁选柱的中上部后,磁性矿粒特别是单体磁铁矿颗粒由上而下,使团聚和分散交替地进行,再加上由下而上的切向上升水流的冲洗和淘洗作用,使夹杂在其中的单体脉石和中贫连生体由上升水流带动上升,在柱体上缘溢出成为尾矿,而磁性矿粒在连续向下的磁力及磁团聚磁链的重力作用下从柱体的下部排出,成为磁性铁精矿。

近些年来,本钢南芬、歪头山等十多家选矿厂采用磁选柱精选,均取得了良好的富集效果。例如,南芬选矿厂含铁 67.5%、二氧化硅 6.5% 的弱磁选铁精矿通过磁选柱精选,可获得含铁 69.31%、二氧化硅 3.30% 的高品质铁精矿[94]。

此外,磁选柱给矿既可以是磁选精矿,也可以是细筛筛下产品,磁选柱的精矿为最终的高品位精矿,其尾矿和细筛筛上产品是以连生体为主的中矿。本钢歪头山选矿厂采用细筛—磁选柱协同精选的工艺流程见图 5-39,最后一段弱磁选精矿经过磁选柱精选,获得最终的铁精矿;利用弱磁选机强化回收磁选柱排除的贫连生体,并返回主流程再磨再选,不仅提高了铁的综合回收率,而且铁精矿综合品位由原来细筛的 67.00% 提高到 69.00% 以上,而二氧化硅含量由 6.5% 降到 4.50% 以下,取得了显著的提铁降硅效果。

2. 弱磁选机—磁场筛选机的协同与互补

磁场筛选机与传统的磁选机最大的区别是不依靠磁场直接分选,而是在只有强磁选机磁场几十分之一的均匀弱磁场中,利用单体磁铁矿物与连生体矿物的磁性差异,使单体磁铁矿物实现有效团聚,增大团聚体与连生体的尺寸差异和密度差异,再利用安装在磁场中的筛孔比给矿中最大颗粒大许多倍的专用筛子,使磁铁矿在筛上形成链状磁聚体,沿筛面滚入精矿箱中;由于脉石单体和连生体的磁性弱,不能有效地形成磁团聚并以分散状态存在,极易透过筛孔进入中矿箱中排出[95]。因此,磁场筛选机比普通的磁选机更能有效

---

① 　$1Oe=1Gb/cm=(1000/4\pi)A/m=79.5775A/m$。

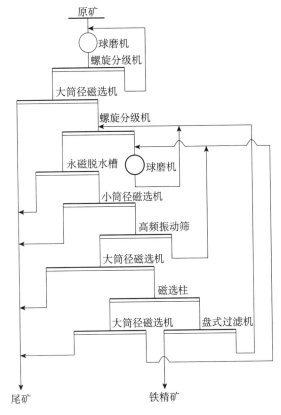

图 5-39　本钢歪头山选矿厂细筛—磁选柱协同精选的工艺流程

地分离出脉石和连生体,是借助磁力、重力和颗粒大小实现磁铁矿单体和硅-铁脉石连生体有效分离的一种设备,可进一步提高铁精矿的品位;同时它对给矿粒度的适应范围宽,只要磁铁矿单体解离就能回收,只需对穿过筛下的连生体进行再磨再选,就可获得满意的分选指标。

　　与磁选机相比,磁筛适应的粒度范围更宽,磁筛只提供磁场媒介,使解离充分的强磁性矿物自由团聚并借助重力下行,从而实现磁重分选,有效克服磁选机易夹杂的缺点;其不足之处是体积较大、水耗大、水压要求高。

　　磁场筛选机是由磁选与细筛构成优势互补的一种分选设备,能广泛地应用于不同类型、不同粒度的磁铁矿、钒钛磁铁矿、焙烧磁铁矿的精选,降低有害元素的含量;也可以提前分选出合格的铁精矿,减少磨矿量和过粉碎,降低能耗和金属的损失率。一般磁场筛选机提高铁精矿品位的原则流程见图 5-40 和图 5-41。

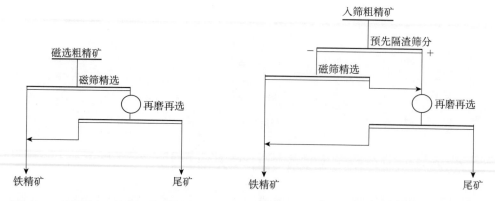

图 5-40　磁场筛选机提质的工艺流程　　　　图 5-41　磁场筛选机-细筛协同的工艺流程

　　由于磁场筛选机的细筛筛孔尺寸可以放粗至 0.3～0.7mm，可起到隔除粗渣的效果，明显地降低筛上量（一般占入料的 5% 以内），经磁筛精选后，能及早回收已解离的粗粒磁铁矿，与需再磨的连生体提早分离，这样在提高精矿品位的同时，可以放粗磨矿的细度，因此适于处理粗细不均或细粒嵌布的难选磁铁矿。

　　大冶铁矿的原矿性质比较复杂，经两段连续磨矿，磨至 -200 目占 75%，然后进行铜硫混合浮选，浮选尾矿经三次磁选，获得品位为 64.00%～65.00% 的最终铁精矿[96]。为了提高铁精矿的质量，通过大量的研究工作，最终确定了如图 5-42 所示的工艺流程。与传统的先细筛分级、筛上返回再磨、筛下再选的工艺相比，采用磁筛工艺，需要再磨的中矿量较少，只占原矿量的 8% 左右，因此具有中矿量小、分选效率高、可减少不必要的过磨，以及磨矿粒度可大幅度地放粗的优势，可获得 TFe 品位 66.53%、铁总回收率 85.00% 以上的磁筛铁精矿。

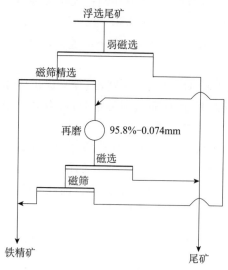

图 5-42　大冶铁精矿磁筛精选工艺流程

3. 强磁选机—细筛的协同与互补

强磁选机采用闭合磁系,通常有感应极,如感应辊式磁选机的转辊和盘式磁选机的旋转盘,它们的磁场特性与平面多齿极对的相同,磁场强度 H_0 为 800～1600kA/m(10000～20000Oe),磁场力(HgradH)为 $3×10^5$～$12×10^5$ Oe/cm^2。强磁选设备的类型很多,以高梯度磁选机、圆盘磁选机、感应辊式磁选机等为主,适合于分选褐铁矿、磁赤铁矿、钛磁铁矿、菱铁矿,也可用于锰矿、钛铁矿、黑钨矿、铬铁矿等弱磁性矿物的分选;强磁选设备具有结构简单、处理量大、操作方便、易于维护等优点。其缺点主要是不适于精选,贫连生体及细粒级脉石矿物容易夹带进入精矿中,降低精矿品位。

细筛是一种新型高效的细粒筛分设备,能有效地分离出 0.1～0.044mm 粒级,除去铁精矿中低品位、高硅的粗颗粒,提高精矿的品位,而且具有经济可靠、操作维护简单、见效快、投资省等优点,在黑色金属矿选矿厂中应用较多[97]。由于细筛是按照粒级的大小进行筛分的,因此一般不能成为单独的分选设备,需要与不同的磁选机形成优势互补与协同效应的设备组合,才能达到提高精矿品位的目的。目前,选矿厂使用的细筛有固定细筛、高频振动细筛、直线振动细筛、旋流细筛等。

美国德瑞克高频振动细筛和 MVS 陆凯高频振动筛的分选原理如下:借助分级溢流产品中单体铁矿物的密度大、粒度细小,而连生体的密度较小、粒度粗的差异,通过筛分,筛下产物直接成为较高品位的铁精矿产品,筛上产物则为粒度稍粗的铁—硅连生体,并返回再磨;也可对中间产品的弱磁粗精矿进行粒度控制筛分,筛下产品再弱磁选或反浮选脱硅,提高铁精矿的品位,而筛上产品返回再磨,从而大幅度地降低入磨的矿量,降低磨矿能耗。

目前,由于铁矿资源难处理化程度的增加,以及对铁精矿品质要求的提高,磁铁矿的入选粒度越来越细,由此造成的磁团聚现象在选别中的负面影响越来越严重,磁性夹杂和非磁性夹杂导致依靠单一的磁选工艺提高精矿品位越来越难,而磁选精矿经过细筛筛分后,粗粒的铁矿物-石英连生体及脉石矿物将滞留在筛面上并返回再磨,这样大量被磨细的磁铁矿物就可以再次筛分分选,从而大幅度地提高筛下铁精矿的品位,并明显地降低铁精矿中二氧化硅的含量;这种提铁降硅的分选方法,不仅效率高、工艺简单、加工成本低,而且避免了浮选药剂对环境的污染。因此,细筛再磨工艺就成为提高铁精矿质量的重要途径之一。

根据矿物结晶粒度的粗细,细筛再磨工艺原则上分为两种流程:①结晶粒度偏粗的磁选精矿,一般是将细筛筛上产品返回球磨再磨,流程结构较简单;②结晶粒度偏细的磁选精矿,细筛筛上产品返回球磨再磨后,再次经过细筛—磁选机分选,流程相对较为复杂。新疆鄯善铁矿属于原生磁铁矿石,主要铁矿物为嵌布粒度较粗的磁铁矿,矿石经过预选以后,采用一段磨矿、两段选别的流程,在-200 目 50% 左右的磨矿细度下,可获得品位为66.83%～67.20%、回收率为 87.15%～89% 的铁精矿[98]。为了进一步提高精矿品位,通过细筛与磁选机构成的设备协同的工艺流程(图 5-43),不仅使粗粒及早地分级出来,有效地防止产生过磨现象,提高二段球磨机的磨矿效率,而且降低了磨矿产品细度,提高了有用矿物的解离度,铁精矿的品位和回收率分别提高了 0.64 百分点和 1.01 百分点。

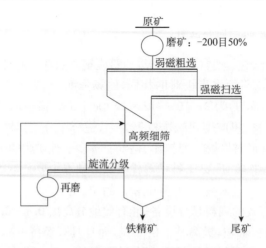

图 5-43　新疆鄯善铁矿的细筛精选工艺流程

薛湖煤矿以贫煤和无烟煤为主,伴有少量的天然焦,入洗原煤中细粒级煤含量较多,需要分选的粒级多,不仅使原工艺中重介质精煤脱介筛上的物料较多,出现了脱介不彻底、带介严重的现象,而且造成重介质精煤灰分超标,导致介耗较高;同时,分选效率降低,增加了细煤泥浮选流程的处理量,浮选矿浆浓度的提高,还大幅度地降低了浮选效率,增加了粉精煤的损失量[99]。因此,如果可以采用针对 1~0.3mm 粒级的高效筛分设备,把影响细煤泥浮选效率的这部分煤泥分流到粗煤泥的分选工艺中,将有效地改善目前的状况,但是选煤常用的螺旋分选机、煤泥重介质旋流器等分级设备的分选粒度下限较粗,会使处于分选粒度下限的高灰细泥不可避免地进入粗煤泥分选的溢流矿浆中,造成对粗精煤的污染,导致精煤灰分超标,影响精煤质量。因此,经过研究分析,采用对细粒级物料筛分效率高的德瑞克高频细筛,可以有效地将进入重介质旋流器的细粒物料(1~0.5mm)和进入浮选系统的部分物料(0.5~0.3mm)分流到粗煤泥分选的流程中,使重介质的损耗由原来的1.5kg/t 降至 0.6kg/t;而且细筛还可有效地处理粗煤泥分选的溢流矿浆中的大量细粒级高灰细泥,使筛上物和筛下物的灰分分别为 10.38% 和 16.82%,降灰脱泥的效果较好,不仅能够快速脱除细粒级中的高灰细泥,达到提高精煤质量和降灰的效果,而且还可以最大限度地回收粗精煤,提高精煤的产率。

峨口铁矿选矿厂建厂 30 余年来的磨选流程一直采用两段闭路磨矿、单一弱磁选的工艺流程,其分级溢流细度为-0.074mm 占 83% 左右,最终铁精矿品位仅为 64.50% 左右[100]。随着矿石的开采,磁铁矿的结晶粒度变细,且难磨难选,原有的生产工艺流程已不适应变化的矿石性质,球磨机的效率降低,三段球磨新生-200 目的能力仅为 0.25t/(h·m³),铁精矿品位只有 63.50%。2000 年 10 月,峨口铁矿首次将原流程改造为三段磨矿分级、阶段弱磁分选的工艺流程;2002 年,进行了提铁降硅的流程改造,仍然采用单一弱磁选的工艺流程,但是增加了高频振动细筛和磁选机的协同提质与脱泥,提高了粒级的分级效率和准确度,减少了过磨现象,提高了三段磨矿的磨矿分级效率,获得了品位为 67.00% 以上、二氧化硅含量由 7.30% 降至 6.00% 以下的铁精矿。

4. 高梯度强磁选机—离心机的协同与互补

SLon 立环脉动高梯度强磁选机,是一种利用磁力、脉动流体力和重力的综合力场连续分选细粒弱磁性矿物的磁选设备,具有富集比大、选矿效率高、磁介质不易堵塞、设备工作稳定等优点[101];该磁选机采用垂直磁系的电磁激磁的马斯顿磁路,吸附在介质表面的颗粒群只沿磁力线方向一致的一侧,由矿浆往复运动产生的流体力从正面压或拉颗粒群,颗粒群四周都存在介质棒,还有内部液体的缓冲作用,均使流体力得到减缓,不利于颗粒群的疏散,颗粒群中夹杂的非磁性矿物和磁性较弱的连生体不能有效地被清洗出来,此时精矿的回收率较高、品位较低,因此采用单一的磁选技术,很难有效地脱杂并提高精矿的质量。

该磁选机采用激磁线圈,通直流电(通冷却水),在分选区产生感应磁场,位于分选区的磁介质(不锈钢圆棒)表面产生非均匀磁场即高梯度磁场,矿浆给入分选区以后,非磁性脉石矿物通过磁介质排入尾矿箱,磁性铁矿物吸附在磁介质棒上被转环带至顶部的无磁场区,由冲洗水冲入精矿斗,冲洗磁性精矿的方向与给矿方向相反,粗颗粒和木屑不必穿过磁介质即可被冲洗出来,避免了介质区的堵塞;脉动机构驱动矿浆产生脉动,使分选区内磁介质中的颗粒保持松散状态,使磁性颗粒更容易被磁介质捕获,非磁性颗粒则能通畅地穿过磁介质进入尾矿中。导磁不锈钢圆棒作为磁介质,可在磁场中产生高梯度强磁力,对细粒弱磁性铁矿物有很强的捕收能力。由此可见,上述反冲精矿和脉动的矿浆,可防止磁介质堵塞,提高磁性精矿的质量,磁场强度高的圆棒磁介质有利于充分地捕收铁矿物,提高铁的回收率,显著地降低尾矿品位,对红铁矿和复杂铁矿的高效选矿是非常重要的。

大红山铁矿生产的铁精矿含硅高,主要是贫铁连生体或含铁硅酸盐矿物进入精矿造成的。与磁铁矿连生的脉石比磁化率一般会大于赤铁矿单体的比磁化率,在磁场中所受到的磁力就比相同质量的赤铁矿要大,因此很容易被强磁机捕捉到铁精矿中,造成铁精矿品位偏低、硅含量偏高。而尾矿中铁品位偏高、损失严重,主要是由于矿石性质复杂、泥化程度高,特别是难以选别的硅酸铁和嵌布粒度微细的赤(褐)铁矿等弱磁性铁矿物造成的。

微细粒级的铁尾矿难以回收的重要原因,首先是矿浆浓度一般较低,在浮选或絮凝的过程中,矿粒有效碰撞的概率和频率低[102];其次是颗粒微小、移动速度慢,普通的分选技术在相对短的时间内很难将其有效分离。传统的重选设备一般存在富集比不高、生产能力小等技术问题,适宜处理粒度较粗的物料,如果处理的物料粒度变细,颗粒就不能有效地按密度分层,微细颗粒在分选过程中随水流进入溢流的量会加大。随着水力学、两相流和选矿理论的发展,重力分选已经从简单地应用重力、水流阻力等,发展到利用重力、水流阻力、离心力、电磁力、机械振动力等复合力场进行分选,从而使重力分选设备对细粒甚至微细粒的分选能力得到极大的提高。离心机是利用矿粒群在旋转运动、弱紊流薄膜中的运动差异,实现不同密度的矿粒间选择性分离的一种固—固分离设备,可提供 $20g \sim 100g$(g 为重力加速度)的离心力,能将细粒矿物按密度分选[103]。但是传统的离心机具有间断给排矿的分选特点,水束流的往复速度不稳定,造成离心沉降颗粒在转鼓内壁表面非水束流冲击区的大量积累,富集层厚度沿转鼓轴向分布不均匀,流膜轴向流动缓慢,大量连生体的铁矿粒和脉石容易沉积在转鼓内壁表面,降低精矿的铁品位,且设备故障率较高、单位面积处理能力较低,无法满足现场大规模生产的需要。Slon 连续式离心选矿机是运用水射流束对离心力压实的大密度颗粒层的清洗和切割的原理,实现选择性的离心分离过程,然后在射流作用下,实现连续卸料。因此具有分离效果好、处理能力较大、适应性强和节能环保等优点,但是对细粒铁尾矿存在回收率低的问题。

Slon 立环脉动高梯度磁选机运行稳定、处理量大,一次高梯度强磁选可抛弃大量的低品位尾矿,用于精选作业难以获得很高品位的铁精矿,而用于粗选作业则具有富集比大、铁回收率较高、选矿效率高的优点。与 Slon 立环脉动高梯度磁选机不同的是,Slon 连续式离心选矿机的精选能力突出,用于精选作业,可较好地解决精矿中含少量磁铁矿和大部分石英的贫连生体难以剔除的技术难题,但是难以有效地降低尾矿中铁的损失。因此,如果这两种磁—重设备相结合,则可以起到相得益彰的效果,无疑可以发挥集成设备的最大化优势,实现复合集成工艺与设备的优势协同,是取代磁选—浮选"提质降尾"工艺的重要选择。

大红山铁矿主要产于红山组变钠质熔岩及石榴角闪绿泥片岩中,主要为细粒斑块状及浸染状的石英赤铁矿及磁-赤铁矿型,磁铁矿主要呈粗中粒嵌布,而赤褐铁矿则为中细粒嵌布;脉石矿物主要是硅酸盐和石英类矿物,与含铁矿物的嵌布粒度非常相近,铁矿物多以包裹体或以铁离子置换的形式赋存于脉石中,导致部分脉石矿物的密度和比磁化系数增加,其磁性与赤褐铁矿的非常接近,造成硅的选择性脱除与提质降杂比较困难。原设计的单一磁选工艺流程,存在铁精矿中杂质硅含量高、尾矿中铁含量高、铁损失率大等问题;通过技术改造,铁精矿指标得到明显提升,其提质降杂的工艺流程如图 5-44 所示。

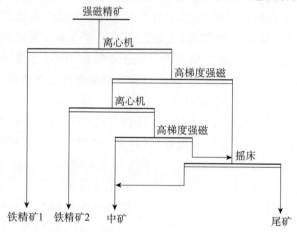

图 5-44　铁精矿的离心机-强磁机的提质降杂的工艺流程

因此,针对大红山铁矿资源的特点,分析各种设备的优缺点,优选成熟适宜的选矿设备,寻找最佳的设备组合,实现优势因素的协同,构建大红山式铁矿"高硅酸盐型"弱磁性粗粒的强磁—摇床、细粒的强磁机—离心机的"提质"与"降尾"的互补流程,是解决大红山式复杂难处理铁矿资源高效利用的重要基础之一。

5. 磁选设备—磁团聚机的协同与互补

一般来说,为了提高铁精矿品位,很多铁矿的选矿采用黑色金属矿很少使用的反浮选工艺,在细磨的基础上,对磁选的粗精矿增加一段反浮选作业,剔除粗精矿中的贫连生体,将所有的矿物颗粒都细磨到一定的细度(不管是否已单体解离),不仅限制了磨机的处理能力,造成过磨细粒的金属流失,而且增加了药剂、动力、钢球及衬板等消耗,降低生产效率,同时浮选药剂会对环境造成影响。

磁团聚新工艺在一定程度上可以减少中、粗粒级贫连生体对精矿质量的影响,能够将其从流程中分离出来并再磨和再选,从而可在放粗粒度的情况下,获得高品位的精矿。首钢矿业公司与地质部矿产资源综合利用研究所成功地完成了磁团聚新工艺的试验研究,有效地解决了单体有用矿物与贫连生体的分离问题,在相同的磨矿细度条件下,精矿品位提高 2% 左右,而在相同的精矿品位条件下,可放粗磨矿细度,提高球磨机的台时处理能力。此项先进技术曾经获得国家发明金奖。

磁团聚重力选矿机是集磁力选矿、重力选矿工作原理于一机的设备[104,105],矿浆由给矿箱的分矿管切向给入分选筒,磁性矿物形成团聚,与非磁性矿物及连生体矿物在矿浆中的沉降速度差异增大,矿浆由上向下沉降,随着轴向磁场强度的变化,以及重力、上升水的剪切作用,矿浆在整个分选过程中,经过多次团聚—分散—团聚,夹杂在磁团聚中的脉石及连生体经过多次分选,从磁团聚中排除;另外,分选区的锥体部分断面积迅速减小使物料浓缩,排挤连生体和脉石颗粒向上运动,而密度较大的磁性矿粒形成“大颗粒重矿物”,克服上升水的作用,不断下沉到槽底,成为精矿。

磁团聚重选法是能够有效地排除磁选精矿中贫铁连生体的精选技术,利用磁铁矿自身的磁性在间歇的弱磁场中产生磁团聚现象,在磁场力作用下,磁性矿物被磁化产生团聚,下降到弱磁场区域时,上升水流的剪切力作用将团聚体打开,使磁聚体不断松散、团聚和除杂[106];另外,磁团聚现象加大了磁铁矿与脉石及连生体之间的沉降速度差,降低了磁选矿物与粗粒脉石、连生体的等降几率,从而使它们得到有效的分离;同时,外加磁场后,细粒磁性矿物产生团聚,使之在受到上升水的作用时不再上浮,有效地阻止了细粒磁性矿物进入溢流,造成磁性矿物的损失。

磁团聚工艺是按照矿物单体解离的程度进行分选的一种新工艺,而磁聚机是在弱磁场和重力的复合力场中进行分选的,可以有效地控制和强化磁性矿物的磁团聚作用,改善细粒级磁铁矿颗粒的分选条件,能够有效地实现剔除磁铁矿中贫连生体甚至部分细粒的富连生体,在粒度较粗的条件下,获得高品位的铁精矿。一般磁聚机的精矿采用细筛分离出与磁聚体沉降速度相近的过粗连生体,然后将这部分粗粒连生体和磁聚机溢流一起作为中矿返回磨机再磨,降低再磨的处理量,提高磨机效率。

峨口铁矿属于鞍山式沉积变质岩型贫磁铁矿石,矿石中主要金属矿物是磁铁矿,其次为碳酸铁矿物(镁菱铁矿),再次为少量的赤褐铁矿及黄铜矿等;脉石矿物主要为石英。随着开采年限的增加,原矿的物理性质发生了变化,磁铁矿物结晶粒度变细,一般 $-10\mu m$ 粒级中占 $15\% \sim 34\%$;试验表明,磨矿细度达到 $-0.043mm$ 占 80% 以上,才能够获得品位为 64% 的铁精矿。投产几十年来,峨口铁矿主流程一直采用阶段磨矿、阶段选别的工艺流程(图 5-45)。

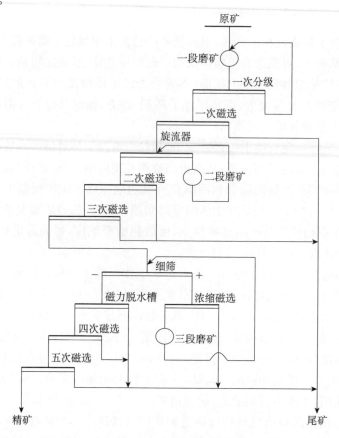

图 5-45　峨口铁矿原工艺流程

　　为适应矿石性质的变化,峨口铁矿将磨矿细度提高至－200 目占 96％以上,但是仍然未能有效地解决铁精矿品位不高的问题,主要原因是磁铁矿结晶粒度变细、连生体矿物多。在原工艺流程中,经过细筛的粗精矿给入磁力脱水槽后,磁性矿物被磁化产生团聚,依靠重力下沉,由沉砂口排出;非磁性矿物靠强大的上升水将其由溢流排出;磁力脱水槽不能使磁团聚颗粒进行松散—团聚,不能有效地剔除连生体矿物,因而造成铁精矿品位低。

　　针对峨口铁矿分选工艺流程中存在的问题,进行了磁选—磁团聚互补的新工艺研究,改造后互补的工艺流程见图 5-46。磁聚机可以将矿泥和连生体最大限度地分离,解决机械夹杂与连生体带来的精矿贫化问题;同时,磁团聚新工艺作业效率的提高,降低了后续磁选作业的处理量,减少了作业工序,使铁精矿品位和全铁回收率分别由 63.88％和59.75％,提高到 66.01％和 62.32％。

5.3.3　浮选设备的协同与互补

　　浮选是矿物加工过程中应用最广泛的工艺,是利用矿物表面自身的物理化学性质的差异,通过添加调整剂、捕收剂和起泡剂等浮选药剂,并借助合适的机械设备,扩大不同矿

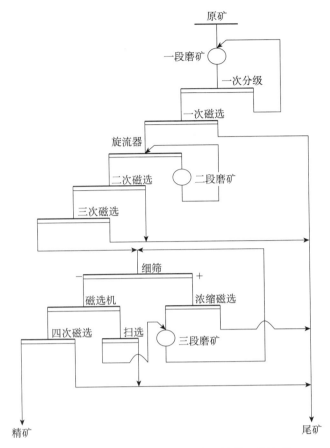

图 5-46　峨口铁矿磁选—磁团聚互补的工艺流程

物表面可浮性的差异,以实现矿石的高效分离与富集,可见,浮选设备是实现有效浮选的重要环节之一,其性能的优劣直接影响浮选的技术经济指标。因此,浮选设备的高效与协同对资源综合利用具有非常重要的意义。

　　Goover 于 1909 年制造了用于泡沫浮选的多槽叶轮搅拌浮选机,1915 年制造出喷射式浮选机;1986 年,澳大利亚新南威尔士纽卡斯尔大学化学工程系 Jameson 教授和 MIM 矿物加工技术公司发明并设计了第一台 Jameson 浮选柱。目前,浮选设备处于大型化、自动化、节能降耗及多样化的发展趋势,已有几十种不同结构的浮选设备。根据工作原理的差异,浮选设备大致可以分为三类,即机械式浮选机、浮选柱和反应器/分离器式浮选设备[107,108]。其中,工业生产中最常用的是机械式浮选机和浮选柱。

　　机械式浮选机根据充气方式的异同,可分为自吸气浮选机和充气机械搅拌式浮选机,此类设备的共同特点是带有机械搅拌器;由于发展最早、应用最广,针对它们的研究也比较深入,故机械式浮选设备的发展较快、种类较齐全。

　　浮选机的工作原理如下:叶轮旋转时,槽内矿浆从四周经槽底由叶轮下端吸入叶轮叶片间,同时鼓风机给入的低压空气经风道、空气调节阀、空心主轴进入叶轮腔的空气分配器中,通过分配器周边的孔进入叶轮叶片间,矿浆与空气在叶轮叶片间进行充分的混合,矿化气泡上升到槽子表面,形成泡沫层,用刮板刮出,成为泡沫产品;槽中矿浆自槽底排除,进行再循环[109]。

浮选柱属于无机械搅拌器的浮选设备,近年来,随着浮选理论研究的深入和新型充气材料和方式的出现,浮选柱再度成为人们关注的热点;国内外对浮选柱的报道很多,也取得了一些研究成果,并越来越广泛地应用于煤矿、有色金属矿和非金属矿等的浮选。

浮选柱的工作原理如下:其主体结构是气泡发生器与圆柱形筒体,矿浆从中上部的给矿装置给入,压缩空气经输入管网和风包,然后透过多孔介质(如微孔塑料短管)从柱体底部鼓入,使柱体内形成大量细小的气泡,在浮力作用下自由上升,而矿浆中的矿物颗粒在重力作用下自由沉降,气泡穿过向下流动的矿浆升浮,矿粒与气泡通过逆流接触与碰撞,实现气泡的选择性矿化,矿化气泡升浮至矿液面聚集形成泡沫层,泡沫层被冲洗水清洗后可以使被夹带而进入泡沫层的脉石颗粒脱落,获得高品位的精矿;尾矿则借助提升装置从柱底部排出[110]。

反应器/分离器式浮选设备可以认为是浮选柱的一种特殊形式,最大的区别在于将气泡与矿粒的黏附以及气泡-矿粒聚合体从矿浆中分离出来的两个过程相对单独处理;其基本工作原理与浮选柱的相似,充气器置于柱体外部,柱体则单独作为分离器,充分利用了综合力场,具有浮选速度快、性能较好的特点,发展前景较好。该类设备主要有澳大利亚的 Jameson 浮选机、Contact 浮选机、Pneumatic 浮选机、Centrifloat 浮选机和加拿大的 Cyclo 浮选机,以及智力的 FUD 浮选机等[111]。

1. 浮选机

浮选机的种类很多,应用最多、最广泛的是机械式浮选机,其结构性能的好坏直接影响矿物浮选分离的效果和选矿技术经济指标的好坏。近年来,随着世界范围内矿产资源的枯竭和原生矿石"贫、细、杂",对浮选机的研制提出了越来越高的要求。目前,浮选机的研发方向主要有以下三个方面。

1) 浮选设备的大型化

随着市场要求的变化,浮选设备的大型化已经成为一种趋势,单槽容积大于 $100m^3$ 的浮选设备已经大量进入工业应用,目前世界上最大规格的浮选机和浮选柱的容积分别达到 $300m^3$ 和 $220m^3$,中国最大规格的浮选机容积达 $200m^3$。例如,芬兰的 OK 型浮选机、美国的 Wemco 浮选机、瑞典的 Svedala 浮选机,以及中国的 KYF 型浮选机。

例如,压气式(喷射式)浮选机的浮选槽一般比较深,随着槽体深度的增加,矿粒与气泡固着的几率、空气利用系数及析出气体的总体积均会增加,有效地提高了生产效率。实践表明,大容积压气式浮选机中的矿浆在浮选槽中的停留时间($4\sim40min$)比压气机械搅拌式浮选机的停留时间($0.25\sim0.5min$)长得多,所以能有效地分选和回收目的矿物[112]。

一般情况下,对需要细磨和有价矿物含量较低的矿石,采用大于 5m 的加深槽浮选机更合理;$3\sim5m$ 的深槽浮选机适合于浮选中等磨矿细度的矿石,而小于 3m 的半深槽浮选机则适合于浮选粗磨的矿石和连生体,在工艺流程的前部,快速浮选有价矿物含量高的矿石,以分离出富产品(精矿)。

2) 浮选设备的自动化控制

随着计算机在工业控制中的广泛应用,选矿领域也开始研究采用计算机进行 DDC

(direct digital control,即直接数字控制)。20 世纪 70 年代,进行了选矿过程最优化控制的研究和试验,从最初的静态寻优到如今的动态寻优,并且在选矿工艺和设备的改进方面取得了较大的突破。其中,浮选设备的自动化必须根据浮选过程中矿浆停留时间短、矿化气泡形成快、波动速度灵敏的特点和本行业的特殊性,研究适用的灵敏测定元器件和检测仪表,以实现浮选设备的充气量、给水量、矿浆液位及精矿品位等参数的在线检测,进而实现全流程的信息化控制[113]。

目前,浮选设备的自动化技术主要是对矿浆液面实现自动控制,包括浮选机液位传感器、浮选机液面自动控制系统、射流浮选柱的检测与控制系统、微泡浮选柱的计算机监控系统及泡沫数字图像控制等。

(1) 浮选机液位传感器[114]。该传感器是根据不同物质具有不同电导率的原理设计的。插入液体中两个电极之间的电导率的差异与电极的横断面积成正比,与其距离成反比;在矿浆悬浮液中,气体含量的变化会引起电导率的改变;因此,根据浮选机内捕收区与矿化泡沫层气体含量不同的特点,通过测量矿浆电导率的变化来确定浮选机的液位。

(2) 浮选机液面自动控制系统[115]。该控制系统的核心是微处理器的数字调节器,即 KMM 可编程序调节器。该系统用浮标检测液面高低,同时转换为滑线电位器上的电阻值,经过温度变送器转换成 4~20mA 信号,至 KMM 可编程序调节器运算输出。此信号经过电流转换器转换成 0~10mA 信号,再经过伺服放大器放大,电动执行机构控制尾矿槽闸板升降来调节浮选槽的液面高低。该回路自成闭环调节回路,而且还引进空气流量信号作为液面给定值的一部分对液面进行补偿。经过多年运行证明,该控制系统性能优良,运行稳定可靠,对浮选精矿品位、回收率的提高起到良好的作用。

(3) 射流浮选柱的检测与控制系统[116]。该系统的模拟量输入信号包括浮选柱液位信号、矿浆准备器入料矿浆流量和浓度信号,模拟量输出信号为起泡剂控制信号、捕收剂控制信号、液位控制信号(控制尾矿泵或阀门);开关量输入信号为系统启停信号,开关量输出信号为入料泵、循环泵、尾矿泵和矿浆准备器搅拌器的电源控制信号。

(4) 微泡浮选柱的计算机监控系统[117]。该系统采用两点压力法检测和控制浮选柱内液位,确立加药量与入料流量的函数关系,采用软件实现浮选柱的动态检测与控制、数据存储与打印。

(5) 泡沫数字图像控制。浮选泡沫体由大量的大小不一、形状各异、灰度值不同的矿化气泡组成,包含大量与浮选过程变量及浮选结果有关的信息。浮选操作条件及矿物性质的变化都可能引起泡沫状态的变化,因此浮选泡沫是浮选过程中一个极为重要的中间状态变量。刘文礼等[118]通过煤泥分批浮选试验,获取了大量精煤浮选泡沫数字图像,将图像数字处理技术应用到泡沫图像特征参数的提取上,提出了有效描述浮选泡沫结构特征的线邻域提取算法——空间灰度相关矩阵法,分析了各特征参数的物理意义及其随浮选时间(泡沫纹理)的变化关系,定性地指出了各泡沫特征参数与泡沫纹理的相关性。其中,代表浮选设备研发和应用国际水平的有芬兰的 Outokumpu 公司、美国的 Dorr-Oliver-Emico 公司、瑞典的 Metso 公司、俄罗斯的国立有色金属研究院,以及我国北京矿冶研究总院(Beijing General Research Institute of Mining & Metallargy,BGRIMM)等[119]。例如,2001 年,瑞典 Svedala 公司和芬兰 Nordberyg 公司合并后,主要生产反应槽式(reactor

cell system,RCS)型充气机械搅拌式浮选机,可以控制矿浆液位和充气流量,配置了 Visiofroth 泡沫成像分析在线系统,根据在线摄取的泡沫图像,分析浮选药剂、充气量和磨矿细度等工艺参数引起的泡沫形状和兼并情况对浮选过程的影响。

3) 浮选设备的多样化

随着浮选理论的研究、复合力场的引入、机械制造技术的不断进步,粗粒、细粒矿物浮选机,以及粗、精选浮选机等特性浮选机的快速发展,浮选设备的种类不断增加,大大增强了浮选机对不同可浮性矿物浮选的适应性,提高了浮选效率,降低了浮选机的电耗,减少了浮选机部件的磨损。

(1) CLF 型粗粒浮选机[120,121]。由北京矿冶总院研制,采用新式叶轮—定子系统和全新矿浆循环方式,在较低转速下,保证矿浆沿着规定通道进行内部大循环。槽内形成的上升矿流有助于附着粗粒矿物的矿化气泡上浮,减少粗粒矿物与气泡之间脱离的几率,格子板造成的悬浮层使粗粒矿物悬浮在格子板上,可以减少槽内紊流,有利于粗粒的浮选。该设备可以显著提高＋0.15mm 粒级的产率,有效扩大浮选作业的分选粒度范围。

(2) 细粒浮选机[122~124]。由于细颗粒矿物质量小、比表面积大、表面能高,疏水性矿粒与气泡碰撞概率小,而且细粒脉石易随水流上升进入泡沫层形成夹杂和非选择性团聚;同时,矿粒在水介质中的溶解度和黏度增大,矿浆中的粒子增多等,造成细粒浮选的难题,为解决这一难题,将离心力场、磁场等引入浮选,创造复合浮选力场,形成利于细粒矿物分选的流体力学状态以强化浮选过程。

例如,细粒顺流浮选机,其特点是气泡矿化和矿化气泡的分离过程分开进行,它的充气和气泡矿化作用借鉴了国外 Jameson 浮选槽的"下导管中充气矿化技术"。该浮选机与常规浮选机相比,浮选速度快,矿浆在顺流浮选机中的滞留时间仅为常规浮选机的 1/10,并且具有处理能力大、所占空间小、无须气泡发生器等优点。

离心力场浮选机,集离心力场和重力场于一体,使切向给入的矿浆在槽内形成旋流,利用离心力场提高细粒矿物的动量,高速旋转的矿粒在内壁附近与气泡正交碰撞,提高了其碰撞机会和黏附效率;矿浆的高速旋转层与层间产生较强的剪切运动,同时矿浆流与气泡发生碰撞,有利于解决细粒的非选择性团聚及脉石的夹杂问题,以提高目的矿物的品位与回收率。加拿大 InterCitic 公司研制的 CFC(centrifugal flotation cell,即离心浮选机)带有一个可向下方旋转抵用的给矿装置,使已充气的细矿粒和气泡给入具有足够离心力旋转的叶轮腔,完成细粒矿粒与气泡碰撞、黏附后,再给入分离槽内进行分选,大幅度地提高了细粒级选矿的效率;美国犹他州州立大学研制的喷气水力旋流浮选机借助离心机作用快速浮选细粒级,适于处理－38μm 的物料,处理能力是常规浮选机的 50 倍。

磁力浮选机,是将磁场引入浮选设备,一种是使弱磁性矿物的细粒在均匀磁场中选择性团聚增大其粒度,有利于细粒物料浮选;另一种是在非均匀磁场中按颗粒的磁性和表面疏水性进行分离,强化细粒磁性矿物与非磁性矿物分离效果。Yalcin 研制的磁力浮选机适于细粒磁性矿物的反浮选,当浮选区的产品进入泡沫产品区受到冲洗水的作用后,泡沫破裂兼并,被冲下的磁性矿粒受到与泡沫产品运动方向相反的旋转磁场力作用,重新返回浮选区,提高磁性矿粒与非磁性矿粒的分选效果。

微泡析出式浮选机,是从矿浆表面抽气产生负压,有选择性地在疏水矿物表面析出微泡。将加压矿浆喷入浮选槽,使矿浆突然降压。而在疏水矿物表面析出微泡或是用水电解产生大量的微泡,是一种活性微泡,具有直径小、分散度高、单位体积矿浆内有很大的气泡表面积的特性,利于细粒级矿物的浮选。北京矿冶研究总院研究的 XPM 型喷射旋流式浮选机,带有拱形摆线型导气叶片喷嘴,矿浆呈螺旋状喷出,增加了矿浆与空气接触面积和夹带空气的能力,充气量大;被高速喷射出的矿浆处于混合室负压区,呈过饱和状态溶解于矿浆中,空气以微泡形式有选择性地在疏水矿物表面析出,强化了气泡矿化和捕收细粒级矿粒的能力。

(3) RSI 粗扫选浮选机,是一种典型的溢流型浅槽浮选机。它的提出主要是基于贫连生体的高效浮选,以及粗扫选阶段的特殊性;事实上,粗扫选工艺对浮选机具有特殊的要求,由于它是以保证目的矿物的回收率为目标,并尽可能地回收连生体矿物,因此需要粗扫选过程满足以下条件:①获得高的回收率而不强调精矿品位;②尽可能在粗磨条件下回收尽可能多的连生体,特别是贫连生体等[124,125]。

然而连生体特别是贫连生体颗粒附着到气泡之后,仅可以在气泡上附着一定的时间,当它滑动到气泡下部时,轻微的附着力不足以擒住整个颗粒,于是会在气泡的底部脱落。脉石和贫连生体在分选过程的下落时间及其在泡沫层中二次富集行为的差异如图 5-47 和图 5-48 所示。

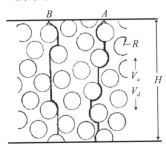

图 5-47　脉石和贫连生体在分选
过程中下落时间差的示意图
A 表示贫连生体;B 表示脉石颗粒

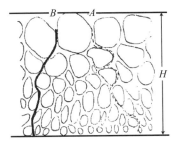

图 5-48　脉石和贫连生体在泡沫
层中二次富集过程中的不同行为
A 表示贫连生体;B 表示脉石颗粒

由贫连生浮选的特性可知,要实现贫连生体的浮选,必须在浮选过程中有一个接力传递的过程来完成贫连生体的浮选。接力传递的过程大致如图 5-47 所示,矿浆中存在固、液和气三相,假设脉石矿物颗粒在下落的过程中遇到气泡的上端或上部分,它最多需要走完气泡周长的 1/4 路程,就可以重新在矿浆中匀速下落;如果矿物颗粒是贫连生体,在下落的过程中除了遇到前面所描述的气泡对脉石矿物的类似阻滞作用外,还会在气泡的下半部产生一定的吸附作用,这样贫连生体颗粒在经过同样高度 H 的矿浆段时,所走的路径、距离和所需要的时间都会比脉石颗粒的长。

假设在 H 高度内气泡的个数为 N,气泡的半径为 R,气泡的上升速度为 Va,颗粒的匀速沉降速度(根据 Stocks 定律)为 V_d,则脉石颗粒穿过 H 高度时所需的时间为

$$t_g = \frac{H + [(R/V_d)/V_a - R]N}{V_d}$$

而贫连生体颗粒穿过 H 高度时所需的时间为

$$t_v = \frac{H + [(2R/V_d)/V_a - 2R]N}{V_d}$$

两者的时间差如下：

$$t_v - t_g = \frac{R[1/(V_d \cdot V_a) - 1]N}{V_d}$$

由此可知，要增加两者的时间差，需要提高 N 和降低 V_d，由于 V_d 不变，因此只有增加 N 即增加气泡的密度才能增大二者的差别。另外，如果把高度 H 视为泡沫层高度，则脉石颗粒和连生体颗粒的下落轨迹就会如图 5-48 所示，尽管在同样高度 H 的范围内，气泡的数量多得多，但是颗粒在气泡间的液膜中下落的速度要比矿浆中的低得多。

因此，针对上述浮选过程存在的问题，粗扫选浮选机的结构特点应该包括：①尽可能地保持矿浆稳定，不形成湍流而破坏颗粒的固着；②具有足够的充气量，保持矿浆内较高的气泡密度，以增大贫连生体颗粒与脉石颗粒的运动速度的差异，增强贫连生体的回收；③拥有较高的泡沫层厚度，以加强二次富集作用，使夹带到泡沫层中大量的脉石颗粒能够在二次富集过程中返回到矿浆，以提高浮选过程的选择性。

RSI 粗扫选浮选槽是一种典型的溢流型浅槽，对粗颗粒贫连生体的浮选比较有效，可降低粗选的磨矿细度及缩短浮选时间，在粗选阶段提高矿物的回收率；然后，如果在精选阶段与浮选柱协同配置，可以实现回收率和精矿品位的双提高，带来较好的经济效益，同时能够降低药剂用量、缩短浮选时间、减少占地面积等，具有重要的研究意义和实际价值。

（4）瑞典的 BFP 型系列浮选机（Salo 浮选机）属于充气、搅拌混合式浮选机，具有搅拌和充气能力大、泡沫层厚、液面稳定、泡沫矿化和选择性好等优点，不足之处是各台设备之间呈阶梯状排列，并且需要一定的高差（150～220mm），各作业中的矿浆均靠砂泵送至下一个工序。因此，辅助设备多，能耗增加（如电能损失大，少数设备几乎是空转），操作和维修的工作量大，更重要的是浮选指标较差[126]。如果将 BFP 型浮选机与具有自吸能力的 XCF 型浮选机联合，构成不同浮选设备的优势协同配置模式，可形成不同浮选机的平面配置，中间产品的返回（自流、自吸）无须砂泵扬送，不仅可以提高设备的效率，而且可以减少砂泵台数。

2. 浮选机—浮选柱的协同与互补

浮选柱属于单纯充气型浮选设备，可分为自溢式浮选柱与刮板式浮选柱两种。浮选柱是一个柱体，柱内无机械搅拌装置，底部装有一组由微孔塑料制成的气泡发生器，上部设有给矿分配器；给入的矿浆缓慢地下降并均匀地分布在柱体横断面上，矿粒在下降过程中与上升的气泡相遇；由于浮选柱中的浮选区高度远大于浮选机的，矿粒与气泡的碰撞和黏着的概率大；浮选区内矿浆与气流产生的湍流强度较低，黏附在气泡上的疏水性矿粒不易脱落，泡沫层厚度可达数十厘米，二次富集作用特别显著，而且可向泡沫层喷洒淋洗水以加强二次富集作用。

与浮选机相比，浮选柱的主要优点如下：结构简单，占地面积小；无机械运动部件，安全节能；浮选动力学稳定，气泡相对较小，分布更为均匀，气泡—颗粒的浮选界面充足，富集比大，回收率高，适于微细粒级矿物的选别；易于实现自动化控制和大型化；浮选速度快，可简化流程，有效地降低浮选作业的次数。

浮选柱的缺点如下:在高碱度矿浆中,充气器极易结钙和堵塞;设备高度大,冲洗水增加了设备运行的成本;粗颗粒与气泡接触的几率小,不适合粗颗粒矿物的选别;对解离不充分的矿物,难以发挥提高精矿品位的优势,金属的回收率低;对化学性质反应敏感、黏度大的矿浆会导致细粒脉石长时间在柱内停留,从而恶化选别效果。因此,浮选柱主要应用于精选作业,用于粗选的效果不够理想。

在提高铁精矿品位、反浮选脱硅的过程中,浮选柱代替传统的浮选机,不仅可以提高处理量,减少占地面积 1/3,减少能耗 20%,泡沫尾矿中损失的细粒铁少,尾矿含铁低,而且反浮选脱硅效果好、浮选回收率高。由于浮选柱具有特定的几何形状,单位体积容积的占地面积小,泡沫密集,泡沫层高度可达 1~2m;当冲洗水冲洗泡沫时,不仅能够降低铁精矿中的硅含量,而且铁的损失率低,尾矿含铁低。对弓长岭铁矿中的磁铁矿和赤铁矿的磁选粗精矿进行了反浮选—磁选优势互补工艺的工业试验,试验流程如图 5-49 所示[127];与浮选机相比,采用浮选柱反浮选磁铁矿的磁选粗精矿,铁精矿品位提高 0.64 百分点,尾矿含铁降低 0.7 百分点;用浮选柱反浮选赤铁矿的磁选粗精矿,铁精矿品位提高 0.51 个百分点,尾矿含铁降低 6.07 百分点,铁回收率提高 5.86 百分点;而且省去了中矿再磨作业,简化了分选流程,明显地降低了电能消耗。

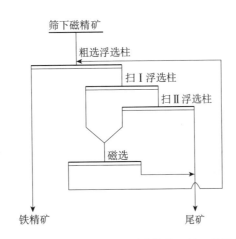

图 5-49　浮选柱反浮选—磁选优势互补工艺流程

冶炼过程要求钼精矿的品位必须达到 57% 以上,因此国内外通常采用湿法冶金提纯的方法来获取含钼大于 57%(含 $MoS_2 > 95\%$)的钼精矿,不仅成本高,而且造成环境污染[128];我国通常采用浮选方法强化精选过程,以提高钼精矿的品位,但是浮选工艺生产含钼大于 57% 的高品质钼精矿时,为了保证钼的回收率,仅使一部分钼精矿品位达到 57% 以上[129]。例如,金钼集团卅亩地选矿厂采用精选次数多达 13 次的深度分离工艺,依靠单一的浮选机,将钼精矿品位由 52% 提高到了 57% 以上,但是品位为 57% 的高品质钼精矿仅占钼精矿总量的 50%~60%,其余为品位在 45% 左右的低品质钼精矿;而且该工艺对原矿性质的适应性较差,当矿物可浮性降低时,品位 57% 的钼精矿的生产难度加大,成品率较低[130]。

为了获得品位为 57% 的钼精矿,通过提质浮选工艺流程的优化和浮选机—浮选柱的协同,充分利用浮选柱分选精度高、浮选机回收能力强的不同优势,获得全部为钼品位大于 57% 的钼精矿,无低品位的副产品,精矿回收率达到 98% 以上,浮选机—浮选柱协同的工艺流程见图 5-50。

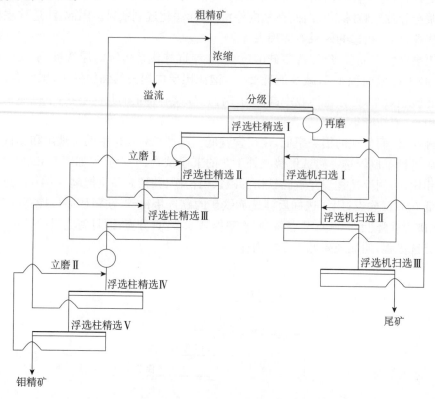

图 5-50　卅亩地选矿厂浮选机—浮选柱协同工艺流程

　　浮选机与浮选柱的协同效应,在矿石性质相同的情况下,充分利用了浮选机对粗粒级或连生体回收效果好、选别效率高于浮选柱的优势,以及浮选柱对微细粒级回收效果好、精选效果好、选别效率高于浮选机、富集比大的特点,因此浮选机—浮选柱的协同使用,充分发挥了浮选柱精选效果好、浮选机扫选可以保证回收率的各自优势,获得了品位为 57.62%、精选段回收率为 98.37% 的钼精矿,与单一使用浮选机的工艺相比,钼品位及精选段回收率分别提高了 4.65 百分点和 0.51 百分点,实现了单一浮选法生产出全部为含钼 57% 以上的高品质钼精矿,无低品位的副产品。

　　浮选柱最早应用于选煤工艺,且应用技术较为成熟。在山东柴里煤矿选煤厂煤泥部分的浮选生产工艺中,采用了对 -0.15+0.075mm 粒级分选效果较好、单一的浮选柱,但是,由于 +0.15mm 的煤泥部分所占比例高达 36.48%,无法分选回收,造成了很大的经济损失。因此,实现煤泥全部入浮成为柴里煤矿选煤厂亟待解决的问题。通过刘学敏等[131]的技术研究与改进,采用浮选机—浮选柱的协同模式,将煤泥水进行分级入浮,粗颗粒由浮选机一次分选,细颗粒由浮选柱二次分选,工艺流程如图 5-51 所示。

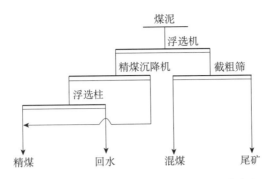

图 5-51 煤泥的浮选机—浮选柱协同的工艺流程

浮选机+浮选柱的协同分选模式,利用浮选机首先回收+0.15mm 粗粒部分,减少损失,然后采用浮选柱回收细粒煤泥,减少细颗粒煤泥在系统中的循环量,实现全煤泥入选,选煤厂的精煤产率由 65% 提高到 68.26%。

参 考 文 献

[1] 孙传尧. 破解选矿设备"木桶效应"[J]. 中国经济和信息化,2013,(8):20~21.

[2] 胡岳华,冯其明. 矿物资源加工技术与设备[M]. 北京:科学出版社,2006.

[3] 段希祥. 碎矿与磨矿[M]. 北京:冶金工业出版社,2006.

[4] 刘省秋. 颚式破碎机动颚运动轨迹分析[J]. 湖南有色金属,1997,13,(6):21.

[5] 饶绮麟. 大破碎比颚式破碎机及对破碎工艺流程的变革[J]. 中国工程科学,2001,(4):82~86.

[6] 郎宝贤,郎世平. 破碎机[M]. 北京:冶金工业出版社,2008.

[7] 郎宝贤. 圆锥破碎机动锥摆动次数的计算[J]. 金属矿山,1996,(10):22.

[8] 全文欣,张彬,庞玉荣. 等. 我国铁矿选矿设备和工艺的进展[J]. 国外金属矿选矿,2006,43,(2):8~14.

[9] 赵宇轩,王银东. 选矿破碎理论及破碎设备概述[J]. 中国矿业,2012,21,(11):103~109.

[10] 唐威,夏晓鸥,罗秀建. 惯性圆锥破碎机在粉体加工领域的应用[J]. 中国粉体技术,2000(专辑):72~74.

[11] 唐威. 惯性圆锥破碎机结构原理与应用研究[J]. 矿山机械,2001,29,(1):31~33.

[12] 唐威,孙锡波,陈帮. 钢渣细碎首选设备——惯性圆锥破碎机[J]. 中国废钢铁,2010,(4):37~41.

[13] 罗秀建,王健,唐威,等. 利用惯性圆锥破碎机加工钢渣粉的研究[J]. 有色金属(选矿部分),2002,(6):23~25.

[14] 王雄. 钢渣的回收与利用[J]. 武钢技术,2006,44,(5):51~53.

[15] 刘方明,唐威,陈帮,等. 惯性回锥破碎机在难处理矿石及冶金炉渣中的应用研究[A]//孙传尧. 复杂难处理矿石选矿技术——全国选矿学术会议论文集[C]. 北京:冶金工业出版社,2009:352~356.

[16] 马新财,王海滨. 选矿厂破碎生产工艺存在的问题及改扩建改造生产实践[A]//马鞍山矿山研究院. 2009 年金属矿产资源高效选冶加工利用和节能减排技术及设备学术研讨与技术成果推广交流暨设备展示会论文集[C]. 马鞍山:金属矿山杂志编辑部. 2009:278~281.

[17] 吴彩斌,曹亦俊,段希祥. 反击式破碎机在巴里特富矿石破碎中的应用研究[J]. 国外金属矿选矿,2001,(1):16~18.

[18] 刘晓春. 振动筛的技术改造及优化设计[J]. 黄金,2008,(3):32~34.

[19] 唐敬麟. 破碎与筛分机械设计选用手册[M]. 北京:化学工业出版社,2001.

[20] 洪林. 德瑞克 Derrick 高频振动细筛在矿物分级和脱水中的应用实践[A]//中国矿业联合会选矿委员会. 第四届全国选矿设备学术会议论文集[C]. 北京:中国矿业杂志社,2001:72~75.

[21] 张宏柯,李传曾. MVS 型电磁振动高频振网筛及其工业实践[J]. 金属矿山,2004,(1):35~38.

[22] 陈惜明,彭宏,赵跃民. 细粒难筛物料筛分机械的研究进展与发展趋势[J]. 煤矿机械,2004,(2):7~10.

[23] 张忠贵,才淑芹,高志喆,等. 大孤山选矿厂磁选机优化流程的研究[J]. 金属矿山,1999,(5):21~47.

［24］Reichardt Y,Schonert K. Cross piston press for high pressure comminution of fine brittle materials［J］. International Journal of Mineral Processing,2004,(74):249～254

［25］姚晓燕,翟宜冰. 碎矿工艺中筛分设备的改型［J］. 中国设备工程,2008,(10):47～48.

［26］中国选矿设备手册编委会. 中国选矿设备手册［M］. 北京:科学出版社,2006.

［27］Knecht J,et al. SAG and ball mills—developments in training［A］. Proceedings of the XX International Mineral Processing Congress. 1997.

［28］张英才. 棒、砾磨磨矿过程的调值给矿自动控制［J］. 矿业研究与开发,2000,20(3):22.

［29］段希祥,曹亦俊. 球磨机介质工作理论与实践［M］. 北京:冶金工业出版社,1999.

［30］陈炳辰. 选矿手册［M］. 北京:冶金工业出版社,1993.

［31］Kalapudas R,Leppinen J. Effect of grinding methods on flotation of sulphide ores［A］. Procesdings of the XXI internationl mineral processing congress. Roma,2004.

［32］Klymowsky R,Cordes H. The modern roller press practical applications in the ore and minerals industry［J］. Journal of Iron and Steel Research,1999,(8):387～398.

［33］巴拉特 D J. 半自磨设计趋势、经济分析、磨机规格和驱动装置［J］. 国外金属矿选矿,2000,(10):12.

［34］Bengtsson M,SvedenstenC P,Evertsson M. Improving yield and shape in a crushing plant［J］. Minerals Engineering,2009,(4):35～38.

［35］吴文章,赵宏昌. H6800 液压圆锥破碎机在梅山铁矿的应用［J］. 金属矿山,2007,(8):95～96.

［36］Williams S. 美卓实现 Aitik 矿最大化的设备利用率［J］. 矿业装备,2013,(5):27～29.

［37］郭慧兰,王壁善,罗家柯国外伴生金银矿山［M］. 北京:冶金工业出版社,1991.

［38］夏菊芳. 冬瓜山铜矿选厂初步设计碎磨流程的选择与计算［J］. 有色金属(选矿部分),2001,(2):28～31.

［39］万小金,杜建明. 选矿物料分级技术与设备的研究进展［J］. 云南冶金,2011,(12):13～19.

［40］李启衡. 碎矿与磨矿［M］. 第四版. 北京:冶金工业出版社,1989.

［41］Patil D D,Rao T C. Classification evaluation of injected hydroclone［J］. Minerals Engineering,1999,12(12):1527～1532.

［42］绍平. 近年来我国选矿技术发展回顾［J］. 现代矿业,2010,(6):101～102.

［43］于福家,陈炳辰,刘其瑞. 高效分级旋流器的开发研究［A］. 第六届全国粉体工程学术大会. 北京,2000.

［44］Roman. vanomen. Krebs Gmax cyclones for Finer separation with large diameter cyclones［J］. Aufbuitangs Technik,2000,41(9):416～420.

［45］罗文斌. 德瑞克高频振动筛在金山店铁矿选矿厂的应用［J］. 现代矿业,2009,(9):111～112.

［46］Gock E,Kurrer KE. Eccentric vibratory mill:industrial introduction of a new construction series［A］. Proceedings of the XX International Mineral Processing Congress. Aachen,1997.

［47］李春哲,高振学,闵庆刚,等. 大孤山选矿厂三选车间提高精矿品位研究［J］. 金属矿山,2002,(3):19～21.

［48］高林章,印万忠,王洋,等. 弓长岭选矿厂低碳环保高产降耗技术研究与应用［A］//中国金属协会. 第八届中国钢铁年会论文集［C］. 北京:冶金工业出版社,2011:310～315.

［49］Kelly E G. The significance of by-pass in mineral separation［J］. Minerals Engineering,1991,4(1):1～7.

［50］向文华. 拉拉铜矿碎矿工段的优化设计［J］. 四川有色金属,1993,(3):43～47.

［51］任梦真. 提高磨矿、分级效果的研究［D］. 鞍山:鞍山科技大学士学位论文,2006.

［52］刘晓明. 从胡家庙选矿厂建设看鞍钢矿物加工技术的进步［J］. 矿业工程,2008,(4):34～37.

［53］姚凯. 选矿厂磨矿分级优化组合研究与应用［J］. 内蒙古石油化工,2011,(21):11～12.

［54］周铁宾. 南芬选矿厂破碎工艺设备改造与优化［J］. 中国矿业,1997,(1):83.

［55］吴国林. 关于碎磨矿中的能耗与节能［J］. 江西冶金,1998,(1):28～31.

［56］张伟. 论自磨技术的经济性［J］. 有色设备,2010,(3):1～7.

［57］兰希雄,尹启华. 大山选矿厂碎矿工艺和设备的改进［J］. 有色金属(选矿部分),2005,(2):17～21.

［58］王皓. 在半自磨前用圆锥破碎机对临界尺寸产品进行预先破碎提高半自磨的处理量［J］. 国外金属矿选矿,2000,(10):28.

［59］张敏. 洛阳铝矿选矿碎磨流程探讨［J］. 有色金属(选矿部分),2002,(5):12～15.

［60］熊峰. 某铜选矿厂碎磨技术探讨［J］. 有色冶金设计与研究,2009,(1):7～9.

[61] 孙玉波. 重力选矿[M]. 北京:冶金工业出版社,1991.

[62] 孙良全,龙忠银. 重选设备研发现状与发展趋向的探讨[J]. 矿业快报,2008,(6):5~7.

[63] 李勇. 固定溜槽在采金船选矿中的应用[J]. 有色金属(选矿部分),1992,(4):21~24.

[64] 张继文. 300 升采金船应用固定溜槽回收大粒金获得良好的经济效益[J]. 黄金,1989,(5):36~38.

[65] 李宏建,李新冬. 国内外锡选矿进展[J]. 中国矿山工程,2006,(5):10~13.

[66] 李世祯,高连第,秦立起. 组合溜槽的研究与应用[J]. 黄金,1990,(6):17~21.

[67] 陆占国. 齐大山铁矿选别工艺流程分析及优化探讨[A]//中国金属学会. 第九届中国钢铁年会论文集[C]. 北京:冶金工业出版社,2013:1~9.

[68] 黄会选. 圆锥选矿机及其在选矿中的应用[J]. 矿产综合利用,1987,(6):48~56.

[69] 徐同汶. 锡石多金属硫化矿选矿设计的探讨[J]. 有色金属设计,2014,(2):25~31.

[70] 罗志德. 皮带溜槽的分选原理[J]. 云南冶金,1973,(5):16~27.

[71] 陈楚强. 锡矿泥中矿用重选及浮选再选的探讨[J]. 云南冶金,1994,(1):20~27.

[72] 张岳. 从砂矿中回收有用矿物的工艺流程现状[J]. 矿产综合利用,2014,(4):20~4.

[73] Вамятин,О В,张兴仁. 金矿跳汰工艺的分选效果[J]. 国外黄金参考,1992,(5):12.

[74] 艾满乾. 细粒砂金选收研究[J]. 冶金矿山设计与建设,1995,(1):28~33.

[75] 马龙秋. 采金船三段跳汰选金流程合理性分析与探讨[J]. 沈阳黄金学院学报,1994,(37):49~53.

[76] 孙派才. 印度尼西亚与锡伴生的各种金属矿物的处理回收[J]. 国外锡工业,1996,(2):7~16.

[77] 杨钟秀. 梯形跳汰机[J]. 有色金属(冶炼部分),1966,(3):24~26.

[78] 曾令移. 用重选法处理重晶石矿的研究[J]. 金属矿山,1988,(3):21~25.

[79] 张成强,李洪潮,张红新,等. 新疆白干湖钨锡矿综合利用工艺研究[J]. 中国钨业,2013,(3):31~35.

[80] 曾茂青,乐智广,孙玉秀. 高铅矾的氧化铅矿选矿工艺的研究[J]. 矿产综合利用,2013,(1):34~37.

[81] 王苹,陈贵民. 抱伦金矿重选工艺优化及摇床远程操作实践[J]. 黄金科学技术,2014,(1):60~63.

[82] 黄闰芝,杨林院. 车河选矿厂台浮工艺技术改造与生产实践[J]. 有色金属(选矿部分),2012,(1):48~51.

[83] 罗仙平,杨备,罗礼英,等. 江西某钨矿选矿工艺研究[J]. 金属矿山,2010,(10):48~51.

[84] 刘玫华,刘四清. 锡选矿及提高其回收率的工艺方法探讨[J]. 云南冶金,2009,38(5):19~21.

[85] 陈禄政,任南琪,熊大和. SLon 连续式离心机回收微细粒级铁矿物工业试验[J]. 金属矿山,2007,(1):63~66.

[86] 罗仙平,闵世珍,缪建成. 离心选矿装备技术研究进展[J]. 矿山机械,2013,(9):1~7.

[87] 林培基. 离心选矿机在钨细泥选矿中的应用[J]. 金属矿山,2009,(2):137~140.

[88] 吴金龙,熊大和. SLon 离心机分选赤铁尾矿的试验研究[J]. 现代矿业,2009,(12):36~37.

[89] 周晓四. 重力选矿技术[M]. 北京:冶金工业出版社,2006.

[90] Bergmann A. Miner Engng[C]. International Comminution Symposium. Cambore,1973.

[91] 赵树彦. 高效简化重介质选煤技术的发展[J]. 煤炭加工与综合利用,2007,(5):9~12.

[92] 王常任. 磁电选矿[M]. 北京:冶金工业出版社,2006.

[93] 陈广振,刘秉裕,周伟,等. 磁选柱及其工业应用[J]. 金属矿山,2002,(9):30~32.

[94] 周凌嘉,赵通林,陈中航,等. 磁选柱在本溪钢铁集团选矿厂的应用[J]. 金属矿山,2008,(7):100~102.

[95] 李迎国. 磁铁矿高效选矿新技术——磁场筛选法[J]. 金属矿山,2005,(7):27~33.

[96] 李迎国,杨欣剑,王建业,等. 大冶铁矿采用磁场筛选机精选提质工业试验[J]. 金属矿山,2006,(1):73~76.

[97] 赵志强,戴惠新. 铁精矿提质降杂现状及工艺探讨[J]. 云南冶金,2007,(1):24~27.

[98] 孙富顺. 高频细筛在铁矿选矿厂的应用实践及分析探讨[J]. 应用技术,2012,(11):96~97.

[99] 徐南喜,祝学斌. 德瑞克高频细筛在薛湖选煤厂细粒煤筛分中的应用[J]. 煤炭加工与综合利用,2012,(2):13~15.

[100] 武豪杰,郭晗曙,王晋魁,等. 德瑞克高频细筛在峨口铁矿选厂扩能改造中的应用[J]. 金属矿山,2006,(1):77~80.

[101] 熊大和. SLon 型磁选机在红矿选矿工业中的应用[J]. 金属矿山,2004,(增):154~157.

[102] 陈禄政,熊大和,任南琪,等. 采用连续离心分离技术回收细铁尾矿中铁[J]. 中南大学学报,2008,(6):1257~1260.

[103] 陈禄政,任南琪,熊大和. SLon 连续式离心机回收细粒铁尾矿的应用研究[J]. 金属矿山,2008,(1):86~88.

[104] 魏建民. 磁团聚重力分选机剖析[J]. 金属矿山,2002,(2):39~41.

[105] 赵春福,吴建华,王辉. 磁团聚重力选矿机的研制、发展与应用[J]. 金属矿山,2005,(增):383~388.

[106] 赵春福,白俊,闫玉清. 变径型磁团聚重力选矿机在峨口铁矿的应用[J]. 金属矿山,2002,(11):33~35.

[107] 沈政昌,史帅星,卢世杰,等. 浮选设备发展概况[J]. 有色设备,2004,(1):21~26.

[108] 孙传尧. 当代世界的矿物加工技术与装备——第十届选矿年评[M]. 北京:科学出版社,2006.

[109] 胡为柏. 浮选[M]. 北京:冶金工业出版社,1989.

[110] 刘炯天,王永田,曹亦俊,等. 浮选柱技术的研究现状及发展趋势[J]. 选煤技术,2006,(5):25~29.

[111] Vena M A,Franzidis J P,Manlapig E V. The JK-MRC high bubble surface area flux flotation cell[J]. Minerals Engineering,1999,12(5):477~484.

[112] 切尔内赫 C H. 压气式浮选机的计算原理与配置[J]. 国外金属矿选矿,2001,(12):21~23.

[113] 刘炯天,周晓华,王永田,等. 浮选设备评述[J]. 选煤技术,2003,(6):25~35.

[114] 何盛春,史成平,李日兵. 浮选机液位传感器的研究[J]. 选煤技术,1999,(6):45~46.

[115] 潘龙武. KMM 可编程调节器在浮选液面控制中的应用[J]. 金属矿山,2000,(9):53~54.

[116] 胡业林,张斌. 浮选柱的检测与控制系统设计[J]. 中国煤炭,2000,(5):25~27.

[117] 蒋曙光,欧泽深,李廷锋. FCMC-3000 旋流微泡浮选柱计算机监控系统的研制[J]. 中国矿业大学学报,2001,(6):613~616.

[118] 刘文礼,路迈西,王振翀,等. 煤泥浮选泡沫数字图像处理研究(之一):浮选泡沫视觉特征的线邻域提取算法[J]. 中国矿业大学学报,2002,(3):233~236.

[119] 卢世杰,李晓峰. 浮选设备发展趋势[J]. 铜业工程,2008,(2):1~5.

[120] 徐晓辉,牛福生,宫磊. 我国浮选机的研究现状与发展趋势[J]. 云南冶金,2002,(3):57~60.

[121] 沈政昌. 粗粒浮选机设计原则[J]. 有色金属(选矿部分),1996,(3):23~27.

[122] 何延树. 细粒浮选机的设计准则[J]. 金属矿山,1996,(5):38~40.

[123] 高振森. 新型高效圆形离心浮选机[J]. 洁净煤技术,1998,(4):16~18.

[124] 卡斯蒂尔 K. 浮选的进展[J]. 国外金属矿选矿,2006,(4):10~13.

[125] 拉符利涅科 A A,张兴仁,甬田雨,等. 浮选设备的生产现状与主要发展方向[J]. 国外金属矿选矿,2007,(12):4~12.

[126] Martin K. State-of-art and new technologies in flotation deinking[J]. International Journal of Mineral Processing,1998,(17):317~333.

[127] 王洋,麦笑宇. 弓长岭选矿厂浮选柱提纯磁选精矿工业试验研究[J]. 矿冶工程,2011,(6):47~50.

[128] 林春元,程秀俭. 钼矿选矿与深加工[M]. 北京:冶金工业出版社,1996.

[129] 刘升年. 57%钼精矿技术研究与生产实践[J]. 有色金属(选矿部分),2008,(4):6~9.

[130] 王漪靖,张学武. 浮选机—浮选柱联合新工艺生产含钼 57%钼精矿[J]. 金属矿山,2011,(4):62~66.

[131] 刘学敏,赵天波,郝天峰,等. 浮选机+浮选柱联合分选模式在柴里选煤厂的应用[J]. 选煤技术,2013,(4):31~34.

第6章 产品结构的互补效应与应用研究

6.1 产品结构互补效应的内涵

由于复杂矿产资源难处理化程度加剧,仅仅通过改进单一的选矿技术,是难以实现最大化利用的。开发顺应复杂矿产资源物性的选矿方法,必须坚持优质资源优先开发、普通资源合理开发、劣质资源综合开发的指导思想,形成优质产品、合格产品和中间产品的多级与多层次的产品结构互补体系。从冶炼的角度看,不能用单一的给料质量标准来衡量资源开发利用的程度,而是要根据资源禀赋与产品结构的特点,结合与之相适应的、针对性强的特色技术,同步推进分选技术、冶炼技术和环保技术的进步,从而降低入选原料品位,逐步释放难处理、低品位的矿石资源,扩大可利用资源的储量,降低资源的损失率,拓宽冶炼给料的质量标准。多级产品结构的互补效应主要有以下四个方面。

(1)以资源综合利用为着眼点,在物料物性和粒度互补的基础上,利用分选工艺、药剂、设备的互补与协同的优势,研究产出优质产品(如精矿)、合格产品(如次精矿)、中间产品(如中矿)等“多级产品结构互补”的分选模式,最大限度地提高矿产资源的综合回收率。

(2)根据物料分选的难易程度、多品级分选产品的市场价格、冶金过程对不同品质的选矿产品的需求情况,以及尾矿资源和冶炼渣资源的环境隐患等,生产出满足冶炼要求的多结构、多品级的产品,在矿物加工与冶金工程之间建立技术指标与经济效益的最大化的分离与富集的集成技术模式与管理模式,实现均衡选冶过程、高效回收资源与和谐生态环境的有机统一。

(3)根据一次资源和二次资源的物性特点,在技术水平、经济效益、社会效益及环境效益等因素的共同约束下,优化多类型的产品结构,最大限度地回收共伴生矿物资源,实现尾矿和冶炼渣的资源化处理,提高资源的综合利用率,最优化资源的综合效益。

(4)通过优化产品结构,实现有效分选、冶炼分离、资源综合利用与环境效益四者之间的平衡,在更高的层次上,实现资源的高效利用。

为了实现复杂资源的综合利用,不仅要提高分选技术,而且必须转变理念和思路,把束缚选矿生产方式的“合理的精矿品位和回收率”的观念转变到提高资源综合利用率、建设生态矿山等中心工作上来,将衡量选矿精矿质量高低的标准扩展到采矿-选矿-冶炼-环境-效益的大范筹来研究和讨论,在多级产品互补效应和环境友好的前提下,实现资源综合利用率最高、生产成本最低、集团利润最大化的目的,这样才能保持整个矿冶行业的健康与可持续发展。

6.2 矿产资源综合利用技术经济评价对优化产品结构的重要意义

资源的综合利用从来就不只是单一的技术问题,而是一个统筹兼顾资源状况、综合回收、经济效益、环境效益等多目标之间和谐的系统工程。矿产资源综合利用过程具有多样性与复杂性,因此要实现这一目标,除了要提高技术水平外,还必须根据矿产资源的特点,加强产品结构的互补研究,利用技术经济和系统管理的工程评价对矿产资源利用过程的合理性进行科学的评估,实现矿产资源合理的开发利用,这对缓解资源短缺、平衡资源开发过程中不同环节的综合效益、加快矿业发展模式的转变、促进企业可持续发展等,具有极其重要的战略意义。

矿产资源开发利用技术经济评价的理论与方法的研究,早在 20 世纪 30 年代就在西方形成和发展起来了[1,2]。20 世纪 70 年代末,中国才开始从国外引进可行性研究和项目经济评价的方法,直到 2009 年 1 月,国家才颁发《全国矿产资源规划(2008～2015 年)》,2011 年发布实施《矿产资源节约与综合利用"十二五"规划》等关于矿产资源综合利用的一系列的政策举措,才使全国上下对矿产资源综合利用有更系统的认识和深入的理解,全面地推动矿业经济的发展。

技术经济学是一门研究技术与经济两者之间辩证关系,寻求技术与经济的最佳结合,以实现技术领域内资源的最佳配置,以及可持续发展的综合性科学。技术经济评价分为财务评价和国民经济评价,前者是从企业自身利益的角度进行微观的经济评价,而后者则是从国家利益的角度进行宏观的经济评价。技术经济评价采用定量与定性相结合的方式对投资项目、技术方案等进行综合分析和比较,为选取技术可行、经济合理的最佳方案提供重要的依据[3,4]。而矿产资源的综合开发利用涵盖采矿、选矿、冶炼、环境四个过程,因此可以将矿产资源综合利用的程度分解为采矿综合利用系数、选矿综合利用系数、冶炼综合利用系数和环境评估。对于受到采矿、选矿、冶炼、环保等技术的局限,暂时不能合理地充分利用的尾矿、废渣、烟尘等二次资源,随着时间的推移,可以重新作为回收的对象,采用更加先进的技术,从中经济地回收部分有用成分。因此,在此基础上,苏联学者别努尼提出并采用总综合利用系数、最佳综合利用系数和已达到的综合利用系数来表示有色金属选冶过程的二次资源的综合利用程度[5]。由于资源开发利用涉及的范围广,且资源利用程度没有固定的划分界限,因此必须根据矿业系统的特点,在多学科、多技术之间相互渗透和迅速发展的基础上,将系统分析、运筹学方法、模糊神经网络技术、计算机技术、知识工程、专家系统等有机地结合起来,充分发挥各自的优势及其协同效应,构建和形成从矿山采矿、选矿、冶金到环境保护与治理等全过程的、系统的矿产资源评价技术。近年来,随着矿业技术经济研究的深入,许多专家提出了衡量矿业整体效益的一些指标,如资源指标、总体指标、加工技术指标、经济指标、环境指标等。目前,技术经济评价的主要研究方向包括以下五个方面[6～10]。

(1) 各种类型的矿石性质的技术评价。建立矿物粒度与磨矿工艺、矿石类型与选矿指标、矿物解离参数与选矿理想技术指标之间关系的数学模型,使企业能及时、全面、准确地掌握矿石处理的变化情况,为选择与确定最佳的矿石处理方案提供重要的科学依据。

(2) 矿石入选品位的技术评价。对矿石入选品位进行合理的综合评价,确定最佳的入选品位,有利于提高矿产资源的利用率和矿山的整体效益。

(3) 主产品品位和回收率多目标优化的技术评价。选矿主产品的精矿品位与回收率之间存在相关关系,精矿品位对冶炼过程影响极大,因此确定选矿工艺既能够达到合理的精矿品位和回收率,又可满足冶炼的技术要求,其实质是优化、评价与选取矿冶全过程系统的各个参数,使矿山到冶炼的全过程获得最合理的、最大收益的产品方案。

(4) 伴生组分综合利用的技术经济评价。伴生组分综合利用的技术经济评价主要着重于研究伴生有益组分在矿床中的空间分布规律、赋存状态、分选过程的走向,以及综合利用程度与企业经济效益和环境效益之间的关系。

(5) 二次资源回收利用和矿山环境治理的技术经济评价。其目的是使矿冶生产过程中产生的废石、尾矿、废渣和废水等资源化,采取有效的措施再次分选回收有用组分,同时进行新的应用途径的研究,使之成为另一生产过程的原料;评价内容主要是二次资源的开发利用与企业经济、环境和社会效益之间的关系等。

因此,建立了以技术为先导的、合理的资源开发利用评价系统,矿冶企业就可以根据矿石性质、市场经济及其环境变化,正确地预测和规划企业的生产经营策略。本书从矿石资源的禀赋特征和资源利用技术两个方面,构建了粒度互补、工艺互补、药剂互补和设备协同与互补的四个互补效应,为实现不同品级的同种类型产品和不同类型的不同品级产品的结构优化和互补提供了重要的研究基础。

6.3　复杂多金属矿和二次资源综合利用过程中的产品结构互补

不同类型的产品结构优化是系统分析矿冶企业的资源质量特征、价值潜力、生产能力及市场需求等的必然结果,在相同的资源和产品质量的前提下,必须明确具有最佳的经济效益、环境效益和社会效益的产品结构方案,才能进行矿石资源的优化配置[11]。

产品的结构优化不是一个崭新的研究课题,这是由矿石资源的复杂状况所决定的。我国矿石资源禀赋差、人均占有量不足,因此必须通过技术创新,提高资源的综合利用率,减少资源的消耗、浪费和环境污染,缓解资源短缺的紧张状况。2011 年 12 月,国土资源部出台了《矿产资源节约与综合利用"十二五"规划》,明确强调了矿产资源节约与综合利用、全面提高资源开发利用效率的重要意义,以提高资源的保障能力,加快转变资源利用的方式。

矿产资源综合利用不仅包括传统意义上的主要成分和共伴生组分的综合利用,而且也必须包括尾矿等"三废"资源的综合利用[12],因此分选产品的结构优化不仅旨在提高主金属的精矿综合指标,还必须考虑共伴生矿物的综合回收及资源化处理等,建立可持续发展的循环经济模式,将产业链上游生产过程中产生的"废弃物"转化为下游生产过程的原料和能源,构建"资源产品-废弃物-资源再生"的循环利用模式,使系统内部和产品之间形成协调和互补的共生关系,最大限度地充分利用资源。

矿产资源开发利用既具有普遍性规律,也具有明显的国家、地域和资源的特点。矿产资源特性受到成矿规律和区位地域因素的影响,它们的开发利用除了具有共性之外,还有其特有的个性[13],因此必须对开发利用过程中所呈现出的具体技术、经济、管理等问题进行具体分析,提出具有针对性的矿产资源综合利用方案。本书将资源划分为原生矿石资源(一次资源)和二次资源二大类,根据不同类型资源的特性、选冶技术水平及经济效益等制约因素,对如何构建不同类别的矿产资源的开发利用以及产品结构互补的效应和模式进行了分析和研究。

6.3.1　多金属共伴生矿综合利用过程中的产品结构互补

《中国资源科学百科全书》中，明确指出共生矿是指在同一矿区（矿床）内有两种或者两种以上有用成分都达到各自的品位要求、储量要求以及矿床规模，成矿元素通常在相同的成矿过程中形成，具有相近的成矿地质条件和相似的地球化学性质。例如，沉积喷流型铅锌矿床中，铅和锌都达到独立矿床的规模，就是共生矿。伴生矿是指在同一矿床（矿体）内，有用矿物或者元素不具备单独的开采价值，但是能与主要矿产一起被开采利用，如斑岩铜矿床中的钼、铼、金，以及铅锌矿床中的银、铟、锗和镉等；伴生矿是相对主要矿产而言的，与主要矿产具有相似的地球化学性质，因而通常伴生在同一矿床（矿体）内。

我国矿产的地质成矿条件比较复杂，造成了共伴生矿多、单一矿种少。根据原地矿部对全国 600 余个大型矿区 2007 年的统计，含两种或两种以上可利用矿产的矿区占统计矿区总数的 95% 以上；已开发利用的 140 余种矿产中，有 87 种是伴共生矿，占总数的 62.14%；全国有色金属矿区中，85% 以上是多元素伴共生的综合性矿产，尤其以铅锌矿床的伴共生矿产最多，达 50 余种；最为重要的是，绝大部分的稀散金属和贵金属矿产资源伴共生在有色金属矿床中。据估算，我国矿产资源的工业储量潜在价值约 91.3 万亿元，而共伴生有益组分的潜在价值占总价值的 37%，约为 33.78 万亿元。

虽然国家倡导矿产资源的综合利用已有二三十年的时间，但是由于技术限制、经济不合理等，我国矿产资源的综合利用长期以来处于较低的水平，并且一直存在重主（金属）轻副（共伴生金属）的现象，导致大量的伴生、共生矿物损失在尾矿中，不仅造成严重的资源浪费，而且对生态环境造成了严重的污染。

近些年来，我国加大了对矿产资源综合利用的重视程度，并取得了初步的成效。2013年，中国地质调查局发布了《中国资源综合利用年度报告（2012）》并指出，截至 2011 年，我国黑色金属矿中共伴生的 30 多种有用组分中有 20 多种得到综合利用；有色金属矿中共伴生的 45 种组分中有 33 种得到综合利用；我国约 70% 的共伴生金属矿得到了综合利用；我国 35% 的黄金、90% 的银、100% 的铂族元素、75% 的硫铁矿，以及 50% 以上的钒、碲、镓、铟、锗等稀有金属来自于矿石资源的综合利用；贫镍硫化矿、贫锡多金属矿、复杂低品位铜铅锌矿和钨钼铋多金属矿的高效经济分选，低品位黑白钨混合精矿的直接水冶，钼铋精矿直接提取铋和钼，全铁品位低于 10% 的超贫磁铁矿的开发利用，铜、铀等低品位难选冶矿石的原地浸出和就地浸出等一批重大新工艺、新技术获得了突破和应用，使原来回收难度大或者不能够回收的共伴生资源，通过生产出符合市场需求的不同品级的产品，也可以得到有效利用，极大地提高了矿产资源的综合利用水平。

加强矿产资源的综合利用，不仅可以增加矿产品种，缓解我国矿产资源短缺的问题，而且可使矿产资源开发过程中产生的"废弃物"得到允分利用，有利于改善矿山的生态环境现状，提高矿山企业的经济效益、社会效益和环境效益。例如，长沙有色金属公司 1987~1997 年之间综合回收的金、银、铅、锌、镉等 13 种金属总量达 62100 多吨，仅白银就达 1403t，黄金 5417kg，价值约 12.44 亿元；长沙有色金属公司下属的株洲冶炼厂这 10 年来回收伴生金属 45000 多 t，回收率 63%，获利占全厂总利润的 35%～40%；公司下属的株洲冶炼厂回收的金属品种这 10 年内增加了一倍,全厂 23%的产值依赖于综合回收。

1. 从有色金属矿中回收多种结构的互补产品

共(伴)生组分多、分选难度大、开发利用价值大是我国矿产资源最典型的特征,这导致了我国资源综合利用率比较低,综合利用指数不高,选冶技术要求高,并成为我国矿产资源开发利用过程中面临的主要问题。因此多年来,矿物加工工作者对复杂多金属矿中主金属和共伴生组分的分离与回收进行了大量的研究,通过工艺、技术与设备的不断创新,优化产品结构,使矿产资源的整体综合利用水平达到了一个新的高度,创造了可观的经济效益、环境效益和社会效益。

例如,广西大厂是我国锡多金属矿资源的主要生产基地之一,矿产资源十分丰富,主要矿体均属于锡石多金属硫化矿类型,伴生有硫、砷、银、镓、镉、金、铜、铋等元素,综合利用价值大;由于有用矿物种类多而复杂,矿石中伴生的金属元素不呈单体矿物,主要赋存于各种硫化矿物中,因而综合利用的难度大[14]。前期开发的矿石以富矿为主,随着矿石资源逐渐枯竭,迫切需要研究贫矿的综合利用,通过分步分支磨矿和磨选循环等技术创新[15],按照不同粒度特征、不同品位分级物料,分步磨选回收,从根本上解决锡石过磨、硫化矿欠磨的问题,构建了粒度互补、重选—分散梯级浮选的工艺流程互补,以及与工艺流程相匹配的多种高效重选设备的协同,实现了低品位矿石的高效分选,原矿锡品位从 1.5%降至 0.5%、锌品位从 4%降至 2%,盘活了贫矿石资源,同时保持了较高的选矿技术指标,实现了选矿产品的结构优化,综合回收了锡、铅、锑、锌、硫,铟和银在锌精矿和铅锑精矿中分别得到了富集与回收,实现了贫矿资源的综合利用;2009 年投产初期,仅 1~8月累计产出含硫 39.4%、铁 51.08%、砷 0.92%的硫精矿 56085t,含锡 5.35%的低品位锡中矿、锡金属量共 41.1679t,新增产值 1787 万元;产品结构的调整带来了明显的经济效益,同时砷也得到了回收,虽然由于销路及剧毒原因,砷精矿不能作为产品销售,但是毒砂中含金约 0.8~1.5g/t,可以作为未来的资源储备,而且从尾矿中分选出毒砂并单独处理,减少了尾矿对环境尤其是土壤的污染。

湖南柿竹园多金属矿床属于世界级超大型的钨、铋、钼、锡石、萤石、石榴石等多种有价组分共生的复合矿床,锡探明储量达 40 多万吨、平均品位为 0.14%,已达到超大型矿床规模;从 20 世纪 70 年代开发利用以来,主要回收钨、钼、铋等金属,回收率分别为 46%、80%和 65%,而锡的综合回收率只有 10%。采用磁选—焙烧—重选等互补工艺流程、新型粗砂摇床—振摆螺旋选矿机等的设备协同,以及选冶互补工艺,锡石的回收率提高到61.5%;此外,虽然矿石中伴生的铜、铅、锌等金属矿物未达到工业品位要求,但是李碧平等[16]通过对柿竹园 I 矿带硫化矿的研究,采用硫化矿混合浮选—优先浮选的互补工艺流程,获得了铜品位 12.71%、回收率 62.54%的铜精矿,铅品位 62.38%、回收率 60.55%的铅精矿,锌品位 44.06%、回收率 56.71%的锌精矿,硫品位 39.47%、回收率 61.93%的硫精矿等,产品结构的优化不仅提高了矿石的综合利用率,而且为企业创造了显著的经济效益。

柿竹园多金属矿床不仅蕴藏着经济价值很大的金属矿物,而且该矿床的主要造岩矿物之一石榴石的储量达 5441 万吨以上,约占该矿床矿石量的 27%[17]。大量的研究结果表明,柿竹园石榴石资源成分单一、质量较好、综合回收率较高,具有良好的经济价值和开发利用前景,但是目前尚未开发利用,造成了严重的资源浪费。申少华等[18]在总结前人研究成果的基础上,对柿竹园石榴石资源的利用进行了大量的研究工作,通过充分利用矿石本身的粒度互补特性,以及螺旋溜槽预选—重选—浮选—磁选的互补工艺流程,可生产出不同粒级、纯度更高、可满足不同用户需求的多品级产品,创造了巨大的经济效益,优质高纯的石榴石产品还可直接出口创汇;此外,通过多工艺互补效应,在石榴石超细粉的深加工过程中,采用适当的诸如化学浸取的方法,可以从石榴石中回收锡、铍、钨、钼等金属组分,进一步提高石榴石资源开发利用的经济效益。总之,通过技术创新、优化产品结构,不仅实现了资源的综合利用,而且为企业创造了良好的经济效益和社会效益,同时大大减少了尾矿的排放量。

四川里伍铜矿笋叶林矿为高硫铜、低锌的多金属矿,原矿含铜 1.27%、锌 1.20%、硫 24.58%,且铜、锌、硫矿物之间嵌布关系复杂,粒度分布不均,造成锌矿物回收难度大,该选矿厂建厂以来,技术指标一直不理想,采用常规的浮选方法回收铜和硫,造成了矿产资源的极大浪费。邓全淋等[19]通过大量的试验研究,改进优先浮选工艺流程,采用新型捕收剂 D430+丁基黄药的优势互补药剂,提高了对铜矿物的选择性和捕收能力,减少了选铜过程中锌矿物的损失,有效地实现了难选铜锌矿物的高效分离,实现了低品位锌矿物的回收;在工业生产中,获得了铜品位 18.97%、回收率 89.97%的铜精矿,锌品位 44.34%、回收率 71.41%的锌精矿以及硫品位 39%以上的硫精矿,实现了不同组分产品的结构优化,提高了资源的综合利用率,2012 年新增的锌精矿产品新增利税 177.282 万元。

金堆城钼业公司是亚洲最大的钼生产基地,主要矿物为辉钼矿,伴生的有用矿物为黄铜矿、磁铁矿和方铅矿等;原矿中铜和铁分别主要以黄铜矿和磁铁矿的形式存在,平均品位分别为 0.028%和 0.7%～1.0%,硫平均品位为 2.8%。铜、铁和硫的品位太低而不具有开采价值,因此长期以来,以回收钼矿物为主[20]。随着矿物加工技术的进步,经过长期的研究,根据矿石的物性特点,采用浮选—磁选互补的工艺流程,成功地回收了铜、铁和硫,每年综合回收的铜精矿产值为 1000 万元,铁精矿产量为 3.2 万吨、产值为 450 万元,40%品级的硫精矿产量为 40 万 t,产值为 1300 多万元,三种副产品与钼精矿产品构成了不同类型的产品互补,优化了产品结构,实现了资源的综合利用,不仅创造了显著的、综合的经济效益和社会效益,而且充分利用了矿产资源,对延长矿山的服务年限具有十分重要的意义。

在资源综合利用的过程中,除了上述提到的优化矿石产品的结构类型,还涉及矿石产品销售方案的优化问题。由于市场上对不同品级的精矿计价方式不同,对精矿产品方案影响较大,因此不能简单地以技术指标确定产品方案,需要对不同的精矿产品方案进行详细的技术、经济与效益比较才能最终确定。

以铜精矿质量与市场价格的关系为例,铜精矿的等级是由其质量确定的,不同等级的铜精矿具有不同的市场价格。2015 年,我国铜品位为 20%的标准铜精矿要求:铅+锌≤8%、氧化镁≤4%、硒≤0.007%、砷≤0.4%、铋≤0.2%、硫≥25.00%、二氧化硅≤6%、锑≤0.05%,即当铜精矿中铜含量为 20%时,则视为标准等级,此时市场差价为零。表6-1为不同品位和等级的铜精矿产品所对应的市场差价。

表 6-1　不同的铜品位相对标准等级对应的铜精矿差价

铜品位/%	差价/(元/吨)	铜品位/%	差价/(元/吨)	铜品位/%	差价/(元/吨)
≥28	+650	22～22.99	+200	16～16.99	−400
27～27.99	+600	21～21.99	+100	15～15.99	−800
26～26.99	+550	20～20.99	0(标准)	14～14.99	−1400
25～25.99	+500	19～19.99	−100	13～13.99	−1900
24～24.99	+400	18～18.99	−200	12～12.99	−2400
23～23.99	+300	17～17.99	−300	<12	拒收

如果铜精矿中杂质含量超标,产品价格也会降低,因此在资源综合利用的过程中,不能一味地强调矿石产品的种类多,还必须综合考虑产品的市场情况,生产出合理的多种类、多品级的产品,在此基础上,确定精矿产品的销售渠道和销售策略,实现企业效益的最大化。

例如,西藏玉龙铜矿是我国目前保有储量最大的一个斑岩、矽卡岩复合型的特大型铜矿,铜品位较高;氧化矿部分铜的氧化率高达 96%,硫化矿部分铜的氧化率为 16% 左右;主要金属矿物是黄铁矿、白铁矿、针铁矿、水针铁矿、磁铁矿、蓝辉铜矿、辉铜矿、铜蓝等,矿石性质差异大,分选难度高。蒋毅等[21]通过系统地比较和研究选矿工艺流程、药剂成本、精矿和浸渣的脱水成本、精矿焙烧的工艺和成本及环境等因素,结合玉龙铜矿的外部条件、矿石性质及选冶工艺特点,制定了生产铜硫混合精矿与生产单一铜精矿和硫精矿的两种产品方案;发现采用铜硫混合精矿的选矿方案,据 2005 年统计,每年将增加收益约 2845 万元,有利于资源的合理利用,整体经济效益更高,而且精矿中硫的品位较高,不仅有利于焙烧制酸,也有利于提高焙烧浸渣的含铁品位,可将其作为水泥厂生产的辅助原料(铁粉)销往附近的水泥厂,使矿产资源得到充分利用;此外,该方案产生的尾矿粒度较粗,便于处理,对环境的污染也较小。

巴基斯坦俾路支省南部拉斯贝拉地区的杜达铅锌矿属于细粒难选的铅锌黄铁矿,锌和铅的平均品位分别为 10.07% 和 3.71%[22];根据选矿试验研究结果,可以采用技术上可行的生产铅精矿和锌精矿产品的分选方案,也可以采用铅锌混合精矿产品的混选方案,其中分选方案:铅精矿的品位为 64%、回收率为 75%、年产量为 25446t,锌精矿的品位为 54%、回收率为 92%、年产量为 107497t。混选方案:混合精矿中铅、锌品位分别为 14.2% 和 43.1%,回收率分别为 90% 和 94%,年产量为 137610t。由此可见,采用铅锌分选方案,可以分选出高品级的锌精矿和铅精矿产品,但是工艺复杂、回收率低;而采用混合精矿产品方案,虽然产品品级不高,但是工艺简单、回收率高、资源综合利用效果好,因此单纯从选矿工艺及指标分析,生产混合精矿产品的优势十分明显;但是如果系统地比较分选生产方案与混选生产方案,包括两种方案的运输费用、生产成本、流程复杂程度、回收率、产品质量、产品后续加工的适应性等投入产出的差异,则会得出截然相反的结论,具体的分析过程如下。

1) 选矿成本比较

由于电耗与药剂消耗不同,初步估算,分选方案的选矿成本比混选方案的高 0.5 美元/吨矿石和 33 万美元/年。

2）精矿运输费用的比较

分选方案和混选方案的精矿运输费分别为 744 万美元/年和 771 万美元/年。

3）国际市场精矿价格的分析

国际市场的精矿计价方式通常是以伦敦金属交易所的金属价格扣减冶炼加工费和品位来计算。如果铅价按 550 美元/年、锌价按 1050 美元/年，则铅精矿、锌精矿和铅锌混合精矿的价格分别计算如下。

铅精矿价格＝铅精矿含铅品位×铅精矿计价系数×铅价－铅精矿冶炼加工费
＝184.4 美元/吨干精矿

锌精矿价格＝锌精矿含锌品位×锌精矿计价系数×锌价－锌精矿冶炼加工费
＝292.95 美元/吨干精矿

混合精矿价格＝（混合精矿含铅品位－冶炼厂扣减品位）×铅价＋（混合精矿含锌品位－冶炼厂扣减品位）×锌价－混合精矿冶炼加工费
＝245.65 美元/吨干精矿

4）经济效益的比较

按照国际通行的精矿计价方法计算的销售收入进行比较，与混选方案相比，分选方案的销售收入高 238 万美元/年、矿山的可比利润多 231 万美元（折合为每吨矿石的利润高 3.5 美元），多投入的 120 万美元可在半年左右收回；两方案的差额投资收益率为 192%，说明分选方案的经济效益明显优于混选方案。

注：虽然此两种方案的成本费用的取值标准是以 2004 年国际市场的铅锌矿生产均价为准，但是精矿的计价系数（表 6-2～表 6-4）、产品方案的经济比较方法等具有通用性，可供参考。

表 6-2　铅精矿的计价系数　　　　　　　　　　单位：%

铅品位	计价系数	铅品位	计价系数	铅品位	计价系数
10～20	45	35～40	60	60～70	80
20～30	50	40～50	65	70～75	85
33～35	55	50～60	75	70～80	88

表 6-3　锌精矿的计价系数　　　　　　　　　　单位：%

锌品位	计价系数	锌矿品位	计价系数
25～35	60	35～45	65
45～50	70	50～55	75

表 6-4　铅锌混合精矿的计价系数　　　　　　　　　　单位：%

铅＋锌品位	计价系数	铅＋锌矿品位	计价系数
30～40	45	40～55	50

注：以含量高的元素计价

在产品方案经济比较的过程中，计算数值的取舍需要以不同矿山的实际情况和市场价格的波动为准，在不同的情况下，可能会获得不同的优化方案。

因此，在产品方案优化的问题上，不仅要从技术上论证可行性，还必须从经济上论证合理性；测算项目经济效益时，不仅要考虑产品的产量，而且要考虑产品的质量及用户要求等因素对经济效益的影响。只有在技术可行的前提下，能够获得经济效益与环境效益双赢互补的产品结构，才是最为合理的综合利用矿石资源的方案。

2. 从黑色金属矿中回收多种结构的互补产品

我国独特的地质环境形成了大量的多组分的综合性矿床，根据原地矿部对全国 600余个大型矿区 2012 年的统计，含两种或者两种以上可利用矿产的矿区占统计矿区总数的95％以上，已开发利用的 140 余种矿产中有 87 种是伴共生矿、占总数的 62.14％。共伴生多种有用组分的铁矿总量占我国铁矿总量的 1/3，如攀枝花、大庙、白云鄂博、大冶、玉溪大红山等大型的多金属铁矿，主要共伴生组分有钒、钛、稀土、铌、铜、金、镍等 30 余种，开发利用的经济价值高，但是综合利用难度大，采选回收率比国际平均水平低 10％～20％；根据国土资源部统计，我国黑色金属矿中铁矿的回收率约为 71.56％、锰矿为 58.145％，矿山资源综合利用率仅为 20％，具有共伴生有用组分的 2/3 的矿山尚未开展综合利用。

为提高多金属共伴生矿产资源的综合利用率，必须进行统筹规划、综合利用，针对不同的矿石资源特性，制定针对性的综合开发利用方案，提高分选技术指标，优化产品结构，加强环境保护，从每个环节上强化矿产资源的综合利用。例如，储量近 100 亿吨的攀西特大型钒钛磁铁矿，不仅占全国同类型铁矿储量的 83.2％，而且伴生的钛占全国钛储量的94％、居世界首位，伴生的五氧化二钒占全国钒储量的 87％，还伴生铬、钴、镍、钪、镓等 10多种有益组分，因此提高该资源的综合利用率，不仅可以大幅度地增加资源供给能力、减少资源浪费，而且将为企业带来巨大的效益。攀枝花钢铁集团公司经过 40 多年的开发，由钒钛磁铁矿的单一开采逐步向资源综合利用模式转变，2006 年选矿厂每年从选铁尾矿中回收 100 万吨左右的钛精矿，钛的利用率为 15％～20％；通过转炉提钒工艺，每年生产钒渣 29.6 万吨、五氧化二钒 0.82 万吨、三氧化二钒 1.44 万吨、高钒铁 1.58 万吨、钒氮合金 0.23 万吨，钒的利用率达到 60％；铬主要以类质同象的形式赋存于钛磁铁矿中，在回收铁的同时，铬随之进入铁精矿中，通过选冶优势互补技术，获得合格的铬产品；因此，通过不断地提高综合利用率，创造了可观的经济效益与环境效益[23]。

内蒙古白云鄂博矿是铁、铌、稀土等多金属共生的综合矿床，同时富含钛、钍、锰、金、氟、磷、钾等有价元素，具有极高的综合利用价值[24~26]；其中稀土元素含量高、种类多、储量居大，已探明储量约 1 万亿吨、工业储量为 4300 万吨①，占国内稀土资源工业储量的80％以上、占世界的 50％左右；钍资源的储量也极为丰富，仅主东矿中钍的储量约 22 万吨，居世界第二位，占我国钍资源储量的 77.3％；虽然经过 40 余年的发展，但是仅形成了以铁为主、综合回收稀土的采矿和选矿原则工艺流程；到 2008 年，产出了利用率不足10％、累计 1250 万吨的稀土资源，而有用元素铌、钍、钪、钾、氟、磷等一直未得到回收利用，并随着铁和稀土的开采、选别、冶炼等工序分散到各个产品或废渣中；此外，尾矿坝中堆存的物质成分复杂、二次回收利用难度较大，不仅造成了大量的资源浪费，而且进入尾矿的放射性元素钍等，造成了严重的环境污染。

---

① 均以 REO（rare earth oxides，即稀土元素氧化物）计。

白云鄂博生产稀土氧化物含量为30％～60％、多种品级的氟碳铈矿和独居石混合稀土精矿，并且根据生产成本和市场需求，适当地调整稀土产品的质量；2006年以后，以生产50％REO的精矿产品为主；由于以初、中级的稀土产品为主，产品结构非常不合理，不仅大量的资源未能综合回收，而且稀土产品的技术含量低；更为严重的是，钍、磷、锰等有价元素未能得到回收，使黄河和包头地区存在放射性污染的危险。因此，不仅需要研究高效的分选工艺和设备、新型药剂，以及选冶联合等互补效应，而且需要合理地调配资源，优化产品结构，提高产品的市场价值，同时必须保护好尾矿坝，防止二次资源的流失和贫化，待技术成熟、经济效益良好时，进一步综合回收钍、磷、锰等元素，实现白云鄂博多金属矿产资源的综合回收和资源化治理。

在多金属共伴生铁矿资源综合利用的过程中，除了考虑综合利用率和产品结构，还需要考虑资源的利用方式、主产品与副产品的调配及比例。以我国锡铁矿资源为例，最初仅作为一种铁矿进行利用，脱除其中作为杂质的锡和锌等有价金属，由于锡铁矿中不同矿物嵌布紧密，所得的铁精矿中锡含量超标，采用常规的选矿法、全火法和选矿—火法联合方法等[27]，仍然难以有效地实现脱杂及工业化应用，而且锡的综合回收率较低，致使大量的锡矿物损失于尾矿中。例如，内蒙古黄岗锡铁矿中铁的保有储量约1.08亿吨、锡约44.7万吨，原矿锡品位超过工业可开采的脉锡矿的最低品位（0.1％～0.25％），如果作为单一的铁矿进行开发，将会造成锡资源的巨大浪费，为此，张禹侯[28]曾提出"以铁为主还是以锡为主的综合利用"问题，主张摒弃"以铁为主"的资源利用观点，认为将锡当做炼铁过程中的有害杂质进行脱除，或者仅仅附带回收锡的做法是不恰当的，必须同时兼顾铁和锡的综合回收，根据不同锡铁矿资源的特点、工艺技术要求、经济效益等综合因素，调整产品结构，确定铁和锡的回收方案。牛福生[29]对内蒙古贫锡铁矿的综合回收进行了研究，由于矿石中矿物组成复杂、锡铁分选难度大，因此选矿厂基本没有回收锡，而且铁精矿铁品位偏低，锡含量达到0.4％；为了提高铁精矿品位，加强锡矿物的回收，采用磁选回收磁铁矿、重选回收锡矿物的磁重互补流程，不仅可以分步回收铁、锡矿物，而且铁精矿品位由原来的52％提高到64.5％，获得了锡品位为13.06％、回收率为30.57％的锡精矿，每年为企业增加产值6400万元。

我国锰矿资源通常也伴生多种有价元素，通过优化产品结构，对综合利用多种成分、提高经济效益具有十分重要的意义。浏阳七宝山矿为典型的含金银锰矿，原矿锰品位为4％～10％、铁品位为10％～15％，局部地段金银较富；锰矿物以水锰矿、软锰矿—锰土为主，金银呈类质同象存在，金主要赋存于铁锰矿物及石英中，银主要赋存于黏土质矿物中[30]。通过系统研究，确定了产品结构不同的两套综合利用方案：方案一以回收锰、铜、锌为主，综合回收金、银、铅、铁等；方案二以回收金、银、铅为主，综合回收锌、铜、锰等。方案一综合回收的产品种类更加丰富，产值较高，经济效益较好，但是需要采用二氧化硫浸出锰矿，二氧化硫的来源存在问题；而方案二的主要优点是采用离析浮选法富集金、银、铅等有价成分后，可以提前抛尾，减少下一阶段的矿石处理量。综合两个方案的技术指标、经济效益、生产管理及环境污染等因素，发现方案一对锰、铜、锌的回收较为合理，而方案二对金、银、铅的回收较为合理；因此比较两套方案的优劣，根据多种产品结构的互补优势，采用方案一优先回收锰、铜、锌，中矿采用方案二中的部分工艺流程回收金、银、铁、镉、硫等，优化后的分选方案解决了七宝山复杂多金属锰矿资源的综合利用问题，不仅产品结构更加合理,技术指标与经济效益更好,而且生产成本与能耗较低,管理与建设也更加方便,对环境的污染也较小。

3. 从非金属矿中回收多种结构的互补产品

金属矿资源具有种类繁多、应用范围广、应用形式多样化等特点,是发展现代工业和尖端技术不可缺少的重要原材料,在国民经济中占有极其重要的地位。与金属矿资源相比,人们对同样丰富的非金属矿资源的了解和重视程度较低,加之技术水平的限制,以及管理体制和技术经济政策等方面不尽完善,导致非金属矿资源的利用率普遍不高,且不同地区综合利用的程度差异也较大,不仅造成了资源的大量流失,而且排放的大量尾矿严重地侵占了良田,污染了环境。

近些年来,随着对非金属矿资源综合利用的日益重视,以及选矿技术水平的提高,其综合利用率也在不断地提高。非金属矿资源的综合利用,除了应该充分研究和发挥资源的潜力,扩大其综合利用的经济价值外,还应该深入研究矿产品的不同品级与市场需求的关系,形成多层次的互补产品。例如,烟台宜陶矿业有限公司通过洗矿脱泥、分步回收云母和铁矿物,然后选别出特级、优级、I级和坯级四级互补的长石产品,有效地回收全部有用矿物,无固体废弃物排放,降低环境污染[31]。

磷矿是一种极具特色的非金属矿,也是一种稀缺的战略性资源。我国磷矿资源分布不均匀,共伴生的磷矿丰富,分选难易程度差异大,综合利用率较低,尤其是伴生大量的有价元素的低品位磷矿[32]。据统计,我国 1/3 以上的磷矿伴生和共生铀、碘、氟、铁、镁、钛、稀土、铟、锗、石墨等多种有用元素,其中伴生的氟占世界氟储量的 90% 以上。因此,从选矿或磷化工等多个环节着手,高效地回收磷矿石中共伴生资源,对提高企业的经济效益、有效地节约与保护矿产资源是非常重要的。

瓮福磷矿是我国较大的磷矿生产基地,伴生有以氟磷灰石为主要形态、含量为 3%~4% 的氟及较为丰富的碘[33,34];在综合利用过程中,除了强化分选技术、磷复合肥及其深加工技术,而且研发了伴生氟、碘的回收利用技术,采用浓硫酸分解工艺处理磷矿石湿法加工过程中的副产物氟硅酸,通过分离、回收、净化工艺,制备了高纯度四氟化硅产品;从稀磷酸内提取碘,初步实现了瓮福磷矿的综合利用,优化了产品结构,净化了生产过程中产生的废水、废弃物等,解决了磷化工行业的环境污染问题,延伸了磷化工行业的产业链。

目前我国磷矿石利用的主要途径仍然比较单一,要实现磷矿资源高效利用过程的经济效益和环境效益双赢的目标,必须打破常规的矿物加工思路,通过多学科的互补与协同,不断地创新方法和融合优势互补技术,实现产品结构的优化。

煤矿资源的产品相对单一,经过分选后,一般直接进行销售,因此是最容易受市场销路与经济行为直接影响的资源型产品。冶炼过程对精煤灰分、硫分的要求越来越严格,对煤矿产品质量、废弃物排放的要求也越来越高,因此煤矿资源的综合利用需要以市场为导向,不断地优化产品结构。例如,山东省泰安市孙村煤矿原生产精煤与洗混煤两种产品,由于质量问题,不能满足市场需求,产品滞销;为此,选煤厂根据市场需求和资源特点,合理地调配煤矿资源、改进选煤技术、加强技术管理,不仅改善了精煤与洗混煤的质量,而且从选煤尾矿中进一步回收了部分精煤产品,实现了产品结构的优化,每年新增销售收入

400 万元,同时减少了尾矿的排放[35]。

陕北及鄂尔多斯地区的煤炭储量丰富,煤质优良,主要为不黏煤及长焰煤,是国家规划的大型煤炭基地的重要组成部分[36];目前,生产的两种煤矿产品为洗选后破碎到—50mm 的块精煤和未经洗选的末煤,导致产品结构存在两大问题:一是外运产品为块精煤,结构过于单一,适销不对路,不仅未能体现经济效益的最大化,也造成资源浪费和环境污染;二是产品的针对性差,对产品的粒度与灰分等要求不严格,造成资源利用不合理、经济价值低等。因此,如何优化产品结构,满足市场需求、资源综合利用与经济效益最大化是选煤厂面临的主要问题。根据煤炭资源的特点,结合市场对产品的不同要求和外销的产品结构方案,郑均笛[36]提出,先将洗选后产品破碎到—80(或—100)mm,30~80mm 粒级块煤适于生产半焦、造气,满足当地用户需求;末煤适于用做煤化工原料煤,20(25)~13mm 粒级的末煤、发热量不小于 5000kJ/kg 的煤矸石与煤泥组成低热值煤;最后,30~0mm 粒级洗精煤和—13mm 粒级的末原煤适宜外销。多品级的煤产品结构可以灵活地适应市场需求,针对性强,对减少终端用户投资、降低生产成本具有较大的作用。

6.3.2　二次资源综合利用过程中的产品结构互补

二次资源通常是相对于自然资源或者"一次资源"而言的,是一个相对概念,不是绝对的废弃物和完全无用的废料,是在特定的技术经济条件下回收利用难度较大的物料,具有资源属性和环境污染的双重特点,有时也称再生资源,即一般意义上的废弃物资源;它涵盖的范围广,包括工业生产中的废渣、粉尘、矿山尾矿、废水、废气、废旧金属等,农业生产中的农作物秸秆、家畜粪便等,以及生活中的废橡胶、废纸、废塑料、电子废弃物等。所谓再生,实际上是指二次资源的再生利用。本小节研究的二次资源主要包括矿产资源开发利用过程中的选矿尾矿和冶金废渣等固体废弃物,通过对二次矿产资源的再选、综合回收与资源化利用,优化矿石资源的产品结构,减少资源的流失,提高资源的利用效率。

我国对二次矿产资源的回收利用和无害化处理正在有序地进行,据不完全统计,我国 2013 年有 2000 多座矿山尾矿库,尾矿量约 50 亿 t,每年新增固体废弃物约 3 亿吨,平均利用率只有 8.2%;有色金属加工业中冶炼废渣的品种多、成分复杂、有价元素含量高,每年产生的铜渣、铅锌渣和镍渣等达到 3175 万吨,其中 75%的铜渣和 50%的铅锌渣用做水泥原料,60%的镍渣用于填埋,高炉渣的回收利用率仅为 80%左右,而德国和日本分别达到 99%和 97%,英、美等国家几乎 100%利用高炉渣。因此,对二次资源的综合利用必须引起各级政府和企业的高度重视。

1. 尾矿综合利用过程中的产品结构互补

我国多金属共伴生矿床多,在有色金属矿中,具有两种以上共伴生组分的矿床占 90%,不仅分选的难度大,而且产生大量的尾矿[37]。尾矿作为固体废弃物既是一种污染物,又是一种二次资源。许多老矿山由于过去选矿技术落后,分选的产品单一,在丢弃的尾矿中往往含有较多的有用元素,可以采用新的选矿技术进行回收,提高矿山固体废物的综合利用水平,并获得可观的经济效益。

大冶有色金属公司铜绿山铜铁矿自 1971 年投产以来,选矿厂共产出含铜 0.8%、金 0.83g/t、银 6g/t、铁 22% 的尾矿约 770 万吨,通过尾矿再选和生产多种结构的产品,获得了含铜 15.4%、金 18.5g/t、银 109g/t 的铜精矿和含铁 55.24% 的铁精矿,铜、金、银、铁的回收率分别达到 70.56%、79.33%、69.34% 和 56.68%,每年可以回收铜 1435.75t,金 171.26kg,银 1055.92kg,铁 33757t,在创造可观的经济效益的同时,减少了大量的尾矿[38]。安庆铜矿选矿厂充分利用闲置设备,从含铜 0.119%、含铁 11% 的尾矿中综合回收铜和铁,采用浮选工艺,获得了含铜 16.94%、回收率为 84.43% 的铜精矿;采用磁选工艺,获得了含铁 63%、回收率为 48.71% 的铁精矿;通过浮—磁互补工艺,生产不同结构的产品,每年增加产值 491.95 万元以上[39]。

20 世纪 60～70 年代,凡口铅锌矿由于受到技术水平、装备性能、经济条件等因素的影响,铅、锌、硫等回收率不高[40],相当一部分有价元素损失到尾矿中;其中 1 号尾矿库的尾矿主要成分为石英、碳酸盐、绢云母等脉石矿物,其次为含量达 1% 以硫铁矿形式存在的硫和铁,铅、锌等含量也较高;尾矿的粒度较粗,+0.074mm 粒级含量约为 70%,−0.037mm 粒级含量不到 15%;−0.074mm 粒级中硫含量仅为 3.85%,且大部分为闪锌矿和方铅矿,+0.074mm 粒级中硫含量为 15.2%。针对该尾矿的物性特点,采用 200 目细筛分级、摇床重选,抛弃 40% 的脉石,然后再磨—浮选,通过优化药剂制度,获得了含硫 35.7%、总回收率为 63.5% 的硫精矿产品,同时富集了铅、锌、银、镓、锗等元素,通过对尾矿的综合回收,生产出了铅、锌、硫及伴生镓、锗等有价元素的多种产品,进一步优化了产品结构,提高了资源的综合利用率。

河南银铜坡金矿是一座生产能力为 1000t/d 的中型矿山,累积尾矿约 90 万吨,其中金、银平均品位分别为 1.75g/t 和 39g/t[41];通过对尾矿性质的研究,根据资源价值的大小,分步回收金、银、铅和硫等;先采用全泥氰化炭浆法,金和银的浸出率分别为 87.65% 和 69.84%,浸渣中金、银含量分别降至 0.21g/t 和 11.64g/t;然后,采用浮选工艺回收氰渣中的铅和硫,可获得含铅 40%、金 15～25g/t、银 250～300g/t 的铅精矿,铅、金和银的回收率分别为 72%、82% 和 69%;同时,采用多级活性炭滤池回收尾矿废水中的金和银;每年可以从老尾矿中回收黄金 260.26kg、白银 1562kg,从浸渣中回收铅精矿 2000t,从废水中回收黄金 60.8kg、白银 340kg。

栾川钼矿属于多金属矿床,是世界六大巨型钼矿之一,已探明矿石储量 21 亿吨,平均钼品位 0.123%、金属量 206 万吨,居世界第一位;伴生白钨矿 62 万吨,平均品位 0.124%,相当于一个特大型的白钨矿床,并伴生丰富的铼、硫、铁、金、银、石榴子石、硅灰石等有用成分,具有较高的综合回收价值。由于选矿厂建设初期技术落后,仅对钼进行了分选和回收,造成了白钨矿资源很大的浪费,按目前 15600t/d 的采选能力估算,每年大约有近万吨白钨矿进入尾矿库。2000 年中国的洛钼集团与俄罗斯国家技术中心有色金属研究院合作,在洛钼集团技术中心 150t/d 工业试验厂进行了回收尾矿中白钨矿的研究,经过不懈努力和大胆探索,采用常温浮选、精选加温的工艺流程,获得了含三氧化钨 53.566%、回收率 71.82% 的精矿产品。钼矿与钨矿两种产品的并存,不仅体现了栾川钼矿资源的综合利用,充分发掘了资源的经济价值,而且多种结构的产品互补使企业对市场经济的适应性更强。

某钽铌矿选矿尾矿中存在可回收利用的云母、长石和石英等矿物,同时含有云母、磷灰石及少量的铁矿物。长石和石英在玻璃、陶瓷、水泥、造纸、耐火材料、机械制造、涂料、电焊条等工业中具有广泛的应用。因此针对该钽铌矿尾矿，研究综合回收长石和石英具有重要的现实意义。该尾矿中云母、长石、石英、磷灰石类矿物的相对含量分别为10%～15%、55%～60%、15%～20%和3%～5%，其他铁锰等杂质矿物的相对含量为1%～2%；磷灰石和少量的铁锰矿物对长石和石英的分选工艺及产品质量影响较大，因此王毓华[42]采用浮选、磁选与浸出互补的分选与除杂工艺，可以有效地回收长石、云母和石英等非金属矿物，长石的回收率为70%～75%，产品可达到玻璃及陶瓷Ⅱ级原料的质量标准；石英的回收率为75%～80%，产品可达到硅铁Ⅱ级及玻璃Ⅱ级原料的质量标准；云母的回收率为40%左右，产品中除二氧化硅含量略高外，其他杂质指标基本达到了相应的工业标准；每年可以产生经济效益1200万元。

2. 尾矿的资源化利用

尾矿资源丰富、数量巨大，仅仅通过综合回收，不能够实现大宗尾矿的高效利用与零排放，只有尾矿的综合利用与资源化处理相结合并发挥各自的互补优势，才是实现二次资源良性循环的根本保障，对于节约资源、改善环境质量、提高经济效益、实现资源优化配置和可持续发展具有非常重要的意义。

目前，国内外尾矿资源的综合回收，通常采用先进的技术和合理的工艺对尾矿进行再选，最大限度地回收尾矿中的有用组分，进一步减少尾矿的数量；而尾矿的资源化才是尾矿减量化的根本途径，主要有以下五种方式：①将尾矿用做矿山地下采空区的充填料，即水砂充填料或胶结充填的集料；②将尾矿用做建筑材料的原料，制作水泥、硅酸盐尾砂砖、加气混凝土、耐火材料、陶粒、混凝土集料、溶渣花砖和泡沫材料等；③用尾砂作为修筑公路的路面材料、防滑材料及海岸造田材料等；④在尾矿堆积场上覆土造田、种植农作物或者中药或者植树造林；⑤利用尾矿加工植物生长的有机肥料。

我国矿山尾矿中的矿物成分一般由硅酸盐、铝硅酸盐、碳酸盐和微量金属等组成，以二氧化硅、二氧化二铝、氧化钙、氧化镁、氧化铁等化学成分为主，是建筑、陶瓷、玻璃工业的重要矿物原料。尤其是冶金矿山尾矿中90%以上是非金属矿物，与制作建材的原料相近，只要在尾矿中掺加少量的其他原料，即可实现大宗尾矿的整体利用，如西安建筑科技大学、山东工业陶瓷研究设计院针对宝钢集团公司梅山铁矿尾矿的再利用，进行了尾矿制作烧结砖的实验室试验研究，随后在苏州华能新型建材厂进行了半工业试验，均获得了成功[43]；2003年5月，南京鑫翔新型建筑材料有限公司进行了工业试验，结果表明，利用全部尾矿制作烧结砖产品符合国家标准；2005年4月，实现了尾矿隧道窑制砖的产业化应用，经济效益十分明显，尾矿综合利用项目的效益达到1095万元/年。

此外，大宗尾矿还可以用做井下填充料，随着井下矿山采掘的深入，采空区不断扩大，需要大量的填充材料，为尾矿的大宗利用提供新的途径。尾矿充填采矿方法自1965年在凡口铅锌矿试验成功后，已成为我国有色金属矿山的主要采矿方法之一[44]，铜绿山铜铁矿、凤凰山铜矿、大姚铜矿、麻阳铜矿、铜官山铜矿、红透山铜矿等企业均采用此方法，从而使大量的尾矿得到了合理的利用。金川集团公司尾砂膏体充填系统，设计年利用尾砂80万吨，可节约充填费用3000万元以上，并且减少了尾砂堆存等相关费用。

　　一般情况下,碳酸盐型和高铝硅酸盐型尾矿可以代替石灰石和黏土原料直接用于煅烧水泥熟料;某些含碱量较低的钙铝硅酸盐型尾矿、高钙硅酸盐型尾矿等,只要其成分与水泥的成分较为相近,亦可直接用于煅烧水泥熟料;当尾矿成分与水泥成分相差较大时,可作为掺配料或者矿化剂使用。例如,凡口铅锌矿利用以方解石、石灰石为主的尾矿生产 525 号水泥,年生产能力达到 15 万吨;潘一舟、周访贤[45]用钼铁矿尾矿代替部分水泥用原材料烧制水泥,在余杭县和睦水泥厂的工业性生产中一次试验成功,获得了明显的经济效益。

　　尾矿也可以代替黏土制砖,既可节省因烧制黏土砖而占用的土地,又可解决尾矿的出路,并消除和减少尾矿对环境的污染[46]。例如,银山铅锌矿已建成年产 1000 万块钙化砖的砖厂,每年可利用石英含量为 50% 的尾矿 3 万吨,可创造一定的经济效益。此外,尾矿还可以用于掺合料制成加气混凝土制品,如鞍山矿渣厂年产 10 万立方米加气混凝土砌块,消耗尾矿约 3 万吨。

　　江苏省丹徒白云总厂曾经只生产建筑用白云石块石,其尾矿堆成了几十亩的废渣山,企业经济效益差[47]。近年来,通过开展资源综合利用,将优质石料用做工艺品原料;碎石制成各种规格的石子与石屑,用做混凝土、水泥构件、内墙粉刷、砌墙浆料等,所有矿石包括石屑全部回收,资源利用率达 100%,每年仅处理尾矿就可创收 50 万元,全厂年创总产值 900 多万元,使企业摆脱了经济困境。

　　沈阳建筑大学研发出用尾矿生产符合 GB1344-85 的硅酸盐水泥,用铁尾矿、黄金尾矿为骨料,掺加少量辅料,生产微晶玻璃绝缘子等高档电工绝缘材料[48]。东北大学发明的制品的绝缘性能比传统的陶瓷绝缘材料的提高 1 个数量级,成品合格率提高 1 倍、达到 90% 以上,生产成本可降低 2/3,为电工材料提供了更新换代的新产品。

　　瓮福集团为实现磷石膏渣的综合利用,建设了 5 条生产线,与四川利森公司合作,以磷石膏代替天然二水石膏生产水泥缓凝剂;与中国建材集团泰山石膏股份有限公司合作,建设年产 3000 万立方米纸面石膏板;与广西合众合作,生产磷石膏抗水砖;利用自有技术,建设了两条年产 25 万吨的石膏转化硫酸铵生产线;此外,采用贵州大学磷石膏新型节能环保建筑结构技术,建设了示范样板楼;磷石膏综合利用率达到 63%,将每年排放的 220 万吨磷石膏渣变废为宝,创造了可观的经济效益、环境效益和社会效益。

　　尾矿整体开发利用必将成为矿产资源综合利用的重要组成部分,不仅可形成以尾矿资源化为核心的环境保护型产业,而且可依靠尾矿开发,推动尾矿资源综合利用并形成资源整体利用的良性循环,使矿山成为资源综合利用的重要基地,必将产生巨大的经济、社会和环境效益。

　　3. 冶金渣综合利用过程中的产品结构互补

　　冶金渣是指冶金企业从含金属矿物或者半成品的冶炼过程中提取出目的金属后,排放出来的固体废弃物;根据生产工艺的不同,冶金渣可分为湿法冶金渣和火法冶金渣。由于大部分矿物资源尤其是有色金属矿资源通常为多金属的复合共生矿,用冶金方法提取出目的金属以后,其他的有价金属一般进入渣中,如果不加以回收,势必造成资源浪费和环境污染。

　　由于黑色金属渣和有色金属渣的成分不同,它们的处理方法也不相同。例如,钢渣中含有钙、镁、锰、铁等成分,其中氧化钙和氧化亚铁为主要成分,如果将钢渣作为烧结熔剂和高炉熔剂返回烧结矿生产和高炉炼铁过程,不仅可回收渣中粒铁和金属氧化物,而且可充分利用渣中的氧化钙,从而降低石灰用量和烧结矿成本,达到化害为利、变废为宝、再资源化利用的目的[49]。另外,冶金渣和玻璃同属于硅酸盐材料,冶金渣除可以直接用于玻璃材料的生产外,某些含有有色金属元素的特殊冶金渣还可以作为玻璃的着色剂用于玻璃的生产,同时利用渣中的氧化钙、氧化镁等有用成分。

钢铁冶炼过程排放的固体废料主要是炉渣,其中炼铁炉渣约占钢产量的 $25\%\sim30\%$,炼钢炉渣约占钢产量的 $11\%\sim15\%$[50,51]。我国已成为世界第一大产钢国,排放量巨大的钢铁冶炼渣对企业及周边环境带来很不好的影响甚至危害。钢铁冶炼渣中含有大量的铁、炼钢合金元素及其他有用物质,如何综合利用其中的有用资源,实现钢铁冶炼渣的零排放,是国内外钢铁企业面临的主要问题之一。

目前,钢铁冶炼渣综合利用的方式主要是回收其中的废钢或渣铁。鞍山钢铁集团公司对钢铁生产过程产生的钢渣,通过焖渣处理,采用破碎、分级、磁选工艺流程,回收其中的铁,根据产品的不同粒级中的铁含量分别作为不同的原料或配料重新进入生产流程,形成资源的循环利用;粒度>100mm、TFe>80%的渣钢直接做炼钢原料,粒度为 $10\sim100$mm、TFe>60%的粒钢用于高炉炼铁,而粒度为 $0\sim10$mm、TFe>40%的粉矿产品用于炼铁烧结矿的生产。武汉钢铁集团公司采用武汉冶金渣环保工程有限公司与香港绿色环保公司合作开发的钢渣处理生产线,对转炉炼钢过程产生的钢渣进行破碎、磁选、分离、磨细等深加工处理,将分离出的钢粒子回炉炼钢,剩下的粗颗粒作高速公路路面的骨料,碾成末的细钢渣粉则用做水泥和混凝土的高活性掺合料,水洗出来的泥浆生产钢渣砖,使钢渣得到综合利用,并实现"零排放"[52]。

我国铜矿资源具有共伴生元素多、品位低的特点,导致分选出的铜精矿品位不高、成分复杂,炼铜过程产生了可二次回收利用、数量巨大、累计超过 2500 万吨的铜渣资源。目前全世界对铜渣的综合利用可分为两类:一是回收利用铜渣中铜、钴、锌、铁等金属,二是将铜渣应用于水泥工业和建筑行业。

云南铜业股份有限公司冶炼加工总厂自建厂以来,堆存了 700 万吨左右的铜渣;2002年 5 月,艾萨炉投入生产以后,年产出约 60 万吨的铜渣,电炉渣含铜品位由原来的 $0.3\%\sim0.4\%$提高到现在的 $0.7\%\sim0.9\%$;2002 年总厂 18%的铜渣销往企业周边的水泥厂及建筑工地,其余的大部分炉渣堆存在渣场,不仅造成了资源的浪费,而且占用了大量的土地,污染了环境,如能提取铜渣中的有价金属,将使企业获得经济和环保方面的双收益[53]。根据铜炉渣难磨难选的特点,通过不断的试验研究,采用阶段磨矿—阶段选别,浮选—磁选互补的分选工艺,成功地实现铜炉渣中有用矿物的综合回收,获得了铜品位为 $20\%\sim22\%$、回收率为 90%的铜精矿,铁品位为 $58\%\sim60\%$、回收率为 50%、含硅 $14\%\sim15\%$、含铜 0.3%的铁精矿;获得的铜精矿可以重新返回熔炼系统,铁粉外卖给炼铁厂,尾矿部分外卖给水泥厂,最大化地实现铜炉渣综合利用的经济效益、尾渣的零排放。

锌浸渣是湿法炼锌过程中采用中性—酸性浸出的互补工艺所得到的微细颗粒的浸出过滤渣,一般含有一定量的锌、铅、铜、铟、锗、金、银等有价元素,如果不进行有效的处理,将会严重地污染环境,同时还会造成资源的严重浪费[54,55]。针对锌浸渣的综合利用,中南大学对含锌 21.6%、铅 4.69%、TFe17.93%、镓 580g/t 和铟 210g/t 的锌浸渣(1.5 万吨/年),开发了还原焙烧—磁选的互补工艺,较好地实现了铁、锌、铅、镓、锗、铟的综合回收;由于镓主要赋存于铁酸盐中、分布率占 61.93%,银主要以硫化银的形式存在,因此首先采用浮选工艺,获得了以硫化银为主要矿物成分、含量为 91.97%的银精矿;浮选尾矿进行还原焙烧—磁选,锌、铅和铟的挥发率都大于 96%,获得了镓品位为 1805g/t、回收率为 94.67%的磁选铁精矿,使浸渣中有用矿物得到较好的回收,基本上实现无废生产,同时仅回收的银和镓可以为企业创造4466.25万元的经济效益。

　　冶炼渣属于具有很高利用价值的二次资源,对冶炼渣的综合利用,不仅可以减少环境污染,减轻企业负担,而且还可以化害为利,达到经济效益、环境效益和社会效益的和谐统一。因此,对冶炼渣中高附加值成分的综合回收应该引起高度重视,特别是要进一步创新综合回收技术、提高综合回收的能力。

6.4　不同品级的同种类型的产品结构互补

　　产品的优化不仅可以丰富矿石资源的产品种类,实现资源的综合利用,而且可以通过优化同种矿石资源的产品品级结构,降低尾矿中有用成分的损失、实现资源的高效利用。矿石产品的品质的优化研究,一般是在生产条件确定之后,或者在生产条件基本不变的情况下,将选矿、冶炼、环境和效益等作为一个整体系统进行综合研究,以生产合适的分选产品,实现资源开发全过程综合效益的最优化。

　　同类产品的多品级结构优化必须以资源的禀赋为基础,综合考虑冶金过程对产品的质量要求和市场需求等因素,实现不同矿山和矿石资源的差别化管理,构建不同类型矿产资源的产品品级指标和多级产品结构形式,优化产品的品级结构。随着市场经济的不断完善和企业经营机制的转换和升级,以市场为导向,重新评价和深入挖掘矿产资源的价值潜力及产出优势,突破早期地质品级的划分限制,打破不正常的追求高产量的生产与经济运行模式,制定以质取胜、效益优先的产品产销策略,只有这样才能生产和销售适应市场需求的不同品级结构的矿石产品,最大限度地优化资源配置,提高企业的综合效益。

　　目前,对于单一矿种的矿产资源的开发利用与评价研究较多,除了模糊综合评判方法、模糊层次熵多目标评价决策分析模型、灰色关联评价方法、AHP(analytic hierarchy process,即层次分析法)、特尔菲法等研究方法[56],DEA(date envelopment analysis,即数据包络分析)是一种最常用的非参数前沿效率分析方法,从相对效率的角度,以"Pareto 优化"①这一经济学概念为基础,以规划理论为工具,按照多种投入和多种产出的观察值,对决策单元进行经济效率的定量化评价。但是,由于矿产资源非常丰富、差异性非常明显,以及资源选冶全过程非常复杂,很难建立统一的全过程系统评价标准,因此很多专家只是针对某一种矿

---

　　① Pareto 优化是指针对现实中的多目标优化问题而制定的最优化理论和算法,由于多目标优化而涉及多个目标的优化,这些目标并不是独立存在的,它们往往通过决策变量耦合在一起,且处于相互竞争的状态,而且每个目标具有不同的单位和量纲,因此很难客观地评价多目标问题的解,它们的竞争和复杂性使得对其优化变得十分困难,而且与单目标优化不同的是,多目标优化问题的解不是唯一的,而是一组均衡解,称为最优非劣解集或 Pareto 最优解集,并且这组解是无差别的。换言之,当考虑所有的目标函数时,在搜索空间中不存在比这些解更优的解,称这些解为最优的,并且这些解之间没有绝对的优劣之分,要从中选择一个合适的解,还需要参照与问题相关的领域知识。

石的精矿品位进行多目标优化,而且到目前为止,还没有确立最佳的优化标准与评价方式。因此,我们尝试采用五项互补效应,从全新的辩证角度,探讨资源综合利用全过程的控制问题,在从技术层面推动资源的高效与综合利用的同时,为矿产资源开发利用的经济评价研究提供新思路。

6.4.1　不同品级的铁精矿产品的结构互补

在矿石资源的选矿阶段,精矿产品的品位与回收率通常是相互制约的、矛盾的两个方面,如果过分提高精矿品位,将不利于选矿回收率的提高,在资源利用的层面上造成产量的下降,以及有价元素的损失,直接导致精矿成本上升;另外,提高精矿品位会给冶炼过程创造有利的条件,既节省冶炼加工费,也利于冶炼实收率和产品质量的提高;另外还可以节省由矿山至冶炼企业的产品运输成本。因此,在资源利用的整个选冶系统内,权衡精矿品位与选矿回收率之间的得失是一项非常值得研究的课题。

首先,以如何平衡铁精矿品位和回收率为例,在相同的给矿原料条件下,提高铁精矿产品的品位,一般会降低球磨机的台时处理能力和回收率,导致精矿过滤困难、烧结机处理能力下降、增加选矿和烧结成本等一系列问题;另外,铁精矿品位的提高会降低冶炼过程中熔剂和焦炭的消耗,提高高炉的利用系数,给炼铁过程带来很好的效益。因此,如何确定品位与回收率二者之间的盈亏点,是研究最佳铁精矿品位的关键。其次,合理的精矿品位不仅取决于矿石性质、分选流程、精矿加工和冶炼要求,而且依赖于其合理的界限要求。从资源综合利用的角度考虑,为了保证球团质量、高炉自动化及规范化的操作,钢铁公司对选矿厂输入的铁精矿要求质量稳定、波动小;对于质量差的铁精矿,要先送入储矿仓,与质量好的铁精矿配矿,以保证最终精矿的质量。

对于独立核算的选矿厂来说,产量高、盈利大的精矿品位是最有利的。但从整个选冶过程来看,这一品位不一定是最佳的。从钢铁企业的角度来看,所谓合理的精矿品位,是指在一定的加工、冶金与环保等条件下,选矿厂能够达到而且使采矿、选矿、烧结和高炉炼铁等过程的综合成本最低的铁精矿品位,还能够满足全过程的效益最大。

通过对全过程成本的精确研究,进行铁精矿品位的优化,我们认为就是通过分析采、选、烧结、炼铁全过程中的主要生产要素及成本要素组成,选取与铁精矿品位相关的铁矿石消耗、熔剂消耗、焦炭消耗、电力消耗、煤消耗及利润六个重要的参数作为优化目标,以其在全过程中所消耗的成本作为权重系数的计算依据,采用线性方法计算各个目标的隶属度,最后运用模糊数学的方法进行优化决策。然而仅从这些方面考虑仍然是不够全面的,还要从整个国家资源高效利用的角度出发,研究最佳的铁精矿品位,实现多目标的优化决策[57~59]。

1. 多目标参数

在炼铁过程中,除消耗铁精矿外,熔剂、焦炭、电力、煤的消耗与铁精矿质量有着很大的关系。因此,选取铁矿石消耗、熔剂消耗、焦炭消耗、电力消耗、煤消耗和生铁销售所获得的利润6个参数组合作为优化目标,因此其评价目标集可以用 Y 表示如下。

$$Y = (y_1, y_2, \cdots, y_i, \cdots, y_6) \tag{6-1}$$

式中，y_1、y_2、y_3、y_4、y_5、y_6 分别表示利润、铁矿石消耗、熔剂消耗、焦炭消耗、电力消耗和煤消耗。

各目标是以不同的铁精矿品位水平（n 个）为变量，其组成的水平集用 S 表示如下，

$$S = \begin{pmatrix} S_{11} & \cdots & S_{1i} & \cdots & S_{16} \\ S_{j2} & \cdots & S_{jg} & \cdots & S_{j6} \\ S_{n1} & \cdots & S_{ni} & \cdots & S_{n6} \end{pmatrix} = (S_{ji})_{n \times 6} \qquad (6\text{-}2)$$

式中，S_{ji} 为不同品位的铁精矿指标。

2. 权重系数的确定

所谓某目标的权重系数就是该目标在组合目标中所占的比例，它决定着目标优化的结果。权重系数分配的方法有统计法、相关分析法、专家法等。在铁精矿的优化过程中，专家法通常选取现值、总利润、单位精矿能耗和资源回收率四项作为优化目标，各自权重系数通过向专家征询意见，最后以问卷方式求得各目标的权重。

本部分采用的上述六个优化目标是生铁生产过程中实际消耗的原料，可通过生产过程的消耗统计出来。不同地区的铁矿石性质不同，生产成本和其他原辅材料的丰度也不同，其价格存在着明显的差异，因此不同的钢铁企业的目标权重值会有所不同。

为了使权重系数的计算方法更为合理，本部分采用成本法计算各目标的权重系数。所谓权重系数的成本计算法，就是铁矿石消耗、熔剂消耗、焦炭消耗和电力消耗这几项目标在生铁生产全过程中的成本，以及获得的利润在生铁销售总产值中所占的比例。其计算公式如下。

1）利润的权重系数的计算

$$q_{1j} = (D_{tj}P_t - \sum D_{ij}P_i)/D_{tj}P_t \qquad (6\text{-}3)$$

式中，q_{1j} 表示水平 s_{j1} 下利润的权重系数；D_{tj} 表示水平 s_{ji} 下生铁的产量；D_{ij} 表示水平 s_{ji} 下目标 y_i 的消耗量；P_t 表示生铁的售价；P_i 表示目标 y_i 的价格。

2）其他目标的权重系数的计算

$$q_{ij} = D_{ij}P_i / D_{tj}P_t \qquad (6\text{-}4)$$

式中，q_{ij} 表示 s_{ji} 下的权重系数；其他参数意义同上。

3）权重系数集

用 q_{ij}（$\sum q_{ij} = 1$；$j = 1, 2, \cdots, n$）表示目标 y_i 水平 s_{ji} 下的权重值，其组成的权重集为

$$q_{ij} = \begin{pmatrix} q_{11} & \cdots & q_{1j} & \cdots & q_{1n} \\ q_{i1} & \cdots & q_{ij} & \cdots & q_{in} \\ q_{61} & \cdots & q_{6j} & \cdots & q_{6n} \end{pmatrix} = (q_{ij})_{6 > n} \qquad (6\text{-}5)$$

3. 隶属度的确定

所谓隶属度是指某一目标在不同的铁精矿品位水平下，其消耗量所占的比例，用 t_{ji} 表示目标 y_i 水平 s_{ji} 下的隶属度，采用线性方法进行计算。

1) 利润隶属度的计算

$$t_{j1} = \begin{cases} 1 & u_{1j} \geqslant u_{max} \\ (u_{1j} - u_{min})/(u_{max} - u_{min}) & u_{min} < u_{1j} < u_{max} \\ 0 & u_{1j} \leqslant u_{min} \end{cases} \quad (6\text{-}6)$$

式中，t_{j1} 表示利润在水平 s_{ji} 下的隶属度；u_{1j} 表示在水平 s_{ji} 下所获得的利润。

2) 其他目标的隶属度的计算

$$t_{ji} = \begin{cases} 0 & u_{ij} \geqslant u_{max} \\ (u_{max} - u_{ij})/(u_{max} - u_{min}) & u_{min} < u_{ij} < u_{max} \\ 1 & u_{ij} \leqslant u_{min} \end{cases} \quad (6\text{-}7)$$

式中，t_{ji} 表示目标 y_i 在水平 s_{ji} 下的隶属度；u_{ij} 表示目标 y_i 在水平 s_{ji} 下的消耗量。

3) 隶属度集

以单个目标评价向量为行所组成的隶属度矩阵为

$$\mathbf{T}_{ij} = \begin{bmatrix} t_{11} & \cdots & t_{1j} & \cdots & t_{1n} \\ t_{j1} & \cdots & t_{ji} & \cdots & t_{j6} \\ t_{n1} & \cdots & t_{ni} & \cdots & t_{n6} \end{bmatrix} = (t_{ji})_{n \times 6} \quad (6\text{-}8)$$

4. 联合系统的模糊优化

根据各目标的价格以及生铁生产过程中的消耗，可计算出各目标的权重系数隶属度，因而即可进行综合评价，即

$$A = (a_1, a_2, \cdots, a_j, \cdots, a_n) \quad (6\text{-}9)$$

其中，

$$a_j = (t_{j1}, t_{j2}, \cdots, t_{ji}, \cdots, t_{j6}) \times (q_{1j}, q_{2j}, \cdots, q_{jj}, \cdots, q_{6j})^{\mathrm{T}} \quad (6\text{-}10)$$

式中，a_j 表示各目标的权重系数隶属度；$\mathrm{Max}(a_j)$ 即为优化之最佳结果。

对于某钢铁联合企业，以钒钛磁铁矿为回收对象，先进行各目标参数的数学模型的建立，然后根据模糊评判法[式(6-8)]进行最佳精矿品位的多目标优化。根据采矿、选矿生产技术指标，建立选矿回收率、磨机处理能力及单位精矿能耗与精矿品位的关系模型；根据烧结矿中的生产消耗，拟合熔剂消耗与精矿品位的关系模型；同理，根据最近几年炼铁高炉的生产情况，建立高炉利用系数、焦炭消耗等与高炉入炉品位的关系模型。其优化步骤如下。

（1）先根据上述关系模型，确定各不同精矿品位下的各目标的消耗和利润。

（2）根据式(6-6)和式(6-7)计算某一目标在不同精矿物质品位水平下的隶属度。

（3）根据式(6-3)和式(6-4)计算各目标在同一精矿水平下的权重系数。

（4）根据式(6-9)和式(6-10)进行模糊评判优化，其优化结果见表6-5。

表6-5　采、选、烧、炼铁系统综合评价结构

精矿品位/%	烧结矿品位/%	入炉品位/%	隶属度/权重系数						评价结果
			利润	铁矿石消耗	熔剂消耗	焦炭消耗	电力消耗	煤消耗	
52.00	47.41	47.41	0.0000	1.0000	0.0000	1.0000	1.0000	1.0000	0.4552
			0.5111	0.1557	0.0337	0.1900	0.0502	0.0593	
52.50	48.12	48.12	0.1422	0.8420	0.1860	0.7916	0.8450	0.8300	0.4532
			0.5122	0.1572	0.0312	0.1866	0.0540	0.0588	

续表

精矿品位/%	烧结矿品位/%	入炉品位/%	隶属度/权重系数						评价结果
			利润	铁矿石消耗	熔剂消耗	焦炭消耗	电力消耗	煤消耗	
53.00	48.82	48.82	0.4467	0.6802	0.3652	0.5980	0.6851	0.6606	0.5354
			0.5131	0.1588	0.0288	0.1832	0.0577	0.0584	
53.50	49.55	49.55	0.6225	0.5153	0.5373	0.4220	0.5206	0.4929	0.5532
			0.5139	0.1603	0.0267	0.1798	0.0613	0.0580	
54.00	50.23	50.23	0.7713	0.3470	0.7012	0.2637	0.3515	0.3270	0.5585
			0.5145	0.1620	0.0247	0.1765	0.0649	0.0575	
54.50	50.94	50.94	0.8963	0.1752	0.8557	0.1230	0.1779	0.1627	0.5525
			0.5149	0.1636	0.0229	0.1731	0.0684	0.0571	
55.00	51.64	51.64	1.0000	0.0000	1.0000	0.0000	0.0000	0.0000	0.5365
			0.5152	0.1653	0.0213	0.1697	0.0718	0.0567	

从表 6-5 可以看出：①以利润、铁矿石消耗、熔剂消耗、焦炭消耗、电力消耗和煤消耗为优化目标，目标选取更全面；②在不同精矿品位下，各目标的权重系数是变化的；③生铁生产过程中所需的原料在各地的稀疏程度是不同的，反映在价格上，为当该物质较丰时价格较低，反之较高；这也完全反映在权重系数上[式(6-4)]，比较客观公正；④对于该联合企业，最佳铁精矿品位为 TFe54%。

根据上述多目标参数的优化决策，一般铁矿选矿厂通常生产出 50%、55%、60%、65% 等不同品级的产品，以适应市场的需求与效益的最大化。

6.4.2　不同品级的铝土矿产品的结构互补

铝土矿一般是指可工业利用的、以三水铝石和一水软铝石或者以一水硬铝石为主要矿物组成的矿石的总称。我国铝土矿资源较为丰富，到 2013 年，累计查明资源储量为 35 亿吨左右，但是矿石资源禀赋差，主要是品质最差的沉积型一水硬铝石矿资源，A/S 一般在 3～5。2013 年，我国绝大部分氧化铝生产工艺要求使用 A/S>7 的铝土矿石，而该部分铝土矿资源储量只有 8.51 亿吨，仅占我国资源储量的 24.31%，而 A/S>9 的铝土矿资源储量仅 4.67 亿吨，约占 13.34%。

我国铝矿石资源的特点，决定了资源利用困难、加工能耗高，氧化铝生产的能耗是国外的 1～4 倍(通常联合法为 32GJ/t - AO，拜耳法为 158.6GJ/t - AO，烧结法为 358.6GJ/t - AO)；而国外拜耳法能耗一般为 8.6～15GJ/t - AO，能耗最低的是以德国 VAW 为代表的管道化溶出生产技术，仅为 8.6GJ/t - AO[60]。

铝土矿开采的技术含量较低，资源浪费较为严重。我国铝土矿的开采是以露天民采为主，2003 年全国有民采矿山(点)约 741 个，采矿量约 1735t，占全年全国采矿量的 83%。民采矿山普遍存在乱挖滥采、采富弃贫和污染环境的现象，回采率一般只有 30%～60%。北方沉积型铝土矿露天开采的矿石回收率一般低于 90%，贫化率超过 10%。而采用地下开采的铝土矿山，由于开采技术条件更复杂，回收率仅有 30%～50%，资源浪费非常严重。

在考虑工艺和成本的同时，为了实现资源的综合利用，可以生产多个品级的产品，以满足不同的市场需求，最终实现资源的综合回收。建立铝土矿的资源保障程度与开发利用发展战略决策模型，必须先明确其中的决策问题[61~65]，因为决策问题分析是决策的基础,也是建立模型的前提条件。

根据对铝土矿资源的保障程度与开发利用科技发展战略决策问题的分析,需要建立模型求解其中的预测类、评价类和关系类问题,以对总决策问题中所涉及的各种技术经济变量进行预测,对国内外同行业的技术发展水平和整体科技实力进行评价,对各种技术经济变量之间的关系进行分析。在整个铝土矿资源保障程度与开发利用科技发展战略决策分析中,最终需要建立以下三类决策模型。

(1)预测模型。用于预测与铝土矿资源保障程度和开发利用水平相关的各种总量指标的未来变动情况。

(2)敏感性分析模型。用于分析影响铝土矿资源保障程度和开发利用水平的相关因素的影响力度,为科技政策和技术发展方向的确定提供依据。

(3)评价模型。用于评价铝金属工业的科技发展水平、各生产领域的技术水平。

1. 回归预测模型

以某公司 1981~2000 年的统计数据为样本,建立铝金属行业总体发展状况回归预测模型,如式(6-11)所示。

$$
\begin{cases}
TVO = e^{(1.389+0.403\ln(K)+0.557\ln(L)+0.589V)} \\
L = 1928847 - 280340t + 17570t^2 - 61817\cos\left(\dfrac{2\pi t}{5}\right) - 400417\cos\left(\dfrac{2\pi t}{7}\right) \\
\qquad - 1243482\sin\left(\dfrac{2\pi t}{11}\right) + 1158156\cos\left(\dfrac{2\pi t}{11}\right) - 1273054\cos\left(\dfrac{2\pi t}{15}\right) \\
K = e^{(-0.917+0.966\ln(K_{t-1})+0.122\ln(I))} \\
I = -761571.05 + 183.402GIP - 148625.44\sin\left(\dfrac{2\pi t}{9}\right) + 252694.614\sin\left(\dfrac{2\pi t}{11}\right) \\
\qquad + 214026.009\cos\left(\dfrac{2\pi t}{11}\right) - 252451.669\cos\left(\dfrac{2\pi t}{15}\right)
\end{cases}
$$

$$(6-11)$$

式中,TVO 为总产值;L 为行业就业量;V 为虚拟变量;K 为资本存量;I 为投资额;GIP 为工业总产值;t 为时间项。

根据铝工业和铝土矿资源的经济指标体系,建立反映主要铝金属品种开发利用情况的回归预测模型,主要是铝金属产品产量和消费量的预测模型。而进口量和出口量因为数据本身的特点,选用灰度预测模型预测。

1) 铝产量预测模型

铝产量预测模型如式(6-12)所示。

$$O = -12.696 + 1.072C + 0.75(X - M) \qquad (6-12)$$

式中,O 为铝金属产品的产量;C 为铝金属产品消费量;X 为出口量;M 为进口量,故 $(X - M)$ 为净出口量。

2) 铝消费预测模型

铝消费预测模型如式(6-13)所示。

$$C = e^{(3.625+0.00003558GDP+0.0001205t^3)} \qquad (6-13)$$

在上述回归模型中,需要以国内生产总值(GDP)或者工业生产总值(GIP)作为解释变量,它们由式(6-14)预测模型给出。

$$
\begin{cases}
GIP = 2005.015 + 0.262GDP \\
GDP = 8943.716 + 1193.904t + 529.316\cos\left(\dfrac{2\pi t}{5}\right) - 2872.964\sin\left(\dfrac{2\pi t}{11}\right) \\
\qquad\quad - 2480.475\cos\left(\dfrac{2\pi t}{11}\right) - 734.32\sin\left(\dfrac{2\pi t}{15}\right) + 5978.561\cos\left(\dfrac{2\pi t}{15}\right)
\end{cases}
\quad (6\text{-}14)
$$

式中,GDP 为国内生产总值;GIP 为工业总产值;t 为时间项。

在实际应用中,也可以根据其他研究者对 GDP 的专门预测资料,以获得未来的数据。

2. 敏感性分析模型

敏感性分析模型主要用来分析铝金属产品的产量对各自的技术经济指标变动的敏感程度,从而找出影响铝土矿资源保障程度的主要技术因素。

利用 BP 神经网络模型找出技术经济指标与产量的关系,并进行敏感性分析,其基本思路如图 6-1 所示。

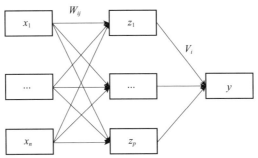

图 6-1　BP 神经网络示意图

(1) 输入层向量为 $X_k = [x_1^k, x_2^k, \cdots, x_n^k]$,$k = 1, 2, \cdots, m$。其中,$X$ 为金属产品生产的技术经济指标;n 为技术经济指标个数;m 为学习样本个数。

(2) 输出层向量为 $Y_k = [y^k]$,$K = 1, 2, \cdots, m$。其中,Y 为金属产出量;m 为学习样本个数。

(3) 中间层向量为 $Z_k = [z_1^k, z_2^k, \cdots, z_p^k]$,$K = 1, 2, \cdots, m$。其中,$Z$ 为中间层;p 为中间层个数;m 为学习样本个数。

(4) $W_{ij}(i = 1, 2, \cdots, n; j = 1, 2, \cdots, p)$ 为输入层到中间层的连接权 V_i,为中间层到输出层的连接权。

在上述计算的基础上,进行敏感性分析的方式如下:取最近一期的技术经济指标 x_1,$x_2 \cdots, x_m$,同时,取 $i = 1$,然后令 x_i 上下波动不同的幅度,其他技术经济指标值不变,输入到神经网络,计算出相应的产出值 y_0。并进一步计算出 y 随 x_i 变动的变动率 k_i。接下来取 $i = i + 1$,重复上述步骤,直至 $i = m$;由 k_i 的大小,即可反映出经济指标对产出的影响程度。

3. 评价模型

在金属资源保障程度和开发利用水平科技发展战略决策中,主要使用如下两种评价模型。

1) 铝金属生产的技术水平评价模型

该评价模型主要是把国内最新的技术经济指标与国外同期的技术经济指标通过计算一个综合技术水平系数来进行比较,其基本评价模型公式如式(6-15)所示。

$$T_i = \sum_{j=1}^{m} w_j X_{ij} \quad (i = 1, 2, \cdots, n; j = 1, 2, \cdots, m) \tag{6-15}$$

式中,T_i 为第 i 国的综合技术水平系数;X_{ij} 为第 i 国的第 j 种技术经济指标;w_j 为第 j 种技术经济指标所占权重。

根据技术经济指标所反映的技术侧面不同,我们把综合技术水平系数分成如下三类。

(1) 产出技术水平系数。以评价与产出有关的技术经济指标综合水平,指标选择依照前面敏感性分析模型的结果,选取对产出影响较大的技术经济指标进行综合评价,每种技术经济指标的权重也与对产出的影响程度直接相关。

(2) 质量技术水平系数。以评价与生产质量有关的技术经济指标综合水平,选取与产品品质相关的技术经济指标,如矿石品位、精矿品位、冶炼回收率、劳动生产率等;权重通过专家打分确定。

(3) 能耗技术水平系数。以评价与能源消耗有关的技术经济指标综合水平,取与能耗相关的技术经济指标,如综合能耗、煤耗、电耗等;权重也通过专家打分确定。

2) 铝金属产业整体科技发展水平评价模型

该评价模型利用突变级数法综合评价金属产业整体科技发展水平的基本思路。

(1) 组织评价目标体系,即对评价目标进行多层次分解。

(2) 确定评价目标体系各层次的突变系统类型。

根据突变级数法的基本原理,科技产出系统为蝴蝶突变系统,且为互补型,控制变量标记为 c、d、a、b;科技投入系统为燕尾突变系统,控制变量标记为 a、b、c;科技成果系统为蝴蝶突变系统,亦为互补型,控制变量标记为 c、d、a、b;科技人员系统为蝴蝶突变系统,控制变量标记为 c、d、a、b。最上层的科技发展水平评价系统为蝴蝶突变系统,也是互补型,控制变量标记为 x_C、x_D、x_A、x_B。

(3) 利用归一公式进行评价排序。计算被评价单位(各国的有色金属行业)最底层评价指标的控制变量,按照突变级数法的要求,控制变量必须取 $0 \sim 1$ 的数值,且能分出各被评价单位在该指标上的等级,故利用式(6-16)

$$y_{ij} = \frac{P_{ij} - \min_{1 \leqslant j \leqslant n} P_{ij}}{\max_{1 \leqslant j \leqslant n} P_{ij} - \min_{1 \leqslant j \leqslant n} P_{ij}} \quad (i = 1, 2, \cdots, m) \tag{6-16}$$

式中,y_{ij} 为第 j 个被评价单位的某个目标体系中第 i 个指标的控制变量数值;P_{ij} 为第 j 个被评价单位的某个目标体系中第 i 个指标的指标数值;n 为被评价单位数;m 为某个目标体系中的指标个数。

(4) 利用归一公式计算各被评价单位各评价指标控制变量的突变级数,其中,突变系统的归一公式为

$$\begin{cases} x_a = \sqrt{a} \\ x_b = \sqrt[3]{b} \\ x_c = \sqrt[4]{c} \end{cases} \quad (6\text{-}17)$$

(5)取每个被评价单位的各评价子系统的突变级数,并作为上一层评价系统各指标的控制变量。例如,在科技产出评价系统中,取出一个指标控制变量的突变级数作为科技发展水平评价系统中的科技产出这一指标的控制变量。取级数的原则是按照突变级数法的要求,非互补型突变系统以"大中取小"的原则来取,即取突变级数最小的一个;而互补型突变系统取各突变级数的平均数,所以有

$$\begin{cases} x_C = \dfrac{x_a + x_b + x_c + x_d}{4} \\ x_D = \min(x_a, x_b, x_c) \\ x_A = \dfrac{x_a + x_b + x_c + x_d}{4} \\ x_B = \min(x_a, x_b, x_c, x_d) \end{cases} \quad (6\text{-}18)$$

按归一公式计算各被评价单位科技发展评价系统各指标控制变量(x_C、x_D、x_A、x_B)的突变级数,并按互补型取突变级数的方法计算总的突变级数作为各被评价单位科技发展水平综合评价的最后得分。

6.4.3　不同品级的钨矿产品的结构互补

我国是钨资源大国,黑钨矿资源尤为丰富。长期以来,由于"采富弃贫、采易弃难"的现象屡禁不止,已造成"贫、细、杂"的难选钨矿资源所占的开采比例日益增大;再加上,钨矿通常采用传统的分选工艺,只解决主金属矿物的回收工艺与技术问题,对伴生组分的适应性较差,造成钨矿资源综合利用的整体水平比较低、伴生资源浪费严重。

钨矿作为综合性的矿产资源,其最终的选矿产品除了主要产品黑钨精矿和白钨精矿之外,通常还有铜、铅、锌、钼、铋等金属的硫化矿精矿产品,甚至还有随硫化矿伴生的金、银等贵金属的综合回收而可单独计价的最终产品。

钨矿山企业能否最终盈利,主要取决于选矿产品的组合。由于分选工艺的差异,可能会获得不同的产品组合,两者相互影响,甚至可能出现此消彼长或者此长彼长或者此消彼消的情况。不同的产品组合,其盈利水平很可能是不同的。由于选矿产品的销售额最终由产品的指标来确定,不同指标的产品可分为不同的品级;指标越好,品级越高,产品价格也就越高。同时,不同组合的产品种类可能需要投入的选矿成本也是不同的。因此,如果产品种类越多或者产品指标越好,并不能代表选矿利润越高。例如,如果产品的品级低,即使产品种类再多,也不可能获得满意的产值。反之,假使产品指标能够满足品级要求,如果产品种类增加,而其附加产值小于投入的附加成本,那也不经济。

综上所述,只有选矿产品的种类与产品指标有机结合,才能够反映钨矿资源综合回收工艺的高效性,才能充分地保证钨矿资源综合利用的重要价值。换言之,就是在满足技术可行、经济合理、环境效益优先的前提下,在保证主产品钨精矿质量的基础上,尽可能地综合回收多金属硫化矿、锡石、金、银及稀有金属等共伴生矿物,才能提高钨矿资源的综合价

值,才能实现选矿产品的有机结合。

假设 Y 为某钨矿山全年选矿厂的总利润值(不含税,单位为元), I 为选矿产品产值(元), S 为年选矿成本(元,包括水电消耗、员工工资、设备折损费、设备修理费、选矿药剂耗费等)[66],则

$$Y = I - S_\text{选} \tag{6-19}$$

由于同种选矿产品按不同的品位可分为不同的品级,品级不同,产品销售的价格就会不一样;同时,选矿产品的计价方式可按精矿产量计价与金属含量计价两种方式,据此可以得出式(6-20)。

$$I = Q \cdot \left(\sum_{i=1}^{n} \sum_{a=1}^{l} \gamma_{ia} \cdot R_{ia} + \sum_{j=1}^{m} \sum_{b=1}^{k} \gamma_{jb} \beta_{jb} R_{jb} \right) \tag{6-20}$$

则有

$$Y = Q \cdot \left(\sum_{i=1}^{n} \sum_{a=1}^{l} \gamma_{ia} \cdot R_{ia} + \sum_{j=1}^{m} \sum_{b=1}^{k} \gamma_{jb} \beta_{jb} R_{jb} \right) - S_\text{选} \tag{6-21}$$

式中, Q 表示某钨矿选矿厂的年处理量(吨); N 表示以精矿产量计价的产品数目; I 表示精矿产品的品级等级数; γ_{ia} 表示等级为 a 的 i 精矿产品的产率(%); R_{ia} 表示等级为 a 的 i 精矿产品的市场价格(元/吨); M 表示以金属含量计价的元素种类数目; K 表示以金属含量计价的精矿产品等级数(假设分为 1、2、$\cdots$、k 等级); γ_{jb} 表示等级为 b 的含 j 金属的精矿产品的产率(%); β_{jb} 表示等级为 b 的 j 金属在精矿中的品位(g/t); R_{jb} 表示等级为 b 的 j 金属的市场价格(元/克)。

早在 1994 年,韩旭里[67]对柿竹园多金属矿的钨、铋选矿产品方案进行了最优化研究,开发了包括优化模型、计算机求解软件的优化系统等。

钨、铋选矿产品方案最优化的原则一般如下:将选矿和冶炼作为一个系统,在达到较优的综合回收率的前提下,以利润最优为目标,通过建立钨、铋选矿产品方案的最优化数学模型,运用微机求解,给出钨、铋选矿产品的最优方案。关于钨、铋选矿产品方案的优化是根据不同的生产成本和产品价格,对固定的冶炼产品方案计算得出的最优方案。当各方面的情况发生变化时,只需将变化的参数输入优化系统即可。

1) 冶炼产值

根据柿竹园钨、铋选矿产品的特点,钨、铋均有精矿和中矿两种产品。因此,需要考虑这两种产品的冶炼产值,其产值计算为

$$F_1 = Q\alpha(\varepsilon_1\tilde{\varepsilon}_1 + \varepsilon_2\tilde{\varepsilon}_2)P \tag{6-22}$$

式中, F_1 为冶炼产值(元); Q 为选矿处理量(t); α 为选矿给矿品位; ε_1 为选矿精矿回收率; ε_2 为选矿中矿回收率; $\tilde{\varepsilon}_1$ 为处理精矿的冶炼回收率; $\tilde{\varepsilon}_2$ 为处理中矿的冶炼回收率; P 为冶炼产品价格(元/吨金属)。

式(6-22)是假定精矿和中矿都生产同一种冶炼产品。目前钨、铋产品价格不稳定,因此可取几种可能的价格进行优化计算。

2) 选矿成本

考虑成本的不同取值范围进行计算,以供决策者结合实际情况进行对比参考。假设选矿生产成本在 $C_{\min}$ 与 $C_{\max}$ 之间,对不同的选矿产品品位 β 和回收率 ε ,其成本在 $C_{\min}$ 与 $C_{\max}$

之间进行插值,单位成本的计算公式为

$$C = C_{min} + 0.5(C_{max} - C_{min})[(\beta - \beta_{min})/(\beta_{max} - \beta_{min}) + (\varepsilon - \varepsilon_{min})/(\varepsilon_{max} - \varepsilon_{min})] \quad (6\text{-}23)$$

式中,β_{min}表示品位的最小下限;β_{max}表示品位的最大上限;ε_{min}表示回收率的最小下限;ε_{max}表示回收率的最大上限;C_{min}表示品位和回收率分别为β_{min}和ε_{min}时的单位成本;C_{max}表示品位和回收率分别为β_{max}和ε_{max}时的单位成本;C表示品位和回收率分别为β和ε时的单位成本。

生产精矿和中矿,选矿总成本的计算公式为

$$F_2 = Q\alpha(\varepsilon_1 C_1 + \varepsilon_2 C_2) \quad (6\text{-}24)$$

式中,F_2为选矿成本(元);Q为选矿处理量(t);α为选矿给矿品位;ε_1为选矿精矿回收率;ε_2为选矿中矿回收率;C_1为生产精矿的单位成本(元/吨金属);C_2为生产中矿的单位成本(元/吨金属)。

3) 冶炼成本

冶炼成本也是按不同取值范围进行的。假设冶炼成本在$\widetilde{C}_{min}$与$\widetilde{C}_{max}$之间,对处理品位为β的选矿产品,其冶炼成本在$\widetilde{C}_{min}$与$\widetilde{C}_{max}$之间进行插值,单位成本的计算公式为

$$\widetilde{C} = \widetilde{C}_{min} + (\widetilde{C}_{max} - \widetilde{C}_{min})(\beta - \beta_{min})/(\beta_{max} - \beta_{min}) \quad (6\text{-}25)$$

式中,β_{min}表示选矿产品品位的最小下限;β_{max}表示选矿产品品位的最大上限;$\widetilde{C}_{min}$表示选矿品位β_{min}时的单位成本;$\widetilde{C}_{max}$表示选矿品位为β_{max}时的单位成本;$\widetilde{C}$表示选矿品位为β时的单位成本。

按处理精矿和中矿计算,冶炼总成本的计算公式为

$$F_3 = Q\alpha(\varepsilon_1 \widetilde{\varepsilon}_1 \widetilde{C}_1 + \varepsilon_2 \widetilde{\varepsilon}_2 \widetilde{C}_2) \quad (6\text{-}26)$$

式中,F_3为冶炼成本(元);Q为选矿处理量(t);α为选矿给矿品位;ε_1为选矿精矿回收率;ε_2为选矿中矿回收率;$\widetilde{\varepsilon}_1$为处理精矿的冶炼回收率;$\widetilde{\varepsilon}_2$为处理中矿的冶炼回收率;$\widetilde{C}_1$为处理选矿精矿的单位成本(元/吨金属);$\widetilde{C}_2$为处理选矿中矿的单位成本(元/吨金属)。

4) 目标函数

目前有色金属矿产品均由产品税改征增值税,故计算利润时,只考虑增值税,税率为17%,并对计算增值税额时的扣除项目不做考虑。这样选矿产品方案的最优化目标函数为

$$F = (1 - 17\%)F_1 - F_2 - F_3 \quad (6\text{-}27)$$

式中,F表示有色金属矿产品利润(元);F_1表示冶炼产值(元);F_2表示选矿成本(元);F_3表示冶炼成本(元)。

这是一个以选矿精矿品位和回收率、中矿品位和回收率为变量的非线性函数,完整地反映了利润指标。

5) 约束条件

根据目前的选矿生产水平,钨精矿产品的品位和回收率的取值范围分别如下:$65\% \leqslant \beta_1 \leqslant 72\%$;$70\% \leqslant \varepsilon_1 \leqslant 80\%$。

钨中矿产品的品位和回收率的取值范围分别如下:$10\% \leqslant \beta_2 \leqslant 20\%$;$5\% \leqslant \varepsilon_2 \leqslant 10\%$。

　　铋精矿产品的品位和回收率的取值范围分别如下:$30\% \leqslant \beta_1 \leqslant 45\%$;$60\% \leqslant \varepsilon_1 \leqslant 74\%$。

　　铋中矿产品的品位和回收率的取值范围分别如下:$5\% \leqslant \beta_2 \leqslant 15\%$;$5\% \leqslant \varepsilon_2 \leqslant 10\%$。

　　以上通过限制回收率下限的办法,可保证资源综合回收较优。

　　模型中以选矿和冶炼的生产成本、产品价格为参数,对不同的生产成本和产品价格,可迅速得出钨、秘选矿产品方案的最优化结果。

　　针对钨矿中伴生矿物之间性质的差异,结合生产多类和不同品级的精矿产品的评价方法,采用相应的选矿方法,就可以实现资源的综合回收。

参考文献

[1] 刘晓红,董延涛. 矿产节约与综合利用技术经济评价方法初探[J]. 矿产保护与利用,2012,(2):1~4.

[2] 鹿爱莉,孙志伟,马静. 国内外矿产资源开发利用技术经济评价[J]. 中国矿业,2008,(3):11~13.

[3] 孙丽萍. 技术经济分析[M]. 北京:科学出版社,2005.

[4] 肖礼菁. 钨矿资源综合回收工艺的技术经济评价研究[D]. 江西理工大学士学位论文,2013.

[5] 《矿产资源综合利用手册》编委会. 矿产资源综合利用手册[M]. 北京:科学出版社,2000.

[6] 刘怀,钱鑫. 磨矿分级的学习智能控制系统的研究[J]. 金属矿山,1999,(12):44~46,50.

[7] 李克庆,袁怀雨,胡永平,等. 歪头山铁矿合理人选品位综合评价研究[J]. 金属矿山,1998,(12):22~25.

[8] 王建纲. 铁矿石精选技术与经济[M]. 北京:冶金工业出版社,1992.

[9] 余永富,段其富. 降硅提铁对我国钢铁工业发展的重要意义[J]. 矿冶工程,2002,(3):1~6.

[10] 麦笑宇,曹佳宏,余永富. 矿产资源开发利用评价技术研究展望[J]. 矿冶工程,2002,(4):44~45.

[11] 何贤伟. 优化矿石产品结构的探讨[J]. 南方钢铁,1995,(2):6~9.

[12] 宋守志,钟勇,邢军. 矿产资源综合利用现状与发展的研究[J]. 金属矿山,2006,(11):1~4.

[13] 魏晓平. 矿产资源可持续利用的新探索[J]. 中国地质大学学报(社会科学版),2013,(4):42~44.

[14] 杨奕旗. 广西大厂多金属矿综合回收新进展[J]. 金属矿山,2009(增):61~65.

[15] 吴伯增,陈建明,王熙力,等. 步分支磨矿和磨选循环新技术:中国,CN200610124838.7[p]. 2006-10-19.

[16] 李碧平. 柿竹园Ⅰ矿带硫化矿综合回收铜铅锌的工艺研究[J]. 有色金属(选矿部分),2010,(3):1~4.

[17] 尹京武,李铉具,崔庆国,等. 湖南省柿竹园矽卡岩矿床中石榴石特征[J]. 地球科学,2000,25(2):163~171.

[18] 申少华,李爱玲. 湖南柿竹园多金属矿石榴石资源的开发利用[J]. 矿产地质,2005,(4):432~435.

[19] 邓全淋,赵华伦,王恒峰,等. 难选低品位多金属矿石综合回收锌的研究与生产实践[J]. 有色金属(选矿部分),
　　　2012,(4):4~7.

[20] 刘雁鹰,杨秦莉. 金堆城钼尾矿中铜铁硫的综合回收[J]. 中国矿山工程,2004,(3):15~17.

[21] 蒋毅. 玉龙铜矿硫化矿选矿产品方案的优化选择[J]. 有色金属设计,2005,(4):8~15.

[22] 唐洋. 杜达铅锌矿精矿产品方案的确定[J]. 中国矿山工程,2004,33,(4):17~19.

[23] 谭其尤,陈波,张裕书,等. 攀西地区钒钛磁铁矿资源特点与综合回收利用现状[J]. 矿产综合利用,2011,(6):6~9.

[24] 王静,王晓铁. 白云鄂博矿稀土资源综合利用及清洁生产工艺[J]. 稀土,2006,(1):103~105.

[25] 程建忠,侯运炳,车丽萍. 白云鄂博矿床稀土资源的合理开发及综合利用[J]. 稀土,2007,(1):70~74.

[26] 李建. 白云鄂博稀土资源的利用现状、主要问题及解决对策[J]. 山西师范大学学报,2008,(1):76~77.

[27] 舒波,张仁杰,廖彬. 锡铁矿处理技术的研究进展[J]. 材料导报,2013,(22):98~101.

[28] 张禹侯. 锡铁综合利用途径的探讨[J]. 矿产综合利用,1982,(2):78~82.

[29] 牛福生. 某锡铁矿选矿厂选矿工艺优化研究与实践[J]. 中国矿业,2009,(1):81~82.

[30] 江中简,顾奇. 论我国复合锰矿的综合利用[J]. 鞍山钢铁学院学报,1984,(4):7~10.

[31] 张永康,周润宇. 我国非金属矿资源综合利用形势分析及对策[J]. 四川建材学院学报,1987,(3):53~59.

[32] 李志国,崔周全. 我国磷矿资源节约与综合利用关键技术[J]. 现代矿业,2013,(6):1~4.

[33] 王巧燕,唐安江,陈云亮. 磷矿伴生氟、硅资源的综合利用[J]. 磷肥与复肥,2014,(2):41~43.

[34] 唐安江. 湿法处理磷矿石过程中生产高纯度四氟化硅的方法:中国,102001666A[P]. 2011-04-06.

[35] 聂羽. 孙村煤矿调整产品结构的实践[J]. 山东煤炭科技,2002,(5):41~42.

[36] 郑均笛. 对陕北、鄂尔多斯地区动力煤选煤厂产品结构设置的看法[J]. 煤炭加工与综合利用,2013,(2):37-39.

[37] 童雄. 尾矿资源二次利用的研究与实践[M]. 北京:科学出版社,2013.

[38] 王雅富. 尾矿资源的综合利用研究与实践[J]. 有色金属(选矿部分),1992,(2):37~42.

[39] 杜计划. 从尾矿中综合回收铜、铁资源的技术与实践[J]. 金属矿山,1997,(6):18.

[40] 曾懋华. 从凡口铅锌矿尾矿中回收硫精矿的研究[J]. 矿冶工程,2007,27(1):36~44.

[41] 潘项绒. 银铜坡金矿尾矿资源综合回收的研究与应用[J]. 矿业快报,2000,(1):21.

[42] 王毓华. 从某钽铌尾矿中回收长石和石英的试验研究[J]. 中国矿业,2005,14(9):38~40.

[43] 梁永顺,崇文德. 金川铜镍矿产资源综合利用和矿山生态环境建设[J]. 有色金属,2002,54(2):111~113.

[44] 曹永忠. 浅论有色金属矿山废渣的综合利用[J]. 有色矿山,1992,(6):41~44.

[45] 潘一舟,周访贤. 钼铁矿尾矿在水泥生产中的应用[J]. 金属矿山,1992,(2):49~51.

[46] 刘维阁. 浅谈有色金属矿山开采中非金属矿产的综合回收[J]. 新疆有色金属,2001,(1):17~20.

[47] 张锦瑞,王伟之,李富平,等. 金属矿山尾矿综合利用与资源化[M]. 北京:冶金工业出版社,2002.

[48] 王红,吴刚,张丽. 尾矿资源化与矿山的可持续发展[J]. 化工矿物与加工,2009,(3):30~31.

[49] 杨双平,李三军,刘新梅. 冶金弃渣综合利用与展望[J]. 浙江冶金,2007,(3):1~5.

[50] 赵俊学,李小明,唐雯聃,等. 钢渣综合利用技术及进展分析[J]. 鞍钢技术,2013,(3):1~6.

[51] 王向锋,于淑娟,侯洪宇,等. 鞍钢钢渣综合利用现状及其发展方向[J]. 鞍钢技术,2009,(3):11~14.

[52] 刘硕,张亚辉. 国内外钢铁冶炼渣综合利用概况[J]. 有色金属(选矿部分),2013(增):28~31.

[53] 张体富,邓戈,解琦. 铜冶炼渣的资源化利用[J]. 冶金能源,2012,(5):48~52.

[54] 王福生,车欣. 浸锌渣综合利用现状及发展趋势[J]. 天津化工,2010,(3):1~3.

[55] 黄柱成,张元波,姜涛. 浸锌渣中银、镓及其它有价元素综合利用研究[J]. 金属矿山,2007,(3):81~83.

[56] 赵军伟,郭敏,赵恒勤. 矿产资源开发利用效率评价构想[J]. 中国矿业,2012,(8):60~63.

[57] 石云良,麦笑宇,曹佳宏. 铁精矿品位的多目标优化[J]. 矿业工程,2003,(4):46~48.

[58] 石云良,麦笑宇,曹佳宏. 成本法——铁精矿品位优化的新方法[A]//中国金属学会. 2003 中国钢铁年会论文集[C]. 北京:冶金工业出版社:284~288.

[59] 胡永平,袁怀雨,刘保顺,等. 铁精矿品位的多目标优化决策[J]. 金属矿山,1997,(12):25~28.

[60] 李旺兴. 2030 年世界氧化铝工业技术发展指南[J]. 铝镁通讯,2011,(2):1~4.

[61] Hu D, Chen X. Study on the vector space of decision support system related problems[A]. Proceedings of 2002 International Conference on Management Science and Engineering. Moscow,2002.

[62] 张立明. 人工神经网络的模型及其应用[M]. 上海:复旦大学出版社,2004.

[63] 都兴富. 突变理论在经济领域的应用[M]. 成都:电子科技大学出版社,1994.

[64] 李祥仪,李仲学. 矿业经济学[M]. 北京:冶金工业出版社,2005.

[65] 杨海洋. 基于铝土矿资源供给的发展战略决策研究[J]. 矿业工程,2008,(2):104~108.

[66] 肖军辉,樊珊萍,王振,等. 湖北低品位钨钛多金属矿综合回收试验研究[J]. 稀有金属,2013,37(4):654~665.

[67] 韩旭里,李松仁. 钨、铋选矿产品方案优化研究[J]. 中南矿冶学院学报,1994,4(25):167~170.

第7章 互补效应对复杂难处理矿石资源综合利用的示范作用

世界范围内的矿产资源主要分布在澳大利亚、美国、加拿大、南非、俄罗斯、中国、印度、智利等国家和地区。国外的矿山大多以富矿为主,矿物加工性能好;而中国矿产资源多为加工困难的劣质、复杂矿种,这种资源的物性特点,给开发与加工带来了很多困难,同时也促进了分选技术的较大发展,因此单从矿产资源的加工技术来看,中国很多的分选工艺与技术处于国际领先水平,这是由中国矿产资源的特点所决定的。

本章关于复杂难处理矿产资源多层次利用的互补效应与体系承接了目前矿石资源加工与综合利用的理论、技术与设备的研究内容,创新性地提出了五项互补效应,构建了复杂矿石资源综合利用的整体构架系统,对复杂矿的综合利用具有非常重要的指导作用。

7.1 互补效应对大红山式复杂铁矿资源综合利用的示范作用

复杂难处理矿石资源的综合利用除了需要考虑技术可行性的研究外,还必须研究尾矿资源的综合利用及其资源化、产品多元化、综合经济评价等问题,实现一次性抛尾,避免二次开采与多次分选等问题。因此,为了更好地指导生产实践,针对贫铁矿资源综合利用面临的问题,基于复杂矿石资源综合利用的互补效应的研究与实践,不仅需要从矿物加工技术的角度寻求解决问题的方案,而且需要转换思路,构建与定位现代分选的新理念与理论模式,才能找到最佳的解决方案。

以大红山式复杂铁矿资源高效利用为例,我们从矿石破碎、工艺流程、分选设备及多品级产品等角度,提出了不同于常规分选的理论观点与技术路线,作为大红山式铁矿资源高效分选的理论与技术支撑,以期对同行有所裨益。

7.1.1 大红山铁矿资源概况

大红山矿区位于云南省玉溪市新平县戛洒镇,铁矿资源丰富,铁矿体主要产于红山组变钠质熔岩及石榴角闪绿泥片岩中,矿岩属于坚硬、半坚硬岩石,稳固性好;具有工业价值的铁矿含矿带共5个,可划分为浅部铁矿、深部铁矿、曼岗河岸铁矿、哈姆白祖铁矿和Ⅰ号铁铜矿段。大红山铁矿是火山岩型矿床的典型代表,在玉溪大红山矿业有限公司的矿权范围内的地质资源储量共计5.67亿吨、铁矿石量4.85亿吨、平均品位40%左右、经济价值为3000多亿元,铜矿石量0.83亿吨、平均品位0.45%左右、铜金属约37.3万吨、经济价值200多亿元;浅部品位为19.95%的低质铁矿的铁金属量1430.8万吨,其中含铜铁矿913.76万吨,品位为21.19%的低质铁矿的铁金属量193.6万吨,铜金属量2.30万吨,低品位铁矿资源的价值300多亿元。

玉溪大红山矿业有限公司大红山铁矿是我国最先进、井下开采规模第一的铁矿山，1250万吨/年的选矿规模居我国前八名、西部第三名、西南第二名、云南第一名；每年排放铁综合品位11%以上、537万吨左右的尾矿，其潜在经济价值约5.81亿元。因此，对这类复杂矿资源的高效利用研究与应用，可以扩大铁矿资源的可利用储量，提高资源的综合利用率，对国内外类似矿山具有重要的示范作用。

7.1.2 大红山铁矿资源的复杂性及需要解决的关键技术

大红山铁矿资源的复杂性主要体现为"234"的特点，即"2多、3近、4高"。

（1）"2多"是指磁铁矿与赤褐铁矿的嵌布粒度微细，常被石英和长石等包裹而形成较多的连生体和包裹体，即使细磨也不易与石英、长石等解离，导致微细颗粒不易被回收、精矿品质不高、尾矿中铁的损失率大。

（2）"3近"是指带铁硅酸盐脉石的比磁化系数、密度和表面化学性质等与赤褐铁矿的非常相近，这是大红山铁矿石的重要特征，它严重地影响重、磁、浮的分选过程；工艺矿物学研究表明，原矿中主要目的矿物为磁铁矿与赤褐铁矿，磁铁矿和赤褐铁矿中铁的分布率分别占铁总量的56.68%和35.85%；主要脉石矿物为绿泥石、白云母、石英和长石等，其中部分脉石矿物中存在类质同象的铁离子，导致硅酸盐脉石的比磁化系数和比重较大，与赤褐铁矿的比磁化系数非常相近，致使磁选和重选的选择性都差，铁精矿中钠等杂质含量高，铁精矿品位难以提高。

（3）"4高"是指原生和次生的微细颗粒含量高、原矿和次精矿中硅酸盐含量高；$-19\mu m$原矿中磁铁矿和赤褐铁矿含量分别占15%以上和33%，部分呈似鲕状结构；由于磁铁矿和赤褐铁矿的硬度差异大，磁铁矿难磨、颗粒粗，赤褐铁矿易磨、颗粒细，导致部分铁矿物解离度不够、部分严重过粉碎和泥化，碎磨产品中$-19\mu m$占10%；此外，原矿中硅酸盐含量达45%以上，50品级和35品级的铁中间产品中SiO_2含量分别为15%左右和29%左右。

因此，如何实现大红山铁矿高效率、低成本、绿色的分选，需要解决以下四项关键技术。

（1）选择性的碎磨技术：实现矿石合理的破碎与目的矿物的充分解离。

（2）高效的分选技术：主要包括与矿石的特殊"物性"相适应的选择性脱硅技术，强化微细颗粒和泥化的有用矿物的回收技术等。

（3）建立合理的多品级的产品结构，实现目的矿物最大限度回收，降低尾矿损失，实现一次性抛尾，避免尾矿的二次开采与多次分选。

（4）构建工业生产的大型化、自动化与精细化互补的分选工艺与设备，将科技创新最大化地转化为生产力。

7.1.3 大红山铁矿资源高效综合利用的互补效应

大红山铁矿综合利用过程中存在的问题，其实质在于如何建立适合该矿石物性的互补体系，在五项互补效应与模式研究的基础上，通过对大红山铁矿分选技术的不断改进与创新，最终构建了适合大红山式铁矿综合利用的四项互补分选技术[1,2]，如图7-1所示。

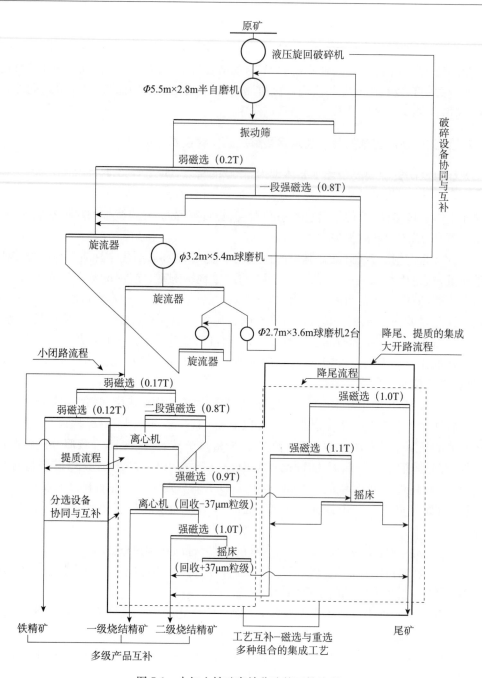

图 7-1　大红山铁矿高效分选的互补流程

1. 粒度互补

针对原矿中磁铁矿、赤铁矿物的嵌布粒度微细，$-19\mu m$ 原矿中磁铁矿和赤褐铁矿含量分别占 15% 以上和 33% 的物性特点，采用"SABC"破碎流程，构建了"半自磨破碎与顽石破碎"之间的互补，采用阶段磨矿、阶段选别的三段磨选技术，一段磨矿采用 $\Phi 5.5m\times$

2.8m 半自磨机,新增 Φ 3.2m×5.4m 溢流型球磨机为二段磨矿,将原来 Φ 2.7m×3.6m 溢流型球磨机改为三段磨矿,形成了二、三段连磨并分别与 Φ 350mm 旋流器、陆凯筛形成闭路磨矿的工艺流程;阶段磨矿、阶段选别的工艺流程可使硬度低、嵌布粒度粗的磁铁矿首先解离和分选,然后通过再磨流程使硬度高、嵌布粒度细的赤褐铁矿解离,增加顽石破碎工艺,使嵌布粒度极细、难以解离的铁矿物达到分选的解离要求,最终磨矿细度为 $-0.045mm$ 的占 80%,该细度与原矿中磁铁矿、赤褐铁矿的微细粒嵌布粒度相符合,降低了矿石的过粉碎和泥化现象,消除了 $-10\mu m$ 对分选过程的影响,实现了在合理的互补效应下磁铁矿与赤褐铁矿颗粒的有效解离,以及两种目的矿物在不同分选阶段的分步回收与高效分选。

2. 工艺互补

建立了"小闭路与大开路"的分选流程,形成了磁选、重选与浮选之间的工艺互补、"开路流程与闭路流程"之间的互补,使解离的矿物优先分选出来,连生体矿物合理返回,降低了贫连生体对选别过程的干扰,减少了弱磁性矿物的损失。同时,根据磁铁矿、赤褐铁矿与脉石矿物之间的比磁化系数和密度之间的相近性与差异性,确定了合理分选的磁场强度,形成了"磁性矿物的梯级场强磁分离互补技术";对粒级较细、有用矿物与脉石矿物的比磁化系数非常相近的矿石,形成了"微细粒矿物的强磁—离心重选的互补技术"。

3. 设备协同与互补

根据大红山铁矿石的碎磨特性,建立了液压旋回破碎机、半自磨机与球磨机等设备之间的优势互补碎磨模式。大红山铁矿井下原矿出矿块度为 850mm,液压旋回破碎机的破碎比较大,产品均匀且处理量大,其破碎产品的最大粒度为 250mm,与半自磨机的 250～0mm 的给矿粒度要求完全吻合,且两者的处理量与选矿厂规模相当。由于部分铁矿物的嵌布粒度细,如果采用增加半自磨机的尺寸和功率来达到磨矿细度要求,会导致经济上不合理,所以采用液压旋回破碎机+半自磨机+球磨机的破碎设备组合,不仅可使每种设备在其最优条件下发挥最大的碎磨能力,形成不同设备之间的优势互补,而且半自磨工艺不需要常规的中细碎流程,缩短了破碎流程;半自磨+球磨的碎磨矿流程可增加磨矿系统的稳定性,对原矿石的可磨性变化起到"缓冲"作用,保证了磨矿产品细度的稳定。

另外,针对不同粒度、不同磁性的有用矿物,采用 Slon 强磁选机回收磁性矿物、Slon 离心机分选 $-37\mu m$ 细粒级、摇床回收 $+37\mu m$ 粒级的离心机尾矿,实现"磁选设备与重选设备"的合理匹配,取得针对微细粒高效回收的优异指标。Slon 立环脉动高梯度磁选机运行稳定、处理量大[3],一次高梯度强磁选可抛弃大量的低品位尾矿,用于精选难以获得很高的铁精矿品位;用于粗选作业,具有富集比大、铁回收率较高、选矿效率高的优点。而 Slon 离心选矿机的精选能力要优于 Slon 强磁选机的精选能力,用于精选作业,则较好地解决了含少量磁铁矿和大部分石英的贫连生体难以剔除的问题,但是难以有效回收利用尾矿中损失的铁金属;这两种设备相结合,相互补充、相得益彰。因此,成熟的 Slon 立环脉动高梯度磁选机-Slon 离心选矿机的复合工艺与设备,可以实现优势互补,将集成设备的优势最大化。

4. 产品互补

根据大红山铁矿资源的可选性与选矿技术手段、综合经济效益的分析与评估,最终形成了 SiO_2 含量为 7%、铁品位为 62% 品级的铁精矿,SiO_2 含量为 9%、铁品位为 50% 品级的一级铁精矿,以及铁品位为 40% 品级的二级中间产品的多品级的产品结构,使铁综合回收率达到 80% 左右,尾矿中铁的含量由 16% 以上降至 10% 左右;该多品级的产品结构特点,不仅以满足矿山需求为目标,而且综合考虑了高炉炼铁对铁原料的要求,62% 品级以上的铁精矿为高炉炼铁的优质原料,可以尽可能降低炼铁过程的矿铁比、焦比,提高生铁产量,同时一级铁精矿以平衡高品位精矿带来的精矿价格变化对入炉价格的影响,降低生铁生产成本;而二级铁中间产品则以铁矿资源的高效回收为目标,从资源的源头提高铁矿的总回收率,然后通过其他分选技术或者冶炼技术进一步提高铁品位,或者作为冶炼工艺的配矿产品出售。通过对互补技术的深入改进与产品结构的优化,与技术改造前相比,大红山选矿厂每年可以新增销售收入约 7 亿元,同时为昆钢冶炼厂每年节约冶炼成本约2.5 亿元。

从大红山式复杂铁矿资源综合利用的研究与产业化应用实例,不难看出,在复杂矿资源综合利用的互补效应与模式的指导下,开发针对复杂矿资源(包括非经济储量资源)的高效、低成本的分选新技术和综合利用技术,对已探明的具备经济价值的"非经济储量资源"划归经济储量资源、延长矿山服务年限、提高矿山效益和我国矿石的自给率、缓解进口矿的压力,均具有十分重要的现实意义。

因此,互补效应与理论的研究、构建与完善,将极大地丰富碎磨、浮选、重选、磁电选、矿物化学处理等经典分选的基础理论与实践,对整体提高矿冶过程资源的综合利用效率、优化资源选冶过程的能量配置、形成和谐的矿冶体系,都具有极其重要的理论研究意义与重大的实际价值。

7.2 互补效应对铜锌锡铟复杂多金属矿资源综合利用的示范作用

中国有色金属矿产资源中 85% 以上为共生和伴生矿,但是其综合回收率仅为 35%,远低于发达国家。因此,提高复杂、难处理多金属共伴生矿产资源的综合开发利用水平迫在眉睫。传统的矿物加工生产工艺流程与分选设备的匹配度低,对矿石性质的适应性差,整体工艺的精细化程度低、自动控制水平低,产品结构不合理;另外,选矿工艺与冶金工艺过于分割和独立,缺乏与之相适应的、高效、经济、低污染的资源整体利用规划,因此严重地制约了矿产资源的合理开发和利用。

本书提出的互补效应与模式,从全新的视角和哲学辩证的逻辑,对矿产资源的开采—分选—冶炼—环保—经济等整体层面,阐明了如何针对不同的处理对象构建互补分选体系,实现资源的综合利用。以都龙铜锌锡铟复杂多金属矿的高效综合利用为例,从矿石破碎、工艺流程、浮选药剂、分选设备及多种产品等角度,分析了复杂矿产资源多层次利用的互补效应对整体提高矿冶过程资源的综合利用效率的重要理论研究意义与重大的实际价值。

7.2.1　都龙铜锌锡铟复杂多金属矿的资源概况

云南文山都龙矿区铟、锌、锡金属储量丰富,是典型的多金属共伴生矿床,铟储量为5699吨,居全球第一;难选、难冶的高铁闪锌矿储量居全球第一,铁闪锌矿中锌金属的储量为324万吨;锡储量为30万吨,居全国第三名(仅次于云锡集团公司和华锡集团公司)、居云南第一名;此外,铜金属储量为9.0万吨,有用成分的潜在经济价值约1300亿元。矿石中的铜、锌、锡和硫等矿物的嵌布粒度细、共生关系密切,而且高铁闪锌矿中铁含量达到20%左右,因此该复杂多金属矿曾经被宣判为不能经济利用的"呆矿"[4]。

矿石中主要金属矿物为铁闪锌矿、锡石、黄铜矿、磁黄铁矿、黄铁矿、磁铁矿和少量的毒砂,脉石矿物主要为石英、云母、透闪石、黑柱石、绿泥石、滑石、白云石和萤石等;矿物含量为铁闪锌矿7.12%、黄铜矿0.4%、磁黄铁矿13.5%、锡石0.58%、白(黑)云母12.5%;主要有价元素含量为铜0.20%、锌3.93%、锡0.47%、铁22.70%、硫9.9%,共伴生的稀贵金属铟、银和镉的含量分别约为90.50g/t、4.9g/t和130g/t。

目前,都龙矿区已经投产了全球规模第二、亚洲规模第一、8000t/d、现代化的新田选矿厂,首次采用浮选柱对高铁闪锌矿进行精选,采用"机柱互补"和"双柱协同"的工艺与设备同步精选铜矿物和锌矿物,采用旋流器优先分级、溜槽—多层摇床协同回收粗粒级、浮选—摇床强化回收微细粒级锡石"归一分选"的集成工艺流程,实现多金属矿物的分步综合回收;同时,采用锌矿物的新型浮选药剂替代常规的硫酸铜活化药剂等,多种互补效应齐下,使生产指标取得很大的进步。

7.2.2　都龙铜锌锡铟复杂矿资源的复杂性及需要解决的关键技术

都龙多金属矿石的复杂性主要体现为"1234"的特点,即"1低、2近、3多、4高"。

(1)"1低"是指矿石中铜的含量非常低,只有0.15%左右,有时不到0.1%,造成了低品位的铜矿物与锌矿物分离困难、铜精矿的品级提升困难。

(2)"2近"是指:①部分铁闪锌矿与铜矿物的可浮性相近,造成铜—锌分离困难、精矿互含严重,影响了精矿的质量和回收率的提高;②磁黄铁矿和黄铁矿的可浮性较好,与部分铁闪锌矿相近,导致锌—硫分离困难,不仅造成药剂用量高,而且高碱工艺条件下浮选药剂的选择性不佳,严重地影响了硫精矿的回收效果,致使后续选锡过程中的脱硫效果不佳、微细粒锡石的回收效果差。

(3)"3多"是指:①矿石中有用成分多(包含铜、锌、锡、铟、银、镉、铁、硫、砷、锗等有价元素);②黄铜矿与铁闪锌矿之间复杂的共生关系导致彼此之间的连生体多;③铁闪锌矿中包裹大量的细粒黄铜矿、磁黄铁矿及脉石矿物的包裹体多。

(4)"4高"是指铁闪锌矿中铁含量高达15%~21%,原矿中硫的含量高达12%~15%,细粒锡石和微细粒的次生锡石的含量高(锡石的原生粒度主要分布在0.020~0.15mm,而锡石作业的给矿粒度中−19μm的产率高达42.7%以上)。

因此,如何实现都龙复杂多金属矿高效率、低成本、绿色的综合利用,需要解决以下9项关键技术。

(1)选择性的碎磨技术:是实现合理的碎磨与不同的目的矿物在不同阶段充分解离

的关键。

（2）高效的铜锌分离技术：由于铜矿物的含量很低，嵌布粒度细，与铁闪锌矿的共生关系复杂，且部分铁闪锌矿的可浮性与铜矿物的相近、部分铁闪锌矿的可浮性与硫化铁矿物的相近，导致铜精矿和锌精矿中有价成分的互含严重等，因此，需要提高铜-锌的高效分离技术。

（3）铁闪锌矿和闪锌矿的高效活化技术：研究容易被氧化、可浮性变差、难以解离、难以选冶的铁闪锌矿和闪锌矿的新型活化剂，以替代活化的选择性较差的常规活化剂硫酸铜，在低碱条件下，实现复杂矿选择性的高效活化锌矿物的同时，也能够选择性地抑制硫化铁矿物，形成选择性活化与抑制的优势互补技术，达到提高主金属及其共伴生的稀贵稀散金属的品位和回收率、大幅度地降低石灰和硫酸用量的目的。

（4）载铟、载银、载镉铁闪锌矿的高效回收技术：通过研究载铟、载银、载镉铁闪锌矿独特的物理化学性质及浮选行为，为复杂矿中闪锌矿及其伴生的稀贵金属铟、银和镉的综合利用奠定重要的理论基础，提高稀贵金属的综合利用效率。

（5）"双柱协同"过程中品位与回收率相互制约的互补技术：虽然浮选柱精选过程中可以获得精矿富集比和品位较高的分选指标，但是由于浮选柱精选区的泡沫层厚度高，对连生体颗粒、微细颗粒等的回收效果不够理想，因此添加活化和捕收能力强的高效药剂，并与浮选柱协同使用，对同步提高铜精矿和锌精矿的品位和回收率指标具有重要的作用。

（6）构建"机柱互补"顺应铜锌浮选特性，强化精细回收技术：粗选与扫选段均用机械搅拌式浮选机，充分回收粗粒级和连生体矿物；然后，利用浮选柱适合于微细粒矿物的选别及富集比高的特点，在铜、锌的精选阶段采用浮选柱提高产品质量，不仅提高浮选效率和富集比，而且缩短浮选流程。

（7）微细粒锡石的高效除杂与回收技术：由于锡石与硫化铁矿物的密度比较接近，用重选方法很难进行分离；另外，在碎磨过程中，锡石容易过粉碎和泥化；因此研究锡石粗精矿的脱硫与除铁技术等是非常重要的；此外，针对锡石"两头多中间少"的粒度分布规律，研发归一分级、强化选锡的关键技术，采用旋流器优先分级—溜槽与摇床协同重选回收粗粒级、浮选—摇床强化回收微细粒级的锡石，解决摇床处理量低、占地面积大，单一浮选微细粒锡石效果差的技术难题。

（8）对复杂矿高效利用具有重要的示范作用的强化脱泥技术：针对矿石中含泥量高的物性特点，研发强化脱泥技术，以便降低入选物料中 $-10\mu m$ 粒级的含量，降低抛尾溢流中锡的损失率，从而提高细粒锡石浮选的精矿品位和回收率。

（9）构建合理的、品级互补的产品结构，最大限度地实现矿石中铜、锌、锡、硫和铁等主要成分，以及铟、银、锗、镉等多种伴生稀贵金属高效回收的集成技术，降低尾矿损失，实现一次性抛尾，避免尾矿的二次开采与多次分选。

7.2.3　都龙铜锌锡铟复杂矿资源高效综合利用的互补效应

都龙铜锌锡铟复杂矿综合利用过程中存在的问题，其实质是如何建立适合多金属矿石特殊物性的互补效应与体系，在五项互补模式研究的基础上，通过对复杂矿分选技术的不断研究与创新，构建适合多金属矿综合利用的互补分选体系，具体的互补工艺流程见图7-2。

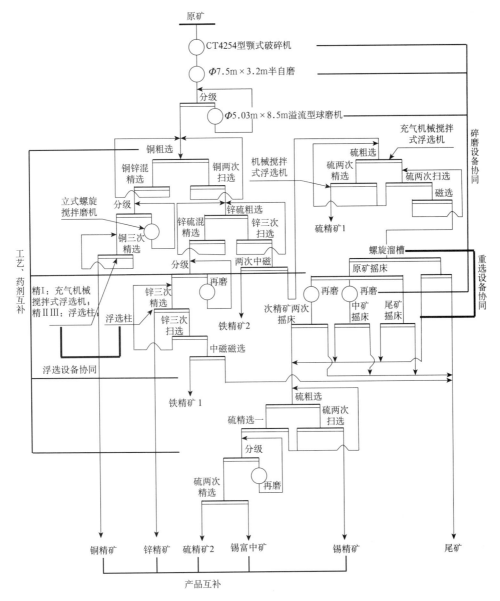

图 7-2　都龙铜锌锡铟复杂矿高效利用的互补工艺流程

1. 粒度互补

针对原矿中黄铜矿和铁闪锌矿等矿物的嵌布粒度细,与锡石和硫化铁矿物共生关系密切,锡石易过粉碎等矿物特性,采用阶段磨矿、阶段选别的多段磨选技术,构建了 SAB 半自磨破碎与立磨机再磨之间的互补,一段磨矿采用 $\Phi7.5m\times3.2m$ 半自磨机,二段磨矿采用 $\Phi5.03m\times8.5m$ 溢流型球磨机,并分别与圆筒筛和 $\Phi500-8$ 型旋流器构成闭路磨矿的工艺流程;然后,铜粗精矿采用立式螺旋搅拌磨机、锌粗精矿和锡粗精矿采用格子型球磨机进行再磨。

阶段磨矿、阶段选别的工艺流程：首先，第一阶段的碎磨流程为粗碎产品直接给入SAB流程，磨矿产品细度为 -0.074mm 的占 $75\%\sim80\%$，在该细度下可以有效地避免锡石的过磨，减少铜—锌—硫分离过程中锡石的损失；其次，铜粗精矿再磨后的产品细度为 -0.038mm 的占 80%，有效地解决了部分铜矿物与锌矿物嵌布粒度细的问题，降低了铜精矿中锌的含量，提高了铜精矿质量；再次，锌粗精矿再磨后，产品细度为 -0.043mm 的占 80%，有效地解决了部分铜矿物与锌矿物，以及锌矿物与硫化铁矿物嵌布粒度细且不均匀的问题，降低了锌精矿中铜和硫的含量，减少了铜矿物和硫化铁矿物的损失，特别是减少了锌矿物与硫化铁矿物连生体的含量，为锌—硫分离创造了先决条件；最后，锡石次精矿与中矿经过再磨流程，减少了锡石中硫化矿物连生体的含量，锡石精选一的精矿进行三次再磨，使锡石与硫化矿物进一步解离，实现了有效脱硫、提高锡精矿品位和回收率的目的。

根据矿石中不同矿物的力学特征、嵌布粒度、共生关系等碎磨特征，采用分阶段磨矿工艺，降低磨机的负荷和能耗，使不同的目的矿物在不同的分选阶段、不同的细度下分步解离与分选，实现铜矿物、锌矿物、锡石与硫化铁矿物等多种矿物在不同的粒度条件下的互补分选优势，减少矿石的过粉碎和泥化现象，减少矿物的损失，解决精矿产品互含严重的问题，为提高精矿指标创造必要条件。

2. 工艺互补

根据矿石中多种目的矿物的分选特性差异，采用顺应矿石性质的多种分选工艺，构建浮选—磁选—重选的工艺互补，形成浮选工艺中部分等可浮与混合浮选的互补、铜矿物和锌矿物精选过程的"双柱协同"、硫化铁矿物分选过程中的磁选与浮选回收的互补、旋流器优先分级—溜槽—摇床协同重选回收粗粒级以及浮选—多层摇床强化回收微细粒级锡石的互补工艺等。

部分等可浮与混合浮选的互补：针对铜—锌—硫的分离过程，先采用等可浮工艺，将黄铜矿与部分可浮性好的铁闪锌矿一起混浮，然后进行铜锌分离，得到铜精矿和锌精矿Ⅰ；对部分可浮性较差的铁闪锌矿与硫化铁矿物采用混合浮选工艺，将铁闪锌矿和磁黄铁矿等硫化铁矿物一起混浮，然后进行锌—硫分离，获得锌精矿Ⅱ和硫精矿。

硫化铁矿物分选过程中的磁选与浮选回收的互补工艺：针对磁黄铁矿和黄铁矿等硫化铁矿物，先用磁选工艺，分离选锌尾矿中部分具有磁性的磁黄铁矿；然后用浮选工艺，进一步回收没有磁性的磁黄铁矿和黄铁矿；在该互补流程中，对硫化铁矿物进行充分的回收，不仅是为了获得合格的硫精矿，而且为下一步作业中锡石的回收创造良好的分选环境。

锡石的重选—浮选—重选的互补工艺：在碎磨过程中，锡石容易过粉碎和泥化，粗粒级锡石和细粒级锡石的可选性差异较大，因此 $+0.037\text{mm}$ 粗粒级锡石用重选回收，-0.037mm 细粒级锡石用浮选回收，浮选精矿进行摇床再选，这样的互补工艺可以获得最终的细粒锡石精矿和部分锡石富中矿，明显地提高了锡石的回收率。

3. 设备协同

根据都龙多金属矿石的碎磨特性，构建颚式破碎机、半自磨机、球磨机与立式螺旋再磨机之间的优势互补的碎磨设备协同。原矿在采矿场进行粗碎,出矿块度为−850mm。颚式破碎机结构简单、重量轻、处理量大,在破碎硬矿石的过程中,尤其能够体现其优越性,破碎产品的最大粒度为 250mm,与半自磨机的给矿粒度 250∼0mm 完全吻合,且两者的处理量与选矿厂规模相当。这样的设备协同可以很好地分步解离有用矿物,防止过粉碎和泥化现象的发生。

此外,由于铜、锌矿物的嵌布粒度细,而锡石性脆、易过粉碎,如果一次性将磨矿产品的细度降至铜、锌、硫分离所要求的细度,会造成大量锡石的过粉碎,增大锡石回收的难度;而依靠颚式破碎机＋半自磨机＋球磨机的破碎设备组合,通过增加设备的尺寸、功率和磨矿时间等获得合适的磨矿细度,会导致经济上不合理;因此,采用阶段磨矿流程,利用立式螺旋搅拌磨机的细磨能力强,产品粒度可调,可间歇、循环、连续的生产,以及占地面积小、适合于硫化矿的二段细磨等优点,并与 SAB 磨矿流程设备构成协同优势,不仅使每种设备在最优条件下发挥最大的碎磨能力,形成不同设备之间的优势互补,而且省去了常规的中细碎流程,缩短了破碎流程结构。半自磨＋球磨＋立式螺旋搅拌磨流程实现了不同目的矿物的分步解离,降低了矿物的过粉碎,增加了磨矿系统的稳定性,对原矿石的可磨性变化起到了"缓冲"作用,保证了磨矿产品细度的稳定。因此,碎矿设备、磨矿设备与再磨设备形成的协同与互补,充分地体现了矿物的碎磨特性,满足了分选工艺对入选矿石粒度的要求,为矿物的高效分选打下了良好的基础。

在铜矿物和锌矿物的浮选工艺中,浮选机与浮选柱之间形成了机柱协同。粗选与扫选段均用机械搅拌式浮选机,充分地回收粗粒级和连生体矿物;然后,利用浮选柱富集比大、浮选速度快、可简化浮选流程、可有效降低浮选作业次数,适合于微细粒矿物的选别,并且易于实现自动化和大型化等特点,在铜粗精矿、锌粗精矿的精选阶段,浮选柱不仅缩短了浮选流程,而且提高了浮选效率和富集比,铜精矿和锌精矿品位均提高了 2%∼3%。

在锡石的重选工艺中,形成了粗粒级锡石的旋流器优先分级—螺旋溜槽与摇床之间的设备协同,以及微细粒级浮选—摇床强化回收的互补模式。由于螺旋溜槽具有富集比和回收率高、处理量大、效率高、操作简单等优点,对波动的给矿量、浓度、粒度、品位等的适应性强,因此采用螺旋溜槽对锡石进行粗选是非常合适的;而摇床具有分选精度高、矿物分带明显等特点,所以观察、调节和接取都比较方便,根据需要,有时还可以同时获得多个品级的产品,更适合于精选,因此锡石粗精矿采用摇床精选是比较合适的。根据矿石的特性、分选要求、产品结构特征及分选设备和工艺的特点,构建扬长避短的螺旋溜槽与摇床协同、浮选与重选工艺互补的分选模式,充分发挥两种设备和两种工艺各自的优势,实现粗粒级和微细粒级锡石的高效回收,锡精矿的品位和回收率分别提高了 5 百分点和 12 百分点,解决了摇床处理量低、占地面积大、单一浮选微细粒锡石效果差的技术难题。

4. 药剂互补

闪锌矿、铁闪锌矿、黄铁矿、磁黄铁矿等矿物的常规活化剂(如硫酸铜)存在很多缺陷,如活化的效率和选择性有待提高等。研究认为,当 pH 为 6 时,铁闪锌矿对铜离子的吸附量最多,活化效果最好,但与铁闪锌矿共生的黄铁矿和磁黄铁矿的浮游活性也很高,造成锌—硫分离困难;而在高 pH(11∼13.5)条件下,铁闪锌矿对铜离子的吸附量也会出现较大值,所以需要添加大量的 pH 调整剂(如石灰)进行抑制,如文山都龙复杂矿的石灰用量曾经高达 13kg/t,澜沧铅锌矿的石灰用量更是曾经高达 25kg/t,导致后续选硫作业需要添加大量的硫酸进行活化,致使管道的结垢、堵塞和后续选锡摇床的床面结垢与变形现象十分严重,明显地增加了床面清洗的次数和工人的劳动强度,大幅度地降低了锡的回收率。另外,石灰用量大也会抑制与(铁)闪锌矿伴生的铟、银、镉、锗等稀贵金属的回收。

因此,解决铁闪锌矿和闪锌矿等的常规浮选活化剂存在的选择性不佳的缺陷,研究新型活化剂弥补常规活化剂的不足,提高锌—硫、锡—硫、铜—硫、铁—硫、铜—锌、铅—锌等分离过程的选择性和效率,改善浮选药剂之间的交互作用效果,具有非常重要的理论研究价值和重大的实际意义。通过长期、系统的实验室试验和工业试验研究,昆明理工大学研发了 X-41、X-43 系列的新型高效活化剂替代常规的硫酸铜,它具有在选择性地高效活化(铁)闪锌矿同时选择性地抑制硫化铁矿物等特点,实现活化与抑制之间的优势互补,可以在低碱(pH 为 8.5 左右)条件下,高效分离铜—锌、锌—硫、铁—硫等,石灰用量从 8kg/t 降至 2kg/t 左右,硫酸用量降低幅度超过 50%,实现清洁生产和节能降耗的目的。

5. 产品结构互补

首先,根据矿石的可选性研究、选矿技术手段、综合经济效益的分析与评估,都龙复杂多金属矿不仅形成了铜精矿、锌精矿、锡精矿、铁精矿与硫精矿多种类产品的互补,而且根据锡石和硫化铁矿物的可选性特点,形成了多品级的锡精矿、锡富中矿和锡中矿及硫含量不同的铁精矿等结构互补的产品,既提高了复杂矿资源中主金属和伴生金属的综合回收率,也降低了尾矿的排放量,减少了环境污染。其次,铜精矿和锌精矿中的金属互含[5,6],在冶炼过程不仅会造成资源的浪费、增加生产成本,而且会带来经济上的损失,一般铜精矿中锌及锌精矿中的铜在出售时均不计价;锌冶炼过程中,铜在精矿中常呈铜的硫化物状态存在,焙烧时主要形成不同形式的氧化亚铜,残余的硫化铜易形成冰铜,降低炉料的熔点,影响锌产品的品质;铁在锌精矿中呈铁闪锌矿存在时,焙烧时容易形成铁酸锌,造成竖罐温度升高,使锌蒸发不充分,致使渣中含锌高。再次,锌精矿品质的提高,很大程度上提高了伴生的铟、锗、镉等伴生稀有金属的富集与回收,为冶炼产品创造更多的附加产值。最后通过互补效应的应用与发展,不仅提高了精矿的品质,而且多样化的产品结构在提高资源综合利用率的同时,为冶炼创造了良好的条件,提高了精矿产品的产值。

7.3　互补效应对复杂锡多金属矿资源综合利用的示范作用

7.3.1　云锡复杂锡多金属矿的资源概况

我国锡矿资源具有三个特点:①储量较为丰富和集中,主要集中在云南、广西、广东、湖南、内蒙古、江西 6 个省(自治区、直辖市),而云南主要集中在"锡都"个旧,广西集中在大厂,个旧和大厂两个地区的储量占全国总储量的 40% 左右;②以原生锡矿为主,约占 80% 以上;在原生锡矿床中,85% 为多金属硫化矿床,共伴生的有益组分丰富多样,主要有铁、铅、锌、铜、钨、铟、锑、锗、金、银、铌等,还含有相当数量的砷、氟、硫等非金属元素;③复杂、多金属、难以分选。因此,若能高效综合回收利用这些丰富的资源,将为矿山企业带来显著的效益。以下以云南锡业股份有限公司(以下简称云锡公司)具有代表性的大屯选矿厂的选矿工艺与技术为例,介绍复杂锡多金属矿的综合利用概况及其五项互补效应的应用。

大屯选矿厂担负着云锡公司年产金属量的 50％的选矿生产任务,日处理能力为 7200 多吨,年处理原矿 240 万吨,年产锡、铜金属 1.7 万吨以上;2014 年有 3500t/d 和 3700t/d 的氧化矿和硫化矿生产车间,主要产品为锡精矿,同时综合回收铜、钨、铅、锌、硫等有价金属[7,8]。氧化矿车间处理的矿石主要有老厂的氧化脉锡矿、残坡积砂锡矿和地表风化脉锡矿,以及松树脚矿区的氧化脉锡矿的矿化大理岩(或白云岩)、高铅低锡的混合矿;硫化矿车间处理的矿石主要是松树脚硫化矿和老厂硫化矿。截至 2011 年,松树脚硫化矿保有矿石总量为 780.2 万吨,锡和铜的金属量分别为 5.6889 万吨和 5.1105 万吨。

松树脚矿床呈高温热液浸染状,是以锡铜为主的复杂多金属硫化矿,矿物组成较为复杂,主要以磁黄铁矿、黄铁矿、毒砂、黄铜矿、石英、长石、电气石、萤石、绿泥石、云母和伊利石为主,累计约占矿物总量的 90％以上,其中磁黄铁矿占 20.5％～30％;回收的主要有用矿物以黄铜矿和锡石为主,其矿物含量分别占 0.65％和 0.42％;锡矿物主要是锡石,酸溶锡很少、一般为 1％左右;个别矿体中锡石的最大含量为 2.42％、最大结晶粒度为 1～ 0.5mm;其他有用矿物为黝铜矿、砷黝铜矿、辉铋矿、自然铋、泡铋矿、白钨矿及黝锡矿;脉石矿物主要为方解石,其次为透辉石、石英、萤石、绿泥石、云母、闪石等。

7.3.2　云锡难处理锡多金属矿资源的复杂性及需要解决的关键技术

云锡难处理多金属锡矿资源的复杂性主要体现在以下方面。

(1) 矿物成分复杂。除了锡矿物主要为易过粉碎的锡石外,铜矿物包含黄铜矿、砷黝铜矿、铜蓝、砷钙铜矿、硅孔雀石等,严重地影响分选的效率。

(2) 矿石中砷和硫的含量较高。硫和砷含量分别约为 15％和 1.02％,含砷矿物主要为毒砂、砷黝铜矿、砷钙铜矿和砷酸铅等,以毒砂为主;毒砂结晶粒度粗,一般为 0.15～ 0.074mm;毒砂和黄铁矿中分别含锡 0.226％和 0.163％,该部分锡矿物的回收难度大。

(3) 矿物解离的难度大。锡石粒度一般为 0.074～0.019mm,锡矿物的单体解离度差,49.79％的锡石呈微细粒嵌布,包裹于其他矿物中,特别与毒砂、黄铜矿、黄铁矿的关系密切;铜矿物以原生黄铜矿为主,呈粗、细粒不均匀嵌布,结晶粒度细,一般在 0.074～ 0.010mm,并且与其他矿物的共生关系复杂。

因此,实现低成本、绿色、高效综合利用云锡复杂锡矿资源,需要解决如下四项关键技术。

(1) SAPC 选择性的碎磨技术。在较大的给矿粒度下,实现矿石的选择性磨矿,产品粒度均匀,以及不同目的矿物分步解离,避免过粉碎。

(2) 高效的铜硫分离技术。由于铜矿物含量很低、嵌布粒度细,与硫化铁矿物的共生关系复杂,且部分硫化铁矿物的可浮性与铜矿物的相近,导致铜—硫分离困难、铜精矿品位偏低(10％左右)等。

(3) 锡石的高效回收技术。主要包括脱泥与除硫技术,以及强化微细粒和泥化锡石的回收等技术。

（4）建立合理的产品结构。实现矿石中铜、锡和硫多种金属的综合回收，降低在尾矿中的损失，实现一次性抛尾，避免尾矿的二次开采与多次分选。

7.3.3　云锡复杂锡多金属矿资源高效综合利用的互补效应

云锡复杂锡多金属矿的综合利用，其实质在于建立适于矿石和矿物特殊物性的互补分选体系。大屯选矿厂的广大技术人员通过几十年不懈的努力，在自觉和不自觉地运用五项互补效应与分选模式的基础上，对铜、锡、硫等分选技术进行了不断地研究、完善与创新，构建了适于云锡复杂锡多金属矿综合利用的互补分选模式（图 7-3）。

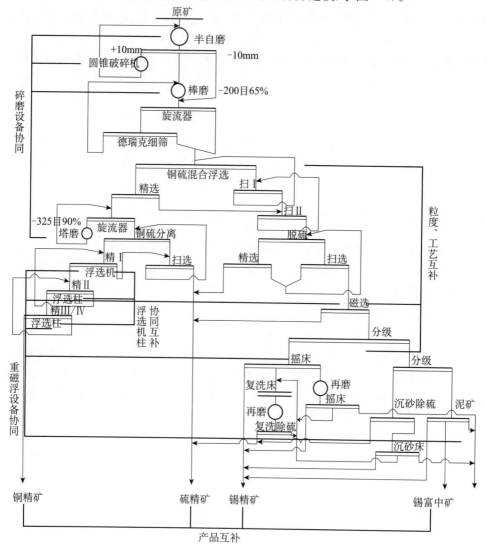

图 7-3　云锡复杂锡多金属矿高效利用的互补流程

1. 粒度互补

针对原矿中铜矿物、锡矿物、硫化矿物等的嵌布粒度粗细不均匀、共生关系密切,且不同矿石的碎磨性质差异大,以及锡石易过粉碎等矿物特性,采用阶段磨矿、阶段选别的多段磨选技术,构建了 SABC 半自磨破碎与立磨机再磨之间的协同。

根据矿石中不同矿物的力学特征、嵌布细度、共生关系等碎磨特征,采用分阶段磨矿工艺,使不同的目的矿物在不同的细度、不同的分选阶段分步解离与分选,实现铜矿物、锡石与硫化铁矿物等多种矿物在不同粒度范围的优势互补,减少矿石的过粉碎和泥化现象,减少矿物的损失,解决铜、锡精矿中硫含量高的问题,为提高精矿指标创造必要条件,同时降低磨机的负荷和能耗。具体的操作过程如下。

(1) 碎磨流程为粗碎产品直接给入 SABC 流程,半自磨机的最大粒度为 350∼200mm,棒磨机的产品细度为 −0.074mm 占 60%∼65%,在该磨矿细度下,可以实现不同矿物的分步解离,在铜矿物解离的同时有效地避免锡石过磨;而且铜、锡矿物的充分解离,有效地避免了在铜、硫回收及其分离过程中锡矿物因互含而造成的损失。

(2) 铜粗精矿经过再磨后,产品细度为 −0.038mm 占 95%,有效地解决了部分铜矿物与硫化矿物嵌布粒度细且不均匀的问题,提高了铜精矿质量。

(3) 锡石次精矿与中矿经过再磨流程,减少了与锡石连生的硫化铁矿物的含量,提高了锡石的单体解离度和富连生体含量,使锡石粒度的正互补效应更加明显,有效地实现了锡石脱硫、提高锡精矿品位的目的。

2. 工艺互补

根据矿石中多种目的矿物的分选特性差异,顺应矿石性质,通过浮选—磁选—重选等多种分选工艺,采用铜硫部分混合浮选、混粗精矿再磨、铜硫分离浮选及磁选脱硫、磁选尾矿重选回收锡的流程,不仅构建了浮选—磁选—重选的工艺互补,而且形成了部分混合浮选与优先浮选的互补流程,以及针对硫矿物分选的浮选与磁选的互补工艺等。

根据氧硫混合矿石的可浮性、比磁化系数及密度的特点与差异,首先采用浮选工艺回收可浮性好的铜矿物和硫化铁矿物,分别产出铜精矿和硫精矿;其次由于硫含量较高,且部分黄铁矿的可浮性较差,采用浮选和磁选联合工艺强化除硫,为后续锡石的回收创造良好的分选环境;最后采用砂泥分选和次精矿集中复洗的重选互补工艺,分别产出锡精矿、锡富中矿和少量的硫精矿。

铜硫分离和回收过程采用部分混合浮选与优先浮选的互补流程,首先利用部分混合浮选工艺将铜矿物与可浮性好的部分黄铁矿一起混浮,其次进行铜硫分离,获得铜精矿和硫精矿;最后采用优先浮选工艺,进一步回收可浮性较差的黄铁矿,同时采用磁选工艺强化回收具有磁性的磁黄铁矿,构建多重浮选与磁选的互补工艺。

3. 设备协同

根据云锡复杂多金属锡矿石的碎磨特性,由图 7-3 可知,建立了半自磨机、圆锥破碎机、棒磨机与塔磨机再磨设备的优势互补的碎磨设备协同。原矿在采矿场进行粗碎,出矿块度为－500mm,由于颚式破碎机结构简单、重量轻、处理量大,在硬矿石的粗碎过程中更能体现出优越性,其破碎产品的最大粒度为 250mm,与半自磨机的 250～0mm 的给矿粒度要求完全吻合,且两者的处理量与选矿厂规模相当;另外,铜矿物、黄铁矿的嵌布粒度细,而锡石的原生粒度粗、性脆、易过粉碎,若一次性使磨矿产品的细度达到铜、锡、硫分离所要求的细度,会造成大量锡石的过粉碎,增加锡石回收的难度和损失率,因此采用阶段磨矿、阶段选别的流程,利用立式螺旋搅拌磨机具有细磨能力强、产品粒度可调且占地面积小、适于硫化矿的二段细磨等优点,与 SABC 磨矿设备构成互补优势,不仅使每种设备均在最优条件下发挥最大的碎磨能力,而且形成不同设备之间的优势互补;半自磨流程对含泥较多的矿石适应性好,避免了传统的碎磨环节容易堵塞而影响处理能力的问题;此外,采用棒磨机磨矿、旋流器与德瑞克细筛串联分级的流程,可以有效地防止过磨现象的产生,为有用矿物的高效分选打下良好的基础。

在铜、硫矿物的浮选工艺中,采用浮选机与浮选柱形成的设备协同模式,粗选段与扫选段均采用 XCF/KYF 系列的大型浮选机,充分地回收粗粒矿物和连生体矿物;然后,在铜、硫的精选阶段,利用浮选柱具有富集比大、适于微细粒矿物的选别、回收率高、浮选速度快、可减少浮选作业次数、易于实现自动化控制和大型化的特点,不仅简化和缩短了浮选流程,而且提高了浮选的效率和富集比。重选工艺采用主要设备为摇床的泥、砂分选流程,选用云锡公司具有自主知识产权的泥矿摇床,形成不同规格的摇床之间的设备协同。

4. 产品互补

首先根据复杂多金属矿资源的可选性特点,结合选矿技术手段和综合经济效益的分析与评估,大屯选矿厂不仅形成了铜精矿、锡精矿与硫精矿的多种类产品的互补,而且根据锡石的物性与可选性的特点,构建了锡精矿与锡富中矿的多品级的产品结构,提高了锡石的综合回收率。其次,在锡冶炼过程中,铜、铁、硫等杂质对锡熔炼的影响很大,造成渣量增多,增加锡的损失率和能耗,降低冶炼回收率和经济效益,而通过互补分选技术,在降低锡精矿中铜、铁等杂质含量的同时,生产不同品级的精矿产品。产品结构优化以后,不仅使该复杂多金属矿资源得到高效的综合回收利用,降低了尾矿的排放量,而且提供了更加优质的冶炼原料,提高了冶炼效率与经济效益,减少了环境污染。

参 考 文 献

[1] Xie X, Wang X, Tong X. Recovering of iron from feebly-magnetic iron tailings containing high silicate[J]. Applied Scientific Research and Engineering Developments for Industry,2013,(8):30～33.

[2] Cai Z, Wang X, Tong X. Study on improving of thr iron concentrate grade index by centrifuge[J]. Applied Mechanics and Materials,2013,(10):86～87.

[3] 胡伟,熊大和. 强磁选—重选联合工艺回收尾矿、尾渣中铁的研究[J]. 有色金属科学与工程,2010,(5):18～20.

[4] 谢贤. 难选铁闪锌矿多金属矿石的浮选试验与机理探讨[D]. 昆明:昆明理工大学博士学位论文,2011.

[5] 邓孟俐,谢冰. 锌冶炼工艺过程中铟、锗的综合回收[J]. 稀有金属与硬质合金,2007,(2):21～24.

[6] 华一新. 有色冶金概论[M]. 北京:冶金工业出版社,2007.

[7] 周永诚. 氧化型脉锡尾矿锡铁综合回收的新工艺与机理研究[D]. 昆明:昆明理工大学博士学位论文,2014.

[8] 仇云华. 云锡某老尾矿资源再利用选矿新工艺试验研究[J]. 有色金属(选矿部分),2013,(5):26～29.